载人航天出版工程

总主编：周建平
总策划：邓宁丰

航天器自动交会对接

AUTOMATED RENDEZVOUS AND
DOCKING OF SPACECRAFT

[德] 韦格伯特·费热　　著

王忠贵　主译

李程　董能力　袁永刚　合译

吴树范　审校

中国宇航出版社

·北京·

著作权合同登记号：图字：01—2009—1748 号

版权所有　侵权必究

图书在版编目(CIP)数据

航天器自动交会对接 ／（德）费热著；王忠贵等译 . --北京：中国宇航出版社，2013.12

国家出版基金项目

ISBN 978 - 7 - 5159 - 0011 - 7

Ⅰ.①航… Ⅱ.①费… ②王… Ⅲ.①航天器对接 Ⅳ.①V526

中国版本图书馆 CIP 数据核字（2011）第 134906 号

责任编辑　马　航　　　　封面设计　姜　旭

出　版
发　行　**中国宇航出版社**

社　址　北京市阜成路 8 号　　　　邮　编　100830
　　　　（010）68768548
网　址　www.caphbook.com
经　销　新华书店
发行部　（010）68371900　　　　（010）88530478（传真）
　　　　（010）68768541　　　　（010）68767294（传真）
零售店　读者服务部　　　　　　北京宇航文苑
　　　　（010）68371105　　　　（010）62529336
承　印　北京画中画印刷有限公司
版　次　2013 年 12 月第 1 版　　　2013 年 12 月第 1 次印刷
规　格　880×1230　　　　　　开　本　1/32
印　张　17. 125　　　　　　　字　数　475 千字
书　号　ISBN 978 - 7 - 5159 - 0011 - 7
定　价　88. 00 元

本书如有印装质量问题，可与发行部联系调换

《载人航天出版工程》总序

  中国载人航天工程自 1992 年立项以来，已经走过了 20 多年的发展历程。经过载人航天工程全体研制人员的锐意创新、刻苦攻关、顽强拼搏，共发射了 10 艘神舟飞船和 1 个目标飞行器，完成了从无人飞行到载人飞行、从一人一天到多人多天、从舱内实验到出舱活动、从自动交会对接到人控交会对接、从单船飞行到组合体飞行等一系列技术跨越，拥有了可靠的载人天地往返运输的能力，实现了中华民族的千年飞天梦想，使中国成为世界上第三个独立掌握载人航天技术的国家。我国载人航天工程作为高科技领域最具代表性的科技实践活动之一，承载了中国人民期盼国家富强、民族复兴的伟大梦想，彰显了中华民族探索未知世界、发现科学真理的不懈追求，体现了不畏艰辛、大力协同的精神风貌。航天梦是中国梦的重要组成部分，载人航天事业的成就，充分展示了伟大的中国道路、中国精神、中国力量，坚定了全国各族人民实现中华民族伟大复兴中国梦的决心和信心。

  载人航天工程是十分复杂的大系统工程，既有赖于国家的整体科学技术发展水平，也起到了影响、促进和推动着科学技术进步的重要作用。载人航天技术的发展，涉及系统工程管理，自动控制技术，计算机技术，动力技术，材料和结构技术，环控生保技术，通信、遥感及测控技术，以及天文学、物理学、化学、生命科学、力学、地球科学和空间科学等诸多科学技术领域。在我国综合国力不断增强的今天，载人航天工程对促进中国科学技术的发展起到了积极的推动作用，是中国建设创新型国家的标志性工程之一。

  我国航天事业已经进入了承前启后、继往开来、加速发展的关键时期。我国载人航天工程已经完成了三步走战略的第一步和第二步第一阶段的研制和飞行任务，突破了载人天地往返、空间出舱和空间交会对接技术，建立了比较完善的载人航天研发技术体系，形成了完整配套的研制、生产、试验能力。现在，我们正在进行空间站工程的研制工作。2020年前后，我国将建造由20吨级舱段为基本模块构成的空间站，这将使我国载人航天工程进入一个新的发展阶段。建造具有中国特色和时代特征的中国空间站，和平开发和利用太空，为人类文明发展和进步做出新的贡献，是我们航天人肩负的责任和历史使命。要实现这一宏伟目标，无论是在科学技术方面，还是在工程组织方面，都对我们提出了新的挑战。

以图书为代表的文献资料既是载人航天工程的经验总结，也是后续任务研发的重要支撑。为了顺利实施这项国家重大科技工程，实现我国载人航天三步走的战略目标，我们必须充分总结实践成果，并充分借鉴国际同行的经验，形成具有系统性、前瞻性和实用性的，具有中国特色的理论与实践相结合的载人航天工程知识文献体系。

《载人航天出版工程》的编辑和出版就是要致力于建设这样的知识文献体系。书目的选择是在广泛听取参与我国载人航天工程的各专业领域的专家意见和建议的基础上确定的，其中专著内容涉及我国载人航天科研生产的最新技术成果，译著源于世界著名的出版机构，力图反映载人航天工程相关技术领域的当前水平和发展方向。

《载人航天出版工程》凝结了国内外载人航天专家学者的智慧和成果，具有较强的工程实用性和技术前瞻性，既可作为从事载人航天工程科研、生产、试验工作的参考用书，亦可供相关专业领域人员学习借鉴。期望这套丛书有助于载人航天工程的顺利实施，有利于中国航天事业的进一步发展，有益于航天科技领域的人才培养，为促进航天科技发展、建设创新型国家做出贡献。

2013年10月

中文版前言

在本书英文版于 2003 年出版面世的时候，当时世界上只有两大太空集团，即俄罗斯和美国，能够执行空间飞行器的交会和捕获操作任务。两大集团中，仅有俄罗斯能够实现完全意义上的自动交会与对接任务。另外的两大太空集团，欧洲空间局和日本，当时也为了国际空间站（ISS）交会和对接任务，着手研发各自的航天器。欧洲研发的这类航天器，欧洲空间局称之为自动货运飞船（ATV），日本将自己研发的这类航天器称之为 H－Ⅱ 货运飞船（HTV）。欧洲 ATV 已于 2008 年首次与国际空间站上的俄罗斯舱实现了自动交会和对接；日本的 HTV 也于 2009 年经过一段自动逼近过程后，被 ISS 上的机械臂捕获，执行了停靠作业。

随着执行交会任务的航天器的种类不断增加，如美国的航天飞机、俄罗斯的礼炮号空间站和进步号货运飞船、欧洲的 ATV 及日本的 HTV 等，交会、捕获和对接已经成为不同太空集团间进行航天员运输和后勤保障的工作界面。在执行交会任务过程中，至少两个参与者的控制中心和航天器上的航天员都要投入到监测和控制对接航天器的逼近和对接操作过程中。

中国作为第三种太空势力，有能力将自己的航天员独立送上太空，并让他们安全返回地面。其载人飞行始于神舟计划，2003 年实现了载人往返太空安全飞行。下一步的大动作是在太空实现载人航天器和不载人航天器的交会对接。更进一步的宏大计划还包括建造有人照料的载人空间站计划和载人登月探险计划。要实现这些计划，都需要具备空间交会对接技术。然而，对于中国而言，这些技术尚在研发过程中。

虽然许多空间集团都在致力于研发大型载人航天器，但是，历史的经验表明，空间开发任务，尤其是类似于大型永久性有人照料地球轨道空间站任务、未来有人照料月球基地任务以及载人火星探险任务等，由于费用昂贵，在很长时期内，都需要通过各个太空集团之间的国际合作才能实现。显然，能使这种合作成为可能的关键操作界面就是空间交会、捕获和对接技术。可以预期的是，在不久的将来，中国迟早会成为这种国际合作任务中的一员。

由于两个航天器之间的对接操作实际上是一种控制它们碰撞的过程，加之，逼近到接触的操作一定是发生在碰撞过程中，因而在安全上，所有的空间交会、捕获和对接操作任务都是关键作业，这就要求所有涉及到的操作单元至少具有 2 个备份。在空间国际合作任务中，至少有两个太空集团要参与交会操作任务中，因此，让对方充分了解己方的逼近方案、了解己方控制交会对接操作的自动船载系统的设计特征和安全特征就显得非常重要。从国际合作这个意义上讲，空间交会和捕获任务中的设计技术以及所涉及到的船载系统概念不应当有所谓的保密问题。

作者非常高兴地看到，本书现在被翻译成了简体中文版，并与广大的中国专业读者见面。我也真诚希望通过阅读本书，中国的空间技术人员和学生能够基本理解空间复杂作业、船载系统和地面系统设施的概念、安全需求和安全特征，这些概念对于成功实现交会任务是必不可少的。

本书提到的许多概念和技术在欧洲自动货运飞船与国际空间站的空间对接任务中已经实现。我要再一次感谢欧洲空间局在此任务期间给予我参加各种科研活动的机会，感谢他们允许本书引用一些研究成果。

我还要感谢本书译者所付出的努力，他们将书中复杂的、晦涩的概念译成中文。最后，我要特别感谢我的同事吴树范博士，他作为制导、导航和控制方面的专家，就书中部分章节的概念的确切含义与作者进行了无数次的沟通，并花费了大量的时间和精力从技术角度对本书的中文译文进行了仔细审校，使本书更便于中国读者阅读。

韦格伯特·费热
2010 年 8 月

前　言

　　本书概括介绍了自动交会对接系统开发过程中经常遇到的主要问题，所有讨论并非针对某个具体项目，旨在解释一般的设计原理或原则。书中所引用的开发实例，仅仅是为了说明这些原理。由于涉及面太广，因此对每一个问题的讨论深度都有局限性。

　　1981～1998 年期间，作者在欧洲空间局（ESA）工作并负责交会对接技术的开发，本书就是根据作者的这些实际经历和经验写成的。ESA 曾经进行过庞大的开发计划，授权欧洲企业开展了大量的交会对接技术研发活动，先是为赫尔姆斯—哥伦布自由飞行器项目（Hermes—Columbus Free—Flyer）做准备，后来在 1992 年该项目终止后，又为欧洲自动货运飞船和国际空间站项目（ATV—ISS）的交会对接做技术预研。欧洲自动货运飞船是欧洲对国际空间站项目的贡献之一。本书的内容涉及了两次最大的技术开发活动：

　　• Hermes — Columbus 项目的对接交会技术预研（1989～1993）；

　　• ATV 交会技术预研（1994～1998）。

　　虽然这两次技术活动为 ATV 自动交会控制系统的研制奠定了基础，但真正对开发该系统的推动力量在很大程度上还是来源于 ISS 确定的对接要求。这一点需要与世界各有关合作方进行广泛而又细致的探讨。因此，本书关于自动交会对接的技术资料主要来自：1）ESA 指导下的欧洲企业对上述项目的技术开发准备活动；2）在国际空间站计划框架下与国际合作伙伴（NASA，RSC—Energia，NASDA）的合作过程。

　　如果没有欧洲空间局的航天器交会对接研发计划，没有欧洲空

间局及相关业界中每个成员所做的巨大努力,本书就难以出版面世。对此,作者深表谢意。这些工业团队的主要成员有:

- MATRA Marconi 空间公司和 DASA 公司,现已合并为 Astrium 公司。
- Aerospatiale 公司,现在是 EADS 公司的子公司。
- Alenia 公司。
- GMV 公司。
- Sener 公司。

在此还要感谢国际空间站计划,有了这个合作计划,才可以得到大量有关俄罗斯、日本和美国等国研发的自动交会对接系统情报资料。在这个国际合作项目中,装备不同空间能源系统的运载工具,通过交会对接把不同的操作界面和物理界面结合为一体。要做到这一点,合作各方必须进行充分的信息资料交流与沟通,这在以往是闻所未闻的。

如果得不到外界的帮助,包括本书在内的任何项目都不可能获得成功。因此,作者真诚感谢支持并帮助过自己的同事和朋友,尤其要感谢两位对写作内容有直接贡献的同事,他们是:

F. Ankersen,ESA—ESTEC 对附录 A"运动动力学"和第 6 章"航天器船载交会控制系统"有直接贡献,他是欧洲空间局全部交会研发活动中控制系统方面的领军人物。

J. Sommer,Astrium Bremen,也是上述两个技术项目中的资深工程师,对第 6 章的顺利完成也作出了贡献。

除了感谢他们对本书的顺利付印作出的贡献外,作者在此也非常感谢他们为交会项目的研发工作作出的努力。

此外,一些国际交会对接领域的同行和朋友帮助审阅了部分章节,并提出了修改意见和建议,这里一并表示感谢,他们是:Sener 公司的 E. Belikov,ESA—ESTEC 公司的 Ch. Beskow,G. Ortega,I. Rasmussen 和 S. Mancuso,Astrium 公司的 J.-L. Gonnaud 和 D. Wilde,RSC 能源公司的 V. Semyachkin,NASDA 公司的 K. Yamanaka。

　　在欧洲空间局的允许下，一些研究成果报告得以公开发表，使本书的出版成为可能。并且，欧洲空间局的控制和数据系统部为作者提供了办公条件，并提供了计算机软硬件设施和管理支持。

　　本书文字部分用 LaTeX 软件书写，插图用 Xfig 软件描绘，轨道曲线用欧洲空间局研发的"快速交互交会仿真工具"计算。这是一个在集成系统公司的计算机辅助动态分析环境下（MATRIX$_X$）开发的一个轨道分析软件。

韦格伯特·费热

2003 年 5 月

目　录

第1章 绪 论

1.1 背 景

交会、对接或停靠（RVD/B）是航天器应用领域中非常关键的操作技术，它涉及到多个航天器的多个任务需求。RVD/B 技术在下列任务中非常关键：

- 大型部件的在轨安装；
- 对轨道平台和空间站的补给；
- 空间站航天员的轮换；
- 航天器在轨维修；
- 航天器的回收（捕获和返回地面）；
- 在探测月球和行星的任务中，登陆器与轨道器的再连接。

世界上首次空间交会对接发生在 1966 年 3 月 16 日，当时美国的航天员尼尔·阿姆斯特朗和戴夫·斯科特在双子座飞行器中手动完成了与无人驾驶的目标飞行器阿金纳号的对接。首次自动交会对接发生在 1967 年 10 月 30 日，由苏联的宇宙 186 号和 188 号两艘飞船实现的。自那以后，美国和俄罗斯（苏联）经常在空间项目中进行 RVD/B 的操作，如下所列：

- 美国阿波罗（1968～1972）和天空实验室（1973～1974）项目；
- 俄罗斯（苏联）礼炮号和和平号空间站（1971～1999）与载人的联盟号飞船和不载人的进步号飞船对接；
- 美国/苏联的阿波罗/联盟号的对接任务（阿波罗－联盟试验计划，ASTP，1975）；
- 美国航天飞机的回收和保养任务（1984 年开始对太阳峰年观

测卫星的回收和修复);

- 20 世纪 90 年代为国际空间站的项目作准备,美国航天飞机与俄罗斯和平号空间站对接;

- 国际空间站(ISS)的装配、补给和航天员的轮换(始于 1998 年 11 月)。

欧洲空间局在 20 世纪 80 年代初开始研究和开发 RVD/B 技术。该技术开始是作为一种"使能技术",从 80 年代中期开始用于旨在与美国自由号空间站对接的哥伦布号有人照料自由飞行器(MT-FF),以及旨在访问 MTFF 的赫尔姆斯号欧洲航天飞机(Pairot,Fehse & Getzschmann 1992)。

随着 MTFF 和赫尔姆斯计划被取消(由于欧洲政局的变化),以及东西方的空间站计划整合到了国际空间站(ISS)计划(NASA 1998),欧洲货运飞船(ATV)(见图 1-1)成为了国际空间站计划西欧项目的一部分(Cornier et al. 1999),参与国际空间站的轨道提升和补给任务。美国航天飞机,俄罗斯联盟号载人飞船和进步号货运飞船,欧洲 ATV 和日本 H-Ⅱ型飞行器(HTV 不载人)(Kawasaki et al. 2000)都将与 ISS 交会对接。除了这些用于运输的航天器以外,可以预计,将来会有检测飞行器与国际空间站对接,如有需要,它还可环绕空间站飞行,查找检测区域,识别问题性质。在更远的将来,这样的检测飞行器会用于保养和维修任务。RVD/B 技术除了用于操作任务外,还将根据需要用于上述飞行器的撤离和再连接。

21 世纪前 20 年,ISS 可能是 RVD/B 技术的最重要用户,除此之外还会有很多其他交会任务,比如对航天器进行在轨保养(如哈勃太空望远镜),航天器的回收(如 EURECA,SPAS)和从月球/行星返回的任务。虽然过去曾对地球同步轨道通信卫星的交会对接操作开展了深入研究,但这一目标尚未实现。

图 1-1 ATV 逼近国际空间站

1.2 交会过程的复杂性

交会和对接/停靠过程由一系列的轨道机动和轨道控制组成，要求能把主动航天器（追踪航天器）导引到被动航天器（目标航天器）的附近，并最终与之接触。轨道逼近的最后环节要把追踪航天器导引到位置、速度、飞行姿态和角速率都符合对接要求的狭窄的对接走廊中。

- 在对接中，追踪航天器的制导、导航和控制系统（GNC）控制飞行器的状态参数，使之进入目标航天器的对接面，并实现捕获。
- 在停靠中，追踪航天器的 GNC 系统将航天器转移至停靠点，在该点处的标称相对速度和角速率为零，然后，装在目标航天器或追踪航天器上的机械手抓住对接航天器，并把它传送到最终的位置，插入相应的目标停靠端口。

交会逼近和对接过程的复杂性，以及实现任务所需的系统复杂性必然面对大量的约束和条件，这些约束和条件在相应过程中必须满足，并将在相关章节中详细阐述，以下仅给出几个例子。

（1）发射和调相轨道方案

追踪航天器要接近目标航天器，必须要导入与目标航天器相同的轨道面中，最终必须与其具有相同的轨道高度、相位角和偏心率参数。由于地球是椭圆形的，轨道面随着时间发生漂移，飘移速度取决于轨道高度。因此，在选择轨道面进行发射时，必须考虑到追踪航天器在较低高度上的调相过程中，轨道面漂移的差别。

追踪航天器发射后，必须考虑交会对接之前的目标飞行器由于姿态、轨道修正机动和轨道摄动等因素引起的轨道参数的变化，并对逼近轨道做出相应的调整更新。

（2）目标飞行器附近的操作

可以通过在逼近沿途中强制设置安全区、逼近走廊和停泊点来检查逼近飞行器的功能和其他条件。在一些特定的点，追踪航天器的前进必须得到地勤人员或目标站航天员发出的指令许可。追踪航天器的任何动态参数（位置、速度、飞行姿态和角速率）超出逼近轨道的标称限制范围，都会导致追踪航天器和目标航天器相撞，这种情况会危及航天员的安全和航天器的完整。因此，所有逼近轨道必须满足下列 2 个条件：

1）如有可能，轨道应具备固有安全性，这意味着即使在轨道中任何一点发生失去动力或失控的情况，追踪航天器也不会与目标航天器相碰撞。

2）如果条件 1）不能满足，必须有对轨道中任意一点均有效的避撞机动措施，把航天器带出危险区域。

（3）船载系统的要求和约束

追踪航天器的标准姿态由以下几个因素决定：用于姿态和轨道控制的敏感器作用范围；用于与地面和目标飞行器通信的天线范围以及为获得必要的能量补给需要太阳能电池板对日指向。航天器上推进器的安装，要能在一定姿态下相对一定的轨道方向产生一定的推力。

（4）与太阳光照条件和工作周期同步

交会过程需同步获得适宜的照明条件。为了用肉眼或摄像机监控对接和停靠过程，在到达之前的最后逼近阶段和捕捉全过程，必须有合适的照明条件；另外一个途径是用人工照明，但要受到可提供电量的限制。同时，目标航天器上航天员的作息时间也要考虑进去。这些限制条件导致最终的到达和实现捕获的时间窗口非常有限。

（5）通信链路的约束

在至少有一个航天器载人的对接任务中，出于安全考虑，地勤人员和目标飞行器的航天员必须监控最终逼近段和对接操作。由于通信覆盖，尤其是地面覆盖不完全时，即使采用 2 颗通信中继卫星，也不一定能完全覆盖地面。因此，保持与通信窗口同步给轨道设计又附加新的约束。此外，数据的传输速率通常只有几千比特/秒。而视频传输代价比较高，因此视频传输只用于逼近和接触的最后几米。在逼近过程的大部分时间内，人只能监控主要的关键数据，航天员对船载系统的操作也要被限制在简单的指令下进行，如停止、前进和启动避撞机动操作等。

（6）对系统和操作的影响

船载系统必须通过主动控制才能满足所有这些约束的要求，否则就由地面预先设计和控制整个时间进程。如上所述，发射以后地面与航天器的交互非常有限。对于不载人的航天器来说，这要求船载系统高度自动化，其结果就是船载系统的高度复杂化。解决上述的单个条件和约束并不难，但是，把所有的要求、条件和约束都考虑进去，使利用船载系统进行交会对接/停靠的自动控制技术成为一项非常复杂和艰巨的任务。

除了上面提到的一些约束条件，以及追踪和目标航天器大量的功能需求外，各自的地面控制中心的监控和高层控制，加上轨道和地面的通信和导航系统的基础设施，都增加了交会过程的复杂程度。自动交会和对接对空间和地面的最重要的功能需求如图 1—2 所示。

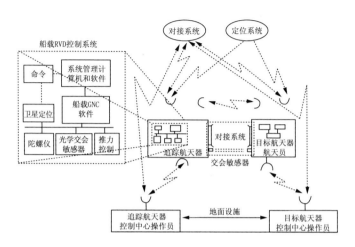

图 1-2　RVD 过程涉及的主要功能

　　就交会系统的开发和交会任务的准备工作而言，对各功能的操作使用及其性能进行单独验证和与系统综合在一起的验证是最困难和最关键的任务。把整个系统中的各项功能都在合适的环境中加以测试是不可能的，因为这样的环境只有在真正执行任务时才会实现。因此，验证在很大程度上只能通过模拟实验来完成。对于这些模拟实验本身的确认，又是一个挑战。

　　交会任务中，轨道和地面涉及多个方面，而且在交会任务的末段操作相对较快，因此对于地面环节来说，操作任务比对单个卫星的操控更加复杂，更具有挑战性。应该在有关各方之间建立正确的合作关系，适度地分配任务，建立有序的控制级别，以此来完成任务操作，并应对所有可能发生的突发事件。

1.3　目的和范围

　　本书的写作目的，在于给航天工程师提供关于航天器交会和对接/停靠问题的概要。本书旨在通过描述和阐述使该领域的学生和入门者能够掌握基本的情况，获得关于逼近和对接方案的管理策略，以及 RVD/B 的系统概念。尤为一提的是，本书为航天器系统工程师提供了一个获得有关 RVD/B 背景知识的平台。

本书从结构上将依序解答以下问题：

- 追踪航天器如何到达目标航天器，要实现这样的目标，需要什么样的机动和轨道要素？
- 要实施 RVD/B，需要什么样的船载功能？
- 实施 RVD/B 操作，还需要什么样的空间和地面功能来保障？
- 发射前怎样保证交会系统功能正常和操作的正确性？

第 2～5 章描述的是逼近策略，也就是为"追踪航天器如何到达目标航天器"提供了一个答案。第 2 章简要描述交会任务的各个阶段，包括撤离阶段；探讨了每个阶段的机动目标、终端条件和需要关注的主要问题。第 3 章介绍了轨道动力学和交会逼近所要用到的轨道和机动要素；导出和解释了有关轨道演化、持续时间和速度增量需求的各种机动性能。第 4 章讨论了容错和轨道安全要求，特别论述了外部摄动效应、对测量和推进误差的敏感性、偏差保护能力和避撞机动实施等问题。第 5 章着眼于影响逼近设计的所有其他一些操作问题和约束条件，讨论了目标航天器周围的对接端口和停靠箱的位置和姿态、敏感器特性、监控条件（照明和地面覆盖度）、安全区和逼近走廊等问题。

第 6～8 章讨论的是 RVD/B 所需要的船载功能，包括运算功能和设备功能。第 6 章描述了追踪航天器自动系统和人在环路里的制导、导航和控制（GNC）功能，并进一步讨论了自动任务和航天器管理（MVM）的功能，以及实施故障检测、识别和校正（FDIR）功能的可能性。MVM 功能负责支持、实施各种轨道和机动所需 GNC 模式的自动转换。第 7 章论述了用于轨道控制的最重要的敏感器的设计原则，提供了性能和操作范围的要求。第 8 章描述了对接和停靠概念、接触动力学和捕获问题、GNC 和对接系统之间的界面，以及不同类型的对接和停靠机构。

第 9 章讨论了地面控制中心和目标航天器航天员的任务。这一章论述了载人和不载人的航天器 RVD 任务的管理层次，还描述了空间和地面以及控制中心之间典型设置和通信基础设施的问题。本章还讨论了地面操作员和目标航天器上机务人员，对追踪航天器进行监控和交互时使用的支持工具，以及对支持工具的要求和概念。

第 10 章旨在回答"在发射前怎样验证和确认交会和对接过程中所有系统和其操作功能发挥正常？"。验证和确认是开发 RVD 能力最关键和最昂贵的步骤，不能把这一步骤仅仅理解为开发的最后一步，而要把它当成是整体的一部分，始于最初的任务概念，并伴随研发全过程。本章讨论了对航天器船载系统以及环境特征进行数学建模的可能性和局限性，涉及了验证用敏感器的刺激设备及各种模拟器，也讨论了和其他已被验证的模型、模拟器以及实际飞行数据相比较来确定新建模型和模拟器的可能性。

第2章 交会任务的各个阶段

本章旨在给读者简要介绍交会逼近过程的不同阶段，阐述和这些阶段相关的要点问题。希望读者通过本章熟悉交会任务的基本概念，为阅读后面章节带来便利。基于此目的，有些后面章节将要展开介绍的内容在本章中仅作简单介绍。

如图2-1所示，交会任务可以被分为若干主要阶段：发射段、调相段、远程交会段、近程交会段和对接段。本章给出了这些阶段最终允许追踪航天器与目标航天器连接的一系列运动学和动力学条件，也为读者概述各阶段要达到的目标、交会终端的条件和轨道实现的可能性，其中包括追踪航天器的制导、导航和控制系统的主要性能指标所要达到的大致量级。为使内容更加完整，又增加了一小节描述撤离过程、分离过程和离开目标航天器附近时的要点和约束条件。从对接到分离之间的过程，以及分离以后的阶段本章没有涉及，因为这两者从概念到要达到的目标来说是完全独立于交会任务的。

2.1 发射和入轨

2.1.1 发射窗口

由于地球的自转作用，地球表面上的任意一点会每天两次经过任意一个轨道面。然而，向东发射时会产生一个发射速度的增量，这是由于地球的自转而产生的切向速度（在赤道约等于463 m/s）的作用。另外，大多数发射场的发射方向都局限在有限范围内（如向海面发射），因此，实际上每天可以把航天器发射到特定轨道平面的机会只有一次。地球的自转速度为15（°）/h，发射点每分钟会偏移轨道面约 0.25°（此时忽略其他漂移）。因为刚发射时的速度相对还很低，因此修正轨道面偏移最有效的时机是在运载火箭升空后立即进行（由实际发射时间偏差带来的轨道面偏移）。而在入轨的最后阶段修正轨道面误差的代价会很大，如在 400 km 的轨道高度上，需要约 32 m/s 的速度增量去修正 1 min 的发射延迟（见式（3－20））。因此，发射窗口的大小，也就是发射位置在轨道面所拥有的时间裕度，将主要由操控人员的修正能力决定。

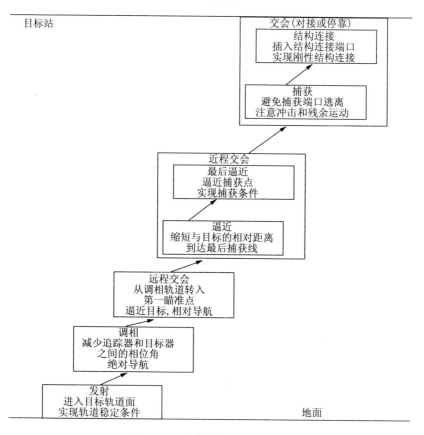

图 2－1　交会任务的主要阶段

2.1.2　轨道面和轨道参数的定义

本节简要给出轨道力学的一些概念和定义，为交会任务各阶段的讨论打下基础（详见第 3 章）。

地球轨道面在惯性空间的方向由 2 个角度定义（见图 2－2 和图 2－3）：

- 轨道倾角 i，即轨道面与地球赤道面的夹角，从赤道面起算；
- 升交点赤经 Ω，相对于一固连于惯性空间与赤道面垂直的参考平面的角度。

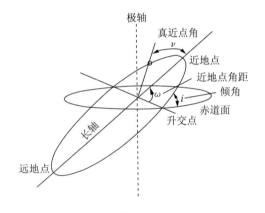

图 2－2　轨道参数的定义

由于地球的自转，必须在空间找到一个固定点来定义第 2 个参考面。适宜的固定点是赤道上的点，处在赤道面与地球绕日轨道面的交叉线上（黄道的）。

卫星轨道与赤道轨道面的交叉点被称为"交点"。升交点指的是卫星向北穿过赤道的点，降交点指的是向南穿过赤道的点。用来定义轨道面的第 2 个角 Ω，是春分点和升交点之间的夹角（见图 2－3）。这个角被称为"升交点赤经"（RAAN）。

椭圆轨道的长半轴 a 与短半轴 b、远地点和近地点位置以及近地点角距 ω，进一步定义了椭圆轨道的形状和特征。卫星在轨道上的瞬时位置由"真近点角"（ν）决定，是由轨道上从近地点起测量所得的角度。这些参数如图 2－2 和图 3－6 所示。

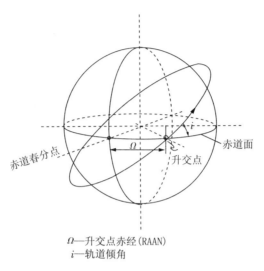

Ω—升交点赤经(RAAN)
i—轨道倾角

图 2－3　轨道面的定义

2.1.3　发射作业的适应度

为了给发射作业提供足够的适应性，在倒计时之前有更多的时间应对可能出现的问题，一般总会在发射窗口的前沿进行发射，标称发射时机一般会在发射窗口的中点段。如上所述，对轨道面误差的修正主要是在发射早期进行的，后续的调相和交会阶段也要具备修正能力，以修正发射残余偏差，获得标称到达时间，修正其他误差和干扰等。

2.1.4　发射末段航天器的状态

发射末段，追踪航天器已经被运载器（另外，若有必要，由其自身的推进系统）带入目标轨道平面的稳定轨道（事实上，目标轨道面在随时间漂移，因此追踪航天器将被注入虚拟目标轨道面，参见第 5.2.1 节）。追踪航天器可以处于一个较低的轨道，也可能处在目标后任意的一个相位角度（见图 2—4），其角度取决于目标的轨道参数和实际发射日期。

与运载器分离以后，航天器要把太阳能电池板和天线展开，还要激活所有子系统。这一阶段特别关键，如果火箭把飞船导入了不稳定轨道，亦即几个轨道周期后就会衰减的轨道，这时，所有必需的子系统和设备必须在第 1 个远地点能正常工作，以便能在近地点实施抬轨机动。

2.2 调相并转移到目标航天器轨道附近

2.2.1 调相的目标和终了状态

交会任务最初轨道阶段的目标是，利用较低轨道具有较短轨道周期的原理，缩小追踪航天器和目标航天器之间的相位角（见图 2—4）。在这一阶段中，发射引起的倾角和升交点赤经（RAAN）误差能相继得到修正。作为一条准则，所有调相机动都由地面控制。调相的最终目标是，要么获得"初始瞄准点"，要么在一定距离获得位置和速度的一定裕度，即所谓的"轨道门"或"门"。"初始瞄准点"或"门"的范围必须使最终的逼近过程成为可能。"初始瞄准点"或"门"应在目标航天器轨道上，或是非常接近目标航天器轨道，从这样的位置，相对远程交会作业才能开始。

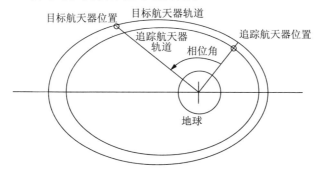

图 2—4 相位角的定义

2.2.2 修正时间偏差和轨道参数

根据发射末段相位角、对接之前的总时间约束，包括发射之后必要的轨道参数修正等，有很多调相策略、轨道和机动类型可供选择：

- 前向/反向调相；
- 圆/椭圆形调相轨道；
- 在圆轨道中改变轨道高度；
- 在椭圆轨道中改变远地点和近地点高度；
- 倾角的横向修正和 RAAN 修正。

对交会任务中到达时间的详细讨论参见第 5 章。

2.2.3 交会中参考坐标系

在发射和调相过程中，导航是以地心惯性坐标系中的绝对测量值为基础的。这时轨道通常使用地心坐标系表征，即在发射阶段，轨道参数采用地心赤道坐标（见 3.1.1 节）；在调相阶段，因机动主要发生在轨道面内，故采用轨道平面坐标系（见 3.1.2 节）。远程和近程交会阶段，在最后几圈，需要显示追踪器相对于目标器位置的轨道时，用以目标器为坐标中心（沿轨道一起运动）的坐标系分析追踪航天器相对于目标航天器的运动更为方便。这就是 3.1.3 节定义的"目标本体轨道坐标系"。其中一个坐标轴指向轨道曲线的方向，并用轨道速度矢量 V 命名为 V 轴；另一个坐标轴指向地心方向，并用半径矢量 R 命名为 R 轴；第三个坐标轴构成右手参考坐标系，指向轨道角动量矢量 H 方向，因而命名为 H 轴；坐标系的中心就是目标器的质量中心。图 2－5 分别显示了轨道平面坐标系和目标本体坐标系中目标器和追踪器的轨道。图 2－5 中，追踪航天器的轨迹轨道，其远地点在目标轨道上，近地点在距目标器轨道之下 Δh 处。

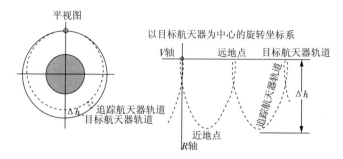

图 2-5 从平面视角（惯性坐标系）到以目标为中心的旋转坐标系

2.2.4 前向/反向调相

在追踪航天器发射时，若与目标之间的相位角太小（见图 2-4），直接从入轨点转移到目标点，其代价会非常高，因为向前调相要超过 360°。由于受到任务时间的限制，如有限的电池能源、在载人航天任务中有限的生命保障消耗品等，使这种方案排除在外。另外，在长时间的调相过程中，控制飞行姿态导致的推进剂消耗也是一个因素。出现上述情况，要考虑采取反向调相，把追踪航天器转移到比目标航天器高一些的轨道中，这样它可以向后漂移接近目标（见图 2-6）。通常情况下，要避免反向调相，因为转移到较高轨道需要以更高的速度增量为代价。

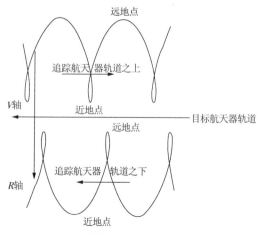

图 2-6 目标航天器轨道之下与之上的前向/反向调相

2.2.5　各个任务阶段的不同调相策略

　　航天器每次发射的发射日期不同，相位角度的条件也不同，因而没有固定的调相轨道或方案，每次发射都要重新计算轨道和机动量。如果相位角的不确定性较小，可以让追踪航天器在不同高度的轨道上漂移不同的时间来调整到达目标航天器的时间（见图5－22）。采用这样的方案，可以补偿因发射窗口的约束或是由于目标操作的延误而造成的时间上的偏差。有关到达时间的问题将在第5章中详述。

　　图2－7和图2－8表示了2个可能的调相方案。在第1个方案里，调相椭圆轨道的远地点和近地点都在确定的点上被及时抬高，这样却放慢了调相速率。要精心选择变轨点，以使航天器能在适当的时间到达初始瞄准点。如果航天器上载有全球定位系统（GPS），那么就可以持续保持必要的导航和机动精度。第2个方案是尽快地把追踪航天器的远地点提升到目标航天器的轨道高度。这样做，一方面需要更大的推力；但是另一方面，能够利用地面测量渐次把追踪器轨道的远地点调整到目标器轨道高度，而且从某种程度上讲，推进剂的消耗量较低。当自动船载导航不能使用时，这种方案更有其独特优势。上述2个例子说明，航天器的推进能力和可用的导航方式在调相方案的选择上能够发挥作用。近地点、远地点的抬升机动及霍曼转移机动将在3.2.2节中详细讨论。

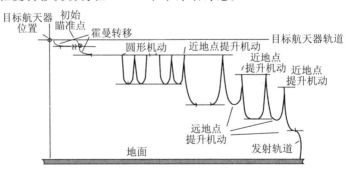

图 2－7　调相策略

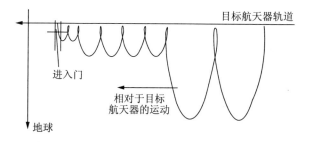

图 2—8　可供选择的策略：进入门

2.2.6　初始瞄准点的定位

调相的终点通常被称为"初始瞄准点"（见图 2—7；以及图 2—9 中的 S0）。然而，该终点并不是一个停泊点。第 1 个瞄准点的位置，是在 V 轴的正向还是负向，是处在目标器轨道的上方、轨道上还是处在下方，离目标器是远是近，取决于很多因素。其中，最重要的因素是目标对接端口的位置和对接轴的方向，以及交会初段要使用的导航敏感器的作用范围（5.3 节详细描述了对接端口位置和敏感器特性对逼近的影响）。这个瞄准点放置在目标之后稍微偏下的位置是最理想的选择，因为自然漂移会使追踪航天器不必用额外的推力就能慢慢地移向目标。在这样的漂移过程中，末次机动之后的残余偏差，如高度、离心率和非共面偏差（见 3.2.1 节中的定义）等，都可以得到修正。

2.2.7　进入门替代瞄准点方案

如前所述，可以用"进入门"方案代替固定瞄准点来完成调相阶段向远程交会段的转换（见图 2—8）。在这个方案中，先将远地点提升到目标器的轨道高度，然后提升近地点，减小调相速率。调相的最终目标是到达进入门，让 x，y，z 的位置和速度满足远程交会作业的初始条件。如果调相方案中所有轨道的远地点均在 V 轴上，且采用连续不间断逼近机动，这时这种方案的优越性就体现出来了。

此时，"门"条件应先用在交会作业之前最后一个远地点上。

2.2.8　开环机动的最终精度

调相过程中，机动经常开环实施，即首先计算机动量，然后执行机动操作，最后验证机动结果。由于一般的双脉冲机动的精度有限，为达到远程交会的初始瞄准点和进入门所需的精度，有必要在调相后期实施多次连续机动。出于安全原因（与目标相撞的危险），在允许范围内获得适当的圆轨道或椭圆形轨道的远地点高度至关重要。采用绝对导航的开环机动，如霍曼转移，最终获得的定位精度在高度方向上为几百米量级，在轨道方向为几千米的量级。开环机动中的误差，将在4.3节讨论。

2.3　远程交会作业

2.3.1　远程交会的目的和目标

在很多出版物里，这一过程被称为"寻的"，类似于飞机接近机场的导航学术语。远程交会阶段的主要目的在于减少轨道偏差，也就是获得近程交会操作必需的初始位置、速度和角度率条件。这一阶段的主要任务是获得目标轨道、减小逼近速度、与任务时间表保持同步。当追踪航天器和目标航天器之间可以进行相对导航时，远程交会就可以开始了。这一阶段的终点（见图2-9中S2点）通常是这样一个点，自该点始，可以沿标称的轨道，按固定的时间表启动标准的交会作业，这一特征对自动交会过程特别理想。

目标器的操作需求，可能导致远程交会的终点的位置受到限制。比如对ISS来说，"逼近椭球"定义为沿目标轨道方向长半轴2 km和短半轴1 km的椭球体（见5.6节的图5-24）。要求最终交会机动的逼近开始点位于逼近椭球之外。因此，远程交会的范围通常开始于与目标相距数十千米之外，止于距目标数千米之处。

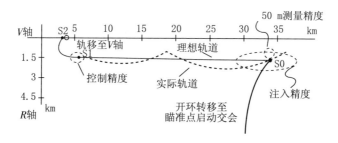

图 2-9 从调相轨道向交会轨道转移

2.3.2 交会时的相对导航

在调相过程中，所有机动都是基于追踪航天器上的敏感器（如 GPS）或地面提供的绝对导航测量来实现的。而交会操作（远程和近程交会）的导航是基于相对距离和方位（比如雷达测量的），或是直接基于追踪航天器和目标航天器之间的相对位置（如相对 GPS 或 RGPS）来完成的。调相末段最后的开环机动，要把追踪航天器带到相对导航敏感器的作用范围内，开始进行远程交会（有关型号和导航敏感的细节见第 7 章）。远程交会初始阶段，要求相对导航敏感器的测量精度大约在 100 m 量级。同样，远程交会最后阶段轨道的精度必须与近程交会开始阶段的精度要求相一致。通常要求的定位精度大约是数十米，测量精度大约是 10 m。

2.3.3 轨道因素和弹性时间因素

远程交会的轨道因素包括在圆轨道或椭圆轨道上的自由漂移、切向或径向转移（见 3.3.2 节）和保持点（见 3.3.3 节）。为了能把任务的时间表与外部事件（如日光照明、通信窗口和航天员操作时间等）协调一致，远程交会方案应把弹性时间因素包含进去。在调相过程中就用过这一方案，通过变换轨道高度可以获得或快或慢的调相速率。虽然这一技术在这里也可以应用，但因为追踪航天器现在离目标轨道很近，其他一些弹性时间方法也是可行的。最重要的一个因素，当然是在目标轨道上的停泊点，在停泊点上，航天器可以零标称 ΔV 长期停留。如果在 V 轴上运用这样一个停泊点，通常是在远程交会的最后阶段运用（图 2-10）。还有其他一些可能性，包括在目标轨道之下或之上的前向和后向漂移，或在平均轨道高度等于目标轨道高度的椭圆轨道上运行。有关时间弹性要素的更详细的讨论见 5.4.4 节。

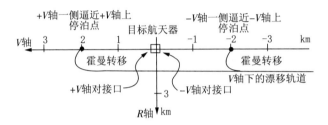

图 2-10　时间弹性因素：V 轴停泊点

2.3.4　与目标航天器的通信联系

一般来说，在远程交会阶段开始之前或刚刚开始，就要建立追踪航天器和目标航天器之间的通信联系。对于通信能力的需求往往是出于操作和安全的需要，也包括导航敏感器功能的要求（如 RGPS）。实际上，除了敏感器功能要求之外，在逼近到对接的整个过程中，两个航天器之间无须直接通信联系，也就是说所有通信联系可以通过地面来操控。然而，与地面的通信联系容易受到干扰，甚至出现中断。当交会任务中目标航天器有人时，出于安全考虑，要求在近程交会操作之前建立直接通信联系。目标航天器上的航天员必须能够监控即将到达的航天器的轨道和高度，能够控制追踪航天器，使它在两个航天器中的任何一个航天器发生问题时能够停止前进或后退。在出现危险情况时，航天员必须能够启动避撞机动。当两个航天器都不载人时，航天器之间建立直接通信联系就没有必要了。

2.4 近程交会操作

近程交会阶段通常分为两个子阶段:引导到最终逼近走廊的准备段,常称"接近",以及引导至对接的最终逼近段。也有无法区分接近段和最后逼近段的情况。比如,V 轴逼近,运动的方向保持一致,敏感器的种类也没有发生改变。

下列特征对近程交会操作的启动至关重要:轨道面外(轨道倾角,RAAN)误差和轨道面内误差均须修正到一定的精度;捕获之前的任务时间表与外部约束条件同步;相关各方,也就是两个航天器在空间和地面的各相关方,对对接前的操作做好准备。接近目标意味着操作的安全性至关重要,它要求轨道和船载系统的设计具有特别的安全特性,使地面操作人员和目标航天器的操作人员能够持续地监控和进行干预。

2.4.1 接近

2.4.1.1 接近要达到的目标和终点条件

接近段的目标是减小与目标的距离,获得最后逼近走廊的条件。这意味着在这一阶段的末期,追踪航天器的位置、速度、姿态和角速率,都应调整到安全走廊的限制范围内,做好在正确的逼近轴向进行最后逼近操作的准备。如果对接的逼近轴不在 V 轴方向,那么在接近段需要进行绕飞来获得逼近轴。由于对导航精度的要求不断增加,很多情况下,在最后逼近过程中要使用一种与前面阶段不同的敏感器。这时,接近寻的段末端要达到新的敏感器的使用条件。经验的方法是测量的精度大约为 1% 或者更高。

2.4.1.2 轨道因素和弹性时间因素

由于近程交会操作中安全性至关重要,轨道策略要考虑到,在不能执行推进机动(不管是完全不能,还是部分不能)的情况下,不会把航天器留在一条最终会导致碰撞的轨道上。关于接近段轨道的选择，有以下几点因素。

- 由于轨道特征的原因，纯切向机动极少采用（见图 4－11 和图 4－12）。

- 径向机动可以导致轨道偏心而不改变平均轨道高度，也就是在 V 轴上开始的径向机动，将产生静止椭圆（见图 4－13）。然而，如果由于导航误差的原因，在高于或低于目标轨道上的某处开始机动，会导致产生"移动的椭圆"，它移向或离开目标。该问题及其对策将在 4.4.2 节详细讨论。

- 如果接近段持续距离超过 2 000 m，由于需要相对较高的 ΔV 代价，不宜采用直线逼近法。

必须确保轨道控制停止以后，至少在若干圈内不会与目标碰撞。保持不碰撞的圈次数的多少，取决于目标航天器准备和执行逃脱机动所需的时间。

虽然在开始接近目标之前，任务时间表已与外部约束同步协调，但出于微调和操作的需要，仍然需要保留类似停泊点形式的调节时间。还要考虑交会过程会由于任何一个航天器出现的异常情况而长时间中断。在这种情况下，追踪航天器要回到安全距离停泊点，等待进行再次逼近。因此，轨道设计时要把返回停泊点的因素考虑进去。停泊点可以接近起始点，如果解决异常情况需要更多时间，也可以是距离目标更远的、更加安全的一点。

2.4.1.3　绕飞和 R 轴捕获

图 2－11 表示了 V 轴和 R 轴逼近的不同捕获策略。V 轴最后逼近可以由＋V 轴一侧或－V 轴一侧（见图 2－11 轨道（a）和轨道（b））的 V 轴停泊点直接开始。为了获得 R 轴逼近走廊，可以采取几种可行方案。

第 1 种方法是在 V 轴上的某点开始绕飞（见图 2－11 轨迹（c））。从 V 轴位置开始的好处在于操作灵活，因为在 V 轴停泊点上可以无限期停留。

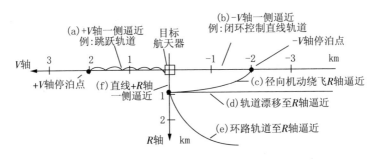

图 2—11　V 轴和 R 轴的最后逼近捕获

第 2 种方法是利用径向脉冲转移轨道最后阶段的自然向上运动，直接从比目标轨道（见图 2—11 轨道（e））低的一个轨道获得 R 轴轨道上的起始点。由于省略了中间轨道，这个方案的逼近时间短，推进剂消耗少，缺点是没有灵活的时间和缺少避免碰撞的安全特征。

第 3 种方法是采用图 2—11 中的轨道（d），该轨道在一个比目标轨道稍微低的轨道中向 R 轴逼近走廊漂移。它的优点是推进剂消耗低，本身就固有的避免轨道碰撞安全性。通过选择与目标轨道间的轨道高度差，可以获得很大的时间上的灵活性。

对于 R 轴逼近最终采用的方案取决于很多安全约束（见第 4 章）和操作约束（见第 5 章）。

2.4.2　最后逼近

2.4.2.1　逼近的目标和终端条件

最后逼近段的目标是获得对接和停靠捕获所需的位置、速度、相对姿态和角速率条件。最理想的逼近终端条件是把追踪航天器的对接面或捕捉面送到目标航天器对接机构的接受范围内，若是停靠，则把追踪器导引到目标捕获机械臂的端口内。对于被动捕获锁对接（碰撞对接），必须具备一定的轴向接近速度，才有所需的能量进行捕获锁操作。对于主动捕获锁对接（软对接），捕获锁是自动化的，由敏感器触动开启。这种类型的对接装置需要很低的接触速度才能进行操作（见 8.3.4 节和 8.3.5 节）。停靠时，追踪航天器上的机械手捕捉端口必须在一定空间范围内停留一段时间，以便机械手在此段时间范围内能够到达该空间。

2.4.2.2　最后逼近轨迹

最后逼近过程的轨道类型是闭环控制的直线轨道或者是由大量跳跃状小半圆组成的准直线轨道（见图 2-11 轨道（a））。第 1 种类型是自动船载控制系统的优选。由于第 2 种类型可以命令固定的推进脉冲，所以对人工控制逼近更为方便。例如，当目标图形的参考线越过摄像机或敏感器视野的水平中心线时，就可以采用第 2 种类型。在这一过程中，常用直线轨道或准直线轨道，一方面是由于交会敏感器视场有限，另一方面是由于对接端口要沿其对称轴相互嵌入。

2.4.2.3　导航和控制要求

初步估算时，要求导航测量精度约为所测距离的 1%，这样的精度同样适用于最后逼近段。这与对接的最后控制精度相吻合，而对接的最后控制精度取决于对接机械装置的捕获范围：横向位置几厘米，姿态 1°，轴向速率和横向速率 1 cm/s，角速率 1 (°) /s。

对于停靠来说，绝对位置和姿态的精度不是那么关键，也就是 5 倍于对接时的数值精度仍能够被接受。与之相反，线速度和角速度比对接时要低 80%。出于安全考虑，目标航天器可能要求追踪航天器上的反应控制系统在机械手捕获操作开始启动之前关闭。机械手的操作从开始到捕获可能会超过 60 s，在这段时间内，追踪航天器上的捕获接口必须保持在捕获范围之内。这也是为什么通过 GNC 系统获得停靠条件要比获得对接条件困难的原因之一（见 5.3.1 节）。

对于对接来说，GNC 系统还要满足一个附加条件。已经讨论过的 V 轴和 R 轴逼近，只是牵涉到标称对接轴。实际的对接轴会与标称对接轴有偏差。这是由于 1）姿态偏差，2）姿态控制运动，3）目标航天器的结构弯曲造成的。因此，追踪航天器捕获并跟随瞬时对接轴是很重要的（见图 2-12）。只有追踪航天器的导航系统能够辨认对接口的中心位置、跟踪对接轴的方向才能做到这一点。为了这一目的，交会敏感器除了能测量轴向和横向位置（或者是距离和方向），还必须能够测量追踪航天器和目标航天器对接口之间的相对姿态（见 6.2.3 节和图 6－12）。停靠则没有这样的要求。

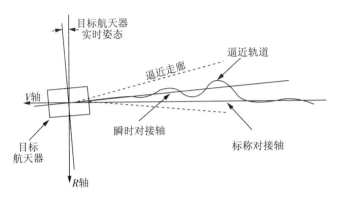

图 2－12　捕获瞬时对接轴

2.4.2.4　最后逼近段的其他约束

出于观测和安全原因，要界定出一个锥形的逼近空中走廊，逼近轨道须在其中。圆锥顶点设在目标航天器上的对接点，也就是来自于对接端口或停靠箱，有 10°～15° 的半锥角。这样的空中走廊能让地面操作人员或目标航天器上的航天员通过摄像机或其他敏感器来评估逼近轨道的精度。如果越出走廊边界，发出停止、后退或避撞机动的命令（有关逼近安全的详细要求，见第 4 章）。

当追踪航天器接近时，出现的另一个问题是喷气羽流对目标航天器的影响。可以主要归纳为 3 个方面的影响：

- 羽流的压力对目标航天器产生作用力；
- 羽流气体对目标航天器结构施加的热载荷；
- 燃烧产物和未燃推进剂对目标航天器表面的污染。

为了减小逼近速度，追踪航天器要在相反的方向加力，也就是推进器要直接向目标喷流。此外，要控制好追踪航天器的姿态，推进器的喷流可能指向任何方向。追踪航天器推进羽流对目标航天器有以下影响：

- 对姿态和位置产生干扰，干扰的大小取决于目标航天器的质量和惯性以及羽流压力的大小；
- 使表面部件和浅层结构过热；
- 污染目标航天器表面的敏感部件，尤其是光学部件，如交会敏感器上的反射镜和监控摄像机上的镜头，还有对接机构上的密封件。

为了尽量消除这些影响，应该在距目标一定距离时达到对接时最后的接触速度，并保持不变。最后的制动喷流应在与目标有一段距离时进行，这样气体的温度可以得到充分冷却，避免了对部件的损害；羽流微粒的密度在到达目标器表面时被大大降低，不至于显著聚集而造成污染。停靠时，这些影响不大，因为停靠箱总是被放置在机械手操作范围能到达的目标结构之外。

2.5　对接或停靠

2.5.1　目标和终极条件

当追踪航天器的 GNC 系统把捕获接口导入目标航天器的捕获范围内时，捕获过程就开始了。这一过程必须在对接端满足以下各方面的限制范围时实现：

- 逼近速度、横向偏差、角度偏差、横向速度和角速度；
- 位置和姿态的精度，停靠的残余线速度和角速度。

相应地，对接或停靠系统的任务和职责包括以下几方面：

- 达到捕获条件，也就是不用逃逸的条件（任务 1）；
- 缓冲两个航天器之间的相对运动（任务 2）；
- 拉紧（任务 3）；
- 形成刚性连接（任务 4）；
- 在航天器之间形成密封压力通道——通常在结构连接的过程

中获得（任务 5）；

- 建立数据、电力和可能的流动（推进剂、水、空气）连接接口（任务 6）。

8.1.1 节和 8.1.2 节将讨论如何通过对接和停靠完成上述任务。一旦完成这些任务，对接过程就宣告结束。随之而来的联合操作不是本书的讨论范围。

2.5.2 关于捕获问题的讨论

对接时，所有任务的完成都集中在对接机构上。停靠时，任务 1～任务 3 由机械手来完成，剩余的任务由停靠机械装置完成。对接和停靠之间的另一个不同点是停靠的捕捉端口，一个所谓的锚针装置，不需要固定在追踪航天器的其他对接部件的附近。实际上，为了更好地捕获和操作，捕捉端口与对接部件通常位于追踪航天器不同表面的不同位置上。

本章所讨论的最重要的交会功能就是捕获，因为它是交会过程的自然结果。其后，就任务的成功而言进行的结构连接和功能连接并不是那么重要；但是，这些任务相对于逼近、接触和捕获的动态过程，又是独立的。连接任务将在 8.4.1 节论述。

对接和停靠时捕获的基本区别在于，对接时，追踪航天器的机体受到主动控制，引导其捕获端口进入目标航天器的相应端口；而停靠时，机械手在扮演主动角色，引导锚锥装置去捕获另一个航天器上的被动锚针装置。因此，机械臂可以安放在任意一个航天器上，反过来讲，被动锚针装置也如此。图 2-13 表示了对接和停靠过程的基本区别，但接触和捕获端口发生的物理效果却是相似的。

因为接触时两个机体会产生回弹，然后再分开（见图 2-14），因此捕获必须在端口离开捕获容器有效区的极短的时间内完成。例如，当刚体以 0.1 m/s 的相对速度作自由运动进入机体开口直径为 0.1 m 的凹陷的固定锥体时，在 1 s 之内经两次回弹，刚体又会离开锥体（见图 2—14）。如何在此条件下完成捕获，并增加捕获的时间将在 8.3 节中详细讨论。

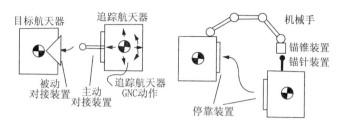

图 2—13　对接和停靠

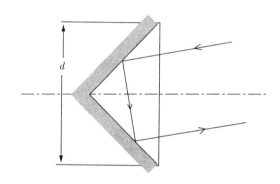

图 2—14　凹面锥体中的回弹轨迹

2.6　撤　离

2.6.1　撤离段的目标和终端条件

除了在轨组装任务外，所有交会任务最后都会有和目标航天器分离和撤离的过程。这一过程包括重启 GNC 系统，断开功能和结构连接，与目标航天器分离。这一阶段的终端条件包括撤离航天器向不可逆轨道的转移，并到达距航天器足够的安全距离之外，以便执行大推力、离轨机动。

2.6.2　撤离的限制和问题

打开结构锁以后，要对撤离航天器的质心（CoM）加一个推力（假设目标站保持被动）来获得足够的撤离速度。这通常也是撤离航天器推进系统的任务。然而，要获得要求的安全撤离轨道需要足够的脉冲推力，这意味着在非常接近目标航天器的表面时要有一个相对很强的喷射。其可能产生的热载和表面污染问题已在 2.4.2 节中进行过讨论。解决这些问题的方法包括：进行最初的机动步骤时，在结构锁分离时施加弹簧力，为最初几米的运动提供冲力，然后在与对接口呈直角的方向加推力。另一个约束条件是要通过传感器或摄像机来观测撤离轨道，就像观测最后逼近段轨道一样。为此要设计类似于对接走廊的撤离走廊。

图 2—15 和图 2—16 中分别表示了从 $-V$ 轴和 R 轴对接端口看到的典型的撤离轨道和撤离走廊。在这个例子当中，机动策略都满足了羽流对目标站影响最小并且撤离轨道处在撤离走廊内的要求。

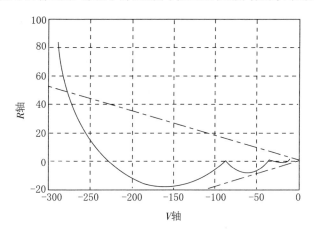

图 2—15　$-V$ 轴撤离

图 2—15 表示的从 V 轴撤离的策略中，假设用对接机构分离装置的弹力把最初的小速度增量 0.06 m/s 加于撤离航天器上。引出的

轨道会很快离开撤离锥体，该锥体被假设有 $10°$ 的半锥角。150 s 后，为减少羽流对航天器的冲击，在 $-R$ 轴方向施加 0.05 m/s 的首次脉冲。420 s 后，进一步在径向施加 -0.08 m/s 的机动，以保持航天器处在撤离走廊内。720 s 后，在大约 80 m 的距离，径向和轴向同时分别施加推力，各产生 -0.2 m/s 的速度增量，这样羽流对目标航天器便不会产生很大冲击。撤离走廊一般被界定在几百米的距离内，以后撤离轨道可以呈任意形状，只要它远离目标航天器就行。

　　处于这样的撤离走廊中的轨道本身并不安全，因为在失控状态下，所形成的自由漂移轨道会导致与目标站相撞的风险。在此情况下，最后的办法是启动避撞机动（见 4.5 节）。如果这样，目标航天器就必须要承受一些潜在的羽流冲击。在 $+V$ 轴一边相应的撤离轨道，可以通过在 R 轴和 V 轴轴上反射 $-V$ 轴轨道来获得。

　　从 R 轴对接端口或停靠点撤离的安全问题和污染问题，并不是那么严重。因为撤离航天器的质心会在 V 轴的下面，解锁后自然会向下或向前运动（见图 2—16）。为了保持在撤离走廊内，最初的推力和最后的撤离点火，会在 $-V$ 轴方向上，也就是不会像 V 轴撤离那样朝向目标表面。

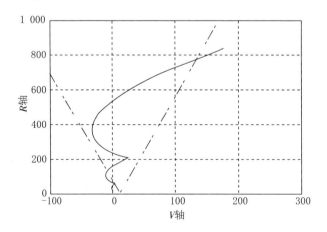

图 2—16　R 轴撤离

　　在上述例子中，假定撤离航天器的质心在目标航天器质心下方 10 m 处，从对接装置的弹簧上获得 0.06 m/s 的 ΔV。这将导致 300 s 后在 $+R$ 轴方向的位置变化约为 1.7 m。在那点上，在 $-V$ 轴方向加上一个 0.06 m/s 的小推进机动。以后，为了使轨道保持在撤离走廊之内，可以在 $-V$ 轴加推进力。只有在距离大于 200 m 时，才能应用最终撤离机动。这会给 $-V$ 轴方向加上一个很大的推进力。

　　与逼近轨道相对照的是，撤离轨道的精度要求呈递减趋势，原则上撤离锥体宽度的要求不会像上面两个例子中那么狭窄。撤离锥体轴甚至可随自然运动相对于 V 轴呈任意角度。然而，为了监控轨道的安全状况，撤离锥体必须位于摄像机的视野范围里。

　　如本节所示，撤离策略由两个或更多的脉冲机动组成，因此也就变得简单直接了。就轨道实现来说，因为撤离过程的复杂程度相对较低，相应地对相关敏感器和 GNC 的需求的讨论在逼近阶段也充分涉及了，因此本书后面的内容只关注交会过程。

第 3 章　轨道动力学和轨道要素

本章将介绍轨道计算的基本方程，讨论在空间交会任务中使用的最重要的轨道类型的特性。在 3.1 节和 3.2 节中，定义了参考坐标系，详述了在轨道平面坐标系中，椭圆和圆形轨道的运动规律，其中介绍的运动方程在发射和调相操作过程中使用起来非常方便。在 3.3 节和 3.4 节中，论述了追踪航天器和目标航天器之间的轨道问题，这种轨道通常应用在远距离和近距离的空间交会逼近中，在目标"本体轨道坐标系"中，它们被认为是相对轨道。本章中，仅考虑理想的、没有干扰的轨道模型，并且其中必需的速率改变或施加的连续推力以及因此而产生的位置变化都是在理想条件下得到的。第 4 章将对轨道的主要干扰源进行详细论述。

3.1　参考坐标系

本小节的目的是定义本书中所使用的坐标系，以便描述航天器的轨道运动（其中包括绝对轨道、相对轨道以及姿态运动）以及这些运动与航天器几何特征之间的关系。每一个坐标系 F_i 都由其坐标原点 O_i 和一组正交矢量 a_1，a_2，a_3 确定。通常使用以下 3 种坐标系：

- 轨道参考坐标系。描述相对于惯性空间和地球的轨道方位，以及航天器在轨道内的运动。
- 航天器本体轨道参考坐标系。描述航天器相对于轨道内某一特定点或相对于另一航天器的运动。
- 航天器姿态/机体坐标系。描述航天器相对于其质心的动力学和运动学过程（姿态、姿态机动），描述航天器的几何特性或航天器上某一特殊点的特性。

3.1.1　地心赤道坐标系 F_{eq}

F_{eq} 坐标系用来描述环绕地球地心的相对于固定惯性方向的轨道运动。假设地球是一个正球形（它的几何中心就是它的质心，也是运动轨道的焦点），如图 3-1 所示。

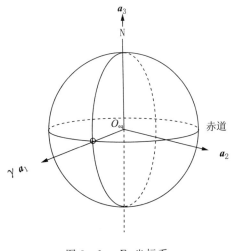

图 3-1　F_{eq} 坐标系

从图 3-1 可知：

- 原点 O_{eq}：地球的中心（地心）；
- 坐标轴 a_1：在赤道平面内，指向春分点；
- 坐标轴 a_2：在赤道平面内，满足 $a_3 = a_1 \times a_2$；
- 坐标轴 a_3：在赤道平面的法线方向，指向北极。

F_{eq} 坐标系可以看作是准惯性坐标系。

3.1.2　轨道平面坐标系 F_{op}

F_{op} 坐标系仅用来描述轨道平面内的运动，如图 3-2 所示。

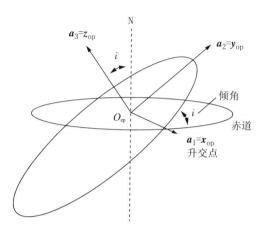

图 3-2　F_{op} 坐标系

从图 3-2 可知：

- 原点 O_{op}：地球的中心；
- 坐标轴 a_1：在轨道平面内，指向升交点；
- 坐标轴 a_2：在轨道平面内，满足 $a_3 = a_1 \times a_2$；
- 坐标轴 a_3：指向轨道平面的法线方向，与北极方向的夹角为 i。

由地心赤道坐标系 F_{eq} 到轨道平面坐标系 F_{op} 的坐标变换，可以通过将 Z_{eq} 旋转升交点赤经角度 Ω（见图 2-3），再将通过交点的坐标轴旋转倾角 i 得到

$$\begin{bmatrix} x_{op} \\ y_{op} \\ z_{op} \end{bmatrix} = \begin{bmatrix} 1 & 0 & 0 \\ 0 & \cos i & \sin i \\ 0 & -\sin i & \cos i \end{bmatrix} \begin{bmatrix} \cos\Omega & \sin\Omega & 0 \\ -\sin\Omega & \cos\Omega & 0 \\ 0 & 0 & 1 \end{bmatrix} \begin{bmatrix} x_{eq} \\ y_{eq} \\ z_{eq} \end{bmatrix}$$

F_{op} 坐标系可以用来描述轨道的转移机动。

3.1.3　航天器本体轨道坐标系 F_{lo}

F_{lo} 坐标系用来描述相对于某一绕地球中心在轨运行航天器的实时位置和方向的运动，如图 3-3 所示。

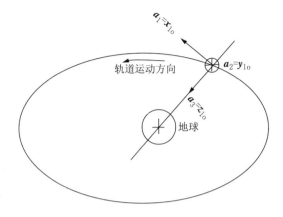

图 3-3 F_{lo} 坐标系

从图 3-3 可知：

- 原点 O_{lo}：航天器的质心。
- 坐标轴 a_1：$a_1 = a_2 \times a_3$（a_1 在轨道速度矢量方向上，但并不是必须对准此方向），在有关空间交会的文献著作中，此坐标也称为 V 轴。
- 坐标轴 a_2：在轨道角动量矢量的反方向上，在有关航天器空间交会的文献著作中，此坐标也称为 H 轴。
- 坐标轴 a_3：在由航天器的质心指向地球中心的径向方向上，在有关空间交会的文献著作中，此坐标也称为 R 轴。

通过建立这样一个坐系，就能够定义目标航天器和追踪航天器的本体轨道坐标系。追踪航天器的逼近轨道通常显示在目标航天器的本体轨道坐标系中。这种坐标系通常被称为本体—垂直/本体—水平坐标系（LVLH）。

由轨道平面坐标系 F_{op} 到航天器本体轨道坐标系 F_{lo} 的坐标转换可通过如下变换得到：将 z_{op} 轴旋转轨道相位角 ϕ，ϕ 是从升交点开始度量的，再将 x_{lo} 轴旋转 90° 指向轨道速度矢量方向，z_{lo} 轴旋转 90° 指向地球中心。对于一个圆形轨道来说，$\phi = \omega t$。对于在大部分交会任务中使用的近似圆形轨道，其坐标变换可按下列公式近似计算。

$$
\begin{bmatrix} x_{\mathrm{lo}} \\ y_{\mathrm{lo}} \\ z_{\mathrm{lo}} \end{bmatrix} = \begin{bmatrix} 1 & 0 & 0 \\ 0 & 0 & -1 \\ 0 & 1 & 0 \end{bmatrix} \begin{bmatrix} 0 & 1 & 0 \\ -1 & 0 & 0 \\ 0 & 0 & 1 \end{bmatrix} \begin{bmatrix} \cos\phi & \sin\phi & 0 \\ -\sin\phi & \cos\phi & 0 \\ 0 & 0 & 1 \end{bmatrix} \begin{bmatrix} x_{\mathrm{op}} \\ y_{\mathrm{op}} \\ z_{\mathrm{op}} \end{bmatrix}
$$

3.1.4　航天器姿态坐标系 F_a

航天器姿态坐标系用来描述航天器自身的旋转，通常也被称为"机体坐标系"。然而，航天器在飞行过程中，由于推进剂的损耗，其质心可能会移动，因此此坐标系并不严格固定于航天器的几何中心。

航天器姿态坐标系的标称方向取决于其任务的机动策略。坐标轴 a_1 可以指向轨道速度矢量方向，也可以指向地球、太阳或其他方向。例如，在空间交会对接任务的最后阶段，坐标轴 a_1 通常指向对接轴方向。横向坐标轴 a_2 的方向通常和轨道角动量矢量的方向相同或相反。如图 3-4 所示。

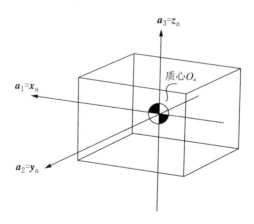

图 3-4　航天器姿态坐标系

从图 3-4 可知：

· 原点 O_a：航天器的质心；

· 坐标轴 a_1，a_2，a_3 的方向取决于任务要求以及任务的各个阶段，$a_3 = a_1 \times a_2$ 满足右手定则。

由 LVLH 坐标系 F_{lo} 到航天器姿态坐标系 F_a 的坐标变换可通过对坐标系进行各个姿态角 α_z （方位角），α_y （仰角），α_x （旋转角）的旋转得到，公式如下

$$\begin{bmatrix} x_a \\ y_a \\ z_a \end{bmatrix} = \begin{bmatrix} 1 & 0 & 0 \\ 0 & c\alpha_x & s\alpha_x \\ 0 & -s\alpha_x & c\alpha_x \end{bmatrix} \begin{bmatrix} -s\alpha_y & 0 & c\alpha_y \\ 0 & 1 & 0 \\ c\alpha_y & 0 & s\alpha_y \end{bmatrix} \begin{bmatrix} c\alpha_z & s\alpha_z & 0 \\ -s\alpha_z & c\alpha_z & 0 \\ 0 & 0 & 1 \end{bmatrix} \begin{bmatrix} x_{lo} \\ y_{lo} \\ z_{lo} \end{bmatrix}$$

式中　$s\alpha = \sin\alpha$；

　　　　$c\alpha = \cos\alpha$。

3.1.5　航天器几何坐标系 F_{ge}

这类坐标系用来描述航天器与各种设备位置和方向有关的平移和旋转，这些设备包括敏感器、推进器、空间对接机构等，如图 3-5 所示。

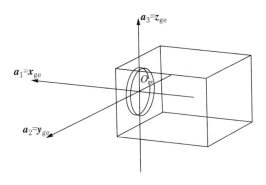

图 3-5　F_{ge} 坐标系

从图 3-5 可知：

- 原点 O_{ge}：航天器上某一特殊点，例如定义航天器坐标系原点的点，定义对接坐标系的空间对接端口的中心，定义测量坐标系的敏感器的中心；
- 坐标轴 a_1，a_2，a_3：与姿态坐标系相同或相差某一固定的角度。

由航天器姿态坐标系到某一几何坐标系的坐标变换，可先将 x，y，z 从航天器质心平移到 O_{ge}，然后再绕坐标系原点旋转固定的角度 ϕ_x，ϕ_y，ϕ_z 即可。在此变换中，必须知道航天器质心的瞬时位置。

3.2　轨道动力学

3.2.1　围绕某一中心体的轨道运动

可以从开普勒定律和牛顿定律得到围绕某一中心体的轨道运动方程。这些方程的详细推导过程在许多教科书中都有论述，例如 Kaplan（1976），Roy（1988），Renner，Nauck & Balteas（1988），Wertz & Larson（1991），Carrou（1995）和 Sidi（1997）等。

为了使读者能够理解空间交会轨道，这里仅论述其中最重要的关系式。

这些关系式在没有干扰的球形引力场的条件下成立（关系式在轨道平面坐标系中已给出）。

结合牛顿的万有引力定律，得到

$$F = -G\frac{m_c m_s}{r^2} \tag{3-1}$$

由牛顿第二定律，关于外力和加速度的关系，得到

$$F = m_s \ddot{r} \tag{3-2}$$

由以上两式可得轨道运动方程

$$\ddot{r} = -\frac{\mu}{r^2} \tag{3-3}$$

在上述方程中 $G = 6.674 \times 10^{-11}$ Nm^2/kg^2，G 为一普适常数，叫做引力常量，m_c 为中心物体的质量，m_s 为卫星的质量，r 为二者中心间的距离。项 $\mu = G \cdot m_c$，是轨道所环绕的天体的引力常数。地球的引力常数 $\mu_E = 398\,600$ km^3/s^2。方程（3-3）的解为

$$r = \frac{p}{1 + e\cos\nu} \tag{3-4}$$

其中，p 为轨道截线的半通径，它决定了截线的几何范围；e 是偏心率；ν 是从近心点测量的极坐标夹角（真近点角）。这是圆锥曲线的基本方程。其推导证明见文献 Roy（1988），Renner et al.（1988）和 Sidi（1997）。e 值决定了轨道曲线的形状：

当 $e=0$ 时，轨道线是一个圆；

当 $0<e<1$ 时，轨道线是一个椭圆；

当 $e=1$ 时，轨道线是一个抛物线；

当 $e>1$ 时，轨道线是一个双曲线。

空间交会轨道有 4 种可能的圆锥截线：圆、椭圆、抛物线、双曲线，这里仅讨论前两种情况。

3.2.1.1　椭圆轨道

在椭圆形轨道中，在远心点时，$\nu=180°$，方程（3—4）可转化为

$$r_a = \frac{p}{1-e}$$

在近心点时，$\nu=0$，方程（3—4）可转化为

$$r_p = \frac{p}{1+e}$$

由于 $r_a+r_p=2a$，所以参数 $p=a(1-e^2)$，则椭圆形轨道的极坐标方程为

$$r = \frac{a(1-e^2)}{1+e\cos\nu} \tag{3—5}$$

真近点角 ν，半长轴 a 和偏心率 e 的定义见图 3—6 以及第 2 章中的图 2—2～图 2—4。偏心率 e 可以用半长轴 a，远心点半径 r_a 和近心点半径 r_p 的方程表示

$$\left.\begin{array}{l} r_p = a(1-e) \\ r_a = a(1+e) \end{array}\right\} \tag{3—6}$$

在地球轨道中，远心点和近心点也被称为远地点和近地点。

真近点角的角速度可以从开普勒第二定律得出，由 $h=\sqrt{\mu p}=\sqrt{\mu a(1-e^2)}$ 以及轨道确定的角动量，$h=\dot{\nu}r^2$。由以上关系式和方

程（3－5）中的 r，可以得到

$$\dot{\nu} = (1 + e\cos\nu)^2 \sqrt{\frac{u}{a^3(1-e^2)^3}} \qquad (3-7)$$

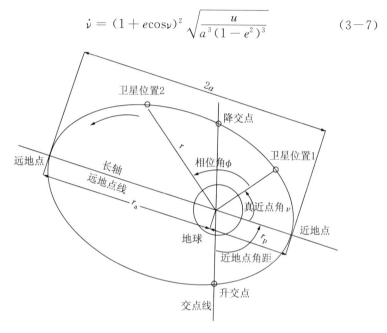

图 3－6　在地球轨道中轨道根数的定义

通过对方程（3－7）在一个轨道周期内积分，可得椭圆形轨道的轨道周期为

$$T = 2\pi \sqrt{\frac{a^3}{\mu}} \qquad (3-8)$$

由方程（3－8）可将椭圆形轨道的平均角速度定义为

$$n = \frac{2\pi}{T} = \sqrt{\frac{\mu}{a^3}} \qquad (3-9)$$

由能量守恒定律可知，$E = \frac{V^2}{2} - \frac{\mu}{r} = -\frac{\mu}{2a}$，由此可得轨道方向的速度为

$$V = \sqrt{\mu\left(\frac{2}{r} - \frac{1}{a}\right)} \qquad (3-10)$$

追踪航天器和目标航天器在 Δt 时间间隔内的平均相位差为 $\Delta \Phi = (n_c - n_t) \Delta t$。由方程（3—9）可得，每绕目标轨道旋转一圈，追踪航天器比目标航天器相位超前

$$\Delta \Phi = 2\pi \left(\frac{1}{T_c} - \frac{1}{T_t}\right) T_t = 2\pi \left(\frac{T_t}{T_c} - 1\right) \qquad (3-11)$$

其中，T_t 为目标航天器的轨道周期，T_c 为追踪航天器的轨道周期。

3.2.1.2　圆轨道

圆轨道在空间交会轨道的应用中最为重要，因为所有的空间交会任务都是在准圆形地球低轨道（LEO）中执行的。如设定 $a = r$，$e = 0$，则可以从以上的椭圆形轨道方程中得出圆轨道方程。

在圆轨道中，真近点角速度与轨道的角速度相等，即 $\omega = \dot{\nu}$

$$\omega_{\odot} = \sqrt{\frac{\mu}{r^3}} \qquad (3-12)$$

圆形轨道的径向速度为

$$V_{\odot} = \sqrt{\frac{\mu}{r}} \qquad (3-13)$$

轨道周期为

$$T_{\odot} = 2\pi \sqrt{\frac{r^3}{\mu}} \qquad (3-14)$$

3.2.2　轨道修正

在本节关于轨道修正的论述中，假定所有的机动都是脉冲式的，即其速度在实施机动的时刻发生瞬时变化。这是一个近似，可从原理上充分便捷地解释其影响。精确机动的计算需要考虑有效的最大推力量级和达到要求的 ΔV 所必需的推力持续时间。

3.2.2.1　在远地点和近地点的抬轨机动

在近地点（见图 3—7），沿着轨道速度矢量的切向推力可以增大轨道半长轴的长度，从而提升远地点的高度。由方程（3—10）可知，为了达到新的半长轴 a_2，所需的 ΔV 为

$$\Delta V_{\mathrm{p}} = V_{\mathrm{p2}} - V_{\mathrm{p1}} = \sqrt{\mu}\left(\sqrt{\frac{2}{r_{\mathrm{p}}} - \frac{1}{a_2}} - \sqrt{\frac{2}{r_{\mathrm{p}}} - \frac{1}{a_1}}\right) \quad (3-15)$$

V_{p1} 和 V_{p2} 分别为机动前和机动后在近地点的速度。为了提高近地点，必须在远地点沿着轨道速度矢量的方向提供一个相应的切向推力

$$\Delta V_{\mathrm{a}} = V_{\mathrm{a2}} - V_{\mathrm{a1}} = \sqrt{\mu}\left(\sqrt{\frac{2}{r_{\mathrm{a}}} - \frac{1}{a_2}} - \sqrt{\frac{2}{r_{\mathrm{a}}} - \frac{1}{a_1}}\right) \quad (3-16)$$

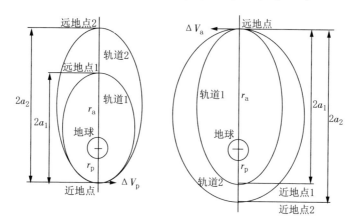

图 3-7　远地点和近地点的提升机动

V_{a1} 和 V_{a2} 分别为机动前和机动后在远地点的速度。因为 $r_{\mathrm{p}} = a(1-e)$，$r_{\mathrm{a}} = a(1+e)$，从中可以看出，在近地点增大速度可以增大轨道的偏心率，而在远地点增大速度则可以减小轨道的偏心率。

在圆形轨道上实施的远地点和近地点相结合的机动就是著名的霍曼型转移（Hohmann，1925）（见图 3-8），由方程（3-10）和方程（3-13）可得

$$\Delta V_{\mathrm{p}} = \sqrt{\mu\left(\frac{2}{r_1} - \frac{1}{a}\right)} - \sqrt{\frac{\mu}{r_1}} \quad (3-17)$$

和

$$\Delta V_{\mathrm{a}} = \sqrt{\frac{\mu}{r_2}} - \sqrt{\mu\left(\frac{2}{r_2} - \frac{1}{a}\right)} \quad (3-18)$$

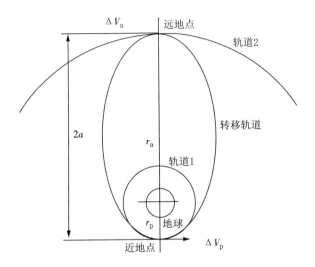

图 3-8 在霍曼型转移中各个轨道之间的关系

椭圆转移轨道的半长轴为

$$a = \frac{r_1 + r_2}{2} \tag{3-19}$$

3.2.2.2 倾角和升交点赤经误差修正

由图 2-2 的定义可知，倾角 i 和升交点赤经（RAAN）Ω 可以确定一个轨道平面。如果仅仅想要改变轨道平面，则 ΔV 的方向必须和轨道平面垂直。轨道平面内的任何 ΔV 分量都可能引起轨道大小或偏心率的改变，或者两者同时改变。此外，因为新轨道要穿过机动实施点，所以必须在目标轨道和初始轨道的交点处进行 ΔV 修正。因此，如果要改变倾角，就必须在升交点或降交点进行 ΔV 修正，如果要改变升交点赤经（RAAN），就必须在升交点和降交点的角平分线上进行 ΔV 修正。

然而，由于单纯的改变轨道平面的机动相对来说代价较高，因此常将轨道平面角度修正和轨道内转移机动结合使用。由余弦定理可知

$$\Delta V = \sqrt{V_i^2 + V_f^2 - 2V_i V_f \cos\varphi} \tag{3-20}$$

其中，φ 是初始轨道平面和最终轨道平面之间的夹角（见图 3-9）。

当出现发射误差或由于 J_2 干扰的影响而导致交点漂移（见 4.2.3 节）时，需要进行轨道平面修正。

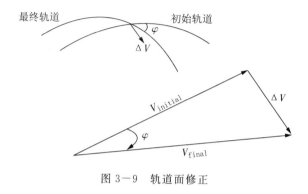

图 3-9　轨道面修正

J. Legenne 在 Carrou（1995）中对发射和调相轨道机动进行了详细讨论。

3.2.3　在目标参考坐标系中的运动方程

在 3.2.1 节中论述的轨道运动方程，是描述轨道平面坐标系 F_{op} 中的轨道。当追踪航天器距目标航天器较远时，用此坐标系定义的轨道方程来进行轨道分析十分简便。然而，当两个航天器距离较近时，可以假定其中的一个航天器是固定不动的，这样在研究它们之间的相对运动时就会更加简便。因此，在进行空间交会轨道分析时，最好使用以目标航天器质心为原点的参考坐标系，即把追踪航天器的运动描述为坐在目标航天器内的一个航天员所能观察到的运动。这个坐标系就是目标航天器本体轨道坐标系 F_{lo}，在 3.1 节已进行过定义。

在圆形轨道中，相对运动方程就是希尔方程（见附录 A）

$$\left.\begin{aligned}
\ddot{x} - 2\omega \dot{z} &= \frac{1}{m_c} F_x \\
\ddot{y} + \omega^2 y &= \frac{1}{m_c} F_y \\
\ddot{z} + 2\omega \dot{x} - 3\omega^2 z &= \frac{1}{m_c} F_z
\end{aligned}\right\} \qquad (3-21)$$

在式（3—21）中，$\omega = 2\pi/T$ 是圆形目标轨道的角频率，m_c 是追踪航天器的质量。追踪航天器的运动会受到加速度 $\gamma_{x,y,z} = F_{x,y,z}/m_c$ 的影响。方程组（3—21）是线性微分方程组，可以通过拉普拉斯变换求解。因为追踪航天器和目标航天器之间的距离与它们距地球中心的距离相比很小，在这一条件下，W. H. Clohessy 和 R. S. Wiltshire 从希尔方程中导出了相对运动方程的线性解（Clohessy & Wiltshire 1960）。

从附录 A 中可以看到，Clohessy-Wiltshire（CW）方程是如何从方程组（3—21）中推导出来的，其中既有齐次解（无输入时），又有特殊解。在特殊解中，考虑了具有恒定幅度的输入脉冲的特殊情形。这种情形对航天器应用来说具有特殊意义，因为所有的喷气式推进器产生的都是幅度恒定的脉冲推力。然而遗憾的是，这种特殊解的数学表达式比较复杂，这种表达式对计算机来说处理起来绰绰有余，但是在轨道特性的讨论分析中却较难理解。为了简化对各种轨道模型的讨论，假定推进机动具有脉冲特性，即速度的变化是阶跃的，并且假定在所研究的时间间隔内，无论是由推进器还是由各种外部干扰产生的加速度 $\gamma_{x,y,z}$ 都是常数。在恒定外力作用下的解可以看成是方程（A.43）～（A.47）的特殊情况，可以假定脉冲推力的初始时间 $t_1 = 0$，结束时间 $t_2 = t$，从而求得其解。在常外力作用下得出的运动方程为

$$x(t) = (\frac{4\dot{x}_0}{\omega} - 6z_0)\sin(\omega t) - \frac{2\dot{z}_0}{\omega}\cos(\omega t) + (6\omega z_0 - 3\dot{x}_0)t +$$

$$(x_0 + \frac{2\dot{z}_0}{\omega}) + \cdots + \frac{2}{\omega^2}\gamma_z[\omega t - \sin(\omega t)] +$$

$$\gamma_x\{\frac{4}{\omega^2}[1 - \cos(\omega t)] - \frac{3}{2}t^2\}$$

$$y(t) = y_0\cos(\omega t) + \frac{\dot{y}_0}{\omega}\sin(\omega t) + \frac{\gamma_y}{\omega^2}[1 - \cos(\omega t)]$$

$$z(t) = (\frac{2\dot{x}_0}{\omega} - 3z_0)\cos(\omega t) + \frac{\dot{z}_0}{\omega}\sin(\omega t) + (4z_0 - \frac{2\dot{x}_0}{\omega}) + \cdots +$$

$$\frac{2}{\omega^2}\gamma_x[\sin(\omega t) - \omega t] + \frac{\gamma_z}{\omega^2}[1 - \cos(\omega t)]$$

$$（3—22）$$

由于线性化的原因，CW 方程的精确度随着与坐标原点距离的增加而降低。在 LEO 轨道的空间交会任务中，当距离原点数十千米处的位置时，误差是十分明显的。例如，由于轨道曲率的影响，在 z 轴方向的误差 $\Delta z = r\left(1 - \cos\dfrac{x}{r}\right)$，对于一个 $h = 400$ km，$r = 6\,766$ km 的轨道来说，当距离 $x = 10$ km 时，$\Delta z = 7.5$ m，当 $x = 30$ km 时，$\Delta z = 66.5$ m。如果按照实际的圆形轨道，将 x 轴定义为曲线坐标，那么 CW 方程的有效范围将显著增大。

人们已经做过许多尝试来解决希尔方程（3—21）和椭圆形轨道（Wolfsberger 1983；Carter 1998）的问题。在 Yamanaka & Ankersen（2002）的文献中介绍了一种很好的方法，其中就把 CW 方程作为椭圆的偏心率等于 0 的特殊情况。然而，关于椭圆轨道的研究并不在本书的讨论范围之内，因为所有的空间交会任务都是在圆形轨道内进行的，所以关于椭圆形轨道的讨论，对理解当前基本的轨道空间交会任务没有任何帮助。

3.3　关于轨道类型的讨论

本节的目的是通过描述追踪航天器的运动及其轨道的特性，为理解以后章节所讲的轨道安全以及逼近/撤离策略，打下良好的基础。今后，讨论的所有的轨道，都是定义在目标本体坐标系 F_{lo} 中的。其中的轨道要素可以根据讨论的目的分成 3 种类型：

- 自由漂移轨道。该轨道模型是在一系列初始条件的作用下形成的，如初始位置、初始速度，不受推力冲量或外力的作用。
- 脉冲式机动轨道。该轨道模型是在一系列初始条件的基础上，加上速度的瞬时改变，从而形成推进机动。
- 连续推力轨道。该轨道模型是在一系列初始条件的基础上，加上轨道上控制力（开环的）的连续作用而形成的。

以上分类并没有严格地按照轨道动力学的理论来进行。例如，它并没有区分某一速度 V 是初始时间 t_0 时的初始条件，还是在时刻 t_0 时的阶跃响应。同样，在实际情况中推进机动并不全是脉冲式机动。事实上，由于有效推力的量级有限，推动力必须作用一段特定的时间后才能达到要求的 ΔV。以上分类方程是根据实际应用中的典型问题进行分类的。在实际应用中，应该知道以下内容：

1）在没有推动力或其他外力作用时，轨道的发展变化；

2）当受某一特殊的推力机动时，轨道的发展变化；

3）当需要进入某一特定轨道时，需要施加的推动力或外力。

本书试图将在交会逼近和撤离任务中使用的、最重要的轨道类型都包含到所讨论的轨道类型中。然而，在实际任务中，大部分轨道都是受闭环控制的，且易于受到外部和内部干扰的影响。在本节的讨论中，认为轨道是理想的开环情形，且不受任何干扰因素的影响。在 4.2 节和 4.3 节中将讨论由于受到外部和内部干扰力的影响而造成的轨道偏移问题。

对于本章以后各节所讨论的各种轨道类型，以下各个状态都是已知的或可以推导出来的：

• 假定的初始条件；

• 运动方程；

• 经过固定时间后（航天器）的位置（例如半个或一个轨道周期）；

• 或是移动到某一特定位置的持续时间。

对于自由漂移和脉冲式机动情形，对各种轨道类型都会给出一个例图，并讨论其性质。此外，对于脉冲式和连续式外力机动，将给出所需的 ΔV 的求解过程。对于所论述的所有的轨道类型，本书都会给出相应的应用实例。

注意：通常在轨道绘图中，$+x$ 轴（$+V$ 轴）指向左边，$+z$ 轴（$+R$ 轴）指向下方，这与 ISS 使用协定相一致。对于用 MATRIX$_x$ 工具绘制的例图，其 $+x$ 轴（$+V$ 轴）方向与平时的习惯一样，指向右边，而＋z 轴（＋R 轴）指向上方。图中表示的各个例子是按照高度为 400 km 的圆形轨道计算绘制的。

3.3.1　自由漂移运动

本小节将讨论 4 种情形。选择它们的原因是，在空间交会任务中，它们作为逼近和撤离策略中的元素十分重要。这 4 种情形是：

- 在不同高度的共面轨道上的运动；
- 从空间站质心，沿 z 轴（R 轴）的正方向或负方向撤离空间站；
- 从空间站质心，沿 y 轴（H 轴）的正方向或负方向撤离空间站；
- 沿目标轨道或径矢量方向，撤离某一受力运动（禁止控制的）。

以上 4 种情形中，在所讨论的轨道段的初始点，航天器不进行推力机动。除了第 1 种情形，其他 3 种情形假定在初始轨道点，其条件发生了瞬时改变。

3.3.1.1　在不同高度轨道上的相对运动

在这种情形下，追踪航天器和目标航天器共面，但其轨道略低于或高于目标航天器。追踪航天器轨道与目标航天器轨道之间的角频率差可以通过对等式（3－12）求微分得到

$$\omega = \sqrt{\frac{\mu}{r^3}}$$

$$\mathrm{d}\omega = -\frac{3}{2r}\omega\,\mathrm{d}r \tag{3－23}$$

在目标航天器坐标系 F_{lo} 中，$\mathrm{d}z = -\mathrm{d}r$。

此外，定义目标航天器的 $\omega = \omega_{\mathrm{t}}$，追踪航天器的 $\omega = \omega_{\mathrm{c}}$，用 $\Delta\omega = (\omega_{\mathrm{t}} - \omega_{\mathrm{c}})$ 来替换等式（3－23）中的 $\mathrm{d}\omega$，并假定 $\Delta\omega r = \dot{x}$，$\mathrm{d}z = z_{\mathrm{c}}$，则追踪航天器的速度为

$$\dot{x}_{\mathrm{c}} = \frac{3}{2}\omega_{\mathrm{t}} z_{\mathrm{c}} \tag{3－24}$$

由以上关于不同轨道高度的自由轨道运动的关系式，可以定义以下的初始条件

$$x_0, y_0 = 0 \qquad \dot{x}_0 = \frac{3}{2}\omega Z_0$$

$$z_0 = Z_0 \qquad \dot{y}_0, \dot{z}_0 = 0$$

将这些初始条件代入式（3—22），得到在这种情形下的运动方程

$$\left.\begin{array}{l} x(t) = \dfrac{3}{2}\omega Z_0 t \\[2mm] y(t) = 0 \\[2mm] z(t) = Z_0 \end{array}\right\} \tag{3-25}$$

经过一个目标轨道周期后（$t = T$，$\omega t = 2\pi$），在轨道方向上，追踪航天器比目标航天器超前 X_T，见图 3—10。

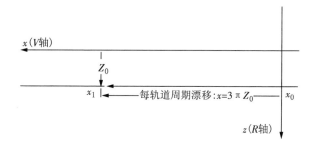

图 3—10　在不同轨道高度的共面运动

$$X_\mathrm{T} = 3\pi Z_0$$

该运动平行于目标航天器轨道，其相对速度为 $V_x = \dfrac{3}{2}\omega Z_0$。在空间交会任务的逼近阶段中，如果追踪航天器在轨道方向上朝目标航天器运动，出于安全考虑，要求在 z 轴上保持一段安全距离时，就可以采用该类型轨道。

　　不同轨道高度的运动与偏心率和非平面运动是非耦合的，即上述结果可以代入到所有的运动方程中。令 $z_0 = 0$，可以得到初始条件下的解，它与在高度 $z_0 = Z_0$ 时的解不同。

3.3.1.2　在 z 轴上距目标站质心某一距离处的分离

在这种情形下，追踪航天器在目标航天器轨道平面以上或以下启动，与目标航天器具有相同的速度。可以想象成追踪航天器在距离目标航天器质心 Z_0 处与目标航天器连接在一起，随后在 $t=t_0$ 时刻，与目标航天器分离。其初始条件如下

$$x_0, y_0 = 0$$
$$z_0 = Z_0 \qquad \dot{x}_0, \dot{y}_0, \dot{z}_0 = 0$$

将初始条件代入等式（3—22），得到在这种情形下的运动方程

$$\left.\begin{array}{l} x(t) = 6Z_0\big[\omega t - \sin(\omega t)\big] \\[4pt] y(t) = 0 \\[4pt] z(t) = Z_0\big[4 - 3\cos(\omega t)\big] \end{array}\right\} \qquad (3-26)$$

经过一个目标轨道周期后，追踪航天器在轨道方向上的超前量为

$$x_T = 12\pi Z_0$$
$$z_T = Z_0$$

该循环运动的周期为轨道周期 T，幅度为 $6Z_0$，即从 Z_0 开始，$T/2$ 后到达 $7Z_0$，T 后又回到了 Z_0。该轨道在 z 轴上的平均位移为

$$z_{\mathrm{m}} = 4z_0$$

将 z_{m} 代入式（3—25），得出经过一个周期后 $x_T = 12\pi Z_0$，与以上结果相同。

图 3—11 中的例子表明，轨道动力学在 z 轴上距目标轨道的微小距离对分离操作具有显著的影响。以上两例分别在 $Z_0 = +10\ \mathrm{m}$（在目标质心以下）和 $Z_0 = -10\ \mathrm{m}$（在目标质心以上）处进行分离。经过半个周期，轨道在 z 轴上的距离为 70 m，经过一个周期，它在 x 轴上的距离为 377 m。从目标轨道上方（$-z$）启动的轨迹相对于目标来说是向后运动的，从 $+z$ 轴位置启动的轨迹是向前运动的。

这个结果对分离操作来说是十分有意义的，因为它在 x 轴方向上超前的距离很大。从目标轨道上方或下方与目标轨道的分离，或通过操作臂从 z 轴方向上距空间站质心某一位置处的分离，都是该类型轨道的应用实例。

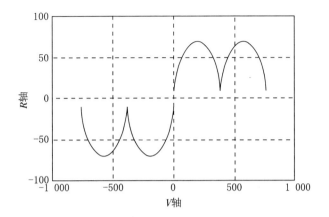

图 3—11　实例：在 $Z_0 = +10$ m 和 $Z_0 = -10$ m 处进行分离后的轨迹

3.3.1.3　在 y 轴上距目标站质心某一距离处的分离

在这种情形中，追踪航天器在目标航天器轨道平面外某一距离处运动，且与目标航天器的速度相同。同样，也可以把这种情形想象成，追踪航天器在距离目标航天器质心 Y_0 处与目标航天器连接在一起，在 $t = t_0$ 时刻，与目标航天器分离。其最简单情况下的初始条件为

$$x_0, z_0 = 0$$
$$y_0 = Y_0 \qquad \dot{x}_0, \dot{y}_0, \dot{z}_0 = 0$$

将初始条件代入等式（3—22），得到运动方程

$$\left. \begin{aligned} x(t) &= 0 \\ y(t) &= Y_0 \cos(\omega t) \\ z(t) &= 0 \end{aligned} \right\} \qquad (3-27)$$

其结果是所期望的从 Y_0 开始的单频正弦运动。因为该运动与轨道平面内的运动是无耦合的，所以其结果可以叠加到所有轨道平面内的运动情形。

图 3—12 描述了在 y 轴上距目标航天器质心 $Y_0 = 10$ m 处分离的航天器的运动轨迹。在没有干扰的条件下，经过 1/4 周期后，该航天器将以速度 $\dot{y} = -Y_0 \cdot \omega = -0.013\ 8$ m/s 经过目标航天器的轨道。

经过 1/2 周期后，它将到达另一端 $y = -10$ m 处。经过一个周期后，它将回到初始位置。

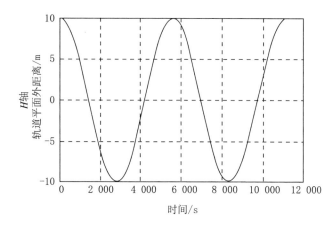

图 3-12　实例：在轨道平面外 $Y_0 = 10$ m 处分离经过一段时间后的轨迹

同样，在目标轨道平面外，距离空间站质心 Y_0 处，通过操作臂进行的航天器分离就属于这种情形。由于在这种情况下分离的航天器，趋向于从分离点沿着 y 轴方向向中心航天器的质心运动，所以，只有在操作臂能够轻易地实现距离中心航天器整体结构所必需的安全距离（X_0 或 Z_0）时，上述初始条件才有意义。

3.3.1.4　从目标轨道（V 轴）或径向矢量（R 轴）受迫运动中的分离

这里所讲的分离是指在沿着 V 轴或 R 轴进行直线逼近（在 3.3.3 节中介绍）的受迫运动的过程中，其所受推力停止后的情形。当实现直线运动轨道所需的连续推力在某点消失时，航天器会继续以一定的速度分别沿着 V 轴或 R 轴运动，其速度与相同轨道高度的圆形轨道的速度不同。在科里奥利（Coriolis）外力的作用下，航天器会偏离逼近轨迹，即在 V 轴逼近时偏离 x 轴，在 R 轴逼近时偏离 z 轴。图 3-13 显示了 V 轴时的分离轨道，图 3-14 显示了 R 轴时的分离轨道。

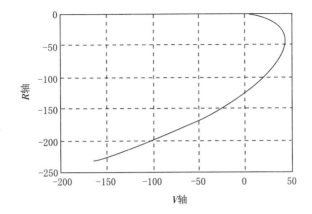

图 3－13　实例：在 V 轴以速度为 $V_x = +0.1$ m/s 的分离

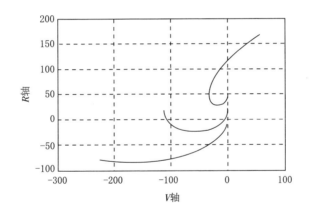

图 3－14　实例：在 R 轴 $Z_0 = 0$ m，20 m
和 50 m 处，初始速度为 $V_z = -0.1$ m/s 的分离

　　因为轨道的变化与在初始时刻 t_0 是否有速度改变 ΔV，或速度 V 是否被作为一个初始条件无关，所以脉冲机动的运动方程与此相同，即沿 V 轴逼近的是方程（3－28），沿 R 轴逼近的是方程（3－34），这两个方程将在 3.3.2 节中给出。当初始的分离位置 $Z_0 \neq 0$ 时，还需要加上一个在不同轨道高度上的运动方程，即方程（3－25）。

　　图 3－13 显示的是在沿着 V 轴以 $\dot{x} = +0.1$ m/s 的速度进行直线逼近的过程中，推力消失后的自由漂移。该自由漂移轨迹起初是向

前移动并同时向上运动（$-z$ 轴方向也即 $-R$ 轴方向），但最终又向后移动（$-x$ 轴方向也即 $-V$ 轴方向）。在假定的初始速度的条件下，该轨道将在一个轨道周期后，在 $x_T = -1\ 656$ m 处再次与目标轨道相交。它在 x 轴正方向最大的位移为 45 m。该轨道类型与图 3-15 和图 3-17 所示的完全一致。如何应用这种分离运动来实现被动型碰撞安全轨道，将在 4.4.2 节中讨论，并见图 4-14。

图 3-14 表示了 3 个在以速度 $\dot{z} = -0.1$ m/s 沿 R 轴方向进行直线逼近的过程中，推力消失后的漂移轨迹。这 3 个轨道的不同之处在于，它们所受的推力控制在 z 轴上消失的位置不同。在 $Z_0 = 0$ 处分离的轨道，与图 3-20 和图 3-21 中描述的类型一样。在 $Z_0 = 20$ m 和 $Z_0 = 50$ m 处分离的轨道是图 3-11（在 z 轴上分离）和图 3-20（在 z 轴方向受冲量作用力）所示类型的组合，即是方程（3-26）和方程（3-34）的组合。在 $Z_0 = 0$ 点分离的轨道，经过一个轨道周期后又会回到初始点，其他两种 $Z_0 \neq 0$ 的情况，也具有循环运动的特性，经过一个周期后，它们也会回到 x 轴上的初始分离点。上述特性同样可用于被动型防碰撞安全轨道，参见 4.4.2 节。

3.3.2　脉冲机动

推力机动可以近似地看成是脉冲式推动，即在机动时刻速度发生瞬时变化。因此，CW 方程中的加速度项可以认为是零。但在实际情况中，由于受到有效推力量级的限制，上述理想的脉冲式机动并不存在。恒定推力必须作用一段时间，才能达到预期的机动（见 3.3.3 节）。然而，在理想的脉冲式推动条件下，可以轻易地计算机动量，分析机动策略，并评估所需的最小的 ΔV。如上所述，在假定的纯粹脉冲的条件下，脉冲式机动的运动方程与"分离后自由漂移"情况下的运动方程一样，其中，在分离点的初始速度与圆形轨道的标准速度不同。

本节将讨论具有轨道方向和径向矢量方向 ΔV 的脉冲推动，并将举例说明提前在轨道方向上实施的机动组合，是如何改变轨道的高度，并使航天器围绕某一特定点，例如目标站，进行飞行的。对每一个应用实例，都会给出所需的 ΔV 以及它的持续时间，并讨论其优缺点。

3.3.2.1　轨道方向上的 ΔV

具有在 $\pm x$ 轴方向上（切线机动）的 ΔV 的推力机动可以实现沿着目标轨道的移动；可以移动到另一高度的轨道上；可以进行绕飞，例如从 V 轴绕飞到一个可以实现 R 轴逼近的点上。

在此给出最简单的例子，即在目标轨道上目标站 O_{lo} 处实施的机动。初始条件如下

$$\dot{x}_0 = \Delta V_x$$

$$x_0, y_0, z_0 = 0 \quad \dot{y}_0, \dot{z}_0 = 0$$

将初始条件代入方程（3—22），则经过 ΔV_x 机动后的运动方程为

$$\left.\begin{aligned}
x(t) &= \frac{1}{\omega}\Delta V_x\left[4\sin(\omega t) - 3\omega t\right] \\
y(t) &= 0 \\
z(t) &= \frac{2}{\omega}\Delta V_x\left[\cos(\omega t) - 1\right]
\end{aligned}\right\} \tag{3—28}$$

图 3—15 表示的是在轨道切线方向推力作用下，$V_x = +0.01$ m/s 的轨道图，其初始点为 $x=0$，$z=0$。该例子表明了轨迹对轨道方向的速度变化的灵敏度。一个相对较小的 ΔV 会产生明显的位移，即经过半个轨道周期后，将会在 $-z$ 轴方向产生超过 35 m 的位移（在初始轨道上方），经过一个周期后，将会在 $-x$ 轴方向产生超过 170 m 的位移（在初始位置后方）。

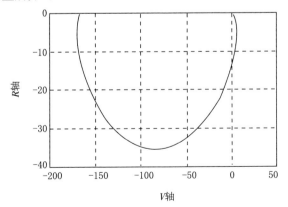

图 3—15　实例：初始于 $x=0$，$z=0$，$\Delta V_x=0.01$ m/s 的机动

3.3.2.2　在目标轨道上方或下方轨道上的 ΔV_x

方程（3－28）使用了一些简单的初始条件，即所有的初始位置都为零，速度也为零（除了 ΔV 以外），但这些初始条件在大多数情况下并非如此。当 $x\neq 0$ 时，由 CW 方程（3－22）中的 $x(t)$ 可知，其结果是十分烦琐的；初始位置 x_0 是常数，它将被加到运动的各个点上，但对轨道机动没有更大的影响。与此相反，如果初始位置 $z_0\neq 0$，由于不同轨道高度而在 x 轴产生的额外的相对速度，也必须被考虑在内。正如在 3.3.1 节中看到的那样，这种运动不受其他运动的影响。不同高度圆形轨道 ΔV_x 机动的初始条件和运动方程，可以通过将脉冲机动的方程（3－28）和不同轨道高度的运动方程（3－25）相加得到。图 3－16 举例说明了 x 轴和 z 轴位置上非零的初始值是如何影响轨道机动的。

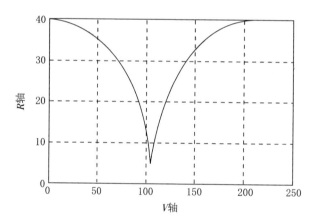

图 3－16　实例：初始于目标轨道下方 40 m，$\Delta V_x = 0.01$ m/s 的机动

在图 3－16 的例子中，由轨道切线方向脉冲推力作用产生的 $\Delta V_x = +1$ cm/s，是在目标轨道下方 $z = 40$ m 处施加的。从其结果可以看出，$z = 40$ m 时，在 x 轴方向上产生的向前的运动是显著的。与图 3－15 中的例子相比，在相同的 ΔV_x 下，与上例不同的是本例的运动是在 x 轴的正方向，但它们在 $-z$ 轴方向的最大位移是一致的。

3.3.2.3 切向推力机动的应用

沿着 V 轴的切向冲量转移。受到切向推力作用而沿着 V 轴冲量转移的原理如图 3－17 所示。

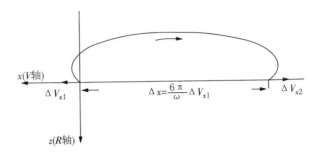

图 3－17 在切向冲量作用下沿着 V 轴的转移

从点 x_1 开始运动，初始速度为 ΔV_{x1}，经过一个目标轨道周期后，即在 $t = T$，$\omega t = 2\pi$ 时，由等式（3－28）得到的轨道方程为

$$\left. \begin{array}{l} x_T = x_1 + \Delta x = x_1 - \dfrac{6\pi}{\omega} \Delta V_{x1} \\ z_T = z_1 = 0 \end{array} \right\} \qquad (3-29)$$

所需的 ΔV 为

$$\Delta V_{x1} = -\frac{\omega}{6\pi} \Delta x \qquad (3-30)$$

为了使航天器停在目标轨道的 x_T 处，必须在相反的方向施加一个大小相同的停止冲量，使 $\Delta V_{x2} = -\Delta V_{x1}$，所需的 ΔV 的大小为

$$|\Delta V_{x1}| = |\Delta V_{x2}| = \frac{\omega}{6\pi} \Delta x$$

这样一种双脉冲机动所需的总冲量 ΔV 为

$$\Delta V_{\text{total}} = \frac{\omega}{3\pi} \Delta x$$

向不同高度轨道的转移。如果要把一个航天器转移到另一高度的轨道上（见图 3－18），就必须在半个轨道周期后，即 $t = T/2$，$\omega t = \pi$ 时，停止椭圆运动。从点 x_1，z_1 开始，$\Delta V_x = \Delta V_{x1}$，经过 $t = T/2$ 后，由等式（3－28）可知，轨道在 z 轴上的最大位移为

$$x_{T/2} = x_1 + \Delta x = x_1 - \frac{3\pi}{\omega}\Delta V_{x1}$$
$$z_{T/2} = z_1 + \Delta z = z_1 - \frac{4}{\omega}\Delta V_{x1}$$

$$(3-31)$$

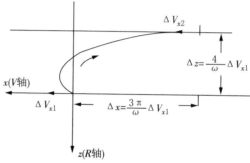

图 3-18　向不同高度轨道的转移（霍曼型转移）

在第 1 个冲量的作用下，新轨道产生偏心率。为了使轨道在高度 $z_{T/2}$ 处变为圆形，就必须再次作用一个与第 1 个冲量大小相等，方向相同的冲量（这只有在 CW 方程的有效范围内才能实现，若轨道高度差别较大，请参考方程（3-17）和方程（3-18））。这种机动就是在 3.2.2 节中提到的著名的霍曼型转移。在进行轨道策略设计和操作时，比较感兴趣是 z 轴和 x 轴位置改变之间的确定关系

$$\Delta x = \frac{3\pi}{4}\Delta z$$

当 $\Delta z = z_2 - z_1$ 时，由方程（3-31）可知，在两种情况下，必需的 ΔV 的大小为

$$\Delta V_{x1} = \Delta V_{x2} = \frac{\omega}{4}\Delta z \qquad (3-32)$$

这种双脉冲机动所需的总的 ΔV 为

$$\Delta V_{\text{total}} = \frac{\omega}{2}\Delta z$$

在切线冲量作用下的绕飞机动。 在向 R 轴逼近的绕飞过程中（见图 3-19），必须实施与不同轨道高度转移相同的机动。为了使航

天器在到达对接轴（$x=0$）时，其在 z 轴方向上的速度为零（$V_z=0$），第 1 个脉冲推力必须在 V 轴上 $x_1=\pm\dfrac{3\pi}{\omega}\Delta V_x$ 处施加，第 2 个脉冲推力在 $x_2=0$ 处施加（见图 3−19）。在第 2 个冲量 ΔV_{x2} 的作用下完成了轨道的圆化后，即进行了霍曼型转移，航天器将以速度 V_x 在该高度的轨道上运动。对于在 R 轴上的直线逼近，要求在整个轨道的运行过程中，V_x 必须与目标站的速度相同。由方程（3−24）可知，在霍曼型转移末期，其速度与目标轨道速度的差为 $\dot{x}=\dfrac{3}{2}\omega\Delta Z$。这就是必须在第 2 次冲量上增加的速度值的大小。由方程（3−32）可得，绕飞机动第 2 次脉冲作用所产生的 ΔV 为

$$\Delta V_{x2} = \frac{\omega}{4}\Delta z + \frac{3\omega}{2}\Delta z$$

$$= \frac{7\omega}{4}\Delta z \qquad (3-33)$$

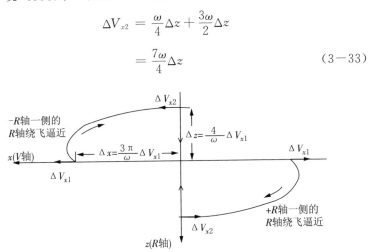

图 3−19　在切向冲量作用下的绕飞机动

第 2 次绕飞冲量作用的同时，或作用完成后，必须立即实施 R 轴逼近机动或位置保持机动（见 3.3.3 节）。否则航天器就会进行如图 3−11 所示的运动。

3.3.2.4　在径向方向上的 ΔV

与切向机动相似，在 $\pm z$ 轴上的 ΔV 推力机动（径向机动），也可用来实施沿着目标轨道的转移或向 R 轴逼近的绕飞。径向机动的

一个特性是它只影响轨道的偏心率，而对轨道周期没有影响，因此不会产生相对于目标轨道的漂移。下面将讨论在相同条件下，它们在转移距离与 ΔV 大小之间的区别。

对于初始于 O_{lo} 的这一最简单的机动类型，它的初始条件为

$$\dot{x}_0, \dot{y}_0 = 0$$

$$x_0, y_0, z_0 = 0 \quad \dot{z}_0 = \Delta V_z$$

将初始条件代入方程（3—22），得运动方程

$$\left. \begin{array}{l} x(t) = \dfrac{2}{\omega} \Delta V_z [1 - \cos(\omega t)] \\[2mm] y(t) = 0 \\[2mm] z(t) = \dfrac{1}{\omega} \Delta V_z \sin(\omega t) \end{array} \right\} \tag{3—34}$$

在 F_{lo} 坐标系中，该轨道为一椭圆，即每旋转一周后，又回到了初始点。经过半个轨道周期后，即 $t = T/2$，$\omega t = \pi$ 时，由方程（3—34）可知，轨道在 x 轴上的位移达到最大

$$\left. \begin{array}{l} x_{T/2} = \dfrac{4}{\omega} \Delta V_z \\[2mm] z_{T/2} = 0 \end{array} \right\} \tag{3—35}$$

经过 $t = T/4$ 后，在 z 轴上的位移达到最大

$$z_{T/4} = \dfrac{1}{\omega} \Delta V_z \tag{3—36}$$

图 3—20 表示了由方程（3—34）～方程（3—36）所描述的从初始位置 $x = 0$，$z = 0$ 开始，在 z 轴方向上微小冲量作用下产生的 $\Delta V = +1\ \mathrm{cm/s}$ 的运动轨迹。轨道的前半圈，其在 $+z$ 轴方向（初始轨道下方）和 $+x$ 轴方向运动；后半圈，其向相反方向运动。从方程（3—34）可以容易地看出，在 x 轴和 z 轴上的最大位移比为 2：1。通过与图 3—15 对比，该例子表明，在 ΔV 相同的情况下，由径向 ΔV 引起的位移比切向 ΔV 引起的位移小得多，即在 x 轴上的位移是切向的 $\dfrac{2}{3\pi}$ 倍（即 35 m，而不是 170 m），在 z 轴上的位移是切向的 1/4（即 9 m，而不是 35 m）。

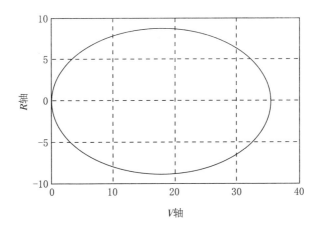

图 3—20　实例：初始于目标轨道 $x=0$ 处，$\Delta V_{z0}=0.01$ m/s 的机动

3.3.2.5　径向推力机动的应用

沿着 V 轴的径向冲量转移。图 3—21 表示了径向方向 ΔV 的应用，它可以作为在目标轨道上由一点转移到另一点的另外一种方法。从点 x_1 开始，到达点 x_2 的转移时间为半个轨道周期（$\dfrac{T}{2}$）。为了在点 x_2 使运动停止，必须施加一个和前一冲量大小和方向都相同的冲量，$\Delta V_{z1}=\Delta V_{z2}$。由方程（3—35）及 $\Delta x=x_2-x_1$ 可得到在以上两种情况下所需的 ΔV 为

$$\Delta V_{z1} = \Delta V_{z2} = \frac{\omega}{4}\Delta x \tag{3—37}$$

这种双脉冲机动所需的总冲量 ΔV 为

$$\Delta V_{\text{total}} = \frac{\omega}{2}\Delta x$$

与在轨道方切向冲量作用下沿 V 轴的转移相比，径向冲量作用下的转移的代价要高得多，是前者的 $\dfrac{3\pi}{2}$ 倍。然而，从安全和操作的角度考虑，这种转移又具有一定的优势（见第 4 章～第 5 章）。这种机动的一个有用的特性是，在没有干扰影响的情况下，这种机动不需要第 2 次冲量的作用，经过 1 圈后就会回到初始位置。这样在不

需要执行第 2 次推进的情况下，不用额外的 ΔV 就能实现转移轨道的循环。

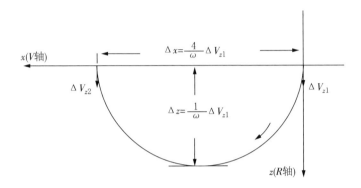

图 3—21　在径向冲量作用下沿着 V 轴的转移

在径向冲量作用下的绕飞机动。对于向 R 轴逼近的绕飞机动（见图 3—22），在到达逼近轴时，其在 z 轴方向的速度分量必须为零，即必须在 R 轴逼近路径的初始点 $x_2 = 0$ 处，使轨道达到其在 R 轴上的最大位移 $\Delta z = \dfrac{1}{\omega} \Delta V_{z1}$。对于 $\pm R$ 轴逼近，第 1 个冲量 ΔV_{z1} 必须在 V 轴上 $x_1 = \pm \dfrac{2}{\omega} \Delta V_z$ 处施加，其运动如方程（3—34）所示，必须在 $x_2 = 0$，$t = \dfrac{T}{4}$，$\omega t = \pi/2$ 处停止。使 $\pm x$ 轴方向的运动停止所需的冲量为

$$| \Delta V_x | = 2 | \Delta V_{z1} | \tag{3—38}$$

由方程（3—36）和方程（3—38）得，绕飞机动所需的总冲量 ΔV 为

$$\left. \begin{array}{l} \Delta V_{\text{total}} = | \Delta V_{z1} | + | \Delta V_x | \\ \Delta V_{\text{total}} = 3 \Delta V_{z1} \end{array} \right\} \tag{3—39}$$

在 ΔV_x 绕飞机动中，在第 2 个绕飞冲量 ΔV_z 产生的同时，或在其产生后，就必须立即实施 R 轴逼近机动或位置保持机动（见 3.3.3 节）。否则，航天器将作图 3—11 所示的运动。

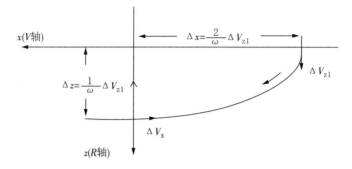

图 3－22　在径向冲量作用下的绕飞机动

3.3.2.6　非共面 ΔV 作用下的轨道平面修正

考虑最简单的在点 O_{lo} 处的机动，其初始条件如下

$$\dot{x}_0,\dot{z}_0 = 0$$

$$\dot{y}_0 = \Delta V_y$$

$$x_0,y_0,z_0 = 0$$

将初始条件代入方程（3－22），得运动方程

$$\left.\begin{aligned} x(t) &= 0 \\ y(t) &= \frac{1}{\omega}\Delta V_y \sin(\omega t) \\ z(t) &= 0 \end{aligned}\right\} \tag{3－40}$$

其结果得到的是从点 $y_0 = 0$ 开始的单频正弦运动。如图 3－23 所示，在相同冲量的作用下，其在 y 轴方向上的位移与在径向冲量作用下在 z 轴方向上的位移相等，如图 3－20 所示。非共面冲量并不在其他方向上产生位移。因为这种运动与轨道共面运动是非耦合的，所以方程（3－40）适用于所有轨道共面的情形。

如 3.2.2 节所述，当 $y=0$ 时，横向运动的修正可以在与目标轨道的交点处有效地实现。在交会阶段，在 F_{lo} 坐标系中当以目标为参考点进行相对导航时，就不需要将轨道非共面运动分解为倾角方向和升交点赤经方向上的分量（这种方法在 F_{eq} 坐标系中使用，用来描述轨道平面）。

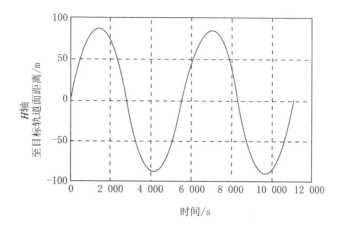

图 3-23　初始于目标轨道 $\Delta V_y = 0.1$ m/s 的机动

3.3.2.7　任意点之间的冲量转移（兰勃特（Lambert）转移）

以前各节讨论了在本体轨道坐标系中沿各坐标系轴方向上的轨道改变和转移。其中，轨道非共面机动与其他两个坐标轴是非耦合的，切向和径向机动都会在轨道上产生 x 轴和 z 轴方向的位移。而且正如在前面几节中看到的一样，这些位移在轨道周期内有不同的相位。因此，可以将切向和径向机动结合起来，实现轨道平面上任意两点的直接转移，这种转移叫做"兰勃特转移"。这种转移轨道的形状，不仅与在 x 轴和 z 轴上的初始和停止位置有关，而且还与转移实施的时间长短有关。其中，由在 x_0，z_0 处施加的初始冲量所产生的、在 x 轴和 z 轴方向上所需的 ΔV 的值，可以通过求解 CW 方程（3-22）中的 $\dot{x}_0$，$\dot{z}$ 得到

$$\left.\begin{array}{l} \dot{x}_0 = \dfrac{-\omega\sin(\omega t)(x-x_0) + \omega\{6\omega t\sin(\omega t) - 14[1-\cos(\omega t)]\}z_0 + 2\omega[1-\cos(\omega t)]z}{3\omega t\sin(\omega t) - 8[1-\cos(\omega t)]} \\[2mm] \dot{z}_0 = \dfrac{\omega\{2(x_0-x)[1-\cos(\omega t)] + [4\sin(\omega t) - 3\omega t\cos(\omega t)]z_0 + [3\omega t - 4\sin(\omega t)]z\}}{3\omega t\sin(\omega t) - 8[1-\cos(\omega t)]} \end{array}\right\} \quad (3-41)$$

假定选定的转移时间为 $t = t_1$，则初始速度为

$$\dot{x}_0 = V_{x_0} + \Delta V_{x_0}$$

$$\dot{z}_0 = V_{z_0} + \Delta V_{z_0}$$

其中，V_{x_0} 和 V_{z_0} 是在转移冲量 ΔV_{x_0} 和 ΔV_{z_0} 产生之前就已经存在的初

速度。

在终点 x_1，z_1 处的速度，可以通过对 CW 方程（3－22）求微分得到，其结果是

$$
\left.
\begin{aligned}
\dot{x}(t_1) &= (4\,\dot{x}_0 - 6z_0\omega)\cos(\omega t_1) + 2\,\dot{z}_0\sin(\omega t_1) + 6z_0\omega - 3\,\dot{x}_0 \\
\dot{z}(t_1) &= (3z_0\omega - 2\,\dot{x}_0)\sin(\omega t_1) + \dot{z}_0\cos(\omega t_1)
\end{aligned}
\right\}
$$

$$(3-42)$$

将选定的转移时间 t_1 和从方程（3－41）中解出的 $\dot{x}_0$ 和 $\dot{z}_0$ 的值代入。在点 x_1，z_1 处施加的由第 2 次冲量所产生的 ΔV 的大小，取决于所要达到的最终速度值。如果最终条件是圆形轨道上的一个点，由方程（3－24）可得在目标本体坐标系中的最终速度，所需的 ΔV 为

$$
\left.
\begin{aligned}
\Delta V_{x1} &= \frac{3}{2}\omega z_1 - \dot{x}(t_1) \\
\Delta V_{z1} &= -\,\dot{z}(t_1)
\end{aligned}
\right\}
$$

$$(3-43)$$

第 1 次和第 2 次轨道机动之间的 ΔV 可以通过将假定的 x_0，z_0 的值和从方程（3－41）算出的 $\dot{x}_0$，$\dot{z}_0$ 的值代入 CW 方程（3－22）计算得出。

3.3.3　连续推力机动

在本节中，将讨论多种轨道类型或机动状态。与以前的情形不同的是，这些机动需要施加连续推力，从而实现某一特定形状的轨道或保持在某个位置。在此，将讨论以下轨道类型：

- V 轴和 R 轴上的直线轨道；
- 在不同轨道高度上和在目标轨道平面外某处的位置保持；
- 在量级受限的连续推力作用下，向另一轨道高度或目标轨道上的另一点的转移；
- 圆形绕飞。

然而，连续推力的轨道运动还有很多，这里不再一一列举，本节论述的重点是举例说明最重要的受迫运动轨道，并简要说明这些

例子中的方程是如何推导出来的。

3.3.3.1　直线逼近轨道的应用

直线轨道对于向目标站对接口或停泊区的最终逼近具有重要意义。在直线轨道中，可以轻易地控制在轨道共面和非共面的、与敏感器视线之间的横向位置误差。另外，直线轨道与曲线轨道相比，更适宜操作员用肉眼或照相机进行监控。对各个方向的逼近，只讨论两种主要情形：以恒定速度进行逼近的特殊情形及以预先设定好的速度分布进行逼近的一般情形。在实际应用中，直线轨道通常都是闭环控制的。下面给出了关于 V 轴逼近的简单轨道的开环解和 ΔV 的计算，关于 R 轴逼近的情形将随后给出。

3.3.3.2　V 轴直线逼近

恒速 V 轴直线逼近。这种轨道在从点 x_0 向点 x_1 逼近的过程中，要求在 x 轴上相对于目标的速度 V_x 恒定，而在其他方向上的速度应为零。其最简单的情形为，在运动初始时刻，受到冲量 ΔV_{x1} 的作用，在 x 轴方向产生速度 V_x，当受到与初始冲量大小相等、方向相反的冲量 ΔV_{x2} 的作用后，停止运动（见图 3—24）。

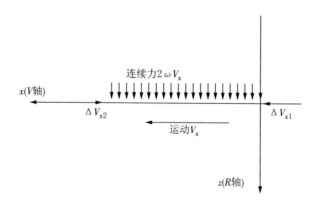

图 3—24　V 轴直线逼近轨迹（$X_0 = 0$）

这种初始于点 x_0 的最简单的轨道类型的初始条件为

$$x_0 = X_0 \quad \dot{x}_0 = \Delta V_{x1}$$

$$y_0, z_0 = 0 \quad \dot{y}_0, \dot{z}_0 = 0 \quad \gamma_x, \gamma_y = 0$$

当 $x(t) \in [x_0, x_1]$ 时，其运动方程为

$$x(t) = X_0 + V_x \cdot t \qquad (3-44)$$

将以上初始条件代入希尔方程（3—21），得到单位质量上的力 γ_z 为

$$\gamma_z = 2\omega V_x \qquad (3-45)$$

从 x_0 转移到 x_1 所需的总冲量 ΔV 为

$$\Delta V_{\text{total}} = |\Delta V_x|_1 + |\gamma_z \Delta t| + |\Delta V_x|_2$$

当 $\Delta x = x_1 - x_0$ 时，转移持续时间为

$$\Delta t = t_1 - t_0 = \frac{\Delta x}{V_x}$$

在实际情况中，ΔV_{x1} 和 ΔV_{x2} 也是有限推力下的机动，并且具有有限的推力持续时间，所以会产生一个速度分布（见以下章节所述）。

具有速度分布的 V 轴直线逼近。 假定其初始条件与上例中恒定速度的一样，则对于给定的速度分布 $V_x(t)$，其关系为

• 当 $x(t) \in [x_0, x_1]$ 时，其运动方程为

$$x(t) = x_0 + \int V_x(t) \mathrm{d}t \qquad (3-46)$$

• 为了保持轨迹在目标轨道上，所需施加的单位质量的力为

$$\gamma_z(t) = 2\omega V_x(t) \qquad (3-47)$$

• 为了实现速度分布 $V_x(t)$ 而耗费的总冲量 ΔV 为

$$\Delta V_{\text{total}} = \int_{t_0}^{t_1} \gamma_z(t) \mathrm{d}t \qquad (3-48)$$

一旦确定速度分布 $V(t)$，就可以从以上方程中求出运动方程、应该施加的力的大小以及所需的 ΔV 值的大小。

3.3.3.3　R 轴直线逼近

这里将讨论具有恒定速度分布的特殊情况和在一段时间内速度分布改变的一般情况。

恒速 R 轴直线逼近。 首先，设在 z_0 和 z_1 之间速度 V_z 是常数。再考虑最简单的情形：t_0 时刻，在冲量 ΔV_{z1} 的作用下，从点 z_0 开始

运动，其在 z 轴方向的速度为 V_{z1}；在 t_1 时刻，受到与初始时刻大小相等、方向相反的冲量 ΔV_{z2} 的作用而停止在点 x_1（见图 3-25）。

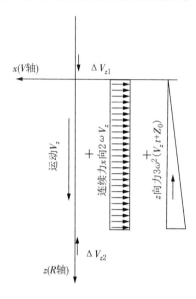

图 3-25　R 轴直线逼近轨迹（$Z_0 = 0$）

从点 z_0 开始的轨道的初始条件为

$$x_0, y_0 = 0 \quad \dot{x}_0, \dot{y}_0 = 0$$

$$z_0 = Z_0 \quad \dot{z}_0 = \Delta V_z \quad \gamma_y = 0$$

当 $z(t) \in [z_0, z_1]$ 时，运动方程为

$$z(t) = Z_0 + V_z \cdot t \tag{3-49}$$

施加的单位质量上的力 γ_x 和 γ_y 的作用，是抵消轨道的作用力。将以上假定的初始条件代入希尔方程（3-21），则 γ_x 和 γ_y 的值为

$$\left.\begin{array}{l} \gamma_x = -2\omega V_z \\ \gamma_z = -3\omega^2 (V_z t + Z_0) \end{array}\right\} \tag{3-50}$$

γ_x 和 γ_y 的分布图如图 3-25 所示。从 z_0 转移到 z_1 所需的总冲量 ΔV 为

$$\Delta V_{\text{total}} = |\Delta V_z|_1 + |\gamma_x \Delta t| + |\gamma_z \Delta t| + |\Delta V_z|_2$$

当 $\Delta z = z_1 - z_0$ 时，转移的持续时间为

$$\Delta t = t_1 - t_0 = \frac{\Delta z}{V_z}$$

具有速度分布的 R 轴直线逼近。 假定其初始条件与恒定速度例子中的一样，则对于给定的速度分布 $V_z(t)$，其关系为

- 当 $z(t) \in [z_0; z_1]$ 时，其运动方程为

$$z(t) = z_0 + \int V_z(t)\,\mathrm{d}t \qquad (3-51)$$

- 为了保持轨迹，在目标轨道上所需施加的单位质量的力为

$$\left.\begin{array}{l} \gamma_x(t) = -2\omega V_z(t) \\ \gamma_z(t) = -3\omega^2 [V_z(t)t + Z_0] \end{array}\right\} \qquad (3-52)$$

- 为了实现速度分布 $V_z(t)$ 而耗费的总冲量 ΔV 为

$$\Delta V_{\text{total}} = \left| \int_{t_0}^{t_1} \gamma_x(t)\,\mathrm{d}t \right| + \left| \int_{t_0}^{t_1} \gamma_z(t)\,\mathrm{d}t \right| \qquad (3-53)$$

与 V 轴直线逼近的情况相同，一旦确定速度分布 $V(t)$，就可以从以上方程求出运动方程、应该施加的力的大小以及所需的 ΔV 值的大小。

3.3.3.4　在目标轨道外的位置保持

期望中的理想的位置保持，相对于目标来说是一个固定的位置，在任何方向上都没有运动。对于目标轨道上的位置，不需要施加控制力。在此所要讨论的例子，其位置不是在不同的轨道高度上，就是在平面外的某处。轨道程序中的位置保持段通常都是闭环控制的，因为在假设的初始位置和施加的作用力中的任何微小误差都会导致轨道发生显著的漂移运动（见第 4 章）。因此开环位置保持机动只有在持续时间较短且距离目标站足够远的情况下才能使用。

在目标轨道下方或上方的位置保持（见图 3-26）。假定如下的初始条件

$$x_0, y_0 = 0 \quad \dot{x}_0, \dot{y}_0, \dot{z}_0 = 0$$

$$z_0 = Z_0 \qquad\qquad \gamma_x, \gamma_y = 0$$

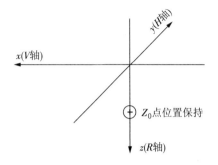

图 3—26　在目标轨道下方或上方的位置保持

由定义可得运动方程为

$$x(t), y(t) = 0 \atop z(t) = Z_0 \Bigg\}$$ （3—54）

当需要保持在目标轨道下方或上方的某一位置时，必须施加单位质量上的力 γ_z，以抵消轨道的引力。将以上的初始条件代入希尔方程（3—21），则 γ_z 的值为

$$\gamma_z = -3\omega^2 Z_0$$ （3—55）

在目标轨道上方或下方 z_0 处的位置保持所需的总冲量为

$$\Delta V_{\text{total}} = \gamma_z \Delta t = -3\omega^2 Z_0 \Delta t$$ （3—56）

其结果的大小与初始位置 x_0 无关。我们可以将在轨道共面和非共面某位置的表达式（见后面章节所述）相加，作为在初始位置 z_0，y_0 处的解。

在轨道非共面的位置保持（见图 3—27）。假定如下的初始条件

$$x_0, z_0 = 0 \quad \dot{x}_0, \dot{y}_0, \dot{z}_0 = 0$$
$$y_0 = Y_0 \qquad\qquad \gamma_x, \gamma_z = 0$$

则运动方程为

$$x(t), z(t) = 0 \atop y(t) = Y_0 \Bigg\}$$ （3—57）

当需要保持在轨道平面外某一位置时，必须施加单位质量上的力 γ_y，以抵消轨道的引力。将以上的初始条件代入希尔方程（3—

21)，则 γ_y 的值为

$$\gamma_y = \omega^2 Y_0 \tag{3-58}$$

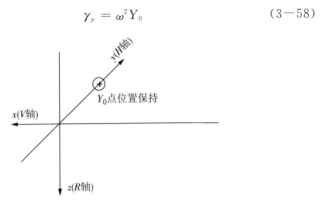

图 3-27　在轨道平面外的位置保持

在目标轨道平面外的位置保持所需的总冲量 ΔV 为

$$\Delta V_{\text{total}} = \gamma_y \Delta t = \omega^2 Y_0 \Delta t$$

3.3.3.5　在 x 轴方向连续推力作用下的转移

在以上所讨论的冲量机动情形中（见 3.3.2 节），速度的改变被认为是一个阶跃函数。然而在现实中，由于所有的推进器所提供的推力量级有限，所以为了达到某一特定的冲量 ΔV，恒定的推力必须持续作用一段时间。更值得关注的，涉及 x 轴方向上常力作用的情形是航天器在稀薄大气中所受的阻力，这将在 4.2.1 节中详细讨论。

对于初始于 O_{lo} 的最简单的轨道情形，其初始条件为

$$x_0, y_0, z_0 = 0 \quad \dot{x}_0, \dot{y}_0, \dot{z}_0 = 0 \quad \gamma_y, \gamma_z = 0$$

将以上初始条件代入方程（3-22），并定义 γ_x 为在时间 t 内施加的单位质量上的恒定推力，则运动方程为

$$\left. \begin{aligned}
x(t) &= \frac{1}{\omega^2} \gamma_x \left\{ 4\big[1 - \cos(\omega t)\big] - \frac{3}{2} \omega^2 t^2 \right\} \\
z(t) &= \frac{2}{\omega^2} \gamma_x \big[\sin(\omega t) - \omega t\big]
\end{aligned} \right\} \tag{3-59}$$

对 t 求导，则速度为

$$\left.\begin{array}{l} \dot{x}(t) = \gamma_x \left[\dfrac{4}{\omega} \sin(\omega t) - 3t \right] \\[2mm] \dot{z}(t) = \dfrac{2}{\omega} \gamma_x \left[\cos(\omega t) - 1 \right] \end{array}\right\} \qquad (3-60)$$

3.3.3.6 持续时间有限的切向推力机动的应用

在 x 轴方向推力作用下的准脉冲机动。在有限时间内的有限推力作用下的准确解，详见附录 A 中的方程（A.43）～（A.49）。由方程（3-59）和方程（3-60），可以轻易地算出航天器在常量 γ_x 的作用下，经过持续时间 t 后，所达到的位置和速度的大小。对于一个恒定的推力，作用时间为 $t = \tau$，则其施加的总冲量为

$$\Delta V = \gamma_x \tau$$

对于接下来的自由运动来说，可以如下解算出其轨道的进一步机动（利用本章提供的简单方法）：将推力冲量作用结束时（即 $t = \tau$ 时）的速度和位置的值，作为方程（3-22）的初始条件，并设定 γ_x、γ_y、γ_z 为 0。

计算实例：在有限推力作用下（见图 3-28），向不同轨道高度的切向转移（霍曼型转移）。

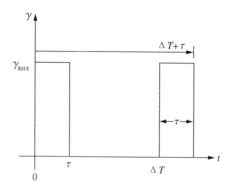

图 3-28　在有限脉冲持续时间作用下的双推进转移机动

该机动起始于距目标轨道的距离为 $Z_0 = \Delta z$ 处。对于冲量式转移，由方程（3-32）可得到，为达到所希望的高度改变 Δz 所必需

的 ΔV_x 为

$$\Delta V_x = \frac{\omega}{4} \Delta z$$

在 $\gamma_x = \gamma_{x-\max}$ 的有限推力转移的情况下，要实现相同的 Δz，就必须施加相同的 $\Delta V_x = \gamma_x \tau$（只有在 $\tau \ll \Delta T$ 时成立）。必需的推力持续时间为

$$\tau = \frac{\omega \Delta z}{4 \gamma_x} \qquad (3-61)$$

第 1 个切向推进与第 2 个切向推进之间的实施间隔仍然是半个轨道周期

$$\Delta T = \frac{\pi}{\omega}$$

将设定的 Z_0，τ，γ_x，γ_z 代入方程（3-59），就可得到在推进期间的运动方程。将方程 $x(\tau)$，$\dot{x}(\tau)$，$z(\tau)$，$\dot{z}(\tau)$ 的解代入 CW 方程（3-22），就可得到推进实施间隔内的自由运动方程

$$\left.\begin{aligned}
x(t) &= X_0 + \frac{3}{2}(\omega Z_0 - 2\gamma_x \tau)t + \frac{3}{2}\gamma_x \tau^2 + \frac{4}{\omega}\gamma_x \tau \sin\left[\omega(t - \frac{\tau}{2})\right] \\
z(t) &= Z_0 - \frac{2}{\omega}\gamma_x \tau + \frac{2}{\omega}\gamma_x \tau \cos\left[\omega(t - \frac{\tau}{2})\right]
\end{aligned}\right\} \qquad (3-62)$$

在 x 方向连续推力作用下向不同轨道高度的转移。 下例是在整个轨道周期内均受到连续推力作用的极端情况，它表明纯粹的脉冲式机动和连续作用力机动的最重要的区别在于它们的持续时间不同。但它们在轨道高度的改变上（可以通过特定的 ΔV 来实现）是一样的。

图 3-29 所示的是特殊情况，即在整个运动周期均受到连续作用力的轨道高度转移，在推力量级受限的情况下或出于安全考虑（见 4.1 节），都是很有意义的。对于转换时间为一个轨道周期，即 $t = T$，$\omega t = 2\pi$，初始于 x_0，z_0 的一般轨道情形，方程（3-59）变为

$$\left.\begin{array}{l}\Delta x = x_T - x_0 = -\dfrac{6\pi^2}{\omega^2}\gamma_x \\[3mm] \Delta z = z_T - z_0 = -\dfrac{4\pi}{\omega^2}\gamma_x\end{array}\right\} \tag{3-63}$$

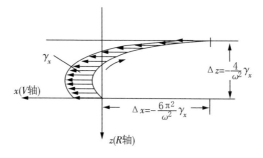

图 3-29　在 x 方向连续推力作用下向不同轨道高度转移

方程（3-60）变为

$$\left.\begin{array}{l}\dot{x}_T = \dfrac{-6\pi}{\omega}\gamma_x \\[3mm] \dot{z}_T = 0\end{array}\right\} \tag{3-64}$$

在时间 T 内，为实现高度差 Δz 所需的单位质量连续推力为

$$\gamma_x = \frac{-\omega^2}{4\pi}\Delta z \tag{3-65}$$

由方程（3-65）可得所需的总冲量 ΔV 为

$$|\Delta V_{\text{total}}| = |\gamma_x|\,T = \frac{\omega}{2}\Delta z$$

这与冲量式转移（霍曼型转移）所需的 ΔV 一样。连续推力作用下的升轨机动在效果上与霍曼型转移相似，它们的不同之处在于，前者的转移持续时间为 T，而后者为 $T/2$，前者在 x 轴方向上的位移为后者的 2 倍。

3.3.3.7　在 z 轴方向上连续推力作用下的转移

这种情形与 x 轴方向上的转移相似，即主要关注推力量级受限和轨道安全问题。

对于初始于 O_{lo} 的最简单的轨道，其初始条件为

$$x_0, y_0, z_0 = 0 \quad \dot{x}_0, \dot{y}_0, \dot{z}_0 = 0 \quad \gamma_x, \gamma_y = 0$$

将初始条件代入方程（3－22），并设 γ_z 是欲施加的常量推力，则运动方程为

$$\left. \begin{aligned} x(t) &= \frac{2}{\omega^2}\gamma_z[\omega t - \sin(\omega t)] \\ z(t) &= \frac{1}{\omega^2}\gamma_z[1 - \cos(\omega t)] \end{aligned} \right\} \tag{3－66}$$

将上式对 t 求导，则速度为

$$\left. \begin{aligned} \dot{x}(t) &= \frac{2}{\omega}\gamma_z[1 - \cos(\omega t)] \\ \dot{z}(t) &= \frac{1}{\omega}\gamma_z\sin(\omega t) \end{aligned} \right\} \tag{3－67}$$

3.3.3.8　有限持续时间内径向推力机动的应用

在 z 轴方向推力作用下的准脉冲机动。该情形与 x 轴方向上的连续推力转移类似，可以使用方程（3－66）和方程（3－67）计算推进持续时间为 $t = \tau$ 的在 z 轴方向上推力作用下的机动的轨道和速度。相应的总冲量为

$$\Delta V = \gamma_z \tau$$

计算实例：在有限推力作用下向 V 轴某位置上的径向推力转移。

该径向推进初始于目标轨道 X_0 处。对于一个脉冲转移，由式（3－37）可得，为了实现所希望的 x 轴上的位移差 $\Delta x = X_F - X_0$，所需的 ΔV_z 为

$$\Delta V_z = \frac{\omega}{4}\Delta x$$

对于有限推力转移来说，其推进间隔也是半个轨道周期。在受限的 $\gamma_z = \gamma_{z-\max}$ 的作用下，为了实现相同的 Δx，所需的推进持续时间为（仅在 $\tau \ll \Delta T$，ΔT 等于两次推进之间的时间间隔时成立）

$$\tau_z = \frac{\omega \Delta x}{4\gamma_z} \tag{3－68}$$

将 x_0，τ_z，γ_z 代入方程（3－66）可得推进期间的运动方程。将方程 $x(\tau_z)$，$\dot{x}(\tau_z)$，$z(\tau_z)$，$\dot{z}(\tau_z)$ 的解代入 CW 方程（3－22），就可得到

推进实施间隔内的自由运动方程

$$
\left.\begin{aligned}
x(t) &= X_0 + \frac{2}{\omega}\gamma_x\tau_z\{1 - \cos[\omega(t - \frac{\tau_z}{2})]\} \\
z(t) &= \frac{1}{\omega}\gamma_z\tau_z\sin[\omega(t - \frac{\tau_z}{2})]
\end{aligned}\right\} \quad (3-69)
$$

如果机动转移不是准确地发生在目标轨道上，而是有一段距离 Δz，由方程（3-24）可得到在 x 轴方向上的速度为 $\dot{x} = \frac{3}{2}\omega\Delta z$，该速度必须被考虑在内，并通过 x 轴方向的推力将其抵消。这样得出的运动方程就会包含 γ_x 和 τ_x 项，由方程（3-61）可以得到在 x 轴方向上的附加推进的持续时间为

$$
\tau_x = \frac{\omega\Delta z}{4\gamma_x}
$$

各个推进之间的时间间隔为（MATRA，1993）

$$
\Delta T = \frac{\pi}{\omega} + \frac{2}{\omega}\arctan(\frac{4\Delta z}{\Delta x}) \quad (3-70)
$$

由此得出的在各个推进间隔内的自由运动方程为

$$
\left.\begin{aligned}
x(t) &= X_0 + 6\Delta z[\omega t - \sin(\omega t)] + \frac{\gamma_x}{\omega}\tau_x\{4\sin[\omega(t - \frac{\tau_x}{2})] - \\
&\quad 3\omega(t - \frac{\tau_x}{2})\} + \cdots + 2\frac{\gamma_z}{\omega}\tau_z\{1 - \cos[\omega(t - \frac{\tau_z}{2})]\} \\
z(t) &= \Delta z(4 - 3\cos\omega t) - 2\frac{\gamma_x}{\omega}\tau_x\{1 - \cos[\omega(t - \frac{\tau_x}{2})]\} + \\
&\quad \frac{\gamma_z}{\omega}\tau_z\sin[\omega(t - \frac{\tau_z}{2})]
\end{aligned}\right\}
$$

$$
(3-71)
$$

在连续推力作用下沿 V 轴的转移。 在连续推力作用下沿 V 轴转移（见图 3-30）的特殊情形的益处与先前的例子相同，即对推力量级受限和轨道安全问题的解决具有一定的意义。对于转换时间为一个轨道周期（即 $t = T$，$\omega t = 2\pi$），初始于 x_0，z_0 的一般轨道情形，方程（3-66）变为

$$\left.\begin{array}{l} \Delta x = x_T - x_0 = \dfrac{4\pi}{\omega^2}\gamma_z \\[2mm] \Delta z = z_T - z_0 = 0 \end{array}\right\} \qquad (3-72)$$

当 $t = T/2$ 时，达到轨道在 z 轴方向上的最大位移

$$z_{T/2} = \frac{2}{\omega^2}\gamma_z \qquad (3-73)$$

由方程（3－72）可得为了实现预期的 Δx，在时间 T 内所需的连续推力为

$$\gamma_z = \frac{\omega^2}{4\pi}\Delta x \qquad (3-74)$$

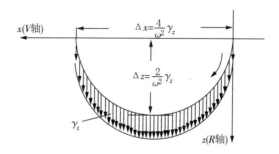

图 3－30　在 z 方向连续推力作用下沿 V 轴的转移

这种沿着 V 轴的转移在效果上与径向脉冲转移相似，它们的不同之处在于，前者的转移持续时间为 T，而后者为 $T/2$；前者在沿轨迹运动时，所受的力为连续的径向推力。与沿着 V 轴的直线转移相比，这种转移在转移轨道开始和结束时，并没有受到在 $\pm x$ 轴方向上的推力作用。其总冲量为

$$\Delta V_{\text{total}} = \gamma_z T = \frac{\omega}{2}\Delta x$$

由上式可知，其必需的总冲量 ΔV 与在径向脉冲作用下沿着 V 轴的冲量转移的 ΔV_z 相同。

3.3.3.9　在 y 轴方向上的连续推力

出于完备性的原因，在此给出在连续恒定推力作用下，在 y 轴

方向上的机动方程。初始于 O_{lo} 的轨道的初始条件为

$$x_0, y_0, z_0 = 0 \qquad \dot{x}_0, \dot{y}_0, \dot{z}_0 = 0 \qquad \gamma_x, \gamma_z = 0$$

由以上初始条件，并定义 γ_y 为连续推力，则方程（3-22）变为

$$\left. \begin{aligned} x(t) &= 0 \\ y(t) &= \frac{1}{\omega^2} \gamma_y [1 - \cos(\omega t)] \\ z(t) &= 0 \end{aligned} \right\} \qquad (3-75)$$

将式（3-75）对 t 求导，则

$$\dot{y}(t) = \frac{1}{\omega} \gamma_y \sin(\omega t) \qquad (3-76)$$

与在 x 轴、z 轴方向上的连续推力转移相同，方程（3-75）和（3-76）也可用来计算 y 轴方向上机动的轨道和速度，在作用持续时间为 t_t 时，所需的 ΔV 为

$$\Delta V = \gamma_y t_t$$

3.3.3.10　受迫圆形绕飞运动

当要求达到某一确定的绕飞角时，或出于安全考虑和其他原因时，追踪航天器和目标航天器之间的距离要求保持恒定时，受迫圆形绕飞运动的意义就体现出来了。这种类型的转移轨道可在下列情形中使用：当对接轴与 V 轴有一个较小的角度偏差时；或是当必须相对自然轨道运动进行绕飞运动，如从 $+V$ 轴到 $+R$ 轴时。但是当在轨道运动方向上的角度较大时，例如，从 $-V$ 轴到 $+R$ 轴的 $90°$ 的绕飞运动，将采用切向或径向的脉冲机动，因为它们的 ΔV 的代价较低。假设初始条件如下

$$x_0 = -R_{fa} \qquad \dot{x}_0, \dot{y}_0 = 0$$

$$y_0, z_0 = 0 \qquad \dot{z}_0 = \Delta V_{zi} \qquad \gamma_y = 0$$

其中，R_{fa} 是绕飞半径。设 $\dot{\alpha}$ 为绕飞的角速度，如图 3-31 所示，则其运动方程变为

$$
\left.\begin{array}{l}
x(t) = -R_{\mathrm{fa}}\cos(\dot{\alpha}t) \\
y(t) = 0 \\
z(t) = R_{\mathrm{fa}}\sin(\dot{\alpha}t)
\end{array}\right\} \tag{3-77}
$$

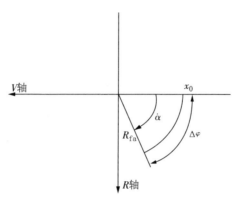

图 3-31 受迫圆形绕飞运动

应该施加的初始冲量 ΔV 为

$$
\Delta V_{zi} = R_{\mathrm{fa}}\,\dot{\alpha} \tag{3-78}
$$

将以上的初始条件、从方程（3-77）解出的 $x(t)$ 和 $z(t)$ 的位置，以及通过对方程（3-77）求导得出的速度和加速度的值，都代入到方程（3-21）中，从而可得施加在运动轨迹上的力 γ_x 和 γ_z 为

$$
\left.\begin{array}{l}
\gamma_x(t) = -R_{\mathrm{fa}}\,\dot{\alpha}(2\omega - \dot{\alpha})\cos(\dot{\alpha}t) \\
\gamma_z(t) = -R_{\mathrm{fa}}(\dot{\alpha}^2 - 2\omega\dot{\alpha} + 3\omega^2)\sin(\dot{\alpha}t)
\end{array}\right\} \tag{3-79}
$$

其中，ω 是轨道的角速度。

当绕飞角为 $\Delta\varphi = \dot{\alpha}t$ 时，若欲停止绕飞运动，必须在 x 轴和 z 轴方向上施加如下结束冲量 ΔV

$$
\left.\begin{array}{l}
\Delta V_{xf} = R_{\mathrm{fa}}\,\dot{\alpha}\sin(\Delta\varphi) \\
\Delta V_{zf} = R_{\mathrm{fa}}\,\dot{\alpha}\cos(\Delta\varphi)
\end{array}\right\} \tag{3-80}
$$

当绕飞角为 $\Delta\varphi$ 时，所需的转移持续时间为 $\Delta t = t_1 - t_0 = \Delta\varphi/\dot{\alpha}$。

必须将式（3-80）中的结束冲量 ΔV 和航天器在绕飞结束时达

到的速度相加，否则航天器将会开始如图 3－11 所示的运动。若欲在此点上进行位置保持，则必须连续施加由方程（3－55）在 $z = R_{\mathrm{fa}}\sin(\Delta\varphi)$ 时所需的单位质量上的推力。

转移 $\Delta\varphi$ 角度所需的冲量 ΔV 为

$$\left.\begin{aligned}\Delta V_{x\varphi} &= \int_{t_0}^{t_1}\gamma_x(t)\mathrm{d}t \\ \Delta V_{z\varphi} &= \int_{t_0}^{t_1}\gamma_z(t)\mathrm{d}t\end{aligned}\right\} \tag{3-81}$$

对于一个转移角度为 $\Delta\varphi$ 的圆形绕飞来说，消耗的总冲量为

$$\Delta V_{\mathrm{total}} = |\Delta V_{zi}| + |\Delta V_{x\varphi}| + |\Delta V_{z\varphi}| + |\Delta V_{xf}| + |\Delta V_{zf}|$$

3.4　关于运动方程的总结

本章的目的在于为读者提供一系列的方法，通过这些方法，读者可以计算在交会逼近中使用的非常重要的轨道和机动的特性。所讨论的轨道都是在没有干扰的条件下得到的，在实际情况中，外界干扰、假设的初始条件中的误差以及冲量 ΔV 的误差都要考虑在内。本章给出的方程中都没有包含这些干扰因素。通常，在大多数情况下：

- 外部干扰，至少在某一时间段内，可以被当做附加的恒定外力 γ；
- 推力误差可以被当做所施加的 ΔV 在 x，y，z 方向的分量；
- 导航误差可以被当做初始条件在 x，y，z 方向的分量。

通过简单地增加一些附加的初始条件和恒定外力，就可以使用在没有干扰条件下的方程来计算摄动轨道。

表 3－1 列出了最重要的无摄动开环轨道方程，在 3.4.1 节中将举例说明如何将各个初始条件和运动方程结合起来。在 4.2 节和 4.3 节，将讨论由于外部干扰因素和航天器系统误差而造成的轨道偏离的原因及其影响。

表 3--1　运动方程

机动类型与方程式序号	初始条件	运动方程式
脉冲变化 V_x (3-28)	$O_{lo},\Delta V_x,t=0$	$x(t)=\dfrac{1}{\omega}\Delta V_x[4\sin(\omega t)-3\omega t]$ $z(t)=\dfrac{2}{\omega}\Delta V_x[\cos(\omega t)-1]$
脉冲变化 V_y (3-40)	$O_{lo},\Delta V_y,t=0$	$y(t)=\dfrac{1}{\omega}\Delta V_y\sin(\omega t)$
脉冲变化 V_z (3-34)	$O_{lo},\Delta V_z,t=0$	$x(t)=\dfrac{2}{\omega}\Delta V_z[1-\cos(\omega t)]$ $z(t)=\dfrac{1}{\omega}\Delta V_z\sin(\omega t)$
持续力，x 向 (3-59)	$O_{lo},\gamma_x,t=0$	$x(t)=\dfrac{1}{\omega^2}\gamma_x\{4[1-\cos(\omega t)]-\dfrac{3}{2}\omega^2 t^2\}$ $z(t)=\dfrac{2}{\omega^2}\gamma_x[\sin(\omega t)-\omega t]$
持续力，y 向 (3-75)	$O_{lo},\gamma_y,t=0$	$y(t)=\dfrac{1}{\omega^2}\gamma_y[1-\cos(\omega t)]$
持续力，z 向 (3-66)	$O_{lo},\gamma_z,t=0$	$x(t)=\dfrac{2}{\omega^2}\gamma_z[\omega t-\sin(\omega t)]$ $z(t)=\dfrac{1}{\omega^2}\gamma_z[1-\cos(\omega t)]$
直线 V 轴 (3-44),(3-45)	$O_{lo},\Delta V_{x_0},t=0$	$x(t)=\Delta V_x t,$ $\gamma_z=2\omega\Delta V_x$
直线 R 轴 (3-49),(3-50)	$O_{lo},\Delta V_{z_0},t=0$	$z(t)=\Delta V_z t$ $\gamma_x=-2\omega\Delta V_z$ $\gamma_z=-3\omega^2\Delta V_z t$
圆形绕飞 (3-77),(3-79)	$x=-R_{fa},t=0$ $\dot z_0=\Delta V_{z_0}$	$x(t)=-R_{fa}\cos(\dot\alpha t)$ $z(t)=R_{fa}\sin(\dot\alpha t)$ $\gamma_x(t)=-R_{fa}\dot\alpha(2\omega-\dot\alpha)\cos(\dot\alpha t)$ $\gamma_z(t)=-R_{fa}(\dot\alpha^2-2\omega\dot\alpha+3\omega^2)\sin(\dot\alpha t)$
z_0 保持 (3-55)	$x_0=0,\dot x_0=0,t=0$ $z_0=Z_0$	$x(t),y(t)=0$ $z(t)=Z_0,\gamma_z=-3\omega^2 Z_0$

续表

机动类型与 方程式序号	初始条件	运动方程式
y_0 保持 (3−58)	$x_0=0,\dot{x}_0=0,t=0$ $y_0=Y_0$	$x(t),z(t)=0$ $y(t)=Y_0,\gamma_y=\omega^2 Y_0$
圆轨道 z_0 点 开始的自由漂移 (3−25)	$x_0=0,\dot{x}_0=\dfrac{3}{2}\omega Z_0$ $z_0=Z_0,t=0$	$x(t)=\dfrac{3}{2}\omega Z_0 t$ $z(t)=Z_0$
在 Z_0 点初始速度等于 目标速度的自由漂移 (3−26)	$x_0=0,\dot{x}_0=0,t=0$ $z_0=Z_0,\dot{z}_0=0$	$x(t)=6Z_0[\omega t-\sin(\omega t)]$ $z(t)=Z_0[4-3\cos(\omega t)]$
y_0 点开始的自由漂移	$y_0=Y_0,\dot{y}_0=0,t=0$	$y(t)=Y_0\cos(\omega t)$
x_0 点开始的自由漂移 (3−27)	$x_0=X_0,\dot{x}_0=0,t=0$	$x(t)=X_0$

综合例题

综合情况可以看成是在适用的条件下，将属于每个单独运动的运动方程和初始条件的叠加。

例 1

为了得到在 x 轴方向连续外力作用下，初始于低轨道上的 $x_0=X_0$ 和 $z_0=Z_0$ 的轨道，将下列初始条件和运动方程相加（见表 3−1）。

1）"x 轴方向的连续力"；

2）"初始于 x_0 的自由漂移运动"；

3）"初始于圆形轨道上一点 z_0 的自由漂移运动"。

得到综合的初始条件为（1）＋（2）＋（3）：

$$x_0=0+X_0+0 \quad \dot{x}_0=0+0+\frac{3}{2}\omega Z_0 \quad \gamma_x=\gamma_x+0+0$$

$$y_0=0+0+0 \qquad \dot{y}_0=0 \qquad\qquad \gamma_y=0$$

$$z_0=0+0+Z_0 \qquad \dot{z}_0=0 \qquad\qquad \gamma_z=0$$

综合的运动方程为（1）＋（2）＋（3）：

$$x(t) = \gamma_x \left\{ \frac{4}{\omega^2}[1 - \cos(\omega t)] - \frac{3}{2}t^2 \right\} + X_0 + \frac{3}{2}Z_0\omega t$$

$$z(t) = \frac{2}{\omega^2}\gamma_x[\sin(\omega t) - \omega t] + 0 + Z_0$$

例 2

为了得到初始于 $x_0 = X_0$ 和 $z_0 = Z_0$，且 $\dot{x}_0 = 0$ 的 R 轴上的受迫运动的轨道，将下列初始条件和运动方程相加。

1）"R 轴上的直线运动"；

2）"保持点在 x_0" = "初始于 x_0 的自由漂移运动"；

3）"保持点在 z_0"。

得到综合的初始条件为（1）＋（2）＋（3）：

$$x_0 = 0 + X_0 + 0 \qquad \dot{x}_0 = 0 + 0 + 0$$

$$y_0 = 0 + 0 + 0 \qquad \dot{y}_0 = 0$$

$$z_0 = 0 + 0 + Z_0 \qquad \dot{z}_0 = \Delta V_z + 0$$

综合的运动方程为（1）＋（2）＋（3）：

$$x(t) = 0 + x_0 + 0 \qquad \gamma_x = -2\omega\Delta V_z$$

$$z(t) = \Delta V_z t + 0 + z_0 \qquad \gamma_z = -3\omega^2\Delta V_z t - 3\omega^2 z_0$$

第 4 章　逼近安全和避撞

　　本章的目的在于阐述轨道安全的需求，讨论由于轨道环境和船载系统的不完善和误差所造成的轨道偏离，探讨运用保护措施防止轨道偏离的可能性。由于发射和调相阶段通常是由地面操作员和计算机来操控，因此这里着重讨论交会阶段的轨道偏差和安全问题。在交会阶段，两个航天器相对靠近，它们的轨道面重合在一起，追踪航天器的轨道方向又指向目标，所以任何对所设计轨道的偏离都能导致相撞。相撞可能是直接相撞，也可能是在一次或多次轨道周期之后再相撞。

4.1　轨道安全与轨迹偏离

　　交会和对接实际上是一个"经过设计的相撞"，这个"相撞"要考虑两个航天器接触点的几何位置和接触时的直线速度和角速率。为了达到规定范围内的接触条件，在接触之前，轨道必须保持在接触公差范围之内。超出这个公差范围的任何一点偏差，要么会丧失交会和连接的机会，要么因为在不适合的点和动量条件下，导致两飞行器相撞，造成严重后果。基于这样的原因，交会操作以及涉及到这一过程的所有的功能和系统，都要与故障公差和安全要求相符。

　　对于安全和任务的成功所需的故障公差的级别，取决于任务的种类。"安全"这一术语在空间操作条件下通常是指"人的安全"，只用于那些至少有一个是载人航天器的任务中。这个航天器可以是追踪航天器，也可以是目标航天器。载人任务对故障公差要求较高，不载人的航天任务对故障公差要求较低。在不载人的航天任务中，需要保护的对象是航天器，就这点来说，有些研究者建议用"航天器安全"这一术语。然而，无论是载人还是不载人的任务，当考虑轨道偏离的效应和相撞的危险时，这两个词没有什么区别。如果用不同的词语描述相同的问题，只会让人感到迷惑。因此，在本书以下章节中，不管是载人还是不载人的任务，笔者都用"逼近/撤离安全"和"轨道安全"这样的术语。

4.1.1　故障公差和轨道设计要求

故障公差的定义一般都具有通用性，比如要适用于针对某一类任务的所有航天器系统和所有载荷系统。但考虑每次特定任务的目标时，就需要重新界定故障公差要求。比如说在国际空间站（ISS）项目中，界定了下列故障公差要求（NASA，1998b）：

1）一次故障不应导致严重的后果；

2）两次故障不应导致灾难性的后果。

"一次故障"被定义为"系统、子系统或部件（硬件或软件）失效，不能完成其功能"；或者是任何一次"操作员故障"。"严重的后果"被定义为"特定任务的失败"，比如在交会任务中用另一个航天器与 ISS 未完成交会。"灾难性的后果"被定义为"失去生命或航天员受伤致残"，或者"失去空间站，或失去它的基本组成部分"。

对航天器的操作来说，可以转化成人们熟悉的"故障工作—故障安全"需求。可以预计，这样一个两级要求也同样适用于不载人的航天器对卫星的维修，这种情况就是典型的两个不载人的航天器的交会和捕获。对于常规的交会和捕获操作过程来说，这种故障公差能以下列方式说明。

（1）逼近到接触

一次故障后，轨道必须保持安全（不会相撞）。可以继续恢复执行交会任务。

二次故障后，形成的新轨道必须保证不会相撞，不需要继续执行任务。

（2）捕获

一次故障后，追踪航天器必须能后退并再次尝试执行任务。

二次故障后，追踪航天器必须能安全离开目标（避免相撞）。不需重启任务。

（3）撤离

一次故障后，追踪航天器必须能够继续标称上的撤离和脱轨操作。

二次故障后，追踪航天器必须能够安全离开目标（避免相撞），没有进一步的要求。

对于与交会相关的其他任务段，如结构连接/脱离和连接时的操作准备等的故障公差没有进行详细讨论，因为这与航天器上的其他操作没有什么区别。

4.1.2　轨道安全的设计原则

以下列出了在逼近阶段，安全需求是如何被转化成逼近轨道策略和船载系统的设计要求的。

1）考虑到相撞的危险，对于逼近和撤离方案和其轨道因素的设计必须本着越安全越好的原则。这意味着，在考虑到所有可能的误差和所有可能的船载系统发生一次故障的情况下，每一轨道段的自然进展都要尽量长久避免相撞。当然，也不可能一直不相撞，因为追踪航天器最终还是要与目标航天器进行物理接触的。

2）在目标站附近，追踪航天器的船载系统必须能够监控自身相对目标航天器在每个轨道点上的相对状态矢量。当与设计轨道出现较大偏差时，必须能够自动地纠正偏差。

3）船载系统必须能探测出其子系统、功能和设备的故障。必须能在限定的时间内启用备用的设备、功能和子系统，这样能够继续目前的轨道或者是开始一个备用的操作，以允许以后再恢复执行任务。

4）任何情况下，在逼近和撤离轨道上的任何一点，当所有的控制都失败后，实际的状态矢量又超出了安全界限时，船载系统必须能执行一次操作来保证两个航天器之间不会相撞。在天然的不会相撞的轨道存在的情况下（见 1)），这样的操作只需要简单地关闭所有的推进器。在其他情况下，则需要一次推进就能够使追踪航天器离开目标附近区域（见 4.5 节）。

就第 1 个设计要求来说，为了能够评估轨道设计的可行性和限制条件，首先要分辨轨道偏差产生的原因，然后找到合适的安全防护措施。第 2 个和第 3 个设计要求要考虑船载控制系统的设计，具体内容将在第 6 章讨论。最后一个设计要求，要考虑安全避撞机动的有效性，执行时要考虑两点：

- 各种情况下轨道和机动的设计，将在 4.5 节中讨论；
- 在轨道上任何一点能够探测到与设计状态矢量产生的偏差并能够采取适当的措施，这是船载系统的任务，将在第 6 章中讨论。

4.1.3　轨道偏差的成因

导致实际轨道偏离期望轨道的潜在原因有以下一些：

- 轨道摄动；
- 导航偏差；
- 控制偏差；
- 推进矢量偏差；
- 推进器故障。

轨道摄动。指作用在航天器上的力使它改变轨迹的现象，如由于地球引力位能的非理想球面性产生的偏差（在调相和远程交会阶段起作用），由于大气阻力和太阳光压（在所有距离内起作用，但不是所有的高度）产生的偏差，推进器羽流压力（只有在很短距离内起作用）产生的偏差等。下节将讨论摄动的问题。

导航偏差。指船载系统对状态的感知与实际状态之间（位置、速度、高度、角速率）的差别。初始的导航偏差可以随着时间的增加被轨道动力和推进机动扩大（见 4.3.1 节）。

控制偏差。指应该被修正的值与实际修正的值之间的差别。产生控制偏差的部分原因是由于存在导航偏差和推进矢量偏差，因此控制偏差不应该单独讨论。

推进矢量偏差。指在大小和方向上与假定的作用力和力矩矢量有关的偏差（见 4.3.2 节）。

推进器故障。从严格意义上来说应该包含在推进矢量偏差中。然而，一般所说的推进器故障是指硬件故障，比如说推进器阀门无法关闭或开启，其导致的结果非常惊人，处理的方法要求与处理推进矢量偏差中一些小偏差的方法有所区别。因此，把它单独列入轨道偏差产生原因中的一项。

4.2　轨道摄动

本节旨在讨论一些最重要的轨道摄动，即那些对交会轨道有着重要影响的摄动，也就是经过一个或数个轨道周期后，使航天器的位置发生了明显改变的摄动。最显著的摄动取决于交会发生的轨道的种类。以 LEO 为例，最显著的摄动是由于残留大气产生的阻力；在远程逼近（尤其是调相）中，是重力位能的异常。另一方面，在 GEO，最显著的摄动是太阳辐射产生的压强。然而，在上述这两个例子中，最大的摄动会发生在两个航天器十分接近的情况下，其中的一个推进器羽流对另一个航天器表面产生的压力。由于地球重力位能的非理想球面性产生的摄动会导致交点的漂移（RAAN 的改变），它对绝对轨道影响很大（比如说在调相时），但对近程操作时追踪航天器和目标航天器之间的相对轨道影响不大。其他对交会轨道的摄动，比如月球—太阳势能及较高量级的地球势能谐波，在数量级上低很多。

如果在设计轨道时就已知一些轨道摄动效应或能预计到一些轨道摄动，并在设计中加以考虑，那么可以起到弥补作用。设计中最大的不确定因素是无法完全掌握绝对阻力和差动阻力的真实值，以及在逼近的最后几十米时羽流的动态作用力。由于残留大气在一个轨道周期或一段时间内的密度通常有很大差别，转动的太阳能电池板使航天器的横切面发生改变，因此大气阻力产生的摄动将有很大的不确定性。同时，羽流作用力产生的摄动也有较大的不确定性，这是由于对推进器羽流作用力的真实分布情况了解有限，也是由于对航天器表面的建模误差以及这些表面与羽流压力场交互作用的建模误差所致。

4.2.1　残留大气的阻力

作用在航天器上的残留大气的阻力是

$$F_D = -\frac{\rho}{2} V_x^2 C_D A \tag{4-1}$$

式中，$V_x = \omega r$ 是轨道速度；C_D 是阻力系数；A 是航天器的横切面。由于两个航天器都受到阻力影响，且它们绝对速度的差异可以忽略不计，在圆形轨道条件下，相对于目标航天器，作用在追踪航天器单位质量上的阻力差（即力 $\gamma_D = \dfrac{F_D}{m}$）的差值为

$$\Delta \gamma_D = \gamma_{Dc} - \gamma_{Dt} = -\frac{\rho}{2} \omega^2 r^2 \left(\frac{C_{Dc} A_c}{m_c} - \frac{C_{Dt} A_t}{m_t} \right) \tag{4-2}$$

m 是航天器的质量；下标 c 指的是追踪航天器；下标 t 指的是目标航天器。关系式

$$C_B = \frac{m}{C_D A}$$

被称为航天器的弹道系数。在交会分析中经常会用这个术语。引入该系数，方程式变为

$$\Delta \gamma_D = -\frac{\rho}{2} \omega^2 r^2 \frac{1}{C_{Bc}} \left(1 - \frac{C_{Bc}}{C_{Bt}} \right) \tag{4-3}$$

通过把 $\Delta \gamma_D$ 作为 γ_x 值引入方程（3-59）和方程（3-66），可以计算出轨道摄动的结果。对于更加详细的模型，不仅要考虑航天器的横切面，还要考虑各个表面及其相对于轨道速度矢量的方向。

大气密度是这个方程式里已知的最不确切的一个值。如果一个特定轨道高度的 ρ 值已知，可以通过一个指数函数环绕这一点进行模拟

$$\rho(z) = \rho(z_0) e^{\frac{z-z_0}{H(z_0)}} \qquad (4-4)$$

式中，H (z_0) 是等高度因数（Carrou，1995）。某一高度的大气密度取决于大气的温度。举例来说，在日光照射面，气体会膨胀，密度大的气体会升到较高的高度。因此，在某一轨道高度的大气密度并不总是恒定的，在轨道向光一面的密度会增加（日光膨胀），另一面则与之相反。日光膨胀作用在两个航天器之间的相对运动上的效应比起密度的绝对值的改变产生的效应要低得多，因为两个航天器都受到了相同的影响。又因为这种效应就轨道来说是周期性的，对于一个周期内的转移机动，这种效应在很大程度上是一个平均水平。对于初步的轨道评估来说，可以设定一个轨道的平均值。而对于详细的分析和模拟来说，应该考虑到日光膨胀的效应。

在特定轨道高度对大气密度产生很大影响的是太阳热流，它能把外层大气都加热。已知的作用在大气上的太阳热流的 3 个周期性变化有：

- 由于太阳绕其轴的自转而产生的 27 天的周期；
- 地球绕太阳的轨道周转时，相对太阳轴的姿态变化而产生的 1 年周期；
- 由于太阳活动产生的 11 年周期。

最后一个效应最具影响力。举例来说，在一个 400 km 高度的轨道，大气密度可以在接近 5×10^{-10} kg/m³ 和 1×10^{-12} kg/m³ 之间变化，前者对应于太阳活动高年，后者对应于太阳活动低年。已经有许多为大气变化建立模型的研究工作，如两个经验模型：JACCHIA（Jacchia，1977）和 MSIS（质谱仪不连贯分散）（Hedin，1986）。图 4-1 表示了由于太阳热流而产生的密度变化（Larson & Wertz，1992）。

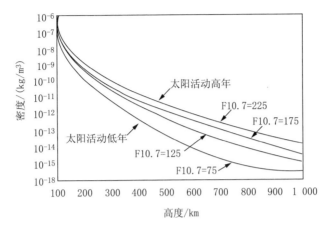

图 4－1　不同水平的太阳热流作用下大气密度随高度的变化关系

　　在实际应用中，把带有大面积太阳能电池板和大面积辐射表面的复杂空间站作为目标站，而把相对紧凑的航天器看做追踪航天器，弹道系数的比率 C_{Bc}/C_{Bt} 会很大（4～8）。由于太阳能电池板总是指向太阳，带有铰接的太阳能电池板的航天器的弹道系数在一个轨道周期之内会发生改变。在那些太阳能帆板可以用 2 根轴连接的地方（把指向轴与横向太阳方向对齐），弹道系数在 1 年之内也会发生改变。如果追踪航天器和目标航天器都具有铰接的太阳能电池板，弹道系数的比率变化会比绝对值的变化要低。尽管在初步轨道评估中，这个效应可以忽略不计，但在验证性能的模拟仿真中，必须要考虑弹道系数的变化。为了简化对定性影响的讨论，在以下的例子中，阻力都被认为是恒定的。为了演示残留大气阻力的效应，下面将自由漂移运动和脉冲机动后的运动作为讨论的例子。

　　阻力产生的自由漂移运动和脉冲机动。第 1 种轨道类型是在圆形轨道上释放航天器，即脱离受控站进入自由运动。在释放航天器之前，作用在航天器上的阻力被控制力抵消了。航天器被释放后的自由漂移运动由恒力转移方程式确定，而且要加上由于阻力产生的加速度。对于在点 O_{lo} 开始的轨道，通过把方程（4－3）代入方程

（3－59）而得到其运动方程

$$x(t) = -\frac{\rho}{2}\omega^2 r^2 \frac{1}{C_{Bc}}(1-\frac{C_{Bc}}{C_{Bt}})\left\{\frac{4}{\omega^2}[1-\cos(\omega t)] - \frac{3}{2}t^2\right\}$$
$$z(t) = -\frac{2}{\omega^2}\frac{\rho}{2}\omega^2 r^2 \frac{1}{C_{Bc}}(1-\frac{C_{Bc}}{C_{Bt}})[\sin(\omega t) - \omega t]$$

（4－5）

由于追踪航天器和目标航天器之间的相对运动与绝对轨道速度相比可以忽略不计，速度之间的差异就没有考虑到阻力计算中。方程（4－5）的结果因此可以被加到其他轨道条件下产生的结果中，比如说，从目标轨道不同高度的地方开始的轨道，把方程（3－25）加到方程（3－59）中即可。

在恒定高度的本体轨道坐标系上，航天器的绝对运动可以通过设定弹道系数比率 $C_{Bc}/C_{Bt}=0$，也就是 $C_{Bt}=\infty$ 来获得。导出的轨道如图 4－2 所示，假定轨道是 400 km 高的圆形轨道，阻力加速度为 $\gamma_D = -1.38\times10^{-6}$ m/s²，相应的大气密度约为 10^{-11} kg/m³，弹道系数 $C_{Bc}\approx215$，此种情况适用于紧凑型航天器。

图 4－2 表示了由于残留大气的阻力，卫星轨道自然衰退的初始状态（3 个周期，地球在＋R 轴方向）。图 4－2 和图 4－3 中的轨道正弦分量是由于阻力作为阶跃函数被加在开始点 O_{lo}（从目标站保持状态释放）。

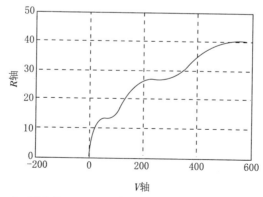

图 4－2　阻力为 1.38×10^{-6} m/s² 时，从 O_{lo} 开始的自由运动

（400 km 的高度轨道，3 个周期）

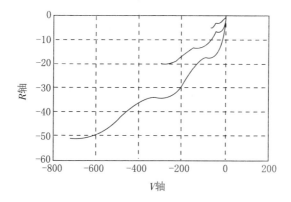

图 4－3 不同阻力的运动示例（起点：O_{lo}，C_{Bc}/C_{Bt}＝1.5，3，6）

如果追踪航天器和目标航天器的弹道系数相同，在以目标为中心的轨道坐标系中将看不到任何效应。可是，如果目标航天器的弹道系数较低，也就是有更高的阻力，它的轨道将比追踪航天器的轨道衰退更快，使追踪航天器会移到目标后更高的位置上（－R 向），如图 4－3 所示。图 4－3 表示的例子，是 3 个轨道周期后计算出的结果，高度和密度与图 4－2 中的相同。追踪航天器的弹道系数 C_{Bc}＝470 kg/m²，属于非常紧凑的航天器。弹道系数 C_{Bc}/C_{Bt} 的变化范围为 1～6，较高的数值属于具有较大表面的目标航天器（或较小表面的追踪航天器）。结果证明了阻力效应的差异对追踪航天器和目标航天器之间的自由漂移运动的演变，起着很重要的作用。从目标轨道开始，一个自由漂移弹道系数是目标航天器的 1.5 倍的追踪航天器，在 3 个轨道周期后应该到达目标上方 5 m，后方 70 m 的位置。

第 2 个示例将分析脉冲机动后，不同阻力作用在轨道上的效应。对于脉冲机动来说，有阻力的切向脉冲机动运动方程式可以通过把前面导出的描述恒定阻力作用下的自由运动方程（4－5）叠加到描述脉冲机动的方程（3－28）来获得。相应地，有阻力的径向脉冲机动的方程式通过把方程（4－5）加到方程（3－34）获得。

图 4－4 表示了在初始切向脉冲作用下的机动结果。图 4－5 表

示了在初始径向脉冲作用下的机动结果。两者的假定条件与图 4－3 的假定条件一致。在所有的示例当中，相同密度和弹道系数下，位置的绝对变化是相同的，漂移例子中也是如此（见图 4－3）。可是，径向脉冲机动的相对结果却比切向脉冲的大，因为同样大小的一个脉冲在径向产生了比切向机动低 80％的最大位置改变。

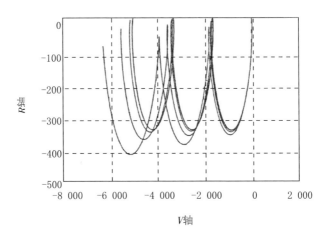

图 4－4　切线脉冲为 0.1 m/s，不同阻力时的运动状态

（400 km，$C_{Bc}/C_{Bt}=1$，1.5，3，6）

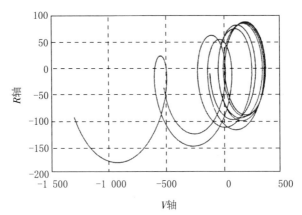

图 4－5　径向脉冲为 0.1 m/s，不同阻力时的运动状态

（400 km，$C_{Bc}/C_{Bt}=1$，1.5，3，6）

4.2.2　地球势能异常产生的摄动

由于地球的形状并非理想状态的球体，它的质量也没有均匀地分布，因此引力也不会完全直接地指向轨道中心，而是在轨道面的内外都有不同方向的分量。这些力沿轨道运转的一圈内会发生改变，从而也会引起轨道参数的变化。地球的重力位能可以通过以下方程近似得到。

$$\phi = \frac{\mu}{r}\left[1 - \sum_{n=2}^{\infty} J_n(\frac{R_E}{r})^n P_n(\sin\varphi)\right] \qquad (4-6)$$

式中，J_n 是位能的谐波因数，R_E 是地球在赤道的半径，r 是从地球中心到卫星的距离，P_n 是勒让德多项式，φ 是纬度，μ 是地球引力常数。这个模拟法只用球面带状偏差，也就是取决于纬度的偏差。

更精确的模型还应包括扇形项（与经度相关）和田形项（带形项和扇形项的组合），但这些因素对于绝大多数轨道分析，尤其是持续时间相对较短的交会任务来说并不重要。许多教科书都对地球引力模型进行了详细讨论，如 Carrou 的著作。

近地轨道最显著的效应是由地球位能的第 2 谐波产生的，代表了地球的椭圆属性。系数 J_2 比其他的要大 2 个数量级，由此用 J_2 效应来命名最显著的引力摄动。在 F_{eq} 坐标系中可以看出，地球的椭圆特性作用于轨道产生了下面的运动：

- 交点的线运动，即 RAAN（$\dot{\Omega}$）随着时间的变化，被称为"交点漂移"或"交点回归"；
- 椭圆轨道的拱点线（$\dot{\omega}$）旋转。

虽然大多数交会任务发生在近似圆形的轨道，但这两个影响对于调相和远程交会阶段的交会操作非常重要，在此阶段一般采用椭圆轨道。对于圆形轨道来说，交点的绝对回归值仍然很重要，应该在与绝对轨道的发展变化相关的问题中加以考虑，如地面跟踪、中继卫星的通信窗口、GPS 卫星的可视性和光照条件等。追踪航天器轨道交点的回归和目标轨道交点的回归之间的区别会随着两个航天器的靠近而减少，最后会消失。

下面的公式给出了交点线和拱点线的变化率。

- 交点的衰退

$$\dot{\Omega}_{J_2} = -1.5nJ_2(R_E/a)^2(\cos i)(1-e^2)^{-2} \quad \left. \right\}$$

$$\dot{\Omega}_{J_2} \approx -2.064\,74 \times 10^{14} a^{-7/2}(\cos i)(1-e^2)^{-2} \quad (4-7)$$

- 拱点线的旋转

$$\dot{\omega}_{J_2} = 0.75nJ_2(R_E/a)^2(4-5\sin^2 i)(1-e^2)^{-2} \quad \left. \right\}$$

$$\dot{\omega}_{J_2} \approx 1.032\,37 \times 10^{14} a^{-7/2}(4-5\sin^2 i)(1-e^2)^{-2} \quad (4-8)$$

其中，n 是平均轨道运动（°）/d，R_E 是地球赤道半径，a 是半主轴，e 是离心率，i 是倾角。$\dot{\Omega}$ 和 $\dot{\omega}$ 的结果以（°）/d 表示。如上所述，对于交会任务，只要目标航天器处于准圆形轨道，拱点线的旋转就不太重要。

示例

对于圆形轨道，如 400 km 高，52°倾角（国际空间站）的圆形轨道，根据方程（4-7）得到的交点回归 $\dot{\Omega}_{J_2} = -4.989$（°）/d。对于一个椭圆形调相轨道来说，远地点/近地点高度若为 350/200 km，交点回归会是 $\dot{\Omega}_{J_2} = -5.326$（°）/d。

对于倾角是 28.5°的轨道来说，若轨道转速相同，400 km 高度的圆形轨道，交点漂移是 $\dot{\Omega}_{J_2} = -7.121$（°）/d，350/200 km 椭圆形调相轨道的交点漂移是 $\dot{\Omega}_{J_2} = -7.603$（°）/d。

4.2.3　太阳压力

太阳辐射在航天器的太阳—卫星方向上产生了一个压力（见图 4-6）。

$$\boldsymbol{F}_{SP} = -p \cdot A \cdot \boldsymbol{u}_S \quad (4-9)$$

作用在卫星单位质量上的力是

$$\boldsymbol{\gamma}_{SP} = -p\frac{A}{m}\boldsymbol{u}_S \quad (4-10)$$

式中，p 是辐射流量，A 是卫星的横切面，m 是卫星的质量，u_S 是太阳—卫星方向单位矢量。辐射流量随着地球绕太阳的轨道周期性地发生改变。其值为

在远日点 $p = 4.38 \times 10^{-6}$ N/m^2；

在近日点 $p = 4.68 \times 10^{-6}$ N/m^2。

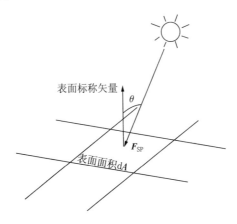

图 4-6　太阳对表面的压力

太阳压力在轨道面内和轨道面外有压力分量，这取决于太阳相对于轨道面的方向。太阳压力会对轨道参数产生一些影响，其中最重要的是对离心率和倾角的影响。依据轨道高度和太阳方向的不同，这个力是间歇的，在卫星处于地球阴影区时，这个力为零。

当交会轨道位于地球同步轨道时，太阳压力是最突出的干扰因素。这时，大气阻力实际上为零，太阳压力与追踪航天器和目标航天器的弹道系数之差的组合可以导致两个航天器具有不同的加速度。因为太阳—卫星方向随着轨道在一年之内发生改变，太阳压力产生的实际效应需要在不同情况下单独计算。在更加详细的分析中，或为了求证的目的，卫星机体的各个表面相对太阳—卫星矢量的朝向及其反射特征（吸收、散射或反射）都应该被考虑进去。

在一个 400 km 高度的轨道中，由太阳压力和其对交会轨道产生效应而产生的加速度，比大气阻力大约低 2~3 个数量级。

4.2.4　羽流在追踪航天器和目标航天器之间的动态作用

当航天器彼此接近时，羽流互相作用形成了一个重要的干扰。取决于推进器的大小和对面航天器表面的几何形状，这个干扰可在几十米内甚至几百米内都非常显著。由于推进器羽流的延伸应是有限的，而且不同航天器表面所处的距离等于或大于羽流直径，因此不可能像对待空气阻力和太阳压强一样，用一个统一的方法来对待这种干扰。而是应将这些力沿不同的表面进行积分，其中要考虑推力相对各特定面的方向以及羽流的压力分布，该压力分布应是距中线的距离和角度的函数。

推进器羽流在表面 $\mathrm{d}S$ 产生的力可以通过羽流压力 $P(r, \theta)$ 和气流相对于表面的方向 γ 来描述

$$\mathrm{d}F = -P(r, \theta)\cos\gamma\mathrm{d}S \qquad (4-11)$$

下面的方程式给出了推进器羽流的压力作为距离 r 和距中线的角度 θ 的函数模型（见图 4-7）。

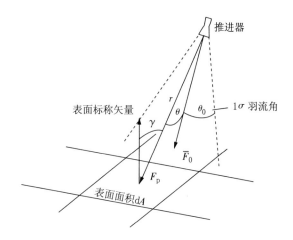

图 4-7　推进羽流对表面的压力

$$P(r, \theta) = \frac{\phi_0}{r^2}\mathrm{e}^{\frac{-\theta^2}{2\theta_0^2}} \qquad (4-12)$$

式中，ϕ_0 是推进器的流量常数；θ_0 是半锥角，代表了燃气喷嘴 $1\,\sigma$ 的值（假设是高斯分布），即 $3\,\sigma$ 或 99.7% 的羽流横切面被覆盖在 $3\theta_0$。ϕ_0 的值作为标准偏差锥角 θ_0 的函数，可以通过下列力守恒定律来计算。

- 羽流作用在推进器 1 m 范围内单位球面上的力必须与推进器的推力 F_0 一致。

将式（4-12）描述得压力分布代入式（4-11），沿单位球面积分，得

$$\phi_0 = \frac{F_0}{\pi} \frac{1}{\int_0^\pi \left[e^{-\frac{\theta^2}{2\theta_0^2}} \sin(2\theta) \mathrm{d}\theta\right]} \qquad (4-13)$$

这个模型在赫尔墨斯—哥伦布自由飞行（Hermes-Colnmbus Free-Flyer）项目中得到了验证（见文献 Retali，1990），$1\,\sigma$ 半锥角 θ_0 的典型值大约是 $13°$。

由于两个航天器之间羽流的相互作用导致的加速度比空气阻力大 $1\sim2$ 个数量级，因此当羽流直接指向目标航天器时，必须避免在靠近航天器时进行制动。姿态控制推进器可以指向所有方向，但是单独一次喷射时间相对要短一些。由这样的喷射作用于目标航天器的力和扭矩可通过追踪航天器 GNC 操作的闭环模拟恰当地估算出来，其中要用到航天器几何形状、推进器位置和推力羽流的详细模型。

4.3　航天器系统产生的轨道偏差

下面讨论的是在开环机动条件下，由系统和设备误差导致的轨道偏差。讨论的目的是通过建立不同误差类型的方程式，来评估轨道偏差的种类和级别，并以数字化的示例帮助大家理解轨道偏差效应的级别。

4.3.1　导航偏差引起的轨道偏差

如 4.1.3 节所述，导航偏差是测得的或预计的状态矢量与实际状态矢量之间的差别。这样的偏差可以由敏感器和航天器的轴线之间的校准偏差而导致，或者由所用的敏感器的测量性能的局限性导致（见第 7 章），也可由测量环境的异常情况导致，还可由导航滤波器处理信息的局限性导致（见 6.2.1 节）。要测量的参数包括位置、线速度、姿态和角速率。下面的讨论将确定轨道的不确定因素和偏差，有些是经过一段时间的运动后产生的测量偏差。

4.3.1.1　位置测量偏差

除了表明位置偏差本身之外，在 x 轴向上的位置测量偏差对轨道的演变没有进一步的影响。由方程（3－27）可知，在 y 轴方向的位置偏差随着时间变化会导致正弦曲线形态。在 z 轴方向上的位置偏差根据测量的 x 轴向速度可以有两种结果：根据方程（3－25），或者在 x 轴方向上产生速度偏差，而在 z 轴上没有偏差；或者根据方程（3－26），以明显的 z 轴漂移产生环路运动。

• 测量偏差 $\Delta x_{\mathrm{m}} \Rightarrow$ 轨道偏差

$$\Delta x_{\mathrm{m}} \tag{4－14}$$

• 测量偏差 $\Delta y_{\mathrm{m}} \Rightarrow$ 轨道偏差

$$\Delta y(t) = \Delta y_{\mathrm{m}} \cos(\omega t) \tag{4－15}$$

• 测量偏差 $\Delta z_{\mathrm{m}} \Rightarrow$ 轨道偏差

$$\Delta x(t) = \frac{3}{2} \omega \Delta z_{\mathrm{m}} t \tag{4－16}$$

假定追踪航天器处于目标轨道之上或之下的圆形轨道，即以属于该轨道的速度运行时，式（4－16）成立。

• 测量偏差 $\Delta z_{\mathrm{m}} \Rightarrow$ 轨道偏差

$$\left. \begin{aligned} \Delta x(t) &= 6\Delta z_{\mathrm{m}}\big[\omega t - \sin(\omega t)\big] \\ \Delta z(t) &= \Delta z_{\mathrm{m}}\big[4 - 3\cos(\omega t)\big] \end{aligned} \right\} \tag{4－17}$$

假定追踪航天器与目标以相同的速度运行时，式（4－17）

成立。

对于误差评估来说，如果不要求清楚地区别速度测量准确度，在 z 轴方向上两个可能的偏差要作为极端情况考虑进去。

示例

z 轴方向初始位置为 10 m 的测量偏差

如果追踪航天器运行在平行的轨道上：

- 根据方程（3－25），在 x 轴方向上 1 次轨道周期后位置的不确定度为 94.25 m；
- 根据方程（3－24），1 次轨道周期后速度 V_x 的不确定度为 0.01 m/s。

如果追踪航天器与目标航天器以相同的速度运行：

- 半个轨道周期后，在 z 轴方向上的不确定度为 70 m；
- 1 次轨道周期后，在 x 轴方向上的不确定度为 370 m。

如果对实际速度的测量精度不能保证，在估算沿轨道的可能偏差范围时，就要考虑上述两种情况下的最差数值。

4.3.1.2　速度测量偏差

速度测量偏差产生的效应和在特定方向的初始速度产生的效应相同。速度偏差引起的轨道偏差分别从方程（3－28）可求得 x 轴方向上的轨道偏差、从方程（3－40）可求得 y 轴方向上的轨道偏差、从方程（3－34）可求得 z 轴方向上的轨道偏差。位置偏差是速度偏差的线性函数。

- 测量偏差 $\Delta V_{xm} \Rightarrow$ 轨道偏差

$$\left.\begin{aligned}\Delta x(t) &= \Delta V_{xm}\left[\frac{4}{\omega}\sin(\omega t) - 3t\right]\\ \Delta z(t) &= \frac{2}{\omega}\Delta V_{xm}\left[\cos(\omega t) - 1\right]\end{aligned}\right\} \tag{4-18}$$

- 测量偏差 $\Delta V_{ym} \Rightarrow$ 轨道偏差

$$\Delta y(t) = \frac{1}{\omega}\Delta V_{ym}\sin(\omega t) \tag{4-19}$$

- 测量偏差 $\Delta V_{zm} \Rightarrow$ 轨道偏差

$$\left.\begin{array}{l} \Delta x(t) = \dfrac{2}{\omega} \Delta V_{zm} \big[1 - \cos(\omega t)\big] \\[3mm] \Delta z(t) = \dfrac{1}{\omega} \Delta V_{zm} \sin(\omega t) \end{array}\right\} \qquad (4-20)$$

下面以高度 400 km 的轨道为例进行讨论。

示例 1

在 x 轴方向上的速度测量偏差。

对于 x 轴方向上的 ΔV，位置偏差会根据图 3—15 所示的轨道类型发生演变。在 x 轴方向上 0.01 m/s 的速度测量偏差，每周期能导致 x 轴方向上 166 m 的位置偏差；在 z 轴方向上（双幅）经过半个轨道周期后产生最大 35 m 的位置偏差。

示例 2

在 z 轴方向上的速度测量偏差。

对于 z 轴方向上的 ΔV，位置偏差会根据图 3—20 所示的轨道类型发生演变。在 z 轴方向上的 0.01 m/s 的速度测量偏差，经过半个轨道周期后能导致在 x 轴方向上最大 35 m 的位置偏差；经过 1/4 轨道周期后，位置偏差的幅度在 z 轴方向上达到 8.8 m。

示例 3

在 y 轴方向上的速度测量偏差。

对于 y 轴方向上的 ΔV，位置偏差会根据图 3—23 所示的轨道类型发生演变。y 轴方向上的 0.01 m/s 的速度测量偏差经过 1/4 轨道周期后，在 y 轴方向上产生的位置偏差达到 8.8 m。

4.3.1.3　姿态和角速率测量偏差

姿态偏差对轨道演变没有直接的影响。但在提升机动时会对轨道产生影响，这是由于提升机动会在不应该产生分量的方向产生不必要的推进分量。这种情况将在 4.3.2 节中讨论。

角速率对轨道演变没有直接的影响，但通过提升机动以便获得所需高度时除外。

4.3.2 推进偏差引起的轨道偏差

推进偏差可由以下各类偏差引起：推力大小的偏差（ΔF）、航天器实际质量的偏差（Δm）、推进持续时间的偏差（Δt）和推进方向相对于计算中假定值的偏差（$\Delta\alpha$）引起的。这些偏差也可以由安装偏差、排气速度矢量相对于喷嘴机械轴的偏移、推进羽流对航天器自身结构的冲击、实际脉冲与标称脉冲的偏差、相对于阀门打开时间的非线性传送 ΔV 等因素引起。

4.3.2.1 推进力和持续时间偏差

单位质量施加的推进力是

$$\gamma_t = \frac{F_t}{m_c}$$

其中，F_t 是标称推进力，m_c 是航天器的质量。包括偏差的单位质量实际推进力可以定义为

$$\gamma = \gamma_t + \Delta\gamma$$

$$\gamma = \gamma_t \varepsilon_\gamma$$

式中，γ_t 是标称推进力/质量，ε_γ 是推进偏差因数，且

$$\varepsilon_\gamma = 1 + \frac{\Delta\gamma}{\gamma_t}$$

如果推进偏差是由于假定的推进力引起的，那么

$$\varepsilon_\gamma = 1 + \frac{\Delta F}{F_t}$$

如果推进偏差是由于假定的质量偏差引起的，那么

$$\varepsilon_\gamma = 1 + \frac{m_c}{\Delta m}$$

推进的实际持续时间（包括偏差）可以定义为

$$t = t_t + \Delta t$$

$$t = t_t \varepsilon_t$$

式中，t_t 是标称的推进实际持续时间，ε_t 是持续时间偏差因数，且

$$\varepsilon_t = 1 + \frac{\Delta t}{t_t}$$

4.3.2.2　产生的位置和速度偏差

实际位置 x_{act} 和实际速度 $\dot{x}_{act}$ 可以被相似地定义为

$$x_{act}(t) = x_{th} + \Delta x$$

$$x_{act}(t) = x_{th}\varepsilon_x$$

式中，x_{th} 是标称的 x 分量，ε_x＝轨道偏差因数；且

$$\varepsilon_x = 1 + \frac{\Delta x}{x_{th}}$$

$$\dot{x}_{act}(t) = \dot{x}_{th} + \Delta \dot{x}$$

$$\dot{x}_{act}(t) = \dot{x}_{th}\varepsilon_{V_x}$$

式中，x_{th} 是标称的 x 分量，ε_{V_x} 是速度偏差因数，且

$$\varepsilon_{V_x} = 1 + \frac{\Delta \dot{x}}{\dot{x}_{th}}$$

同理，可以推导出 y，z，$\dot{y}$，$\dot{z}$ 的偏差。

运用上述的关系，由于推进误差引起的连续推进机动运动方程式（包含偏差）如下所列。

x 轴方向上的推进。由于推进偏差形成的实际轨道（从方程（3－59）求得 x_{th}，z_{th}）是

$$
\left.
\begin{aligned}
x_{act}(t) &= x_{th}(t)\varepsilon_x = \gamma_x\varepsilon_\gamma\left\{\frac{4}{\omega^2}[1 - \cos(\omega t_t\varepsilon_t)] - \frac{3}{2}t_t^2\varepsilon_t^2\right\} \\
z_{act}(t) &= z_{th}(t)\varepsilon_z = \frac{2}{\omega^2}\gamma_x\varepsilon_\gamma[\sin(\omega t\varepsilon_t) - \omega t\varepsilon_t]
\end{aligned}
\right\}
\tag{4-21}
$$

带有推进偏差的实际速度（$\dot{x}_{th}$，$\dot{z}_{th}$ 从方程（3－60）求得）是

$$
\left.
\begin{aligned}
\dot{x}_{act}(t) &= \dot{x}_{th}(t)\varepsilon_{V_x} = \gamma_x\varepsilon_\gamma\left[\frac{4}{\omega}\sin(\omega t\varepsilon_t) - 3t\varepsilon_t\right] \\
\dot{z}_{act}(t) &= \dot{z}_{th}(t)\varepsilon_{V_z} = \frac{2}{\omega}\gamma_x\varepsilon_\gamma[\cos(\omega t\varepsilon_t) - 1]
\end{aligned}
\right\}
\tag{4-22}
$$

y 轴方向上的推进。由于推进偏差（从方程（3－75）求得 y_{th}）形成的实际轨道是

$$y_{act}(t) = y_{th}(t)\varepsilon_y = \frac{1}{\omega^2}\gamma_y\varepsilon_\gamma[1 - \cos(\omega t\varepsilon_t)] \tag{4-23}$$

带有推进偏差（从方程（3－76）求得 $\dot{y}_{th}$）的实际速度是

$$\dot{y}_{\text{act}}(t) = \dot{y}_{\text{th}}(t)\varepsilon_{V_y} = \frac{1}{\omega}\gamma_y\varepsilon_{\gamma}\sin(\omega t\varepsilon_{\text{t}}) \tag{4-24}$$

z 轴方向上的推进。 由于推进偏差（从方程（3－66）求得 x_{th}，z_{th}）形成的实际轨道是

$$\left.\begin{array}{l} x_{\text{act}}(t) = x_{\text{th}}(t)\varepsilon_x = \dfrac{2}{\omega^2}\gamma_z\varepsilon_{\gamma}\left[\omega t\varepsilon_{\text{t}} - \sin(\omega t\varepsilon_{\text{t}})\right] \\[3mm] z_{\text{act}}(t) = z_{\text{th}}(t)\varepsilon_z = \dfrac{1}{\omega^2}\gamma_z\varepsilon_{\gamma}\left[1 - \cos(\omega t\varepsilon_{\text{t}})\right] \end{array}\right\} \tag{4-25}$$

带有推进偏差（从方程（3－67）求得 $\dot{x}_{\text{th}}$，$\dot{z}_{\text{th}}$）的实际速度是

$$\left.\begin{array}{l} \dot{x}_{\text{act}}(t) = \dot{x}_{\text{th}}(t)\varepsilon_{V_x} = \dfrac{2}{\omega}\gamma_z\varepsilon_{\gamma}\left[1 - \cos(\omega t\varepsilon_{\text{t}})\right] \\[3mm] \dot{z}_{\text{act}}(t) = \dot{z}_{\text{th}}(t)\varepsilon_{V_z} = \dfrac{1}{\omega}\gamma_z\varepsilon_{\gamma}\sin(\omega t\varepsilon_{\text{t}}) \end{array}\right\} \tag{4-26}$$

从以上的方程式可以看出，每一单位质量上所加力产生的偏差会直接导致轨道和速度成比例地出现偏差。另一方面，推进持续时间偏差通过更为复杂的时间依存条件也会对轨道和速度的变化产生影响。

对于所有标称操作来说，推进持续时间偏差是微不足道的，因为可以精确地测量时间，阀门操作的延迟时间也非常短。不过，有一种情况下推进持续时间的偏差是很重要的，那就是"推进器—打开"故障。在这种情况下，只有通过对间接效应的观测才能发现故障原因，比如说推进器温度和压力、控制命令的饱和度、状态矢量的偏差等。对"推进器—打开"故障的检测也许要花些时间，在发现问题之前，推进器继续全速运行。

示例

在下面的例子当中，只考虑推进持续时间偏差引起的位置和速度偏差。γ 和 ω 绝对值的实际值和理论值是相同的，因此他们对位置和速度偏差没有影响。从方程（4－21）～方程（4－26）可知，位置和速度的偏差是时间的函数。这些例子的计算条件是，标称推进持续时间为轨道周期的 10%（在 400 km 的轨道上约为 550 s），推进持续时间偏差为 5%。在推进结束时，轨道和速度的偏差如下。

x 推进：$\varepsilon_x = 1.086$（8.6%的偏差）　　$\varepsilon_{V_x} = 1.014$（1.4%的偏差）

　　　　　$\varepsilon_z = 1.155$（15.5%的偏差）　$\varepsilon_{V_z} = 1.099$（9.9%的偏差）

y 推进：$\varepsilon_y = 1.099$（9.9%的偏差）　$\varepsilon_{V_y} = 1.043$（4.3%的偏差）

z 推进：$\varepsilon_x = 1.155$（15.5%的偏差）　$\varepsilon_{V_x} = 1.099$（9.9%的偏差）

　　　　　$\varepsilon_z = 1.099$（9.9%的偏差）　$\varepsilon_{V_z} = 1.043$（4.3%的偏差）

　　1/10 轨道周期的单次机动推进持续时间太长了（≈9 min），持续时间偏差 5%（27 s）当然也是非常高的，即使为检测推进器故障，这个偏差也算非常高的。选择这些数据只是为了证明影响效果。对于推进持续时间只是轨道周期的很小一部分情况来说，这些误差当然会有所不同。这些例子说明相对轨道和速度的偏差（取决于推进的方向）比相对持续时间的偏差要大很多。

4.3.2.4　推力方向偏差

　　推力方向偏差是航天器相对轨道坐标系的飞行姿态偏差、推进器硬件的几何连接偏差及推进矢量相对于推进器喷嘴中线的偏差等因素引起的。后者（推力方向偏差）也可能是流体—动力的不对称性引起的。在姿态测量偏差的情况下，推力方向偏差产生一个垂直方向的推进分量。

示例

　　对一个 1 m/s 的 ΔV 来说，1° 的姿态偏差导致在垂直方向上产生 0.017 5 m/s 的干扰速度分量。400 km 轨道上的脉冲机动，在 x 方向上的位置偏差每个轨道周期会接近 290 m，在 z 方向上的偏差会达到 31 m。

　　对于有限的推进机动来说，作用力的矢量方向应该被考虑进去

$$\Delta \gamma_\perp = \gamma_t \sin\Delta\alpha_t \tag{4-27}$$

式中，$\Delta\alpha_t$ 是方向偏差。

　　根据原始推进方向和偏差角度方向，可以通过把求得的 $\Delta\gamma_t$ 值代入到方程（3-59）～方程（3-76）中，来获得在垂直方向上的相应的轨道和速度偏差。

4.3.3　推进器故障导致的轨道偏差

按照 4.1.3 节定义的术语"推进器故障"，有 2 种情况：在操作快要结束时，无法关闭推进器阀门（"推进器—打开"故障）；要点火时，无法打开阀门（"推进器—关闭"故障）。其他一些故障，如推进器永久地产生一定的推进力，与"推进器—打开"故障产生的效果一样。

4.3.3.1　"推进器—打开"故障

交会航天器必须具备在各个方向产生控制力的能力，因此应有相应方向的推进器组合。根据故障推进器的方向，"推进器—打开"故障如果没有被抵消，可以产生任何形态的轨道。最终轨道和速度偏差的大小取决于故障情况的持续时间。因此，对于"推进器—打开"故障没有其他的防护措施，只有通过尽早地检测出故障、停止推进力来降低故障的影响。残留的最大轨道误差和速度误差可以由发生故障与关闭故障推进器之间的时间差计算得出。（参见 4.3.2 节中对推进持续时间偏差的讨论）

4.3.3.2　"推进器—关闭"故障

"推进器—关闭"故障，如果没有冗余设备并及时排除故障，可以导致某一轴向姿态控制失败和在某个方向上轨道控制失败。在这根轴上的未经控制的角运动，经过一段时间后会引起该轴轨道控制力与其他轴耦合，产生轨道偏差。"推进器—关闭"故障如果未得到解决，产生的后果从短期来看是无法操作设计好的轨道机动，从长期来看是姿态失控并形成轨道偏差。如果可以发现故障推进器，而且备用的推进器可以使用，那么显然关闭故障推进器，使用备用推进器是最好的解决办法。要不然就关闭所有的推进器，产生一个不会相撞的轨道，来抑制"推进器—关闭"故障带来的长期效果，以解除与目标航天器潜在的相撞危险。

4.4　轨道偏差的防护措施

根据 4.1.1 节中所述的故障公差要求和设计原则设计的轨道方案，如果在出现偏差和故障的情况下，无法保留在设计的轨道上，就要保证追踪航天器的运动不会导致与目标相撞。为了保证航天器维持在设计的轨道上，考虑到轨道偏差的各种原因和推进器故障的可能性，主动探测故障和纠正轨道偏差是唯一的选择（主动轨道保护）。如果不能做到持续主动保护，不管什么原因，必须把航天器带入"安全轨道"，也就是当所有推进器都关闭时一个不会相撞的轨道（被动轨道保护）。这也是在失去所有控制功能的条件下（比如失去所有的动力、发生爆炸或者被陨石和碎片击中），对目标航天器的最终保护措施。然而，也不是所有逼近轨道进程都能以这样的方式受到保护。当逼近中的追踪航天器与目标航天器十分接近时，轨道被设计成"使接触"，即不管是直接与目标一个特定的几何位置接触（对接），还是与附近的虚拟的"接受箱"接触（停靠）都被设计成"使接触"。在这类情况下，只有追踪航天器的主动避撞机动（避撞机动）可以对目标航天器提供所需要的保护。还应指出的是，就避撞机动的范围来说，还有很多限定条件要界定：一方面，制动的距离要给出来；另一方面，由于推进器羽流造成的热力负载和对目标的污染程度要给出来。因此，避撞机动不能在接触前的最后 1 米采用。

4.4.1　主动轨道保护

主动轨道保护要求及时探测和纠正轨道偏差。闭环检测和修正的原理已经运用到所有航天器的姿态控制中。另一个方便解决轨道偏差控制的办法是形成闭环控制轨道。这种主动控制通常在受迫轨道中实施，如直线 V 轴和 R 轴的逼近和机动。其原理也可以运用到自由漂移和脉冲轨道中。在这种情况下，随着时间而演变的标称轨道和速度是预先计算好的，并在严格裕度范围内对其进行闭环控制

（标称轨道控制程序）。由于姿态和角速率也是闭环控制的，因此航天器状态矢量共包括对 12 个值的控制，即 3 个位置量，3 个速度量，3 个角度和 3 个角速率。对 2 次脉冲机动来说，变轨提升阶段也能进行闭环控制。这时，通过制导功能，推力作为前馈指令进入闭环控制，按预先计算的标称轨道，由控制器减少控制偏差。为了减轻控制力度，已知的干扰比如说差动阻力，可以包含在标称轨道的计算中。这里的"标称"是指"在已知的范围内"。

其他一些自由漂移和脉冲机动的主动轨道保护方法，包括应用一个或多个"中途机动"矫正 ΔV 来获得理想的最终位置。与对标称轨道的不断控制相比，有几个中途校正机动的方案燃料消耗低，因此通常要比"持续标称轨道控制方案"优先被采用。

"中途机动"方案的一个特殊的例子是"持续寻的方案"，最终位置被连续闭环控制，也就是在每一个控制循环，对到达点的 ΔV 按瞬时位置、速度和时间重新计算。

在交会阶段，也就是靠近目标时，与"控制标称轨道方案"相比，一定会认为后两个方案安全系数要低，因为后两个方案只有最后位置是主动控制的，不像前一个方案是在轨道上对每一个点的状态矢量都进行主动控制。在控制系统发生故障的情况下，"控制标称轨道方案"的所有状态矢量值仍然保持标称状态，而"连续寻的方案"的实际轨道状态矢量与标称状态矢量值的偏差是不受控制的，这会影响被动轨道保护概念的有效性。被动轨道保护概念是在标称轨道演变的基础上加上一定的裕度形成的。

标称轨道的闭环控制易于实施避撞机动启动的标准。如果达到了预先计算的标称状态矢量值的安全裕度界限，可以判断这个轨道是"不安全"的时候（不管是通过船载系统判断还是人工判断），就要启动避撞机动。对其他方案来说，位置和速度的安全标准较难建立，而"连续寻的方案"则要不断地重新计算这些安全标准。图 4—8～图 4—10 表示的是以一定速度和姿态控制 V 轴直线逼近时，脉冲转移轨道的控制裕度和安全界限。

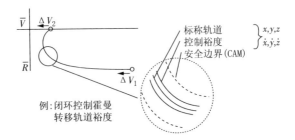

图 4－8　状态矢量安全监控的例子：霍曼转移

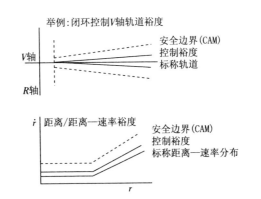

图 4－9　状态矢量安全监控的例子：V 轴逼近

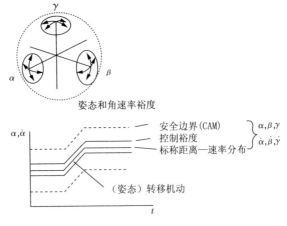

图 4－10　状态矢量安全监控：姿态和姿态速率

　　其他在交会阶段对闭环控制和安全界限监控有要求的重要轨道段是停泊点。如果没有主动控制，会产生如图 4－3 所示的漂移运动。主动轨道保护方法要求在整个轨道阶段对所有状态矢量值都有足够准确的导航信息。

4.4.2　被动轨道保护

　　被动轨道保护的基本出发点如前所述，是以这样的原则设计逼近轨道次序中的所有轨道段：如果推进控制停止，在轨道中的任何一点所形成的"自由轨道"在对接之前的（TBD）（待定）时间内不会相撞。这种特点不仅能保护追踪航天器完全丧失能力的情况，还能通过简单的推进器停止命令，获得直接而有效的避免碰撞的办法。实际上，只要故障源没有被发现，立即完全关闭发动机通常是"推进器—打开"故障发生和控制系统出现故障时唯一可行的行动。当然，这个概念在非常接近目标的情况下并不适用。最终，追踪航天器会十分靠近目标航天器，此时的实际限定条件是由两个航天器的几何形状、它们的运动绝对值和控制裕度决定的。不幸的是对于被动轨道安全来讲，在到达这个最短限定距离之前，推进器故障也可以造成轨道演变，从而导致与目标相撞。以下就"推进器—关闭"故障的被动安全性质来分析各种轨道类型（"推进器—打开"故障必须使用主动轨道保护，见 4.3.3 节）。图 4－11～图 4－14 表示的是从－V 轴上靠近的情况。对于从＋V 轴逼近的轨道，可由在 V 轴和 R 轴轴上的镜像图反映出来。

4.4.2.1　霍曼转移

　　要分析的第 1 种类型的轨道是通过两次－脉冲切向推进机动把轨道转换到不同高度，也就是霍曼转移（见图 4－11）。第 1 个机动应加在＋V 轴的点 1 上，第 2 个机动在半圈后加在点 2 上，要用同样大小和方向的力在新的 z 位置上来结束转移运动。为了获得所需的 ΔV，必须在标称推进时间 t（见运动方程式（3－59））内加上能提供的推进力。下列故障条件应当需被考虑。

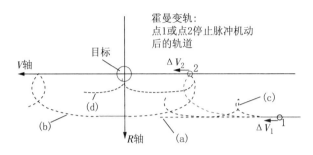

图 4-11　被动安全轨道：霍曼转移

1) 当不能执行第 1 个机动时，轨道做自由漂移（轨道 a）继续运行，这个轨道相对于碰撞来说是安全的。

2) 当不能执行第 2 个机动的时候，轨道继续保持椭圆形，其远地点在 V 轴上，近地点在点 1 的 z 轴位置上。应该以这样的方式选择点 1 和点 2 的 x 位置，那就是接下来的一个近地点在靠近目标的 x 位置，接下来的一个远地点位于目标前面。满足这些条件的轨道是安全的。

3) 当在第 1 个和第 2 个机动之间停止控制的话，结果和 2) 一样，也就是轨道（b）。

4) 当第 1 次机动在标称持续时间内中断的话，从 x 方向到第一个远地点的运动会短一些，同样远地点上的 z 位置会低一些（轨道 c））。只有那些在 z 方向上大几何形状的目标才会有相撞的危险。因此通过适当调整点 1 位置，这种相撞危险是可以避免的。在这些条件下，相对于碰撞来讲，轨道是安全的。

5) 当第 2 个机动在标称持续时间内中断的话，轨道不会在点 2 停止，而是会继续小的环行，有一个非常接近 V 轴的远地点和一个取决于第 2 个设计机动实现量百分比（轨道（d））的近地点。这时，在第 2 个机动的标称持续时间内有一个较大的区域，在此区域内，若推进力被停止，就会导致与目标相撞。霍曼转移的这一段并不能采用被动安全措施。在第 2 个机动期间对"推进器—关闭"故障的唯一防护措施是采用避撞机动。

4.4.2.2　沿 V 轴切线推进变轨

需要分析的第 2 种类型的轨道是通过 2 次切向推进沿 V 轴变轨情况（见图 4－12）。加在点 1 的第 1 推进（在标称推进持续时间 t 内的推进力 γ_x（方程（3－59））是在 $-V$ 轴方向上，经过 1 圈轨道运转后，在点 2 上的第 2 次提升力具有同样的大小，但是方向相反，以在新的 x 位置上停止变轨运动。因此需要考虑下列故障。

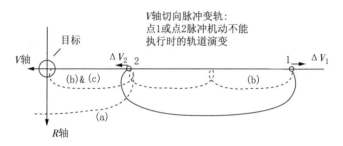

图 4－12　被动安全轨道：切线机动转移

1）当不能执行点 1 的第 1 次机动时，航天器就会保持在那一点上。这种情况是安全的。

2）当不能执行点 2 的第 2 次机动时，轨道继续保持环行，有一个在 V 轴的远地点和在点 1 的 z 距离近地点（轨道（a））。这种情况和霍曼转移的第 1 个例子的情形十分相似。应该以这样的方式选择点 1 和点 2 的 x 位置，那就是接下来的一个远地点靠近目标的 x 位置，接下来的一个近地点在目标前面。满足这些条件的轨道是安全的。

3）当控制操作在第 1 次和第 2 次机动之间停止的话，结果和 2）一样，也就是轨道（a）。

4）当第 1 次机动在标称持续时间内中断的话，轨道会以小的环形开始，有一个在 V 轴的远地点和一个取决于第 1 次设计提升力实现量百分比（轨道（b））的近地点。对于不能在一圈轨道运转解决的推进故障，轨道继续保持环形，同时存在很大的风险，那就是在随后的某一个远地点上与目标相撞，或者是目标在 z 方向上的几何延伸长度与近地点距离一样时，不管怎样，目标也会被撞。这种情况是不安全的。在切向推进沿 V 轴变轨的第 1 个提升期间对"推进器—关闭"故障的唯一防护措施是采用一个避撞机动。

5）当第 2 次机动在标称持续时间内中断的话，情况与前一个相同：轨道继续保持环形，同时存在很大的风险，那就是在随后的某一个远地点上与目标相撞，或者是近地点的距离太小导致目标被撞（轨道（c））。同样，保护措施是采用一个避撞机动。

以上的分析证明，相对而言沿 V 轴切向推进变轨被动安全性较差，因为在每次推进机动过程中若发生"推进器—关闭"故障，都可能导致相撞。出于这个原因，切向推进的轨道类型不太适合作为近程逼近的轨道段。相对于地面站的可视性（通信窗口）和光照条件来说，这种轨道会有一些优势。由于变轨时间等于一个轨道周期，这种情形与接下来要讨论的轨道演变相同或相似。

4.4.2.3　沿 V 轴径向推进变轨

分析的第 3 种类型的被动安全轨道是通过径向脉冲沿 V 轴变轨，如图 4—13 所示。加在点 1 的第 1 次机动（在标称推进持续时间 t 内的推进力 γ_z（方程（3—66））是在 $+R$ 轴方向上，第 2 次提升在半圈后加在点 2 上，必须与第 1 次有同样的大小和方向。因此需要考虑下列故障。

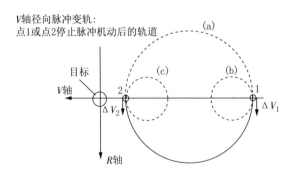

图 4—13　被动安全轨道：径向机动转移

1）当不能执行在点 1 的第 1 次机动时，航天器就会保持在那一点上，这种情况是安全的。

2）当不能执行在点 2 的第 2 次机动时，如果没有干扰力作用，轨道会每次返回到开始点 1（轨道（a））。就短期条件来说，这个轨道是安全的。这同样也意味着在差动阻力的影响之下，轨道在至少一次周期运行情况下，不会与目标相撞。安全周期数取决于两个航天器之间的弹道系数的比率和目标航天器与点 2 之间的距离。

如果两个航天器之间的弹道系数的比率导致向目标的平均运动，在点 1 的 x 方向施加额外的小的切向提升力，来确保轨道会离开目标，至少经过数圈轨道运转后会离开目标。

3）当在第 1 次和第 2 次机动之间停止控制操作的话，结果和 2）一样，也就是轨道（a）。

4）当第 1 次机动在标称持续时间内中断的话，x 方向上第 1 次回归 V 轴的运动时间会很短，这取决于实现第 1 次设计提升力的百分比。如果不停止的话，轨道会是这点（推力中断点）和点 1 之间的环形运动（轨道（b））。轨道和故障 1）的情形一样，是安全的，只是到目标的最短距离较大。

5）当第 2 次机动在标称持续时间内中断的话，轨道会在半个周期之后环转到 V 轴的点 1 和点 2 之间，具体位置取决于实现第 2 次设计机动的百分比。如果没有阻力每个周期后都会返回点 2。轨道与故障 1）的情形一样，是安全的。

4.4.2.4　直线 V 轴和 R 轴逼近

下一个要分析的轨道类型包括沿 V 轴和 R 轴逼近到目标对接口或目标停靠位置的直线受迫运动轨道。这种类型的轨道（见 3.3.3）要求不断施加推进力来抵消科里奥利力（Coriolis）。如果这些推进力被停止了，导致形成的轨道如图 3—13 和图 3—14 所示。

这些轨道的被动安全取决于逼近速度和与目标航天器对接口之间的距离。根据目标的距离来减小速度，轨道可以保持安全。然而，如果出现下列情况：

1）目标在轨道 $+Z$ 和 $-Z$ 方向内有一个几何延伸；

2）必须考虑轨道和速度控制裕度时；

3) 对接时必须保持最终速度。

则直线最终逼近轨道的末段，不能够以此来实现被动安全。除此之外，还需要观察安全走廊。关闭所有推进力后，相对于自由漂移轨道的安全走廊情况见图 4－14。由于这些实际的原因，在逼近的最后 100 m 不能依赖被动轨道安全解决问题，当主动轨道控制失败后，唯一的保护措施是采用避撞机动。

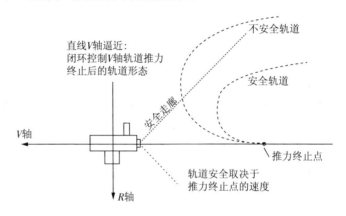

图 4－14　被动安全轨道：V 轴逼近

4.4.2.5　长期轨道安全

上述不同类型的被动轨道安全，没有考虑轨道干扰的情况。对于轨道安全性的评估，通过一圈或几圈轨道运转来观察轨道演变应该足够了。然而，在现实中，阻力总是存在的，获得的结果只能在短时间内有效。如图 4－15 所示，轨道以一个切向脉冲 $\Delta V = 0.06$ m/s 开始，在大约 10 圈轨道运转后返回原点。在这个例子中，假定平均密度是 9.4×10^{-12} kg/m^3，和图 4－2～图 4－5 中的假定值相似。追踪航天器的弹道系数是 $C_{Bc} = 470$ kg/m^2，追踪航天器与目标航天器的弹道系数比率被认定是 $C_{Bc}/C_{Bt} = 5$。差动阻力对追踪航天器轨道演变的长期作用的大小和方向取决于 C_{Bc}/C_{Bt} 的值（见方程（4－3）），并在图 4－3～图 4－5 中已有表示。由于差动阻力效应，有较高 C_B 的追踪航天器在 $-V$ 轴一侧逼近，一般来说较为安全（反之亦然）。

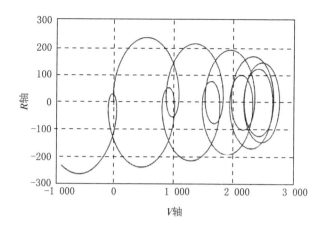

图 4－15　切向脉冲－0.06 m/s 含差动阻力，轨道高度 400 km

4.5　避撞机动

从以上讨论可以得出，当主动轨道控制失败后，当前的轨道或轨道的当前部分不是被动安全的话，那么执行避撞机动是必要的。主动轨道控制失败的原因有很多，比如敏感器、推进器、GNC 的功能性故障、软件故障等。这样的故障可以按该过程中软件和硬件的功能状态加以确认，或是通过检测超出各种标称状态矢量值的安全裕度而被发现。

追踪航天器上的船载系统、目标航天器中的操作员或地面的操作人员都可以检测出触及安全边际和走廊或由于功能故障而引起的紧急情况。发现紧急情况后，恢复程序包括下列步骤：

1）如果可以识别故障设备，就转换到单个备用设备。

2）如果不能隔离故障，就转换到备用组。这包括转换到装有相同交会控制软件的冗余处理器上。

3）如果不能以备用转换来解决问题，而且仍然存在碰撞的危险，要么执行避撞机动，要么关闭轨道控制驱动，让航天器处于安全自由漂移轨道。

为了满足 4.1.1 节和 4.1.2 节中的故障公差要求，交会控制的船载系统和组成部件必须有充足的冗裕度。对于关键设备，比如说数据管理设备、反应控制系统硬件和陀螺仪等必须进行双备份。

　　由于避撞机动在 GNC 系统无法工作时或发生故障时仍要工作，这样的机动必须尽可能地简单，应占用最小的船载资源来执行。最简单的例子是在相反逼近方向上作一次提升。由于这样的机动对姿态不是很敏感（即使是姿态偏差达到 15°，余弦分量仍是 0.996，也就是推进减少小于 4%），因此推进机动可以分配到航天器几何坐标系 F_{ge} 中的一个固定方向，而不是在本体轨道坐标系 F_{lo} 中。这样，操作上只需要用到特定推进器，并在固定时间内把其阀门打开，而不再需要船载 GNC 系统的功能。

　　图 4-16 所示的是-V 轴逼近的避撞机动的例子。避撞机动包括 ΔV 在-x 方向上的运用。阻力条件假定和图 4-15 中的一样，也就是平均密度为 $9.4 \times 10^{-12}\ \mathrm{kg/m^3}$，弹道系数的比率为 $C_{Bc}/C_{Bt}=5$。提升力是图 4-15 的 5 倍，相应的差动阻力影响较低。对于+V 轴逼近来说，在+x 方向上会加上同样类型的机动，在 x 轴和 z 轴上产生镜像轨道。

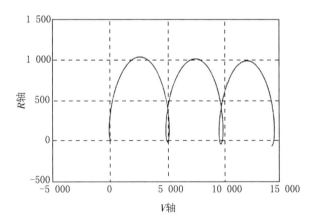

图 4-16　-V 轴的避撞机动：0.3 m/s，-x 轴向提升，差动阻力影响

　　避撞机动要求的 ΔV 的大小取决于：

　　1）目标航天器在 z 方向上的几何延伸；

　　2）避撞机动开始时追踪航天器的相对速度（或是避撞机动有效时轨道段的最大速度）；

3）需要避撞机动轨道保证不发生相撞的时间。

对于一些基本需求，如需求在接下来的几个轨道周期中使逃逸轨道能与目标避撞，一般可用相对较小的 ΔV 获得。而当追踪航天器与目标航天器之间的 C_B 比率很大（如 5～10），且要求较长时间内（如 24 小时）保证避撞，则 V 轴避撞机动要求的 $\triangle V$ 可能会超过 1 m/s。

在 R 轴的避撞机动的情况要复杂得多。如果避撞机动在 z 方向上运用 ΔV，在 x 方向上的提升只取决于采用避撞机动的 z 位置。通过叠加在 z 位置以目标速度释放追踪航天器的运动方程式（方程（3－25））和径向 ΔV 的方程式（方程（3－34））可以得到相应的运动方程。由于后一个方程式不包括一个轨道周期的平均提升量，所以在 x 方向上的平均运动只取决于避撞机动初始点与目标轨道之间的 z 距离。这在图 4－17 和图 4－18 中清楚地体现了。在图 4－17 中，避撞机动轨道开始于 20 m 处，假定了径向 ΔV 的 3 个值：0.3 m/s，0.5 m/s，0.7 m/s。图 4－17 表示了不受干扰的所有轨道在一圈运转之后都结束在同一个点。图 4－18 中，相同的 ΔV 被加在所有轨道上，但是初始点不同，也就是在目标轨道下 20 m，50 m 和 100 m 的位置。这个图显示了在一圈运转后，x 的位置在很大程度上取决于 z 的位置。

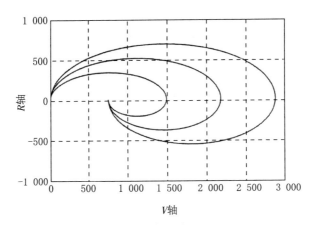

图 4－17　在 R 轴的避撞机动：$\Delta V_z = 0.3$ m/s, 0.5 m/s, 0.7 m/s,

$z = 20$ m（1 个轨道周期）

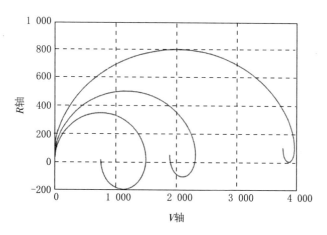

图 4—18　　R 轴的避撞机动：$\Delta V_z = 0.3$ m/s，

$z = 20$ m，50 m，100 m（1 个轨道周期）

　　因此，当追踪航天器十分接近目标时，纯径向 ΔV 已经不够了。当距离目标轨道只剩几米时，一圈运转后的净提升可能会小于环绕目标界定的安全区的直径。在 $-x$ 轴方向的额外的 ΔV 可以提供在轨道方向所需的前进量。由 x 和 z 的联合推力导致的轨道起始方向不一定要和逼近轴呈一条直线。如果在 R 轴对接口和停靠箱附近有目标结构的部件，就要小心选择 $\Delta V_x / \Delta V_z$ 的比率，以确保逃逸轨道会处于允许的撤离空间，包括追踪航天器和目标航天器所有的漂移、几何延伸和裕度。

　　图 4—19 和图 4—20 表示了在目标轨道下 15 m 处的一个 R 轴逼近结束时的避撞机动。ΔV 在 z 方向和 x 方向上的比率为 5∶1。图 4—19 表示了轨道在最初的 1 min 会安全地移向目标潜在的结构部件之下。图 4—20（相同的动态条件）表示了一个轨道周期之后，追踪航天器会处在目标前 2 000 多米的位置。

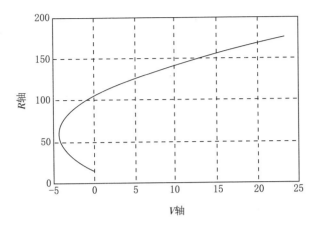

图 4-19　例：R 轴的避撞机动，$\Delta V_z = 0.5$ m/s，$\Delta V_x = -0.1$ m/s（5 min）

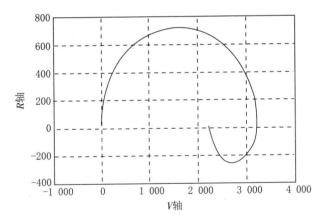

图 4-20　例：R 轴的避撞机动，$\Delta V_z = 0.5$ m/s，$\Delta V_x = -0.1$ m/s（1 个轨道周期）

　　其他对避撞机动的 ΔV 的设计的重要考量是恢复时间和燃料。避撞机动越大，恢复时间就越长，因此航天器的其他资源也应该被考虑进去，尤其是电力。在大多数情况下，故障的发生时刻与目标可能的碰撞时刻之间的时间相对来说会很长（从几分钟到一个或多个轨道周期），因此，地面或是目标站中的操作员一定要有其他可选用的方法来停止或控制航天器的运动，并进而恢复（交会对接）任务，这一点很重要。

　　避撞机动是安全避撞的最后一招，必须在两次故障后还能用，比如当 GNC 系统不能再用时。一个开环避撞机动要求航天器的姿态在初始状态和执行过程中接近标称方向。从上面的讨论可知，$\pm 15°$ 的姿态偏差不会产生严重后果。然而，由于需要执行避撞机动的故障也可能会导致产生不受控制的角速率，并且要获得一定的 ΔV，也需要花费一定的时间，取决于航天器的质量和推进器的功率大小，因此，对应用开环避撞机动会有一些限制。

　　在紧急情况下，必须根据一定故障标准由船载系统自动启动避撞机动，或由远程操作员直接启动。然而，由于避撞机动可以导致任务失利，而且也不是在所有紧急情况时都绝对需要避撞机动，因此操作员必须有驾驭船载系统的能力。操作员可以根据资源的允许程度和安全程度，运用所有可用的信息来决定是否中断任务。根据轨道情况，可以通过停止轨道运动和通过把航天器转移到 V 轴上的停泊点来解决问题。

第 5 章　逼近策略的设计因素

本章要讨论的是逼近策略设计背后的推动因素，包括主要的自然特征、技术特征及约束条件。文中将简要说明在各种自然条件和技术条件下，采用不同轨道段和逼近策略产生的结果。轨道安全仍然是首要考虑的因素；在考虑其他潜在因素时都要把这一条放在首位。本章的结尾部分讨论了 3 个不同约束条件的逼近策略，在完全逼近的背景之下，对不同交会阶段轨道选择原理有具体的解释说明。

5.1　逼近策略的约束条件概述

在 4.4.2 节中提到过，由于 J_2 效应引起的交点漂移应该作为最重要的摄动在发射方案中加以考虑。由于轨道高度的不同，在逼近阶段，追踪航天器和目标航天器的这种交点漂移也是不同的。其差值则必须在发射和调相阶段通过一些校正措施来加以补偿。调相策略主要取决于：1）追踪航天器在发射后相对目标航天器的位置差距；2）要求到达目标的时间。

交会和最后逼近策略则取决于其他一些物理的、技术的和操作上的约束条件，具体表现在：

- 与目标航天器连接的几何条件，比如说目标航天器的捕获端口的位置、目标航天器上敏感器的位置和目标航天器的姿态等；
- 交会过程中，追踪航天器和目标航天器以及地面上用于轨道和姿态控制的敏感器和其他一些设备的能力（其中包括测距范围、测距精度和视觉范围）；
- 地面上以及目标航天器上航天员监控的需求和能力；

- 目标航天器上是否能有航天员进行这样的操作；
- 目标航天器所定义的逼近原则；
- 船载资源的约束。

所有交会方案都包含了一系列的轨道机动，大多数都具有固定的持续时间，也就是典型的一圈或一圈半的轨道运转。对逼近和捕获最后几米的视像监控是由目标站或地面进行远程操作的，要求有特殊的照明和通信条件。然而不幸的是，出现这样的条件与逼近方案所要求的轨道运动的顺序并不总是同步的。这样的监控条件和约束如下：

- 捕获界面的照明，在对接时，即是追踪航天器或目标航天器的对接端口的照明，它取决于摄像设备的位置或视觉能力；在停靠时，即是机械手捕获用的锚锥装置的照明。可以用太阳的自然照明或是人工照明。对于日光照明来说，能否有太阳光以及太阳光的方向是逼近和交会的最后阶段视像监控的一个主要问题（见 5.4.1 节）。对于人工照明来说，逼近和捕获的最后几米最好在轨道黑夜时操作，这是为了避免阳光的干扰。
- 通信窗口的可视性。在此阶段，地面可以与追踪航天器和目标航天器进行通信联系，由地面站直接联系或者通过中继卫星联系。
- 空间和地面设备的数据传输速率和接收能力，尤其是需要视频图像进行监控时（见 9.3 节）。
- 由于空间—地面信号传输时间（例如通过中继卫星引起的）和由于地面信号传输而导致的通信延误。
- 追踪航天器和目标站之间直接通信的最大距离。
- 当目标为载航天器时，航天员的工作、休息和睡眠时间的安排。对载人航天器，航天员的监控是必需的，但能否做到则通常又受到限制。

当越来越多的要求需要同时满足时，时间表的同步性就显然变得越来越困难。尤其在逼近和捕获的最后几米，需要把日光照明的需求与通信窗口的需求相结合，在某些时候会导致执行任务的时机急剧减少。

另外一个在逼近策略中起重要作用的问题，是在最后逼近操作时目标航天器的参与程度，或称合作程度它可以是完全不受控制的被动状态（如目标航天器丧失操控能力），可以是被动合作状态（如目标航天器保持固定姿态、通信和传感器接口）也可以是主动合作状态（如目标航天器进行姿态机动来启动对接，或是主动执行停靠操作等）。

如果进一步要求目标航天器上的航天员能在必要时取代追踪航天器的自动 GNC（见 6.5 节），设计的轨道要能够允许立即切换到人工控制模式。这种情况通常只有在直线逼近轨迹中才能实现。

此外，上面提到的由目标所界定的逼近原则进一步对逼近策略产生严重影响。其中包括：由国际空间站定义的环绕目标的空间交通和安全控制区及相应需要遵守的规则。这一点将在 5.6 节中进行讨论。

本章也将讨论与燃料、动力和散热能力等船载资源相关的约束条件。他们对标称策略和备份策略都会产生影响。备份策略决定了撤离和返回的必要时间和所需燃料，可能还包含长时间的等待，这对动力资源也会产生影响。因为标称逼近策略需要预测在逼近的所有点上的备份策略，这些备份策略的需求又反过来影响到标称逼近策略的概念。

5.2　发射和调相的约束

5.2.1　交点的漂移

如果其他轨道参数一定，交点的漂移率仅取决于轨道的高度（见方程（4-8））。在调相阶段，追踪航天器和目标航天器交点漂移的差异可达每天十分之几度。在 4.2.2 节的示例中，假设目标在 400 km 高的圆形轨道中，追踪航天器在一个 350 km/200 km 的椭圆形轨道中，导致的交点漂移的差异为，在 52°倾角的轨道面上 0.337（°）/d，在 28.5°倾角的轨道面上 0.482（°）/d。

　　因此，当追踪航天器发射到与目标相同的轨道面时，追踪航天器到达交会距离后，会与目标有相同的轨道倾角，不同的升交点赤经。出于这个原因，追踪航天器必须被发射到一个具有不同升交点赤经的"虚拟目标轨道面"，这样一来，由于沿途交点漂移的差异，当追踪航天器到达目标航天器时，这个升交点赤经的差别就会消失。这个"虚拟目标轨道面"只能进行估算，因为它取决于在交会对接之前实际轨道的进一步演变。除了一些小的校准，最终对升交点赤经的调整要在调相阶段执行，而且要在近程交会操作开始之前完成。

5.2.2　到达时间的调整

　　由于逼近时间表要与适宜的日光照明条件和适合的通信窗口同步，发射后追踪航天器的调相持续时间不仅仅取决于到目标的相位角。这是因为 1）发射时间要在满足轨道共面条件的某一个时间段的某一点上；2）最终逼近和连接要在另一个独立的固定时间点上以满足照明条件和通信窗口条件，在这两点之间需要一定的时间弹性。因此，对发射和连接之间的逼近轨道的设计，除了需要补偿前面讨论的交点漂移，还要考虑满足时间条件。为此，需要带有一定时间弹性的轨道段（见 5.4.4 节）来保证满足以上两个需求。对于调相段来说，这可以通过在两个固定的高度上用不同的漂移持续时间（见图 5-22）来实现。

　　就给定的轨道面和目标的位置来说，对于发射窗口、连接时日光照明和通信窗口等条件的需求并不是一年中所有的时间都能满足的。一旦满足所有条件的时间点定下来了，所涉及的各方的操作就要开始了。包括追踪航天器和目标航天器的控制中心、目标航天器上的航天员和通信基础设施等（如中继卫星和地面链路，见第 9 章）。特别是基础设施的使用是昂贵的，必须精确地规划以保证所需时间段的可用性。如果错过一次末端逼近机会，下一次也许会等待很长的时间，这是由于重新捕获操作和各方必要的准备都需要时间。

5.3 几何约束和设备约束

5.3.1 目标捕获接口的位置和方向

最终逼近的策略在很大程度上取决于对接轴或停靠箱的位置。这将决定究竟是采用 $+V$ 轴逼近、$-V$ 轴逼近，还是 R 轴逼近，反过来，所选择的逼近策略也会影响前一阶段的方案。出于操作或其他方面的考虑（见 9.1 节），可能需要有一段较长的等待时间，这时就需要在 V 轴上有一个停泊点。对于 R 轴逼近，首先需要获得一个 V 轴，然后，经过停泊点以后，通过一个绕飞机动来获得 R 轴。如果预计不需要停泊点，R 轴逼近可以直接从一个较低的（漂移）轨道开始，不需要先把追踪航天器转移到目标轨道。然而，如果不能确定是否需要等待时间，在逼近方案中使用停泊点的方法还是值得推荐的。

5.3.1.1 接口位置对逼近策略的影响

在目标是由数个舱段组成的大型轨道组合体的情况下，最终的转移不会发生在 V 轴或是 R 轴上，而是在与之平行的线上，这取决于对接口或停靠箱相对目标航天器质心所处的位置。图 5-1 表示了对接条件下的接口位置，图 5-4 表示了停靠条件下的接口位置。

对于与 R 轴（穿过目标航天器质心的线）平行的线上的逼近，轨道动力学不会产生进一步的影响；但是对于与 V 轴平行的线上的逼近，就需要考虑轨道动力学（即方程（3-25），（3-44）和（3-26）的影响）。举例来说，航天器在 V 轴之上（$-\Delta z$）的一个对接轴上的停泊点失去控制，将导致在 $-V$ 轴方向的环路运动；在 V 轴之下的（$+\Delta z$）逼近轴上的停泊点失去控制，将导致在 $+V$ 轴方向上的环路运动（见图 3-11）。对于闭环控制运动的逼近来说，这会导致或高或低的燃料消耗，消耗的数量取决于逼近方向，也就是取决于是到 $+V$ 轴接口，还是 $-V$ 轴接口，还是停靠箱。

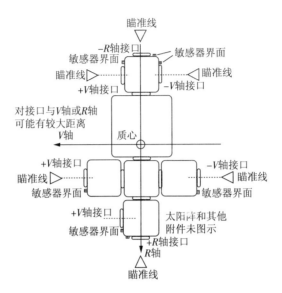

图 5－1　相对于本体轨道坐标系的对接端口的位置

　　由实际目标轨道线到逼近轴在 z 方向上的距离对于轨道安全来说是非常重要的。在失去控制的情况下，导致的漂移轨道或者太安全，或者不安全，也就意味着要么远离目标，要么朝向目标。相对运动的方向和速度取决于逼近的方位和方向，取决于逼近速度和与 V 轴的距离。图 5－2 中的两个例子表示了直线逼近过程中失去控制对 z 距离产生的影响。所选择的 z 距离在 V 轴之上或之下 10 m，假设的逼近速度是在 V 轴方向＋0.1 m/s。在与目标的质心的距离 $x=$ 60 m 的时候，推进停止。在 V 轴下（＋R 轴一侧）开始的轨道不太安全，因为它更靠近目标。

　　在推进停止的情况下或是失控的情况下，与 V 轴呈 z 距离的停泊点尤其敏感。如图 5－3 所示的例子，假设停泊点是位于到对接口或停靠箱的逼近线上，到 V 轴之上或之下的 z 距离有 10 m，而且与目标的质心的 x 轨距离有±20 m。对于－V 轴一侧开始的逼近，涉及轨道安全的关键环节是在 V 轴之下的对接口，也就是与 V 轴呈 ＋z 距离的逼近轨道。对于＋V 轴的逼近，涉及轨道安全的关键环节

在 V 轴之上的对接口，也就是与 V 轴呈 $-z$ 距离的逼近轨道。

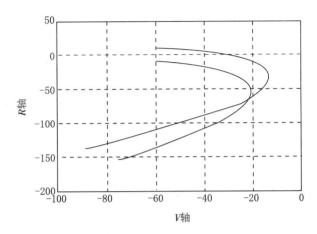

图 5-2　推进中止时：速度 0.1 m/s，V 轴逼近点处于 $z=\pm10$ m

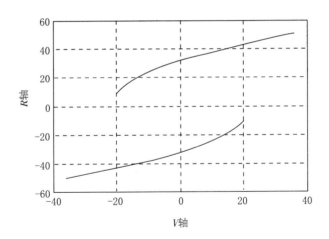

图 5-3　在 $z=\pm10$ m 的停泊点失控的情形

　　任何直接逼近 $\pm H$ 轴的端口本身都是不安全的。在由于其他故障引起的推进器关闭或是航天器失控的情况下，航天器仍会向目标站靠近，在穿过 V 轴的时候获得最大速度（见方程（3-27））。对于与 H 轴端口连接的情况，应该更倾向于使用停靠模式，要么通过一个停靠箱直接转换到停靠模式，要么启动对接后从 V 轴或 R 轴的对接口转换到停靠模式。

5.3.1.2　逼近停靠箱

　　逼近停靠箱的方向既不是由停靠端口轴的方向决定的，也不是由它的位置决定的。一个适宜的停靠箱的位置是由所使用的机械臂的伸展范围和其连接能力决定的。在那里，被捕获的航天器可以被转移到停靠端口的结构接口处，也就是停靠装置处。到停靠箱的逼近方向是由航天器的几何形状、机械臂的安装位置与可达范围、对应的捕获接口的位置和标称姿态以及轨道安全因素等决定的。图5－4表示了停靠箱的位置、停靠箱与机械臂以及目标站上停靠端口位置的关系，并表示了通过 V 轴或 R 轴逼近的情形。在这个例子中，机械臂配置在目标器上，目标器通常是一个大型的目标站（也可以装在追踪航天器上，如航天飞机上）。除了几何条件和机械臂的伸展范围外，相关交会敏感器界面的可用性与位置也是设计停靠箱的位置及其逼近方向的重要因素。

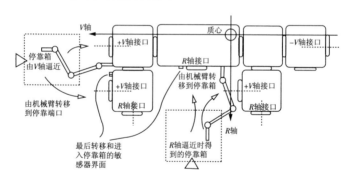

图 5－4　相对于本体轨道坐标系的停靠端口和停靠箱的位置

　　在停靠箱里，要在捕获前关闭追踪航天器的控制以避免追踪航天器的 GNC 系统和机械臂之间的控制干扰。在停靠箱位于正 V 轴或 $-V$ 轴的情况下，轨道动力会在关闭控制后使航天器按方程（3－26）移动。因此，机械臂抓住航天器捕获端口的时间是有限的。在图 5－5 所示的例子中，停靠箱的中心被假定在 V 轴之下 15 m，轨道演变以 2 min 计算。在标称条件下，R 轴方向的自然运动约为

0.4 m。然而，关闭控制系统后，总会产生残余的运动，因而又会对轨道演变产生影响。在这个例子中，假定在 $\pm x$ 或 $\pm z$ 方向的残余速度为 0.01 m/s，其结果是发生了超过 1.5 m 的漂移。这个例子说明了设计和操作的 3 个主要原则是：

1）停靠箱要尽可能地靠近 V 轴；

2）控制停止后的残余速度要尽可能小；

3）在非常短的时间内机械臂要能够捕获航天器。

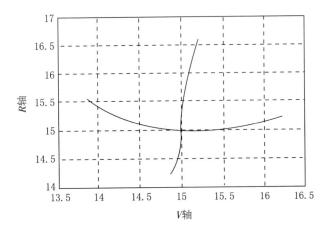

图 5-5　例子：停靠箱的漂移轨道 $(V_x，V_z = \pm 0.01 \text{ m/s})$

对于停靠箱，可以分为 3 个不同的区域或空间，如图 5-6 所示：

- 位置保持区（内停靠箱）。它取决于追踪器导航制导与控制系统能在目标坐标系内控制和定位其锚锥接口的精度范围，在此区域内，追踪器处于受控运动。

- 捕获区。在该区域完成对航天器的捕获；它由保持区加上从追踪器中止受控运动到被机械臂终端装置捕获锚锥接口期间的自由漂移运动的范围。

- 全停靠箱区（外停靠箱）。在捕获区之外，增加了停止机械臂运动的必要距离。

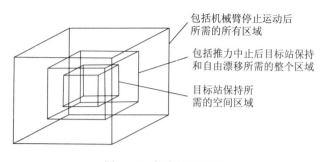

包括机械臂停止运动后
所需的所有区域

包括推力中止后目标站保持
和自由漂移所需的整个区域

目标站保持所
需的空间区域

图 5－6　停靠箱的确定

确定停靠箱的允许位置，必须把追踪航天器的最大轮廓（由锚锥接口测量并包括捕获后可能的最大姿态角）加到外部停靠箱区，还要考虑环绕目标航天器结构的安全余地。机械臂必须能够到达外停靠箱区的整个区域，即捕获区加制动区。出于这个原因，考虑所有的约束条件，形成的区域不一定呈立方体形状。

由于在捕获以后，到停靠端口的转换不是取决于逼近方向，而是取决于机械臂的延伸能力，所以停靠端口的轴线可能与逼近线呈完全不同的方向。这是停靠的一个主要优点。通过这样的方法，新的组件可以与目标站在直接对接中不能触到或难以触到的地方相连。停靠时最主要的缺点，就是在靠拢、捕获和连接过程中大大增加了硬件、软件和人员操作的复杂度，对持续的时间和资源的运用都有相应的影响。同时，对过程的安全性和可靠性也产生了影响，因为这时有 3 个额外活跃的因素在起作用，即目标航天器系统、操作员和机械臂，每一个因素都增添了潜在的故障和误差。

5.3.1.3　逼近有姿态角的对接端口

由于各种原因，目标站方向可能与当地垂直/当地水平（LV-LH）方向并不一致。它可能会指向太阳（如因电力的原因）；也可能会呈自然的力矩平衡稳定姿态（即作用在航天器上的主要力矩，如由重力梯度和残余大气阻力效应引起的力矩，处于相互平衡的姿态），或由于通信原因指向某一特定方向，等等。虽然在对接情况下，追踪航天器最终会获得对接轴来进行捕获和对接的操作，但并不是所有的逼近段都需要在对接轴上操作。

当追踪航天器上的近程交会敏感器在几百米的距离获取了目标上的敏感器接口后（如用于交会光学敏感器的反射器），测量的参数是两个航天器之间的距离和方向。相对姿态的测量通常开始于（由于敏感器的限制）非常短的距离，也就是 50 m 内。这个必须开始提供相对姿态信息的距离是由捕获对接端口之前消除横向轨道摆动（参见图 2-12）。

对大姿态角目标的逼近可以有以下的方式。在到达可以进行相对姿态测量的点之前，追踪航天器的姿态是通过（例如相对于 LV-LH 的）绝对姿态敏感器来控制的。假定运用光学敏感器，航天器的位置应被控制到使目标反射器位于交会敏感器视场中心，而追踪航天器的绝对姿态将与 LVLH 保持一致，其结果是追踪航天器的逼近轨道是一条与 V 轴或 R 轴平行的线（取决于对接轴的方向），它由目标敏感器接口的位置确定。

图 5-7 表示了这种情况下的 V 轴逼近操作。图的右边是偏移椭圆体，是由前一阶段敏感器的测量精度形成的。在图 5-7 上面的图例中，假设位置径向偏差 $r_{max}=10$ m；在图 5-7 下面的图例中，假设位置径向偏差 $r_{max}=20$ m。另外，假设对接端口到目标站质心之间的距离为 30 m，目标站的姿态角分别为 +20°（上图）和 -15°（下图）。敏感器捕获目标后，GNC 系统会自动引导追踪航天器到达由敏感器端口和其自身姿态控制精度决定的逼近线。要注意，有了这些测量，追踪航天器的 GNC 系统还不能决定 V 轴的位置（V 轴是由目标本体轨道坐标系决定的）。这一因素要在轨道安全问题中考虑进去。

由于对接机构的角度接受范围有限，追踪航天器最终必须获得瞬时对接轴来执行最后一段逼近，进入沿中线的对接端口。为此，获得两个航天器之间的相对姿态信息是必要的。小相对姿态偏差情况下瞬时对接轴的获得在 2.4.2 节已经阐述过了，并在图 2-12 中进行了举例说明。对于大的相对姿态角度，反射器的可视性会无法获得，此时将无法采用与逼近段相同的 GNC 模式来获得对接轴。在此情况下，要进行一个绕飞机动，如图5－8所示。绕飞可以如图3－31所示那样采用圆形绕飞机动来完成，或者采用如图3－19和图3－22所示那样的双脉冲径向机动来完成。由于这样的机动要在与目标非常接近的地点执行，因此轨道安全是进行绕飞机动首要考虑的因素。

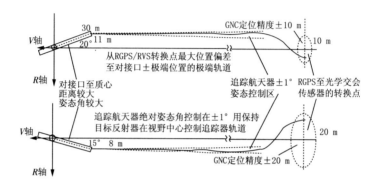

图5－7　以姿态角向目标站最后逼近的轨道

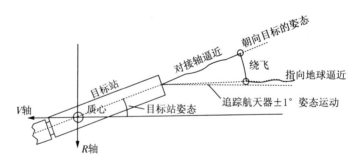

图5－8　大姿态角目标站对接轴的获得

相对于 V 轴或 R 轴方向，对接端口的大姿态角可以在该端口所处的舱按特定角度连接到目标站时出现，这时目标站本身以一个特定的角度飞行，如一个力矩平衡的姿态（TEA），或是惯性指向姿态，例如指向太阳的姿态（出于电力的原因）。

惯性定向目标（见图5－9）与其他情况完全不同，因为目标是旋转的，也就是相对于本体轨道坐标系 F_{Io} 在不断地变换姿态。这就要求追踪航天器，当位于对接轴上时，要随目标对接坐标系中的轨道角速率 ω 运动，即在 400 km 高的轨道上，$\omega = 1.14 \times 10^{-3}$ rad/s。其结果是，追踪航天器要提供旋转速率和相应的横向速度 $r \cdot \omega$，当 $r = 100$ m 时，横向速度为 0.114 m/s；当 $r = 10$ m 时，横向速度达到 0.011 4 m/s。对于惯性定向目标来说，当目标站旋转进入 $+V$ 或 $-V$ 轴方向时（追踪航天器在此等待），可以获得对接轴。对接轴的获得可以与绕飞机动结合，以此来获得相对于地面或是其他卫星的适宜的天线姿态。图 5-9 表示的是后一种情况。在这种条件下，径向脉冲绕飞的优势是能够保持追踪器—目标器连线相对于太阳的方向恒定。惯性定向目标的逼近方法，过去曾在俄罗斯和平号空间站应用过。然而，由于惯性定向目标逼近的轨道安全条件不断变换，在轨道的每一个点都要单独计算避撞机动。出于这个原因，一般采用 V 轴或 R 轴逼近。对惯性定向对接轴的逼近策略，目前主要用于对目标航天器的救援和修复任务，这时的目标航天器，出于电力方面的原因，采用的是太阳—定向模式飞行。

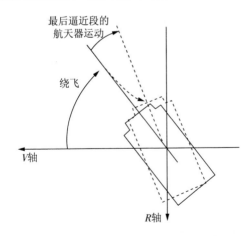

图 5-9　绕飞和逼近到惯性定向目标

5.3.2　交会敏感器的作用范围

　　交会逼近阶段要求相对于目标的横向位移和速度随相对于目标之间距离的减小而减小。这导致了在逼近过程中对导航精度的要求不断提高，在整个逼近阶段，一个敏感器不能满足这一要求。大多数敏感器的操作范围都有限，敏感器的作用范围决定了使用该敏感器的特定逼近阶段的长短。对敏感器测量精度的要求取决于进行下一个机动操作所需达到的位置和速度的偏差椭圆体的大小，这一点将在 7.1.1 节中详细阐述。

　　大多数情况下，敏感器的最大作用范围受到了发射功率的限制。但是像 GPS 和 GLONASS 这样的卫星导航系统和使用太阳光照这种外部能源的敏感器除外。

- 对于基于无线电频率的交会敏感器来说（如雷达），最大作用距离为 100 km 量级。
- 对于绝对卫星导航系统（GPS）来说，由于 GPS 卫星覆盖整个地球表面，在整个交会过程中，作用距离没有限制。
- 对于相对卫星导航系统（GPS）来说，它要用到追踪航天器和目标航天器上的 GPS 接收机的原始数据，其最大作用范围会受到两个航天器之间的直接通信范围的限制。
- 对于光学敏感器来说，最大作用范围通常是数十米到数百米，取决于目标上需照明的面积的大小。

　　图 5－10 表示了交会中敏感器作用范围和精度的基本情况。受到遮挡和多径效应的影响，GPS 和 RGPS 的作用范围将在终点阶段受到限制。尤其是对于空间站这样大的复杂结构，在各个方向都有大的表面，甚至有太阳阵和散热器这样大的旋转部件，遮挡是个很突出的问题。

　　取消对 GPS 信号的降级处理，即所谓的选择可用性（SA），绝对 GPS 定位精度提高了 10 倍（见 7.3.2 节中更深入的论述）。在图 5－10 中，绝对 GPS 的精度与相对 GPS 精度接近。然而，还必须考虑到，目标和追踪飞行器之间相对参数的解算仍需目标器一方提供同样精度的测量值，并且在计算中大数相减可能会产生较大的误差。

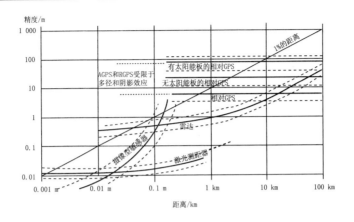

图 5－10　典型交会敏感器的作用范围和测量精度

　　类似摄像机和激光探测仪这样的光学敏感器，对逼近轨道设计有额外的操作约束，即有限的视场（FOV）。它限制轨道的横向范围。在图 5－11 所示的例子中，脉冲径向机动沿 V 轴的转移，在 y 方向的最大轨道距离是 x 方向的一半。为了覆盖这样非常接近目标的轨道，光学敏感器需要有 60° 的视场（30° 的半锥角）。考虑到照明所需要的功耗（摄像敏感器用），以及要扫描这么大的视场（激光扫描用）所需要的持续时间，必须采用折中办法，让多数光学敏感器使用相对较小的视场。

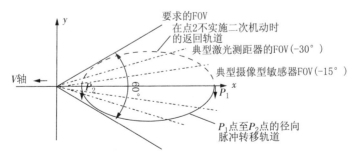

举例：径向脉冲转移机动，P_1=160 m 至 P_2=30 m，FOV=60°

图 5－11　径向脉冲转移所需视野

有限视场的光学敏感器特别适合于对接逼近的最后一段。在靠拢对接端口的最后一段逼近中，为了满足机械接口的对接条件，轨道需要靠近对接轴，姿态也要与对接轴一致。到停靠箱的最后一段逼近中，如果追踪航天器能够指向目标上的敏感器接口，小视场的敏感器同样也非常适合。对于那些不需要对目标定向的逼近阶段，如脉冲机动、绕飞和大角度逼近，需要较大视场的敏感器。

因此，对于不同的交会阶段，要选择不同类型的敏感器。反过来，根据作用范围和敏感器的性能，不同交会阶段也要有合适的范围。下面列出了逼近阶段的大致范围和要选择的敏感器的类型（参见 7.1.1 节）。

- 最终逼近段。敏感器：激光探测仪或摄像类的光学敏感器，从 100～500 m 至接触。
- 近程交会段。敏感器：相对 GPS、雷达或其他类型的 RF 敏感器，从数千米到最终逼近范围。
- 远程交会段。敏感器：绝对 GPS、雷达或其他类型的 RF 敏感器，从 10～100 km 到近程交会开始。
- 调相。敏感器：绝对 GPS 或地基导航，从发射到远程交会的开始。

5.4　同步监控的需要

在交会操作中，大多数的同步问题与在最终逼近阶段和捕获操作中需要人进行监控的需求相关。当操作员在地面时，这样的问题尤为严重。但是当操作员处在目标站里，甚至是在逼近航天器里时，也会发生很多问题。需要与最终交会活动同步的外部事件如下。

- 适宜的照明条件。在最终逼近阶段和对接/停靠阶段的大多数情况下，视频监控要依赖于日光照明。
- 通信窗口的可用性。用于向地面传输图像数据，可以是直接传输到地面站，也可以是通过中继卫星间接传输。如果目标器航天员不能监控，地面操作员需要对最后逼近阶段和捕获操作进行视频监控。即使目标上的操作员能够建立肉眼或是视频的监控，出于安全原因，还是建议将视频数据传输到地面（参见 9.1.2 节）。

- 航天员的可用性。即在航天员的作息时间表内监控（只适用于载人目标航天器）。一般认为，为安全起见，目标上的航天员随时能够监控最后的逼近和交会过程。对某些任务，为保障任务成功要求目标站的航天员在紧急情况下进行手动控制接管追踪航天器（参见 6.5.3 节）。

5.4.1　日光照明

轨道白天和黑夜的出现与轨道周期有关，实际的轨道半径决定了轨道周期（在近地轨道，轨道周期为 90～95 min）。由于航天器处在地球之上的一定高度，因此轨道白天通常比半个轨道周期要稍长一点，除非太阳的位置使日光近似与轨道面正交。在这种情况下，所有的轨道都能被照明。然而，并不是被照到的所有轨道段都适宜交会和捕获操作的视频监控，因为阴影可能导致无法进行视频监控。由于缺乏大气折射，光照与阴影之间的对比度在空间会比在地面强烈得多。

作为示例，考虑一种简单轨道情形下太阳俯仰角的变化，如图 5-12 所示，假定轨道与太阳的侧向夹角较小，即太阳大致处在轨道面上。在轨道黎明时，太阳的照射方向与轨道速度矢量相反；在轨道黄昏时，太阳的照射方向与轨道速度矢量相同；在轨道正午时，太阳的照射方向与轨道速度矢量呈直角。假定目标与追踪航天器均处于 LVLH 姿态，取决于最终逼近的方向，如在 $+V$ 轴一侧逼近，太阳日出时，能完全照到目标站捕获对接面；日落时，则照到追踪航天器的对接面。如采用 $-V$ 轴一侧逼近时，情况则正好相反。对于 R 轴逼近，在轨道正午时刻，追踪航天器的接口会被照亮。如果对接端口被完全照射，也就是日光方向与接口面呈直角，将会很难辨别被照射面的特征。无论是用肉眼还是摄像机，在这种情况下沿逼近线观测，会发现表面被均匀照射，没有什么阴影。并且，当距离很近时，一个航天器会在另一个航天器上投射下阴影。另一方面，如果太阳与逼近轴正交，沿逼近线的结构面的伸展部分会投射出很长的阴影，导致捕获接口面只有很少部分有照明甚至没有照明。这种条件也不适合视频监控。监控最好的照明条件是在中间角度，这时的捕获对接面被照射到，结构面上的阴影也不长，同时一个航天器投射到另一个航天器上的阴影也最小。

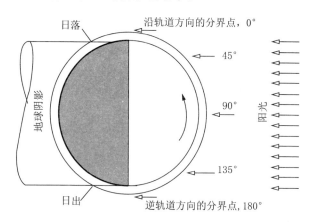

图 5-12　一周轨道运转后太阳倾角分量的变化

通常情况下，轨道面与黄道面不重合，太阳的方向也会有一个侧向分量 β，如图 5-13 所示。β 角最大值和最小值由轨道倾角 i 加上赤道面和黄道面的夹角 $\varepsilon = 23.5°$ 决定，如图 5-14 所示。根据季节和上升交点 Ω 的位置，要把黄道角度的相关分量从轨道倾角之中加上或减去。由于交点的漂移（见 4.2.2 节）每天可以达到几度，β 角随时间可以取两个极端值间的任意值。

太阳在航天器本体轨道坐标系 F_{lo}（即 LVLH 坐标）中的方向可以用下列转换计算

$$S_{lo} = A_{lo/b} \cdot A_{b/so} \cdot A_{so/op} \cdot A_{op/an} \cdot A_{an/eq} \cdot A_{eq/ec} \cdot S_{ec} \qquad (5-1)$$

太阳相对于轨道面坐标系的位置是这些转换关系式中的第 1 项

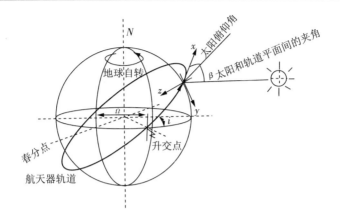

图 5－13　从航天器上看太阳角度

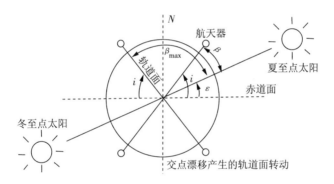

图 5－14　由于季节变化和交点漂移产生的 β 角变化

$$\boldsymbol{S}_{\mathrm{op}} = \boldsymbol{A}_{\mathrm{op/an}} \cdot \boldsymbol{A}_{\mathrm{an/eq}} \cdot \boldsymbol{A}_{\mathrm{eq/ec}} \cdot \boldsymbol{S}_{\mathrm{ec}} \qquad (5-2)$$

β 角是在航天器本体坐标系中太阳单位矢量 $\boldsymbol{S}_{\mathrm{lo}}$ 的 y 分量的反正弦，该 y 分量在轨道平面坐标系中太阳单位矢量 $\boldsymbol{S}_{\mathrm{op}}$ 的 $-z$ 分量相同。

$\boldsymbol{S}_{\mathrm{ec}}$：黄道坐标系中的太阳单位矢量；

$\boldsymbol{S}_{\mathrm{op}}$：轨道平面坐标系中太阳单位矢量；

$\boldsymbol{S}_{\mathrm{lo}}$：航天器本体坐标系（LVLH 坐标）中太阳单位矢量。

变换矩阵是（另见 3.1 节）：

$\boldsymbol{A}_{\mathrm{eq/ec}}$：从黄道坐标系变换到以地球为中心的赤道坐标系，绕 x_{ec} 旋转 $-\varepsilon$；

$\boldsymbol{A}_{\mathrm{an/eq}}$：从以地球为中心的赤道坐标系变换到上升交点坐标系，绕 z_{eq} 旋转 Ω（升交点赤经）；

$\boldsymbol{A}_{\mathrm{op/an}}$：从上升交点坐标系变换到轨道面坐标系，绕 x_{an} 旋转倾角 i；

$\boldsymbol{A}_{\mathrm{so/op}}$：从轨道面坐标系变换到航天器轨道坐标系，绕 z_{op} 旋转轨道相位角 ωt；

$\boldsymbol{A}_{\mathrm{B/so}}$：从航天器轨道坐标系变换到辅助坐标系，绕 z_{so} 旋转 $90°$；

$\boldsymbol{A}_{\mathrm{lo/B}}$：从辅助坐标系变换到航天器本体坐标系（LVLH），绕 x_{B} 旋转 $-90°$。

图 5-15 表示了不同坐标系之间的转换关系。

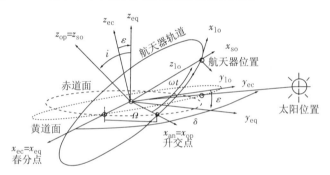

图 5-15　太阳、地球和轨道坐标系之间的关系

黄道坐标系中的太阳单位矢量是

$$\boldsymbol{S}_{\mathrm{ec}} = \begin{bmatrix} \cos\delta \\ \sin\delta \\ 0 \end{bmatrix} \tag{5-3}$$

δ 是太阳相对春分点（绕地心的）的夹角。

旋转到不同中间坐标系的转换矩阵是

$$\boldsymbol{A}_{\mathrm{eq/ec}} = \boldsymbol{A}_{\mathrm{ec/eq}}^{\mathrm{T}} = \begin{bmatrix} 1 & 0 & 0 \\ 0 & \cos\varepsilon & -\sin\varepsilon \\ 0 & \sin\varepsilon & \cos\varepsilon \end{bmatrix} \tag{5-4}$$

$$\boldsymbol{A}_{\text{an/eq}} = \begin{bmatrix} \cos\Omega & \sin\Omega & 0 \\ -\sin\Omega & \cos\Omega & 0 \\ 0 & 0 & 1 \end{bmatrix} \tag{5-5}$$

$$\boldsymbol{A}_{\text{op/an}} = \begin{bmatrix} 1 & 0 & 0 \\ 0 & \cos i & \sin i \\ 0 & -\sin i & \cos i \end{bmatrix} \tag{5-6}$$

$$\boldsymbol{A}_{\text{so/op}} = \begin{bmatrix} \cos\omega t & \sin\omega t & 0 \\ -\sin\omega t & \cos\omega t & 0 \\ 0 & 0 & 1 \end{bmatrix} \tag{5-7}$$

$$\boldsymbol{A}_{\text{B/so}} = \begin{bmatrix} 0 & 1 & 0 \\ -1 & 0 & 0 \\ 0 & 0 & 1 \end{bmatrix} \tag{5-8}$$

$$\boldsymbol{A}_{\text{lo/B}} = \begin{bmatrix} 1 & 0 & 0 \\ 0 & 0 & -1 \\ 0 & 1 & 0 \end{bmatrix} \tag{5-9}$$

对于给定的一组 δ，ε，Ω，i 和 ωt 数值，利用上述转换矩阵，就很容易直接计算出太阳在航天器本体坐标系中计算的位置。但是，将所有的矩阵相乘，得出的通用表达式非常复杂，以致无法用于对不同条件下的照明情况进行一般评估。借助计算机程序进行矩阵计算，就可以很容易得到数值或图表形式的解。

如图 5-13～图 5-15 所示，β 角的变化，取决于轨道倾角 i，RAAN 角 $\omega = f$（t）和 δ 是自春分点到太阳的夹解 δ。图 5-16 表示了 400 km 高度的轨道、52°倾角时的 β 角在一年之内的演变。假设初始时间是在春分点，在初始时间轨道的升交点为 $\Omega = 0°$。此轨道交点的漂移是 -4.989（°）/天（见 4.22 节）。

对于一个从 $-V$ 轴一侧开始的逼近，在轨道日出时刻，太阳处在追踪航天器前方，也就是从目标的方向，照射到追踪航天器的对接端口。在轨道日落时刻，方向则相反，也就是太阳会从追踪航天器的后面照射到目标一侧的对接端口（见图 5-12）。目标对接端口的最佳照明条件会处于轨道正午和日落之间的中间角，也就是处在约 3/4 轨道白天的区域，相应的轨道面内太阳角度分量为 135°。取决于追踪航天器和目标航天器的几何构造，适宜的照明条件可能会处在环绕这一太阳角度线最大±(20°～30°)的范围，即 105°～165°之间。相应的最大持续时间约为 15 min。上述情况是 β 角度为零时的情况。随着 β 角度的增加，有用的时间会逐步递减，当 β 为 90°时，整个轨道白天都没有适宜的照明条件，因为太阳方向总是与对接轴呈直角。为了获得适宜的照明条件，β 角必须与 90°线相差至少 20°。

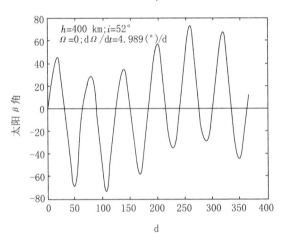

图 5－16　β 角随时间的演变，$h=400$ km，$i=52°$

如果从－V 轴逼近，出于监控原因，最终逼近的大部分时间要在有日光照明的条件下进行。捕获计划安排在轨道白天快要结束的时候是必要的，此时目标器被照明。因此，对于从－V 轴一侧开始的逼近，最好图像标志器安装在目标上，摄像机安装在追踪航天器上。视觉信号随后要被传输给目标器上的航天员和地面，以保证监控的进行。

对于从＋V 轴一侧开始的逼近，照明条件发生的顺序与－V 轴逼近时的顺序相反；轨道日出时，太阳从追踪航天器后面照亮目标器；轨道日落时，太阳从目标器之后照射到追踪航天器。为了使最终逼近能最大限度地获得日光照明条件，最好把图像标志器安装在追踪航天器上，摄像机安装在目标器上。出于同样的原因，对于由目标器上的航天员进行的直接视觉监控逼近，选择在 +V 轴一侧开始的逼近会有更好的观测条件。这个逼近方向，会产生与 -V 轴一侧逼近相同的时间限制，即 β 角为零，在对接前日光照明条件的最大持续时间为40 min，其中最后 15 min 可为目标器上的图像标志器提供适宜的照明条件。

　　R 轴逼近的照明条件略有不同。日出发生在追踪航天器的 V 轴方向一侧，太阳在追踪航天器的上方从 +V 轴一侧移到 -V 轴一侧，照射半个球体。由于太阳总是位于上半球，+R 轴逼近中无法为目标对接端口提供日光照明。因此，对于从 +R 轴一侧开始的逼近，最好将视觉目标标志器安装在追踪航天器上，摄像机安装在目标器上。而对于从 -R 轴一侧开始的逼近（逼近方向指向地球），则应将视觉标志和摄像机的安装位置反过来（见图 13-8）。对于一个接近零度的 β 角，即太阳在轨道平面里，追踪航天器的对接端口的最佳照明条件会产生在太阳俯仰角（轨道面内）45°线和135°线附近的两个范围内。环绕这些点的适宜的照明条件的范围大约在 ±(20°～30°)。如果 β 是在 20°～70°之间，适宜的照明条件也会在轨道正午出现，不过其持续时间会在首尾区缩短。如果 β 角度大于 70°，在整个轨道都不会有适宜的照明时间。

　　图 5-17 表示了 ±V 轴和 ±R 轴逼近时的照明条件，标明了追踪航天器的本体轨道坐标系、太阳的相对轨道、追踪航天器的位置和本地地平线（没有考虑轨道高度），以及不同方向逼近时的目标器的相对位置。箭头指出了追踪航天器的逼近方向，相应的目标对接端口就处在箭头指向的目标航天器一侧。

　　综合考虑所有的需求时，必须认识到，对于给定的一组目标器轨道参数极其在交会任务中可用的一些通信相会（地面站和中继卫星），并不是一年内所有日期都能找合适的时机为监控最后阶段的逼近和捕获提供适宜的照明和通信条件。这点对选择追踪航天器的发射日期至关重要。

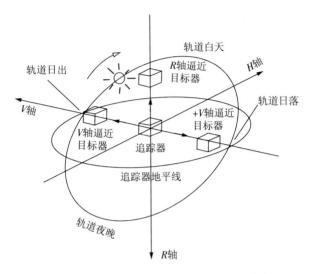

图 5-17 ±V 轴和 R 轴逼近过程的照明条件

5.4.2 通信窗口

追踪航天器和目标航天器与地面进行通信联系可以直接在航天器和地面的天线之间进行，也可以通过位于地球同步轨道上的继卫星进行。在与地面站（见图 5-18）直接进行通信联系时，轨道的高度、地面天线的发射/接收锥角和轨道实际穿越的锥体部分限制了接通的持续时间。可以进行无线电联系的时间段称为地面站通信窗口。地面站天线的有用锥角受到地面障碍物、地面大气反射和其他低仰角区域干扰的限制。有用的范围开始于 $5° \sim 7°$ 的仰角区域，即天线发射/接受锥体的最大半锥角小于 $85°$。在低地球轨道，在最佳条件下即飞越锥体的中心区时，对于一个 400 km 高的轨道来说，最大通信持续时间为 10 min，对于一个 300 km 高的轨道来说是 7.5 min。当星下点轨迹以距锥心一定的横向距离穿越时，通信窗口相应会更小一些。而且，由于障碍物和干扰，通信范围的形状并不总是圆的。

由于地球的自转，轨道运行一圈后，星下点轨迹下一圈时会向西移动 $\Delta\lambda$，400 km 的 LEO 轨道西移接近 $23°$

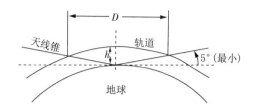

图 5—18　地面站的可见度和几何关系

$$\Delta\lambda = \frac{-T \cdot 360°}{24\ h} \qquad (5—10)$$

式中，$\Delta\lambda$ 是经度的变化，T 是轨道周期（见图 5—19）。

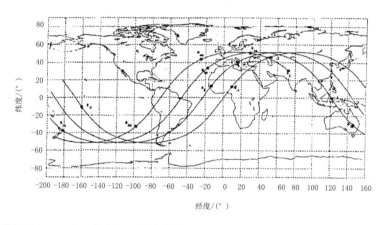

图 5—19　400 km 高度，51°倾角轨道的星下点轨迹（圆点代表 10 min 的间隔）

　　如果进行精确的计算，把地球环绕太阳的轨道运动和交点漂移 $\dot{\Omega}$ 都考虑进去，那么 $\Delta\lambda = -T(15.041 + \dot{\Omega})$。从地球中心测量，地面站可视的锥体区的半锥角不会超过 20°。因此，前次与地面站联系的通信窗口在下一个轨道周期内可能会减少或根本就不存在了。

　　在设计紧急情况后的修复操作时，最好取得与标称逼近一样的条件。忽略交点漂移因素，地面站每隔 12 h 和 24 h 经过轨道面，只是 12 h 之后轨道速度矢量的方向相反而已。然而，由于轨道周期（如 400 km 高的轨道周期为 92.3 min，300 km 高的轨道周期为

90 min）与地球自转并不同步，航天器在 12 h 或 24 h 后并不一定在地面站的正上方。因此，经过相同地面站的最近的路径应该在这个地面站经过轨道面之前或之后，形成了一个不同的通信连接持续时间。

　　很明显，仅仅一个地面站对近程交会阶段进行监控是远远不够的。为了在最后逼近和对接监控段获得 20 min 以上的通信窗口，需要建立大量相邻的地面站。如果考虑到紧急情况下需要进行的二次逼近和对接操作，所需的地面站数量还要多。建立大量相邻地面站的方式在苏联礼炮号和联盟号的交会和对接项目中得到了充分运用，并且这种方式俄罗斯至今仍在使用。这种独特的系统包括 7 个地面站，覆盖了大部分的欧亚大陆（见图 5－20）。

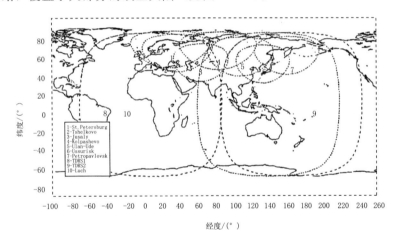

图 5－20　RVD 俄罗斯地面站和中继卫星覆盖范围

　　通过地球同步轨道的中继卫星可以获得更长时间的通信窗口，可以提供接近半个轨道周期的时间窗口。图 5－20 中的虚线显示的是美国 TDRS1 和 TDRS2 以及俄罗斯 Luch 中继卫星的通信范围。与地面站的通信只能在虚线和点线围成的闭合区域内进行，而通过中断卫星的通信则可在闭合线的区域进行。

　　由于目前地球上空可用的数据中继卫星的位置关系，会有一个区域没有通信信号。除此以外，追踪航天器的天线安装调节而带来的视觉限制也要被考虑进去。为了与位于 GEO 的卫星进行数据交换，位于 LEO 的卫星上的天线需要不断地改变方向，以指向 GEO 卫星。这需要安装铰接的 2 自由度天线。卫星天线的可用视场受到天线驱动范围和卫星外形的限制。通过中断卫星而得到的通信窗口会因这些条件的限制而减少。

　　监控数据传输的一个最重要的问题是，要适当安排逼近时间表，使得当最终逼近和捕获的最后阶段开始时，追踪航天器能进入通信窗口内。另一个限制因素是图像监控需要大的数据传输速率（高带宽），通常在具体任务中并不一定能获得这样的频率和信道（见 9.3 节）。由于相对昂贵的价格，高数据速率信道只被用于设定的监控段。

5.4.3　航天员的活动

　　航天员的大部分时间被监测逼近、对接/停靠准备以及连接后的活动所占用。由于目标站上的航天员人数有限，倒班工作并不现实。因此，要把所需的逼近/连接监控和对接操作（包括出现紧急情况时的处理时间）都编入航天员的工作、休息和睡眠时间表里。最多可设定 10 h 的工作期，在此期间，要完成所有标称操作和紧急操作，即交会和对接/停靠操作，设备连接操作，以及应对潜在紧急情况的操作，直到获得新的停泊点。这样的停泊点必须与目标有足够的距离，至少在一夜之内是安全的，以便能够等到第 2 天让航天员再采取行动（见图 5-21）。

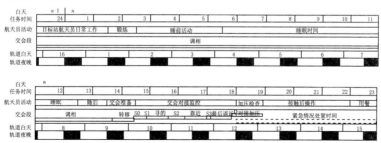

图 5-21　RVD 操作中航天员 24 h 的活动时间表

目标器上的航天员必须要监控含有潜在相撞危险的所有交会阶段。这些阶段包括从向目标器轨道的转移开始，经几圈轨道运转后到达目标器的全过程。在图 5—25 和图 5—28 中，从向目标轨道变轨开始，机动时间通常持续 3.5 个轨道周期。包括停泊点时间，需航天员监视的逼近时间大约为 2.5～3 h。如加上目标器上与交会活动相关的准备时间，如检查活动，以及连接后所需的活动时间，如加压充气、连接验证、舱门打开准备等操作，整个有航天员参与的标称过程的持续时间约为 4～6 h。由于机械手的额外操作，整个停靠过程的标称时间可能会更长。计划时要留有足够的应急时间裕度。

尽管航天员的工作/休息时间表有一定的弹性，大概可提前或推后 1 h，但对于为了与逼近时间表和照明条件同步所需的较长时段的提前或推后，则必须昼提前计划好。紧急情况后的修复操作，或者是执行一个避撞机动或者是退回到一个远的停泊点，都可以在后一个工作日中及早执行。

5.4.4　调相和逼近中的时间—弹性因素

如上所示，把交会的时间表与外部约束同步协调起来，是任务规划中设计逼近策略的一个主要议题。任务期间，同步校正开始于发射，结束于最终逼近，以补偿发射和轨道机动时的容许偏差。为获得同步而使用的轨道要素和操作方法被称为"时间—弹性因素"。它们可以归为在不同轨道高度的漂移和停泊点两大类。在某种程度上，还可以修改直线最终逼近的速度分布以精细地调整最后的到达时间。

5.4.4.1　不同轨道高度上的漂移

可以区分为以下三类漂移方式：

- 椭圆型轨道上的漂移——取决于主轴的大小；
- 圆形轨道上的漂移——取决于轨道半径的大小，也就是轨道距地面的高度；
- 在两个固定主轴或固定轨道高度上的漂移——转移时间的变化。

最后一种方法，允许在任务中进行调节，见图 5－22。由于调相要经过多圈，因此基本的思想是，每次都准备两种不同大小的标准轨道，即对圆形轨道，其半径不同；对椭圆轨道，其长主轴不同。根据同步的要求，可以把追踪航天器长时间留在低轨道上，以此来减少整个调相的持续时间；如果要增加调相时间，只要把追踪航天器提前转移到较高轨道上就行了。标准轨道可以用于多种类型航天器的任务中，因此，这样的方案适宜于自动交会系统。

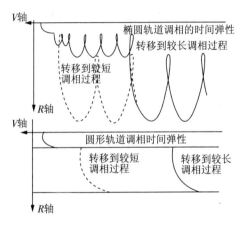

图 5－22　调相过程中的时间弹性

由于在调相阶段有相对较长的时间可用，而且就机动和所涉及的各方来说，逼近开始（见图 5－25 和图 5－28 中的 S1）以后任务段的复杂度较高，因此通常尽量在调相阶段完成同步任务。当追踪航天器在准的时间到达逼近的初始点以后，使得捕获有了适宜的照明和通信条件，所有后续的机动都应按计划执行。在这种情况下，停泊点的时间应尽可能短，仅进行功能性检查和最后精调到达时间之用。

5.4.4.2　停泊点

轨道运转 1 圈以后，有 3 种轨道其标称平均运动为零：

• 处于 V 轴上的被动停泊点；

- 主动停泊点；
- 安全椭圆。

被动停泊点：这种类型的轨道只有当航天器在 V 轴上或是离 V 轴非常近时，才变得可行，因为与 V 轴的距离越大，所需施加的推力就越大（见方程（3—55）和方程（3—58））。V 轴上的停泊点从原理上讲是非常有效的时间调节器，因为从理论上来说，它不需要任何外力就可保持。然而，考虑到存在 4.3 节讨论过的测量和机动偏差，精确定位于 V 轴上是不太可能的。实际上，在没有位置控制的被动停泊点，追踪航天器总是在漂移，或者靠近目标器，或者离开目标器，具体是哪一种漂移取决于 V 轴之上或之下的 z 距离。方程（3—24）给出了漂移的方向和速度。产生漂移的另一个原因是在 4.2 节已讨论过的差动阻力。即使是很少几圈运转，这两个因素都会导致沿 V 轴的位置发生显著的改变。由于这种漂移敏感性，被动停泊点仅用于持续时间相对较短、距目标足够远的情况。

主动停泊点：漂移当然可以通过主动控制停泊点的位置加以避免。这要求适合的敏感器和更多的燃料。闭环控制停泊点的持续时间只受燃料消耗量的限制。然而，当出现故障导致失控时，要确保不能因为向目标漂移而导致碰撞。对付漂移问题的一个可行的解决办法是把停泊点设置在有足够大 z 距离的位置上，从 $-V$ 轴接近时，停泊点应位于轨道上方，从 $+V$ 轴接近时，应位于轨道下方。z 距离的选择原则是当出现任何差动阻力和导航偏差情况时，这个距离能够确保追踪航天器不会向目标移动。对闭环控制的停泊点燃料消耗会显著地增加。在开环控制时，不能再称其为"停泊点"，而称为"慢反漂"更为确切。

5.4.4.3　安全椭圆

图 5—23 所示的安全椭圆可以应用于那些主动停泊点控制或"慢反漂"不能实现的情况（不论什么原因），也可用于出于操作原因而需要时间弹性的停泊点的情况。它包括一个面内和面外的组合椭圆运动，可以确保即使在向目标漂移的情况下也不会发生碰撞，

因为追踪航天器会以给定的面内和面外移动距离绕过目标站。

安全椭圆通过在 V 轴的开始位置实施径向机动（$\pm R$ 轴方向）和在 1/4 圈后实施离面机动（$\pm H$ 轴方向）来完成。应该指出，"安全椭圆"只是"短期安全"，多圈运行之后，差动阻力的不确定性必须加以考虑。

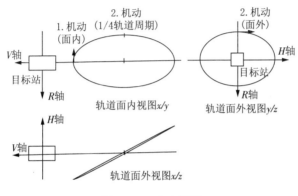

图 5-23 安全椭圆

5.4.4.4 直线逼近速度

最后一次调整到达时间的机会，理论上讲是通过改变到对接端口和停靠箱的闭环控制直线逼近时的逼近速度。实际操作不会采用这种方法，因为最终逼近是在确认所有条件都能按计划进行时才开始的，包括同步。而且，出于逼近安全性考虑，也就是便于由目标和地面上的操作人员。对到达航天器的"安全状态"进行评估，在逼近的最后阶段最好是采用标准速度分布图来逼近。

5.5 船载资源和操作储备

有限的船载资源对逼近策略有很大的影响。最重要的资源包括：

- 电力；
- 散热能力；
- 燃料。

　　有限的电力可能促使在逼近过程中要定期改变飞行器姿态，如为了最大限度地从太阳能发电机获得能量，航天器要对太阳定向。这样就要采取这样的策略：在任何脉冲机动后和所有停泊点上，都采取太阳—定向姿态。与不受电力约束的情况相比，停泊点会需要更长的持续时间，或是在逼近中有更多的停泊点来给电池充电。

　　散热能力的限制也会产生特殊的策略，逼近中只要有可能就改变航天器的姿态使散热表面指向深空。这种需求可能对轨道或停泊点的闭环控制产生影响，因为轨道控制敏感器可能在追踪航天器采取太阳—定向姿态时不能使用。

　　燃料限制会导致避免采用 ΔV 消耗型轨道，如直线受迫运动轨道。而且，由于燃料消耗甚大，不得不排除采用像 4.4.1 节中介绍的在脉冲机动后采用闭环轨道控制的方案。

　　任何交会任务的规划都要把必要的资源考虑进去，如最终交会开始之前可能需要数小时等待，或数次重复逼近的能力。这样的需求意在涵盖所有由各方（即追踪航天器、目标航天器和空间以及地面相关的单位）导致的故障和延误情况。对于如何最大限度地减少恢复操作用掉的资源的考虑，已经对标称逼近策略产生了影响。例如，在近程交会操作中，要求在出现问题时能从逼近轨道上任何一点退回到一个停泊点；可以退到上一个停泊点，如果所出现的问题预计能很快解决；或是到一个更远一点的停泊点，可以有更多的时间来解决问题。为了减少到达这些停泊点的代价，设计轨道和机动时必须本着这样的原则，就是可以在不过分增加脉冲动机的情况下，能在合理的时间内后退回到前一个停泊点。例如，上述的要求会导致设计人员在标称逼近方案中的某些特定轨道段上选用二次径向脉冲机动变轨（见图 3—20 和图 3—21），因为这种类型的轨道在第 2 次机动没有被执行时，会返回到开始点。这意味着如果收到退回前一个停泊点的命令，可以在轨道运转半圈至一圈之间完成操作，而不需要额外的代价。

5.6　由目标站确定的逼近原则

由于在发射和调相阶段，逼近航天器和目标航天器之间没有多少操作界面，因此作为单个航天器，它们是由各自的控制中心来完成控制的。而从远程交会的某些点开始，必须以协调的方式来计划和监控追踪航天器和目标航天器。由于对追踪航天器和目标航天器的控制可能分别属于两个不同的小组，这两个小组甚至可能属于不同的部门和机构，因此需要为目标附近的交会操作建立控制等级体系和协同程序。当两个航天器中有一个是载人航天器时，最高的控制级别应该在载人航天器一方。这意味着对一个不载人的追踪航天器的自动交会来说，载人的航天站或是它的地面控制中心，能在某个距离接管对剩下的交会任务的控制（关于不同类型控制权限的定义见 9.1.2 节）。在所有情况下，控制权的移交可以在逼近方案的限定点完成，在该点，可以核实航天器相对于标称状态的实际状态，或是在该点有足够的时间和机会来进行核实。控制权的移交并不一定要移交对航天器的实际指挥权，而是涉及了对轨道和所要进行的操作的最高级别的决策权移交。由于在移交时需要界定接口和核实条件，这个因素与其他因素一起决定了移交时所选择的轨道类型。

空间站，由于其巨大而复杂的结构，只能允许到访的航天器在特定的锥形球面区进行逼近和撤离，在对接时以对接口为起点（锥顶点）；在停靠时，以机械臂捕获和释放的标称位置为起点。在这两种情况下，由追踪航天器和目标航天器上的敏感器和标志器设备来决定锥体的原点和中线。同时，考虑到空间站的安全，需要由航天站的航天员或地面控制中心的工作人员来监控逼近和撤离的航天器，以确保轨道和状态矢量参数不偏离其标称值。为了建立控制的标准，在空间站周围的空间应界定出一定的区域，在此区域内，造访的航天器需要遵循一定的规则。在这样的控制区域内，规定出各方控制机构的级别、允许的最大的 ΔV、操作程序、逼近和撤离的走廊等。

决定控制区域的因素及其所受约束条件，可以包括以下几个方面：

- 航天站和到访航天器之间的直接通信范围；
- 当 ΔV 超出某一规定的较小的量值时，运行 1 圈后可以到达目标站的范围；
- 到访航天器必须飞入逼近和撤离走廊的范围，这是为了保护目标站的结构在到访航天器发生故障的情况下不会因碰撞而破损；
- 摄像机可以监控的范围，等等。

当然，没有精准的物理定律来定义这样的控制区，对其的定义也因此多少有些随意，其目的是为了能够确定简单易懂和容易控制的边界，在此边界内，可以参照一些固定的标准检查到访航天器的轨道和状态矢量。潜在因素影响程度的量级可大致确定这个区域的范围。举例来说，到访航天器必须进入的走廊的边界与目标航天器的尺寸相关。走廊的长度应该比目标航天器在该方向的几何尺度大一个数量级左右。例如，如果航天站在 x 方向的几何延伸大约距质心 20 m，走廊的长度就应该为 200 m。到访航天器在控制区里面进行机动时必须得到目标器的允许，控制区的范围，取决于这类机动的一般机动量。如果在交会阶段使用的 ΔV 达到0.1 m/s，那么在 $\pm V$ 轴方向的相关控制区必须大于 1 800 m（见方程（3－28））。对逼近和撤离走廊的直径依据如下因素和约束条件进行定义：

- 可观察性。除了到访航天器下传的船载数据以外，地面控制人员和航天员必须能够通过肉眼直接观察或通过视频监控，对轨道安全做出迅速判断。标称轨道必须在事先确定的视野范围之内。
- 逼近或撤离时，追踪航天器的推进羽流对目标站表面的热载和污染必须限制在一定的范围内。
- 在到访航天器发生故障的情况下，目标站周围的避撞安全裕度能够防止目标站受到直接冲击。这是对目标一方的保护，与到访航天器所需满足的故障公差要求无关。

不能把逼近和撤离走廊与轨道安全边界相混淆，逼近和撤离走廊保证了目标站的可观测性，限制了标称逼近/撤离时的热负荷和污染。标称逼近和撤离轨道（包括安全边界）应该处于这些走廊之中。而且，走廊还要留有一定裕度，以备到访航天器一旦发生故障时能启动紧急操作。除此以外，目标站自身的姿态运动也要考虑留有一定的裕度。根据目标姿态运动的范围和不确定性，逼近走廊的半锥角应该在 $\pm 5° \sim \pm 15°$ 之间。

对于没有推进点火的轨道，需要有更宽的走廊（如推进器关闭以后、标称撤离机动后、紧急撤离机动后或执行一个避撞机动后）。对于这一类型的走廊，主要问题是避撞保护，而不是摄像机的可观测性和羽流的影响。应该指出的是，这种更宽的逼近和撤离走廊不是以质心的运动来界定，而是以航天器的外包络来定义，即到访航天器的任何部分不能超出走廊。

作为示例，图 5-24 给出了 ISS 的控制区和逼近/撤离走廊。外部区，被称为"逼近椭球"（AE），x 方向为 $\pm 2\,000$ m，其他方向为 $\pm 1\,000$ m。在进入 AE 之前，整个控制权要移交给 ISS 控制中心。内部控制区，即所谓的"限制区"，是一个半径为 200 m 的球体，只能通过一个从 $\pm V$ 轴和 $+R$ 轴逼近和撤离的走廊进入。如果走廊是相对于对接端口或空间站其他部件定义的，这些走廊的精确位置和方向不仅取决于对接端口和停靠箱的准确位置，而且还取决于目标站在逼近或撤离时的主要姿态。

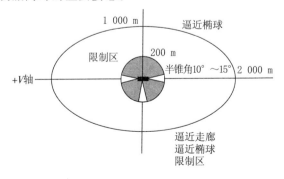

图 5-24　ISS 的控制区

5.7　逼近方案实例

为了说明各种约束对逼近轨道方案选择的影响，本节将讨论逼近方案的 3 个案例。这样做的目的并不是要分析现存的美国和俄罗斯的航天器逼近方案，因为它们的方案经过了长时间演化；有些设计方面的考虑是在特定的历史背景下出现的，一般并不为笔者所知。附录 B 简要描述了美国航天飞机和俄罗斯联盟号和进步号飞船的逼近策略。

所选这 3 个案例以不同的逼近方向、不同的敏感器配置和不同的对接方法（即对接或停靠）为特征。这些特征是：

1）$-V$ 轴上逼近到对接端口；设置了目标站控制区；交会敏感器采用 RGPS 和激光扫描仪。

2）R 轴上逼近到停靠箱；设置了目标站控制区；交会敏感器采用 RGPS 和激光扫描仪。

3）$+V$ 轴上逼近到对接端口，对接轴以 β 角斜交轨道速度矢量；交会敏感器采用雷达和光学摄像敏感器；没有控制区的限制。

这 3 个案例都是假定发生在 400 km 高的准圆形轨道。由于发射和调相不受交会阶段相对导航的限制，本节的讨论是从调相到远程交会阶段的转移机动开始的。

5.7.1　逼近方案：案例 1

5.7.1.1　方案概述

图 5-25 给出了 ISS 背景下，逼近到 $-V$ 轴上的对接端口的实例。它与欧洲 ATV 对 ISS 的逼近方案相似（Cornier et al. 1999；Fabrega，Frezet & Gonnaud 1996）。不过，讨论的目的并不在于 ATV 的实际逼近方案，而是通过这个案例来说明设计从 $-V$ 轴上逼近到对接端口时应考虑的典型问题。

轨道方案组成如下：

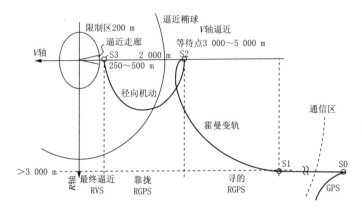

图 5-25   一V 轴上的对接端口的逼近方案（案例 1）

1）自由漂移。最后一次调相机动后，追踪航天器转移到一个与 V 轴平行且低于目标器轨道 3 000～5 000 m 的准圆形轨道上。在这个轨道上的自由漂移过程中，开始与目标器建立通信联系，进行导航滤波，使 RGPS 收敛。

2）在 RGPS 导航下对追踪航天器轨道进行霍曼转移。要确保转移轨道加上任何可能的偏差都不能进入 ISS 的逼近椭球。

3）逼近椭球外的目标轨道上的停泊点。在这点上，对追踪航天器的系统进行最后检查，对照明条件和航天员日程安排等外部事件做最后同步校准，对 AE 的进一步逼近要得到 ISS 的允许才能进行。

4）在 RGPS 导航下通过径向转移机动进入 AE。转移的目标是将追踪器引导至某一确定点，以使光学交会敏感器可以捕获目标反射器。

5）光学交会敏感器导航下的沿 V 轴或平行于 V 轴的受迫运动直线逼近。该轨道把追踪器引入对接端口。逼近直线上可有一些可选用的停顿点，以便在这些点上能切换相对姿态测量导航模式。

假定整个交会逼近过程中的标程姿态是 LVLH，即与追踪航天器的本体轨道参考坐标系 F_{lo} 一致。

5.7.1.2　获取目标站轨道

　　调相阶段最终瞄准点的定位。交会阶段开始于图 5－26 所示的 S0 点，这一点是最后调相机动的最后一站（初始瞄准点），位于目标的后下方。这一点的位置由一系列理想条件和约束条件决定。由 S0 点开始远程交会的理想条件如下。

- 相对导航从目标后的一段距离开始，这段距离要足够大，以便有充足的时间和空间进行必要的机动来逐步减少定位偏差，并降低速度，以达到对接所要求的速度。

- 在最终调相机动后，追踪航天器的轨道应该和目标器的轨道高度尽量接近，以降低两个航天器之间的速率差别，并提供充足的时间进行上述的机动。

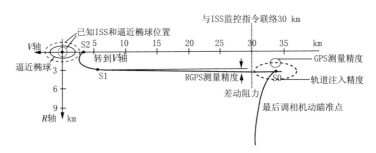

图 5－26　获取目标站轨道（案例 1）

　　在这个逼近方案的案例中，假定 S0 前的导航敏感器为绝对 GPS。只有在 S0 和 S1 之间的漂移段，追踪航天器进入目标的通信范围才需要 RGPS。通信距离设定为 30 km。绝对 GPS 的导航精度量级大约为 100 m 和 0.1 m/s（即取消对 GPS 的选择可用性政策之前的精度，见 7.3.2 节）。导航偏差可能会累积，即在机动开始时已有的定位偏差和二次机动后所导致的附加偏差都必须考虑到。初始速度测量误差在机动后会转化为位置误差。最后调相机动的推力偏差取决于所使用的推进器的种类和推力的大小，这种偏差量级大约为 0.2 m/s。假定目标定位精度在 100 m 之内，经过 1 圈运行后的位置偏差不超过 50 m。ISS 的逼近椭球在 z 方向的延伸是 1 000 m。

综合起来，确定 S0 的高度需要考虑如下的约束条件：

- 逼近安全原则规定的高度差，由目标器设定，如 ISS 的逼近椭球（$\Delta z_{AE} = 1\,000$ m）；
- 目标瞬时定位精度和对目标轨道在机动之间所发生的演变的预测精度导致的高度不确定性 Δz_{etarg}（$\Delta z_{etarg} = 150 \sim 200$ m）；
- 在获得 S0 过程中，由于导航敏感器误差所导致的高度偏差 Δz_{enav}（由于位置测量偏差产生的 $\Delta z_{enav} = 100 \sim 200$ m；由于速度测量偏差产生的 $\Delta z_{enav} = 350 \sim 450$ m）；
- 引导至 S0 过程中推力偏差所产生的高度偏差 Δz_{ethr}（$\Delta z_{ethr} = 700 \sim 800$ m）。

此外，在确定 S0 的标称高度时要加上 $250 \sim 500$ m 的裕度 Δz_{margin}。这个裕度要把在 S0 之后的漂移阶段由于差动阻力所导致的两个航天器之间的相对轨道高度的偏差覆盖进去。瞄准点相对于目标轨道的标称高度可以计算如下：

$$\Delta z_{S_0} = \Delta z_{AE} + \Delta z_{etarg} + \Delta z_{enav} + \Delta z_{ethr} + \Delta z_{margin}$$

把所有的偏差和余量都计算在一起，最终调相机动的瞄准点大约在标称目标轨道之下 $3\,000 \sim 5\,000$ m 处。

确定 S0 沿轨道方向的位置需要考虑如下的约束条件：

- 逼近安全原则所规定的必需距离 Δx_{AE}，由目标站确定，如 ISS 的逼近椭球（$\Delta x_{AE} = 2\,000$ m）。
- 目标瞬时定位精度和对目标轨道在机动之间所发生的演变的预测精度导致的位置不确定性 Δx_{etarg}（$\Delta x_{etarg} = 150 \sim 200$ m）。
- 由于引导至 S0 过程中推力偏差所导致的位置偏差 Δx_{ethr}（$\Delta x_{ethr} = 3\,400 \sim 3\,600$ m）。
- 在获得 S0 过程中，由于导航敏感器精度所导致的位置偏差 Δx_{enav}（位置测量偏差，$\Delta x_{enav} = 100 \sim 200$ m；速度测量偏差，$\Delta x_{enav} \approx 3\,500$ m）。
- 从 S0 高度霍曼转移到目标器轨道所需的沿轨道方向的距离 Δx_{Hoh}。$\Delta x_{Hoh} = \dfrac{3\pi}{4} \Delta z$（见方程（3 - 31））。在 S0 的 Δz 为

3 000～5 000 m，霍曼转移后的 x 距离为 $\Delta x_{\text{Hoh}} = 7\,000 \sim$ 12 000 m。

- 在 S0 和变轨机动开始点 S1 间变轨准备期间的自由漂移距离 Δx_{drift}。有时需要地面进行变轨确认。根据方程（3－25），每一圈轨道运转后在较低轨道的前进距离 $\Delta x = 3\pi\Delta z$，机动准备和地面确认的总时间如果是 3 min，在 $\Delta z = 3\,000$ m 时会导致 $\Delta x_{\text{prep}} = 900$ m 的前进量，若 Δz 是 5 000 m，则 $\Delta x_{\text{prep}} = 1\,500$ m。

由于假定在到达 S0 之前两个航天器之间尚不能直接通信，无法建立相对 GPS 导航，这时还需要加上一段漂移距离。该距离相当于 RGPS 导航滤波器收敛期间内的漂移。如果滤波器收敛所需要的时间是 10 min，Δz 为 3 000 m 时，在轨道方向会前进 $\Delta x_{\text{converg}} = 3\,000$ m；Δz 为 5 000 m 时，$\Delta x_{\text{converg}} = 5\,000$ m。所需要的最小漂移是 $\Delta x_{\text{drift}} = \Delta x_{\text{prep}} + \Delta x_{\text{converg}}$，当高度差为 3 000 m 时，最小漂移会达到 3 900 m；高度差为 5 000 m 时，则达到 6 500 m。

除此之外，还要加上一些裕度来防止其他不确定因素造成的影响并保证目标轨道上的停泊点 S2 处于逼近椭球之外。这个裕度至少应该有 500～1 000 m。瞄准点相对于目标的位置在目标轨道方向的最小相对距离应该为

$$\Delta x_{S_0} = \Delta x_{\text{AE}} + \Delta x_{\varepsilon\text{targ}} + \Delta x_{\varepsilon\text{nav}} + \Delta x_{\varepsilon\text{thr}} + \Delta x_{\text{Hoh}} + \Delta x_{\text{drift}} + \Delta x_{\text{margin}}$$

把所有最恶劣条件下的误差和裕度加在一起，最后调相机动的瞄准点的最小 x 距离应该在标称目标位置后 28 000 m 的量级。但是，由于 S0 不能完全进入 30 km 的通信区内以准备第 2 次 RGPS 导航机动，因此最好把 S0 放到这样的位置，其标称位置加上所有可能的偏差后都在通信范围之外。这样得到的逼近方案更加稳健，因为这样保证有充足的时间使滤波器收敛，并进行 S1 到 S2 的机动准备和地面的确认工作，同时，也能容许短时间的通信中断。

转移到目标轨道。 从以上考虑可知，停泊点 S2 即霍曼转移到目标轨道的位置，在任何情况下离逼近椭球的边界都不应该小于

500 m。确定 S2 的标称位置和偏差，需要先确定霍曼转移的开始点 S1 的位置。S1 的确定有三种方案。

1）追踪航天器和目标器建立通信联系后。并考虑到 RGPS 滤波器收敛所需的时间和时间裕度，在某个固定的时间点开始霍曼转移。采用这个方案形成的 S2 的位置范围会很大，从而后续机动所需 ΔV 的变化范围也很大。采用这个方案的理由是在 S0 和 S1 之间能够得到一个多少较为固定的漂移时间段。

2）根据漂移轨道和目标轨道之间高度差来计算霍曼转移后的开始点 S1，使终点 S2 与目标始终保持同样的标称距离。采用这个方案的理由是在 S2 之后可以采取标准的机动方案。

3）在追踪航天器和目标器建立通信联系后的固定间隔，向标称位置 S2 以切向和径向实施双脉冲转移（即 Lambent 目标转移）。采用这个方案的理由是它结合了方案 1）和方案 2）的优势。

由于接近过程中必须对机动和轨道进行确认和核实，特别是在多方控制权的情况下，比如 ISS，上述方案 2）对从 S1 到 S2 之间转移的切向机动的确认和核实更为方便且可信，宜优先采用。同样，地面和目标站内的操作人员易于对终止在固定标称位置，而且不跨越 V 轴的标称轨道进行监控。在方案 2）中，从 S0 转移到 S1 时漂移时间的不确定量可方便地通过调节在停泊点 S2 处的停留时间来补偿。对于 S2 以后的逼近，不论是方案 2）还是方案 3），只需对一次机动进行确认，且该机动计划在发射前就应准备好。这样，实施之前对实际机动的确认就更加容易，因为只要检查、确认偏差在容许范围之内即可。但仍需牢记的是，即使是一个标准的机动计划，各次机动都要单独进行计算，由于前次机动会带来偏差，故这次机动大小还会发生变化。这些偏差在后续的变轨机动中要加以修正，以使逼近轨道尽可能与标称轨道相接近。

考虑上述所有因素，在本案例中，停泊点 S2 的标称位置需选定在目标航天器后方 3 000 m 处。霍曼转移的开始点 S1，当漂移轨道高差为 3 000 m 时，位于 $x_{S1} = -10\ 070$ m 处，当高差为 5 000 m 时，

位于 $x_{S1} = -14\ 780$ m 处。

非共面误差修正。 残余非共面误差将相继在最后调相段和从 S1 到 S2 之间霍曼转移段中进行修正。修正可以在穿越交点时进行，也可以每隔 1/4 圈进行逐个修正，或是进行连续修正。后一种方式通常运用在闭环控制转移轨道中。

S0－S2 之间的轨道安全性。 正如前面所讨论的那样，调相的最终瞄准点 S0，放置在逼近椭球下面足够的距离上，这样，如果没有进一步的机动，后面的漂移轨道决不会进入 AE。

霍曼转移的被动安全轨道特性已经在 4.4.2 节讨论过。如果在 S2 点的第 2 次机动不能执行，轨道会在 AE 之下呈环形运动，而且，根据方程（3－29）可知，会在目标的前方返回到目标轨道的高度。对于一个自目标器之下 3 000 m，目标器之后 8 800 m 开始的转移机动来说，不考虑差动阻力时，这个距离大约是 4 070 m。回归到目标之前大约 4 000 m 的距离意味着，有足够的余量来应对偏移和差动阻力。这个数字也表明，以这个高度差，S2 的标称位置不应该超出目标之后 5 000 m。对于不完全执行的机动来说，不能排除碰撞的可能性，因此，必需要有避撞机动备用，它的幅度大小至少能够抵消在 S1 点或 S2 点处的机动。这样，如果从 5 000 m 下的漂移轨道开始进行霍曼转移，避撞机动速度增量的大小至少为 1.5 m/s。

同时，这个方案假设霍曼转移的轨道是闭环控制的，如 4.4.1 节所述，添加了主动轨道保护。与纯脉冲机动的理论消耗量相比，闭环控制的燃料消耗很大。与调相所需的 ΔV 相比，交会阶段的 ΔV 消耗较小，从获得轨道安全和精确度的角度考虑，闭环控制的额外消耗还是值得的。

逼近恢复。 对于机动点 S0 和 S2 之间的任何任务中断，不管是因为在 S1 点或 S2 点的推进中止，还是进行避撞机动，追踪航天器最终都会停留在漂移轨道上，在轨道运行 1 圈之后大致位于目标前几千米处。由于与目标的通信联系可能不复存在，恢复机动的第 1 部分不得不在绝对 GPS 导航精度下执行（本例中为 100 m 量级，与选择可用性时的精度相当）。恢复策略如下：

1）获得 V 轴，以尽量减少追踪航天器与目标之间的相对运动。由于绝对 GPS 相对低较的导航精度，V 轴的获得需在目标前方足够大的距离处（$\geqslant 10$ km）。

2）实施切向机动转移到 $-V$ 轴一侧足够远的距离处（>50 km）的某点，在保证轨道不进入 AE 的情况下，为了节约燃料，可以通过几个环路来实现。

3）从 $-V$ 轴的位置进一步转移到低于目标轨道 $3\ 000 \sim 5\ 000$ m 的漂移轨道，进入通信范围（30 km）后，可以重新获得自动逼近。

5.7.1.3　获得最终逼近走廊（V 轴逼近）

这一阶段也被称为"靠拢"。它的任务是把位于 AE 之外的追踪航天器从停泊点 S2 转移到点 S3，S3 位于 AE 之内，但是在"内部控制区"（KOZ）之外。S3 是进行对接的最终逼近段的起点。决定该段策略的 2 个主要因素是：

- 靠拢目标点的最佳位置 S3；
- 从 S2 转移到 S3 需要运用的轨道类型。

S3 的位置由 4 个特点决定：

1）KOZ 的半径；

2）最终逼近段交会敏感器的最大作用范围；

3）在 S2 点之后失控的情况下，在点 S3 最坏情况下的位置偏移；

4）RGPS 的最小有效范围，即靠拢中所运用的敏感器。

在 5.3.2 节中已经提到，多径效应和阴影效应决定 RGPS 和 GPS 有效范围的下边界。ISS 的几何尺度大约是 100 m，这个数字包括转动着的巨大的太阳能电池板的尺寸。作用在追踪航天器 GPS 天线上的多径效应和阴影效应在靠拢到数倍于目标几何尺寸距离时将会非常显著。由于 ISS 的 GPS 天线的视星能力受到目标站不同结构组件的限制，GPS 接受机将不能跟踪半球上所有的 GPS 卫星。追踪器越接近目标，能同时被双方 GPS 跟踪接收到的商用 GPS 卫星数量就越少。RGPS 的测量功能被中断的时间有超过容许时间的危险。在 ISS 的环境下得出的结论是，GPS 不能在低于 300 m 的范围内安全使用。用于最终逼近段的激光测距仪，其最大作用范围是激光光束的发射功率的函数（见 7.4.1 节）。由于航天器上的电能有限，设计的测距仪，在留有一定裕度的情况下，只覆盖必需的操作范围。市场上或正在研发的激光测距仪的最大作用范围一般为 500～1 000 m。出于这些考虑，可以得出结论，即在这个案例的条件之下，S3 点应位于距目标 300～500 m 处。

选择靠拢轨道类型时，应该考虑下列特性：

- 被动轨道安全（在没有执行或仅部分执行预定的机动任务时不应与 ISS 碰撞）；
- S3 的开环漂移（在第 1 次机动失控时不进入内部控制区）；
- 便于逼近恢复（在没有执行或仅部分执行预定的机动任务或失控时，轨道应该保持在 $-V$ 轴一侧）；
- 燃料消耗（不同轨道类型之间的对比）；
- 转移时间（由于 5.4.3 节中所述的操作约束的原因，转移时间较短为佳）。

考虑到轨道类型，有 3 种靠拢轨道可供选择：

- 沿 V 轴的切向机动转移；
- 沿 V 轴的径向机动转移；
- V 轴的受迫直线运动。

这 3 个轨道在图 5－27 中以实线表示。接下来在推进停止以后的漂移轨道以虚线表示，它表示了被动轨道的特征。

切向机动转移。 切向机动转移在所有轨道类型中的燃料消耗最少：从 3 000 m 向 300 m 的脉冲转移过程中，理论参考值是 0.33 m/s，而径向机动转移是它的 4.7 倍（$\frac{3}{2}\pi$）。转移时间是一个轨道周期，这是可以接受的，但它是径向机动转移的 2 倍。若在 S3 没有执行机动，轨道会在目标之下环形前进，在目标之前约 2 700 m

处又到达目标轨道。然而，当机动部分失效时，被动轨道安全需求无法得到满足，不能排除与目标相撞的危险（见 4.4.2 节和图 5－27）。

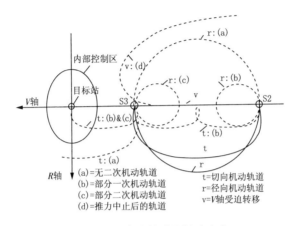

图 5－27　靠拢轨道的被动安全

对于推力偏差的敏感度，从绝对值来说，切向转移机动偏差要比径向转移的高，比如，0.01 m/s 推力偏差会导致切向转移在 x 方向大约 170 m 的位置偏差，而径向转移偏差仅为 36 m。与前一段的方式一样，逼近恢复必须从 $+V$ 轴一侧开始，而径向转移逼近恢复实际上可以在从点 S2 开始的任何情况下（除了推进器打开故障），即从任务中断时的条件下进行。

受迫直线运动转移。对于靠拢段，受迫直线运动逼近的最大缺点是燃料消耗大。如图 3－24 中所示，从 3 000 m 向 300 m 的转移，当转移时间为 1 个轨道周期时，其理论燃料消耗量比切向机动转移高 22 倍；当转移时间为 1.5 个轨道周期时，则高出 44 倍。直线受迫运动是被动安全型的，推进中止后的轨道如图 3－13，图 4－14 和图 5－27 所示。由于轨道向后运动，并返回到 $-V$ 轴一侧的目标轨道高度，逼近恢复要比切向转移容易；在推进停止的情况下，后者会继续向前运动，且总是终止在 $+V$ 轴一侧。不过，轨道恢复不会像径向转移那样直接。

　　轨道类型的选择。考虑本案例的所有标准、条件和特征，在靠拢段，最佳的选择是径向机动转移。

　　S2－S3 所选轨道策略的安全性。径向机动转移的被动轨道安全基本特性在 4.4.2 中已讨论过，如图 4－13 所示。为表达的完整性，这里重申它的特性。

- 如果在 S2－S3 弧段控制中止，或者不能执行第 2 次机动，轨道运转 1 圈后返回到初始点 S2。
- 如果只能部分执行第 1 次机动，通过 S2 开始小的环形运动。
- 如果只能部分执行第 2 次机动，通过 S3 开始小的环形运动。

　　为了补偿开环轨道中的差动阻力效应，需加上一个小的切向分量（其幅度大小取决于弹道系数比）来确保轨道环形的中心缓慢地离开目标。由于差动阻力的真实值总会有不确定性，轨道安全性要把最恶劣的情况考虑进去。对于霍曼转移来说，这个案例已经假设轨道相对于标称轨道是闭环控制的。在机动之前，要对标称轨道进行计算，把上述补偿性的切向分量考虑在内。一旦闭环控制中止，追踪航天器将停留在短期安全轨道上。

　　逼近恢复。除了出现"推进器－打开"故障以及接下来执行避撞机动的情况，对于这段逼近，逼近恢复是直接的，因为在推进未执行或部分未执行后，自由漂移轨道保持在标称 S2－S3 弧线形成的环形（加上一些偏移）和它相应的回退轨道中。逼近恢复因此可以通过回到 S2 得以继续，并通过运用地面控制的停止脉冲来获得停泊点。从 S2 可以再恢复自动逼近。在执行避撞机动的条件下，逼近恢复的程序与霍曼转移中的相同。

5.7.1.4　获得对接轴

　　最后逼近阶段的首要要求是包括所有偏差的轨道都应位于由目标站设定的逼近走廊之内见 5.6 节的讨论。最后交会阶段的轨道类型是 3.3.2 节所述的受迫直线运动 V 轴逼近，选择此类型的轨道出于以下原因：

- 只要逼近时间不是特别长，±10°（见图 5－24）的狭窄逼近走廊的设置排除了最后 200 m 选择其他类型轨道的可能性。径向和切向机动转移需要很多小的一圈或者半圈的环形轨道，以便每一个环形轨道都要位于走廊之内。

- 要求两个航天器对接口的接合在最后几米是直线逼近。由于对接端口可能位于距 V 轴的 z 距离处（见图 5-1），逼近线不需要正好位于目标轨道上（V 轴），而是与它有段距离（见图 5-7）。
- 如果轨道是直线的，对最终逼近轨道的监控会容易些。

逼近对接口时，沿逼近线的速度包括在 S3 的加速段、恒定速度段和逼近对接端口时的减速段。速度分布将在 6.6.2 节讨论。当达到对接初始速度条件时，减速段也就停止了。随后是最后几米直到与目标接口接触时的恒定速度段。对瞬时对接轴的捕获和控制问题在 2.4.2 节已经论述过，在 6.2.3 节（关于对控制器的要求）和 8.3.6 节（关于对捕获机构接收范围的要求）将继续深入讨论。

如果对接要在日光照明条件下进行，要仔细选择 S3 相对于轨道白天和黑夜的开始时间和逼近速度，以便为最后数十米的光学监控提供最佳照明条件（见 5.4.1 节的讨论）。另一种选择是在轨道黑夜进行最后逼近，对相关的对接和监控端口进行人工照明。这时，要求至少一个航天器上有足够的电力资源和照明设备（泛光照明、频闪观测仪灯等）。

S3 到接触段的轨道安全性。由于内部控制区的轨道规则排除了逼近走廊外的轨道逼近，在这个阶段，从安全角度考虑，不能采用如图 4-13 所示的被动安全轨道，由于目标在 z 方向的几何延伸，这样的安全轨道会只存在于 200 m 以外的距离上。

相对于逼近安全来说，V 轴或是靠近 V 轴的直线逼近有一个非常有利的特征，即它可以在任何一点停下并保持在那一点，那个停泊点的燃料消耗并不大。这个特征为那些与追踪航天器的控制和推进系统不相关但却不能允许继续逼近的故障提供了额外的安全保障。

如果在这一阶段出现严重的 GNC 功能故障或是推进系统故障，避撞机动是唯一可行的安全选择。

逼近恢复。避撞机动之后的逼近恢复方案与前一阶段的相似。V 轴上停泊点的逼近恢复很简单，只需要在特定距离内将速度加速到标称逼近速度，就可以再转换到标称自动逼近。

5.7.2　逼近方案：案例 2

5.7.2.1　方案概述

第 2 个案例是国际空间站背景下以 R 轴逼近到停靠箱。这个案例在某种程度上与日本 HTV 逼近方案相似（kawasaki et al. 2000）。同样，在这里并不想讨论具体的空间项目的逼近方案，而是讨论轨道选择的约束条件和因素。轨道顺序如图 5－28 所示。获得目标轨道所使用的方案原则上与案例 1 相同。然而，这个案例是假设可以在与目标站的通信范围内执行最后调相机动来获得机动点 S0 的。因此，最后调相机动可以用 RGPS 的导航精度来执行，瞄准点 S0 可以更加精确地放置在目标轨道之下 2 500～3 000 m 的范围。S0 之后的逼近方案的轨道要素包括：

1）从 S0 开始的自由漂移直至在 S1 的第 1 次霍曼转移；

2）从 S1 到位于目标轨道上逼近椭球之外的 S2 的霍曼转移；

3）用做逼近同步和检查用的停泊点 S2；

4）从 S2 到 S3，霍曼转移到目标轨道之下 500 m 处的漂移轨道；

5）在 V 轴之下 500 m，以目标为方向的漂移轨道；

6）在 S4 刹车机动，消除漂移速度；S4 位于或接近停靠箱的 x 位置；

7）直线闭环控制 R 轴逼近到停靠箱，假设停靠箱在 V 轴下 15 m；

8）在机械手准备捕获前，在停靠箱中的闭环控制位置保持。

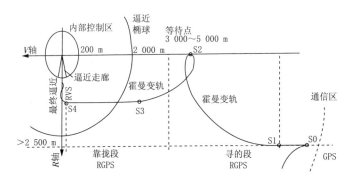

图 5-28　沿 R 轴逼近到停靠箱的方案

5.7.2.2　获得目标轨道

如上所述，除了因为有了更好的导航性能，减小了 S0 和目标轨道之间的高度差以外，到 S2 之前的情况与案例 1 非常相似。S0 的 x 距离可以被显著地缩小，因为 1）没有 RGPS 滤波器收敛稳定所需要的时间（假定在 S0 之前已经完毕）；2）高度差减小，霍曼转移所需要的 Δx 也变小了。在这一类型的轨道策略中，对 S0 高度的确定需要考虑的因素有：

- AE 在 x 方向的延伸（2 000 m）；
- 当只有第 2 次机动可以在 RGPS 的导航下完成时，到 S0 的机动的推力偏差导致的位置偏差（估计为 1 500～3 000 m）；
- 在对 S1～S2 间的机动进行准备期间，轨道漂移产生的距离（假设：在 3 000 m 高度差，3 min 漂移量≈900 m）；
- 霍曼转移到 S2 所需的 Δx（高度差 3 000 m 时为 7 000 m）；
- S2 到 AE 边界之间要求的距离（这个距离在 500～3 000 m 之间，是由下一步逼近阶段所要完成的机动的一些安全特征所决定的）；
- 涵盖推进故障和摄动等因素的安全裕度（500～1 000 m）。

对于最后调相机动的初始瞄准点 S0，这些因素加在一起，Δx 为目标位置后的 15 000～17 000 m。这个值也包含了导航偏差。不

过由于采用了 RGPS 导航，该导航偏差相对会很小。对于这个从 S0
到 S2 的逼近阶段来说，轨道安全和逼近恢复与第 1 个案例相同。

　　可供选择的替代方案。 因为沿着与 R 轴平行的线逼近到停靠箱
需要从一个低于目标的轨道高度上开始，人们当然要问为什么非要
先转移到目标轨道高度上的停泊点 S2。这里，可供选择的替代方
案有：

- 从停靠箱 3 000 m 以下的位置以直线受迫运动沿 R 轴逼近；
- 从 3 000 m 以下的低轨道以切向机动转移到停靠箱以下 300～
  500 m 的轨道上的 S2 点。随后，漂移到 S4 点（见图 5-28），
  从 S4 可以开始到停靠箱的直线 R 轴逼近。

　　第 1 种方案的燃料消耗太大，必须排除。相比而言，第 2 个方
案燃料消耗较小，逼近时间也短，同时能提供良好的轨道安全性。
但是，第 2 个方案没有多少时间弹性来获得最终逼近条件并覆盖停
泊点。如果出于某种原因，逼近需要停止好几分钟，那么就必须转
移到目标轨道上的停泊点。出于这个原因，在获取最终逼近走廊的
机动之前，在 V 轴上设置停泊点 S2 对于这个方案是有利的。在实际
的任务中，如果不需要这么多的弹性时间，而且 V 轴上的停泊点也
是多余的话，上述第 2 个替代方案就是理所当然的选择了。

5.7.2.3　获取最终逼近走廊（R 轴逼近）

　　假设最终逼近敏感器的反射器安装在目标站面向地球的一侧的
一个舱上（见图 5-30），那么，获取停靠箱的逼近应该从这些目标
反射器正下方的位置 S4 直接开始。机动点 S4 的位置应该在目标站
之下 300～500 m，应服从 KOZ 的安全准则并与交会敏感器的作用
范围相符。可供选择的方案有：

- 从 S2 到 S3 霍曼转移至 500 m 以下的低漂移轨道，然后漂移
  到 S4。

　　根据方程（3-31）可知，转移到 $\Delta z=500$ m 的不同高度上 x 距
离为 $\Delta x=(3\pi/4)$，$\Delta z=1\ 178$ m（没有阻力）。如果出于安全原因
在 AE 之外必须加上第 2 次机动转移，S2 的距离必须包含一定的余

量，至少与 AE 相距 1 500 m 或与目标站质心相距 3 500 m。实际上，对于这个案例中所选择的方案，选择的距离为距目标质心 5 000 m。其原因是，如果第 2 次转移机动不能执行，下一个远地点最好在 AE 之外（轨迹返回到目标轨道）。

可供选择的替代方案。有许多其他方案可以获得 R 方向逼近轴。从 S2 由切向或径向脉冲机动直接转移到最终逼近走廊会引发太多的安全问题，这是因为到达逼近轴时，如果停不下来，轨道可能会穿越 KOZ。下面借 3 个轨道例子（见图 5−29）与选择的案例的对比，来阐述轨道方案选择所要考虑的因素：

1）从 S2 到 S3f 的 V 轴直线受迫运动转移，加上环形绕飞 S3f 到 S4 受迫运动，如图 3−31 和图 5−29 所示；

2）从 S2 到 S3t 的 V 轴切向双脉冲转移，加上切向双脉冲绕飞 S3t 到 S4；

3）从 S2 到 S3r 的 V 轴径向双脉冲转移，加上径向双脉冲绕飞 S3r 到 S4。

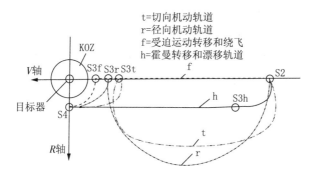

图 5−29　靠拢和绕飞可供选择的方案（案例 2）

对于这 3 个可供选择的例子，从停泊点 S2 到 AE 的距离可以小得多，即不超过 500～1 000 m，这是由于这个距离只需要包括一个安全裕度来覆盖获取 S2 后的偏差。由于需要把 x 方向相对于目标的速度减小到零，在所有的 4 种情形当中都要在 S4 进行一个刹车脉冲，以便启动 R 轴逼近。

切向绕飞轨道（轨道类型 2）) 和径向绕飞轨道（轨道类型 3)) 都要有固定的 $\Delta x : \Delta z$ 比率，这一比率要求从 V 轴上一个特定点 S3 开始。对于 Δz 为 500 m 的径向机动绕飞，这个距离是 1 000 m，而在切向转移里，则是 1 180 m。对于受迫运动环型绕飞，S3 的位置应该距目标质心 500 m。

受迫运动方案。 从备选方案 1) 中 S2 到 S3f 的 V 轴直线受迫运动转移，就 ΔV 来说，代价极高，正如 5.7.1 节中第 1 个示例那样。这一不利因素远远超过了良好的监控条件和轨道安全性所带来的好处。受迫运动环型绕飞（方案 1)) 的燃料消耗比其他轨道类型也要高得多，而且在轨道安全和逼近恢复方面并不能提供特别的有利条件。出于这些原因，应放弃备选轨道类型（1)。

径向机动方案。 径向转移的有利条件是可以容易地进行逼近恢复，这也成为选择使用 V 轴逼近到对接端口（逼近案例 1）的有利因素，同样对从 S2 到开始点 S3r 的绕飞的逼近恢复也十分有利。对于绕飞本身来说，这些有利条件在理论上也是存在的。然而，就 ISS 的情况来说，到 KOZ 的距离太短，在上部（$-z$）一侧又缺乏监控能力，使 360° 的绕飞变得不安全。同时，在案例 1 中靠拢转移方案 1) 情况中，采用在切线方向上施加额外的小 ΔV 来确保椭圆轨道的中心能够慢慢离开目标的安全措施，对于绕飞也不适用。

径向脉冲机动的靠拢和绕飞转移，整个持续时间是 3/4 轨道周期，不包括靠拢转移之后的一个潜在的停泊时间。与理论上脉冲转移的 ΔV 值相比，径向脉冲转移方案 3) 的 ΔV 消耗是所选方案的 4.2 倍。

切向机动方案。 考虑到推进失效或是部分失效后的轨道演化，从 S2 到绕飞的开始点的切向机动转移是不安全的。相同的考虑已经在 5.7.2 节讨论过（见图 5—27）。切向机动绕飞相对来说比较安全，它包括了与最后霍曼转移相同大小的机动。下一个远地点会回到目标前 1 100 m 的 V 轴上，且轨道会进一步朝前方环状移动。整个切向机动的靠拢和绕飞转移的持续时间是一圈半轨道运转时间，其中不包括在靠拢转移之后的一个停泊点的停留时间。与理论上的脉冲转移的 ΔV 值相比，切向机动方案 2）的 ΔV 是所选方案的 1.4 倍。

所选方案。最简便且燃耗最少的变轨方案是通过霍曼转移变轨到 500 m 以下的较低轨道，随后继续漂移（即本例所选方案）。从 S2 到 S4 变轨的持续时间大概是轨道周期（T）的 1.3 倍，也就是霍曼转移为 $0.5T$，漂移轨道为 $0.8T$。与所选方案相比，径向机动方案 2）的整个轨道安全性和逼近恢复性没有任何优势，切向机动方案 3）甚至更为恶劣。

所选方案 S2－S4 的轨道安全性。就轨道安全来说，关键的一段是霍曼转移到 500 m 以下较低的漂移轨道。从目标轨道的 S2 开始，此时 $x=-5\,000$ m，第 2 次脉冲机动要到达 S3h，此时 $x=3\,822$ m。如果第 2 次脉冲不能被加上，没有摄动时，轨道会返回到 V 轴，此时与目标的 x 距离为 $-2\,644$ m（在 AE 之外），经过第 2 圈后，x 距离变为 288 m（在 KOZ 之外）。下一次会是在目标之前以一个安全距离回到 V 轴。然而，考虑到差动阻力和推力偏差，第 2 次机动点火失效后的自由漂移轨道，在第 2 圈会变得不安全（取决于弹道系数的比率）。S2 位置向外平移不会改变这种情况，如同在第 1 次机动时部分执行情况下一样，无论如何目标有可能会在运转几圈以后被撞上。因此，在从 S2 到 S3h 的霍曼转移中，必须有避撞机动可用。S3h 以后的漂移是安全的：如果在 S4 的停止脉冲不能被加上，追踪航天器将向前运动并最终离开 AE。在不完全刹车机动的情况下，其速度比相应的环形轨道的速度要低，因而形成了环形轨道，开始向下方向运动（$+z$ 方向）。这个轨道的远地点在漂移轨道的高度上。

逼近恢复。从轨道 S3－S4 的漂移轨道位置开始的逼近恢复会使追踪器继续漂移，直到追踪航天器位于 KOZ 之外，甚至位于 AE 之外；如果由于操作问题使空间站拒绝接受进一步逼近，这样做是必要的。在 500 m 的低轨道上相对漂移速度为 0.85 m/s（大概 4 700 米/圈），这个速度仍然很低，因此有足够的时间来计划和执行恢复机动。第 1 次恢复机动是否可以在 AE 之内执行取决于 ISS 的控制决策层。恢复策略的目的是回到停泊点 S2，由于靠近空间站，恢复可能由 RGPS 导航来执行。从停泊点 S2 可以重新组织自动逼近。在使用避撞机动的情况下，如在 S2－S3 变轨出现故障时，逼近恢复与前一个案例中使用避撞机动的情况一致。

5.7.2.4　获取停靠箱

逼近到停靠箱的轨道类型是在 3.3.3 节讨论过的直线受迫运动 R 轴逼近。就像前一个案例中的最终逼近，由 ISS 所定义的 $\pm 10°$ 的狭窄逼近走廊排除了选择其他轨道的可能性。与 V 轴最终逼近相似，速度分布包括一个加速段、一个恒定速度段和一个减速段，如图 6－6 所示。运动会在标称捕获点停下来，接着采用闭环控制的位置保持模式。在那一点，机械臂的终端受动器会移动到距离目标航天器上捕获装置很近的位置（见图 5－30），一旦准备好了，追踪器的主动控制就会关闭。机械臂只有有限的时间来完成捕获（见 5.3.1 节）。在这个过程中，同样重要的是，目标站不能进行任何机动，因为这会使捕获任务变得困难。目标站的姿态运动也应该越低越好。

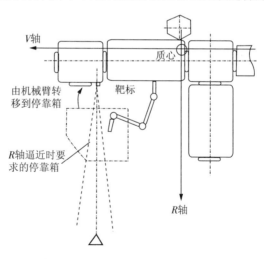

图 5－30　逼近到停靠箱（ISS 的设计）

S4－停靠箱的轨道安全性。 如图 4－14 所示的 V 轴逼近受迫运动的轨道被动安全，原理上与 R 轴逼近受迫运动相似。以 v_z 速度沿 R 轴的逼近，在点 z_0 的推进中止后所形成的轨道，等同于在同样的点 z_0 以径向速度增量 Δv_z 开始的轨道。这个条件下的轨道演变可以通过将方程（3－26）和方程（3－34）相加获得。由于轨道动力学使轨道远离逼近线，它在直线 R 轴逼近中比在 V 轴逼近中的影响力要强得多，因此有可能设计一个逼近速度分布，使轨道保持被动安全，直到到达停靠箱。这要求逼近速度相当低（见图 5－31）。假设目标航天器的附近结构延伸在 z 方向不超过 15 m，如图 5－30 所示，则在 50 m 处的逼近速度不应超过 0.1 m/s，30 m 处不应超过 0.05 m/s，20 m 处不应超过 0.02 m/s。其结果是在最后几米的逼近时间会很长。同时，如案例 1 中一样，为自由漂移运动（没有推进器运动）也制定了逼近/撤离走廊。考虑到 ISS 的形状和安全裕度以及追踪航天器的几何延伸，推进中止时的实际位置和速度决定的自由漂移轨道往往会超出这个走廊的裕度。出于这些原因，在 R 轴逼近中，对于最终逼近来说，避撞机动会是唯一的安全措施。与前面的轨道段和案例 1 不同，这里的适合避撞机动包括在 $+z$ 方向和 $-x$ 方向上都施加 ΔV，如图 4－19 和图 4－20 所示。

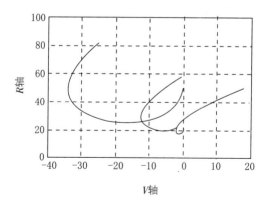

图 5－31　示例：R 轴逼近过程中推进中止后的轨迹

本示例中 R 轴逼近到停靠箱的最后一个轨道因素，是在距目标站轨道 15 m 的 z 距离处的主动位置保持。这一段的安全取决于关闭主动控制时的残余速度。

图 5-32 表示了两种情况下关闭控制后的漂移轨道：1）$-x$ 方向的剩余速度为 0.02 m/s；2）$-z$ 方向的剩余速度为 0.02 m/s。经过一段充足的时间（图中（a）为 10 min 后，（b）为 15 min 后），自由漂移轨道会转离目标。然而，就像这两个例子所表示的那样，在那段时间内，如果在 $-z$ 方向的偏离＞3 m，在 $-x$ 方向的偏离＞5 m，即使轨道不发生碰撞的话，至少也会穿越目标站结构的安全裕度边界。从这个例子可以明显地看出，若想依靠轨道被动安全性，在停靠箱内推进中止或是失控的情况下，剩余速度应该比 0.02 m/s 低得多才行。要不然，有着几米长几何延伸的追踪航天器就会有在最初的 5～10 min 之内与目标相撞的危险。由于这样低的速度需求不切实际，因此，对于在停靠箱附近控制和刺激方面出现的任何故障，将不得不采用避撞机动。

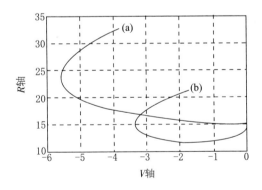

图 5-32　示例：在停靠箱保持位置的轨道安全性

正如最后逼近阶段，为逼近停靠箱而进行的避撞机动是一个在 $+z$ 和 $-x$ 方向的 ΔV 的组合。出于一些客观的原因，人们会尝试在每一个交会阶段只准备一个固定的避撞机动，这个避撞机动应该根据每个轨道段的最大需求来确定。对于 R 轴轨道，这些最大需求发生在逼近的最后时刻，即到达停靠箱的时刻。为了确保轨道在轨道运转一圈后能够在 AE 外有足够的裕度，所选的这个最后逼近阶段的避撞机动在 z 方向和 $-x$ 方向应分别施加 0.5 m/s 和 0.15 m/s 的 ΔV。形成的轨道如图 5－33 所示，开始于 $z=15$ m，轨道在 $z=30$ m 处向 $-x$ 方向移动了 4 m，在 $z=80$ m 处的 $-x$ 方向的最大偏移小于 10 m。这个位置被认为处于停靠箱附近安全的地带。再经过一圈或多圈轨道运行后，在 x 方向距离目标的距离不会小于 2 500 m，轨道远离目标。相同的避撞机动如果在轨道开始时就施加，即在 $z=-500$ m 时施加，则在一圈轨道运转后，与目标的 x 距离大于 21 km，远地点的 z 距离与避撞机动开始时的 z 距离相同。

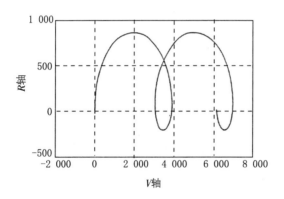

图 5－33　R 轴逼近采用 $\Delta V_z=0.5$ m/s，$\Delta V_x=-0.15$ m/s 时的避撞机动轨迹

逼近恢复。 如上可见，与直线 V 轴逼近相比，直线 R 轴逼近时执行避撞机动之后形成的漂移轨道更加变化不定。如同 V 轴避撞机动一样，恢复所要求的时间和 ΔV 更多地取决于避撞机动开始的条件。因此，恢复方案也需要考虑到节约时间和燃料的措施。

如果避撞机动是在直线逼近开始时启动的，也就是与目标轨道相距数百米的地点，这个方案要求尽快获取 V 轴，如在第 1 圈运转之后就获取 V 轴，这样就可以节约时间和燃料。由于距离较大，导航的精度会是绝对 GPS 精度。回到 S2 的恢复方案可能包括用霍曼转移到更高的轨道，此后，航天器在目标之上以安全的 z 距离漂移。再用另外一个霍曼转移获取 V 轴机动点 S2，由此可以重新启动自动逼近。

如果是在轨道的末段开始避撞机动，即靠近或位于停靠箱，这时轨道运转一次后的 x 距离仍然不是很大，远地点甚至是在 V 轴之上。这时会产生以下后果：1）在这种条件下，有更多的时间来执行修正行动；2）由于远地点无论如何都会位于 V 轴之上，从那里开始双脉冲或三脉冲转移直接到 S2 是比较方便的。

5.7.3　逼近方案：案例 3

5.7.3.1　方案概述

第 3 个案例是一个假想的营救任务方案，假设对无法正常工作的目标航天器进行援救，目标航天器的对接端口相对于 LVLH 坐标有很大的姿态角。假设目标失去了动力和控制，但已被设计成了对接任务中的目标器。由于姿态失控，假定目标航天器有一个相对于 V 轴呈 −30° 的自然平衡力矩，又由于失去电力，与追踪航天器和地面之间的通信联系完全中断。其结果是，目标站上的 GPS 无法工作，因此，RGPS 导航也是无法使用的。假设追踪航天器所用的远程和中程交会敏感器是雷达；并进一步假设无法正常工作的目标航天器具有一个光学交会敏感器的界面，也就是通常装在对接端口的反射器，而且营救航天器有一个摄像机类型的交会敏感器。

目标航天器位于一个准圆形 LEO 轨道，它的参数由地面通过光学望远镜或雷达测量，精度大约为 1 km。追踪航天器可以有一个 GPS 接收器，用于绝对导航，但在交会阶段对于与目标的相对导航没有什么作用。除了雷达和光学交会敏感器，假定营救航天器上还带有一个或多个导航/观测摄像机（如星象跟踪仪），可用在追踪航天器姿态坐标系内测量目标方向（方位角和仰角），在逼近时对目标进行视像监控。

对于远程交会，逼近方案较早地把位于椭圆调相轨道的追踪航天器的远地点导引到目标轨道的高度。这样，即使在目标之后很远的地点，也能使用追踪航天器导航摄像机测量目标的仰角。运用摄像机测量，可以更加精确地把追踪航天器轨道的远地点调整到目标轨道，接着再减少近地点距离。这一系列机动的目标是使逼近轨道在最后一个远地点上穿过位于目标后方的一个"进入门"（见 2.2.7 中的讨论）。这个"门"是一个检查点，确保在确定的范围内（追踪航天器）达到了相对于目标航天器的一组要求的轨道参数；这些参数对于开始近程交会操作是必要的。假定雷达的作用范围为 50 km，从那一点起，就可以获得到目标的距离的信息。

由于对接端口在 $+V$ 轴一侧，从进入门开始的进一步的逼近方案如下（见图 5-34）。

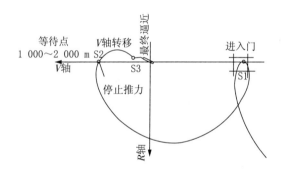

图 5-34　向偏斜角度对接端口逼近的方案

1）在目标之后大约 10 000 m 处的最后一个远地点（机动点 S1）执行 $+x$ 方向的切向脉冲机动，减少近地点的距离，使接下来的远地点（机动点 S2）位于目标之前 1 000~2 000 m 的 x 位置上。

2）运用一个刹车机动来获得目标轨道上的闭环控制停泊点 S2。在 S2 停泊点进行时间调节，以便与对接处的照明条件同步。

3）径向脉冲机动转移到与对接端口距离 100~200 m 的点 S3，在那里可以通过光学交会敏感器捕获目标反射器。

4）经 S3 短暂停留，在最终逼近之前通过导航/观测摄像机对目标对接端口进行检查。

5）与 V 轴平行的受迫运动直线逼近到敏感器界面间距离 20~30 m。

6）圆形绕飞 30°获取对接轴。

7）直线逼近，直到与相对于 V 轴倾斜 30°的对接轴接触。

5.7.3.2　获取目标轨道

如上所述，为实现目标轨道而实施的机动是依靠摄像机的帮助来确定的；假设导航摄像机测量角度的分辨率量级为＜0.05°；对追踪航天器在 LVLH 坐标系的瞬时姿态也具有同样的测量精度；则到达 S1 之前的最后一个远地点相对于目标轨道高度的不确定程度可以减小到 100 m 的水平。S1 点的"进入门"在 z 方向应有个范围，它等于雷达捕获之前的导航精度外加一个裕量。根据方程（4－16）可知，"门"在 x 方向的范围必须要大，至少是 3π 倍。考虑到设定的交会雷达的作用范围是 20～50 km，雷达捕获以后，可利用半圈轨道运转时间来准备 S1 点上在雷达导航下的机动。这样后续的 S1－S2 转移的导航精度就可达到 10 m 之内。

为了在雷达导航期间看到目标，追踪航天器的雷达测量轴必须指向目标，除非雷达本身的定向装置能独立于追踪航天器。在前一种情况下，由于轨道是弧线，追踪航天器指向目标的姿态会不断变换，相对于太阳和地球的角度也在变化。这样会影响：

1）中间修正时，把 ΔV 命令转换成单个推进器推进命令的分辨率；

2）与地面通信联系的功率预算和天线覆盖范围。

由于案例 3 的任务不是常规任务，而且 S1 的位置也没有严格的固定，S1－S2 之间的转移会与案例 1 有所不同，不是闭环控制的。通过中间修正，获取的 S2 的精度大约为几十米。但 S2 的位置在 S1－S2 的转移之后是在雷达导航下的闭环控制的，S2 的偏移在位置保持过程中可以减小到 10～20 m。由于在这个任务的背景下，没有前两个案例要求的空中交通控制区和规则需要遵守，停泊点 S2 可以更靠近目标。

S1－S2 的轨道安全性。这个阶段有着与案例 1 相同的轨道安全性考虑。但最大的不同在于，如果 S1 和 S2 的机动没有执行或只有部分执行，轨道仍然是安全的。由于在 S1 的机动是制动机动，机动不充分会出现比计划大的环形，使追踪航天器处在目标的更前方。与案例 1 形成对照的是，在 S2 机动不执行或部分执行的情况下，追踪航天器位于目标之前，并向前运动，离开目标。尽管 S1 和 S2 的机动以及它们之间的轨道是安全的，但仍然建议要有可用的避撞机动来应对其他船载系统的故障。

对于在 S1－S2 之间执行的避撞机动，如果雷达天线没有铰接，航天器需要把对接轴和雷达天线的轴指向目标，那么情况会更加复杂。在 S1 和 S2，追踪航天器的姿态处于 LVLH，其对接端口指向目标。在这样的姿态下，可以执行一个与对接轴呈相反方向的避撞机动（同案例 1）。在 S1 和 S2 之间存在一点，在该点，对接轴的指向会使对接轴相反方向的简单的避撞机动产生一组 ΔV_x 和 ΔV_z 分量，其形成的轨道会撞到目标。图 5－35 表示了一个几乎要与目标相撞的例子，基于以下的假设：

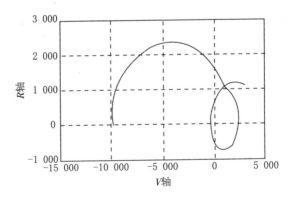

图 5－35　举例：向 S2 转移中的避撞机动，追踪航天器指向目标

- 轨道的第 1 段是从 S1＝－10 000 m 到 S2＝＋1 000 m 的标称转移。
- 经过 0.76 圈以后，姿态控制系统发生严重故障，开始执行避撞机动，在航天器对接轴的反方向施加一次 1 m/s 的速度增量。

——轨道此时的位置是 $x=690$ m，$z=1\ 094$ m。

——相对于 V 轴的指向角度为 $57.8°$。

- 以这样的指向角度，1 m/s 的避撞机动有两个分量，$\Delta V_x=0.533$ m/s，$\Delta V_z=0.846$ m/s。

这个例子说明，在转移轨道上的追踪航天器姿态发生显著变化时，没有简单而直接的办法给出对轨道所有点都有效的一系列机动。这时，要么把每一点的机动参数都存储在 GNC 系统里，要么追踪航天器在避撞机动执行前回到 LVLH 姿态。这两种可能都要求有基本的 GNC 功能，与避撞机动作为最后解决方案的概念不相符。

5.7.3.3 获取最终逼近走廊

从 S2 到 S3 的转移，基于案例 1 中相同的原因，选择径向脉冲机动，从 S2 到 S3 的轨道转移用闭环控制，以获得机动点 S3 必要的精度。雷达的导航精度随着距离的逼近而提高，如图 5－10 所示。假设雷达跟踪目标结构上特定的已知特征，因此测量的精度不会因为跟踪到目标上未知面的反射而被降低。S3 的位置精度需求来源于两个方面的因素：

- 安全。位置的不确定度不能超过到目标结构距离的 10%，这样在逼近方向，S3 位置精度的需求在 10 m 左右。
- 交会敏感器。敏感器的视场为 $\pm 15°$。对于敏感器捕获来说，包括姿态控制余量，要求横向精度 <20 m。如果雷达测量参考点与对接端口中心不同，这个未知差异还会进一步降低所允许的侧向性能指标。

假定摄像机类型的敏感器在 200 m 处的位置测量精度优于 4 m，100 m 处优于 1 m。

光学交会敏感器捕获目标以后，停泊点 S3 应该相对于目标反射器标志器进行定位控制。假设（目标的）力矩平衡态姿态角为 $30°$，对接端口与目标质心的距离为 20 m，则 S3 应在 V 轴之上－11.5 m 的 z 位置处。

S2－S3 的轨道安全性。由于位于 V 轴之上大于 11 m 处，停泊点 S3 不是被动安全的。在失控的情况下，根据方程（3－25）可知，追踪航天器会在一个周期内，向目标前进 $\Delta x = 3\pi\Delta z = 108$ m。只要追踪航天器采用 LVLH 姿态，对轨道段 S2－S3 的被动轨道安全和逼近恢复的考虑与案例 1 中的一样。

如果雷达天线没有铰接，追踪航天器指向目标，如上节所述的那样，进行避撞机动的情况会更加复杂。由于航天器姿态在 S2－S3 过程中发生变化，避撞机动时会产生在＋z 方向的推进分量，其大小取决于避撞机动在轨道的执行位置。必须在避撞机动轨道的演变中考虑 z 分量产生的影响。在本假定的场景下，追踪航天器姿态角达到 $\phi = 35.2°$，导致推进在 x 方向的分量减少 $\cos\phi = 0.817$ 倍，这仍然会产生一个大的 ΔV_x 分量。除此以外，对这个轨道来说，指向角总会产生一个在－z 方向的 ΔV_z 的分量，可以帮助逃逸。

图 5－36 给出了避撞机动开始于最大指向角度 ϕ 的示例。

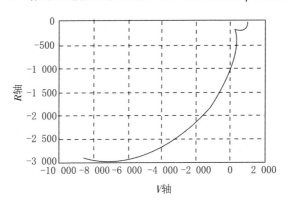

图 5－36　向 S3 转移中的避撞机动，追踪航天器指向目标

- 轨道的第 1 段（小圆弧），从 S2＝＋1 000 m 到 S3＝＋100 m 的标称转移；
- 经过 0.418 圈，启动避撞机动；
- 该点轨道位置：$x = 240.9$ m，$z = -156.6$ m；
- 该点相对于 V 轴的指向角＝33°；
- 避撞机动速度增量为 －1 m/s，分量为 $\Delta V_x = 0.838$ m/s，

$$\Delta V_z = -0.545 \text{ m/s}_{\circ}$$

对于其他点，指向角度会小一些。由于 ΔV_x 分量较大，避撞机动轨道弧度会大一些。沿着追踪航天器机体轴线的相反方向进行单次的反推，就足以作为该逼近阶段的避撞机动，甚至对一个指向目标的追踪航天器也够用了。

5.7.3.4　获取对接轴

到 S4 的最终逼近原则上与 5.7.1 节中讨论的案例 1 相同，区别只在于它发生在离 V 轴有较大 z 距离的位置。5.3.1 节中已讨论过这种情况对轨道安全产生的影响。在第 3 个案例中没有定义对逼近走廊的限制。然而，摄像机类型的交会敏感器的 FOV 本身就有一定的限制，一般为 $\pm 15°$，这给轨道的设计又增加了一个约束（见图 5-37）。

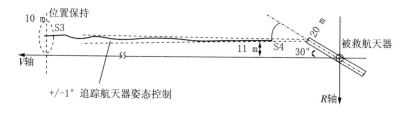

图 5-37　以大偏斜角最后逼近到对接端口

在与对接端口相距 20～30 m 的范围内，要进行闭环控制绕飞（见方程（3-77）和方程（3-79））。闭环控制绕飞可以通过保持恒定距离、将目标反射器标志器中心控制在敏感器 FOV 中心、并控制一定的姿态变化速度从而使追踪航天器对接轴向下旋转等措施来完成。姿态回转、定距离控制与把标志器控制在视场中心结合在一起，会导致向上的绕飞运动（$-z$ 方向），直到当由 RVS 测量的相对姿态为零时才停下来。然后采用 0.05 m/s 的恒速受迫运动沿对接轴方向逼近，直到接触。

S4 至接触的轨道安全性。同案例 1 一样，最终逼近段不能采用被动轨道安全特性。在这个案例中，被动轨道特征比案例 1 更为恶劣，这是因为逼近线是在 V 轴之上有 z 距离的地方。因此，在各种失控条件下，启动避撞机动是唯一的安全措施。与案例 1 相似的是，在合理的燃料消耗范围内，只要 GNC 系统仍然工作，可以在轨道上停止或是后退。最终逼近段的避撞机动仍然是在相反的方向上执行一个机动。即使是 30°的角度，推力在 x 方向的分量仍然达到了整个推力总量的 86%，在 $-x$ 方向会形成一个逃逸环形轨道。假如施加 0.5 m/s 的机动，会使轨道返回到目标后 7 000 m 处的目标轨道上。

第 6 章　航天器船载交会控制系统

本章的目的是使读者对交会对接任务中的航天器船载自动控制系统有一个简要的总体认识，包括它的典型任务、功能和体系结构；对各种功能所涉及的概念有一个基本的了解。本章并不介绍其实际设计的细节，但将对航天器状态矢量的自动控制功能、机动和控制模式的自动排序功能、故障的自动检测功能和修复功能进行论述。在 6.5 节将简要地介绍操作员和自动控制系统之间的相互作用，以及其中一些由操作员代替执行的功能。

6.1　任务和功能

在交会对接过程中，航天器船载自动控制系统必须完成以下任务：

1）机动前的准备、机动的执行及轨道和姿态的连续控制（制导、导航和控制，即 GNC）；

2）轨道段、GNC 模式或机动操作排序，以及执行这些模式的设备的时序安排（任务及航天器管理，即 MVM）；

3）对系统故障和设备故障以及重要状态矢量偏差的检测和修复（故障检测、隔离和修复，即 FDIR）；

4）与地面控制中心和目标空间站之间关于交会过程和船载控制系统状态的数据交换。

航天器船载系统还必须完成许多其他的功能，例如电源控制、热量控制和船务管理功能。然而，这些功能并不是空间交会和捕获任务所特有的，因此在这里不再论述。5.5 节已经论述了有关其他类似功能所使用的资源的限制对轨道策略和 GNC 执行情况的影响。

为了实现以上列举的所有功能，必须按照一定的层次结构对航天器船载 RVD 控制系统进行设计。其中，"故障检测、隔离和修复"（FDIR）功能处于顶层，具有最高的权限。图 6－1 表示的是自动交会任务典型的总体控制体系图。这个简化图只表示各个级别的权限，并不代表这类系统内部实际功能的相互关系。例如，在每一个级别上，包括像 GNC 软件功能以及敏感器和执行机构等硬件这些较低的层级上，都应该具有故障检测功能，详见 6.4 节的讨论。

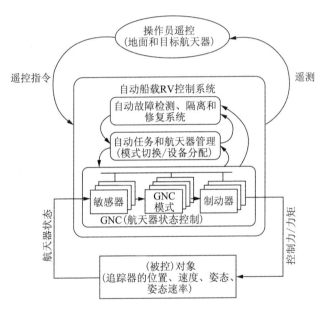

图 6－1　RVD 控制系统的体系图

由于在地球轨道中，没有必要实现交会过程的全部自主化，所以在追踪航天器之外，在 FDIR 功能之上还应有另外一个层级，即由地面和目标空间站中的操作员利用自动工具对追踪航天器进行的监控。因此在设计航天器船载系统时，它必须能够被远程操作员监控并且具备与操作员进行交互的功能（见第 9 章）。出现紧急情况时，操作员可以使用辅助工具接管以上列举的某个或多个任务。其

中一个典型的例子是操作人员对 GNC 功能的远程人工控制，6.5 节
将对此展开论述。

6.2　制导、导航和控制

　　姿态和轨道控制的控制回路包括：位置测量和姿态测量敏感器、
GNC 功能（由航天器船载计算机软件执行，即制导、导航和控制功
能），以及进行姿态和位置控制的推进器和其他制动器。图 6-2 表
示了对 6 自由度（DOF）之一进行控制的典型的控制回路方框图。
在第 4 章已经论述了对航天器状态产生影响的干扰，例如轨道干扰
和推力误差。第 7 章将对敏感器的误差和干扰进行讨论（即图 6-2
中的"测量环境及干扰"模块）。

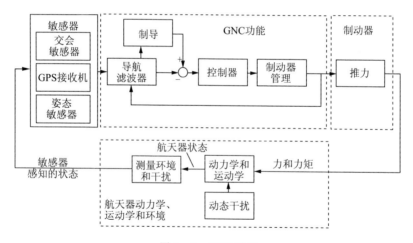

图 6-2　GNC 功能

　　对 6 自由度中每个被控制的自由度，都必须实现这样一个回路，
即 3 个负责旋转控制，3 个负责平移控制。在逼近过程中，根据与目
标航天器的距离，需要执行各种各样的平移机动和姿态机动，并对
各种类型的轨道进行控制（见第 5 章），因此要使用许多不同类型的
敏感器。这就要求每次都要对控制回路进行重新配置，相应的导航、

制导和控制功能的算法和参数也要改变。为执行特定的机动或轨道而设定的算法和参数被称为"GNC 模式"。根据 GNC 系统的主要功能，GNC 模式由一系列不同的导航、制导和控制模式组成。6.3 节将对这些模式的管理进行讨论，即如何采用适当的算法和参数。

当两个航天器之间的距离足够远时，每一个自由度的旋转和平移运动都可以由一个 SISO（单输入单输出）控制系统独立控制。对一个具有对称形状的航天器来说，例如圆柱形航天器，其各个体坐标轴可以认为是非耦合的。因此，SISO 控制设计技术也可以应用到姿态控制中。在对接过程的逼近的最后阶段，追踪航天器的对接装置必须对准目标航天器的对接口，此时所有的运动都是耦合的。这时，MIMO（多输入多输出）控制系统的优势就体现出来了。然而，MIMO 控制对于向停泊区的逼近并不是必需的，因为在这种情况下对角度对准的要求相对来说较为宽松（见 5.3 节）。

每一种导航模式的导航功能都是由卡尔曼滤波器完成的，滤波器负责处理各种姿态信息（陀螺仪，由太阳、地球和其他天体敏感器更新的数据）和各种轨道敏感器（RGPS，RVS）的信息，并利用动力学特性和实际推力指令信息来推算航天器的位置和姿态信息（见 6.2.1 节）。制导功能定义了航天器状态变化的标称值，即在每一个时间点提供对位置、速度、姿态和角速度进行控制的参考值（见 6.2.2 节）。控制功能能产生对姿态和轨道进行预期修正所需的推力或转矩，并确保航天器的稳定性。推进器管理功能将力矩或推力命令转变为各个推进器的"开/关"命令。这个功能对于那些推进器的配置相对于其质心不平衡的航天器来说十分重要。这时，每一个平移推力和旋转力矩都是由不同的推进器联合产生的，各个推进器的工作持续时间都不相同。6.2.3 节将对控制功能和推进器管理功能进行论述。

6.2.1　导航滤波器

导航功能的任务是为控制器和制导功能提供航天器当前状态的

所需信息。这一功能通常都是由数字滤波器实现的。数字滤波器负责处理从不同的敏感器、制动器或通过通信连接从外部信息源获得的与航天器状态有关的各种输入信息。这种滤波器的目的是以最小的噪声误差从与航天器状态有关的各种输入信息中得到航天器状态矢量的估计。滤波器可以用来推算状态信息，因此在输入的敏感器信息是断续的情况下仍能正常工作。如果有一个敏感器能够以足够低的噪声连续不断地提供所需的状态矢量信息，那么导航功能就可以简化为将敏感器的信息转换为制导和控制功能要求的形式即可。

6.2.1.1　卡尔曼滤波原理

　　一个从不同信息源获取信息的导航系统需要从各种各样的输入信息中计算出航天器实际状态矢量的最优估计。在系统的循环计算中，导航功能的输出是这一最优估计的推算值，此外也作为输入信息来计算下一循环的控制输出。在这一估计中使用的算法通常都与卡尔曼滤波（Kalman，1960）有关，它是"最小二乘法"意义下的最优估计，使估计误差的方差最小。许多文献都有卡尔曼滤波的严格证明，而且在一些关于动态过程的数字控制的教科书中都有滤波方程详细的说明和推导过程，像 Issermann（1981）Brown ＆ Hwang（1992）和 Franklin，Powell ＆ Workman（1998）。因为本书主要是对 GNC 系统功能的原理进行说明，所以没有必要将与卡尔曼滤波相关的细节再重复一遍；下面的简要介绍，旨在使读者熟悉卡尔曼滤波的基本原理，进而理解导航滤波器的一般原理以及故障识别的可能性（见图 6—18）。关于故障识别的问题将在 6.4 节进行详细论述。

　　这里，假设一个离散状态时间不变系统在 $k+1$ 时刻的状态为：

$$x_{k+1} = Ax_k + Bu_k + w \qquad (6-1)$$

（见附录 A 中的方程（A.16）），在 k 时刻状态矢量的测量值为：

$$y_k = Gx_k + v \qquad (6-2)$$

其中，A 是状态转移矩阵，它描述了在给定的动态过程中，由 k 时刻到 $k+1$ 时刻状态的改变；B 是输入矩阵，它描述了输入 u 和状态矢量改变之间的关系；u 是在 k 时刻和 $k+1$ 时刻之间的系统外部输入，例如航天器中的推力控制和转矩控制；w 是系统噪声；G 是测量模型矩阵（也叫输出矩阵），描述了各种测量与状态矢量之间的理论关系；v 是测量噪声。

滤波器的工作原理是在每一步都进行预测（即按时间顺序推算一步）和修正（即基于测量结果进行更新）。以下是其计算过程。在每一步的处理中，滤波器为新的时刻生成一个状态矢量预测值

$$x_{k+1}^* = \hat{A}\hat{x}_k + Bu_k \qquad (6-3)$$

和对新的测量矢量的推算（预测）值

$$y_{k+1}^* = GA\,\dot{x}_k \qquad (6-4)$$

这些值都是根据前一时刻估计的状态矢量以及 k 和 $k+1$ 之间预期的改变，即转移矩阵计算出来的。

在 $k+1$ 时刻新的状态矢量估计值是上述状态矢量预测值加上一个修正值，而这里的修正值则取决于新的测量矢量 y_{k+1} 与其估计（预测）值之差

$$\hat{x}_{k+1} = x_{k+1}^* + K_{k+1}[y_{k+1} - y_{k+1}^*] \qquad (6-5)$$

该式可用语言表述为

新的估计＝基于过去（上一步）估值的预测值＋

修正矩阵（新的测量值－基于过去估值的

测量预测值）

新的测量值与预测生成的观测值之间的差别，即 $y_{k+1} - y_{k+1}^*$，在专业书中通常被称作"修正信息"。

现在需要求出修正矩阵 K（也被称为"增益矩阵"），它提供了修正信息对新的估计值的影响的权重因数

$$K_{k+1} = P_{k+1}^* G^{\mathrm{T}}[R + GP_{k+1}^* G^{\mathrm{T}}]^{-1} \qquad (6-6)$$

其中，P_{k+1}^* 是根据前一时刻的估计值推算出的估计误差的协方差矩阵，R 是测量噪声 v 的协方差矩阵。

新时刻 $k+1$ 的状态矢量误差的协方差矩阵 P_{k+1} 可以由 P_{k+1}^* 和修正矩阵 K_{k+1} 得到

$$P_{k+1} = P_{k+1}^* [1 - K_{k+1} G] \qquad (6-7)$$

P_{k+1}是校正后的误差协方差矩阵，在当前时刻的增益矩阵的计算中并不需要 P_{k+1}，它将用于对下一时刻的预测值的计算。在$'k+1'$时刻，生成的误差协方差矩阵 P_{k+1}^* 是从前一时刻$'k'$得到的值计算出来的

$$P_{k+1}^* = AP_k A^{\mathrm{T}} + Q \qquad (6-8)$$

其中，Q 为系统噪声 w 的协方差矩阵，假定系统噪声为白噪声。由方程（6-5）和方程（6-7）计算得出的 x_{k+1} 和 P_{k+1} 在下一时刻的计算中，将会变成方程（6-3）和方程（6-8）中的 x_k 和 P_k。

图6-3表示了卡尔曼滤波的运算原理，它示意性地表示了在一个循环内的数据流程以及所进行的主要计算。从状态估计和误差协方差矩阵的输出端到生成模块之间返回数据流的中断符号表明，这些输出值将被作为下一个循环的输入值。"测量矢量的预处理"模块表明，必须首先把从各种各样的敏感器获得的各个测量值，转变成适合后续计算进一步使用的形式。

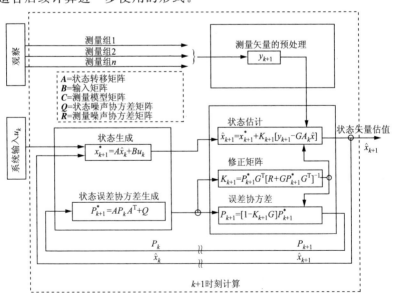

图6-3　卡尔曼滤波器的结构图

在实际应用中卡尔曼方法也存在一些缺陷。从理论上讲，它只对误差具有零均值高斯随机过程特性的预测和测量有效。因此其他类型的误差分布（如预测值中的重心误差和修正信息中的测量偏差），就不得用零均值的高斯随机过程来近似。

当状态矢量的维数较大时，卡尔曼增益的计算（见方程（6－6））以及相关联的协方差矩阵的生成（见方程（6－3）和方程（6－8））将会给计算机造成很大的计算负担。这对目前太空应用中计算机硬件的有限能力来说是一个不容忽视的问题，但是未来，随着航天任务中功能强大的计算机的应用，这也许就不再是一个问题了。可以通过以下方法来避免这些限制：

- 在简单的 SISO 中，可以通过极点配置来确定矩阵 K 的参数，从组合生成和更新的方程中，选择有限个可接受的"物理"系数，如带宽和阻尼比；
- 当 k 趋近于 $+\infty$ 时，通过求解卡尔曼方程可得到渐近增益。

这些方法对于时间不变系统是十分有效的，即那些测量矩阵和转移矩阵不随时间发生明显变化的系统。以上这些方法可以应用在按照顺序设置工作点的系统中，这样就可以事先设定好增益，以便随着任务的推进而逐步采用。这一特性叫做"增益规划"。例如，基于交会敏感器的导航估计中使用的一系列连续增益矩阵，其敏感器的精确度随着与目标距离的减小而不断地提高。

6.2.1.2　状态矢量中的旋转运动分量和平移运动分量

在交会阶段，相对导航启动后，其状态矢量 x 由以下 4 个变量构成：目标本体轨道坐标系 F_{lo} 中的瞬时位置 p 和速度矢量 v，以及 F_a 坐标系中的姿态角 α 和航天器姿态坐标体系 F_a（体坐标系）与参考坐标系（即追踪航天器的本体轨道坐标系 F_{lo}）之间的角速度 $\omega = \dot{\alpha}$ 组成（注意：角速度矢量不应与轨道速率 ω_0 相混淆）

$$x = [p, v, \alpha, \dot{\alpha}]^{\mathrm{T}} \qquad (6-9)$$

$$p = \begin{bmatrix} x \\ y \\ x \end{bmatrix} \quad v = \begin{bmatrix} \dot{x} \\ \dot{y} \\ \dot{z} \end{bmatrix} \quad \alpha = \begin{bmatrix} \alpha_x \\ \alpha_y \\ \alpha_z \end{bmatrix} \quad \omega = \begin{bmatrix} \omega_x \\ \omega_y \\ \omega_z \end{bmatrix} \qquad (6-10)$$

在对接过程的逼近的最后阶段，导航必须在追踪航天器的对接坐标系中进行，这就需要知道两个航天器之间的相对姿态，作为状态矢量的附加部分。其相对姿态矢量为 $\boldsymbol{\delta}=\boldsymbol{\alpha}_{\text{chaser}}-\boldsymbol{\alpha}_{\text{target}}$，$\boldsymbol{\delta}$ 在追踪航天器 F_a 坐标系中的表达式为

$$\boldsymbol{\delta} = \begin{bmatrix} \delta_x \\ \delta_y \\ \delta_z \end{bmatrix} \tag{6-11}$$

在相对导航阶段，方程（6-3）、方程（6-4）和方程（6-8）中的平移运动分量的状态过渡矩阵 $\boldsymbol{A}_{\text{trans}}$ 和输入矩阵 $\boldsymbol{B}_{\text{trans}}$，可以由 CW 方程（3-22）推导得出。对于旋转运动分量，其状态转移矩阵 $\boldsymbol{A}_{\text{rot}}$ 可由角动量定理推导得出。运动方程的推导见附录 A。

6.2.1.3 交会任务中的导航滤波器问题

对滤波器进行初始化后，预测反馈系统和修正反馈系统需要一定时间才能达到稳定状态。对于航天器的导航滤波器，取决于过程的动力学特性，噪声的变化和滤波器参数的设定，该时间可能会高达几分钟。在规划机动安排时，必须将滤波器的收敛时间考虑在内，因为引入一个新的敏感器时，只有在导航滤波器收敛后，用于机动推进计算的导航性能才能正常使用。

滤波器的收敛需要其误差的协方差矩阵 $\boldsymbol{P}_k$ 达到稳定，即对状态矢量的修正达到稳定状态。在以下两种情况下，滤波器会出现发散现象，即估算的状态矢量与测量值之间的差随着循环不断增大：

- 测量数据不一致、测量模型矩阵 $\boldsymbol{G}$ 和/或输入矩阵 $\boldsymbol{B}$ 没有正确反映实际的联系；
- 对与测量噪声相关的状态噪声未能正确地建模。

可以通过任务前的分析和检测来校验输入矩阵和测量模型矩阵是否符合实际情况；敏感器故障和测量环境中的干扰（事先很难确定）都会导致测量数据的不一致。测量噪声的突变也会影响状态噪声协方差矩阵和测量噪声协方差矩阵之间的平衡。

必须根据交会逼近各个阶段不同 GNC 模式所需的状态矢量信息

的类型，以及所使用的敏感器类型或所使用的其他的信息源，来设
计不同的导航滤波器。

- 用来估算绝对姿态的滤波器，为其他滤波器提供姿态信息，
  并在无法获取位置信息的紧急情况下作为导航滤波器使用。
- 用来估算绝对位置的滤波器如利用绝对 GPS 信息，在调相阶
  段和应急情况下需要用到，并且为相对导航滤波器提供观测
  输入。
- 在交会阶段，用于追踪航天器和目标航天器之间相对导航的
  滤波器。由于所使用的各种敏感器的测量原理、动态特性、
  噪声以及误差特性都不相同，所以需要根据不同的敏感器设
  计不同的滤波器。例如：
  ——相对敏感器；
  ——射频敏感器，例如雷达；
  ——激光扫描测距仪；
  ——成像敏感器。
- 在各个逼近/分离阶段，当同一类型的敏感器需要探测不同类
  型的信息时，也需要设计不同的滤波器。例如，在逼近的最
  后阶段，交会敏感器也必须能提供相对姿态信息。

为绝对姿态 α 和角速度 $\dot{\alpha}$ 提供输入的主要传感器是陀螺仪。然
而，由于陀螺仪的输出经过一段时间后会产生漂移，所以必须使用
外部接收敏感器，例如地球、太阳或恒星敏感器，以固定的时间间
隔对陀螺仪进行更新。其更新的时间间隔以及更新模式的转换是由
任务管理功能控制的（见 6.3 节）。对接前最后逼近阶段所需的相对
姿态信息，通常是由光学交会敏感器提供的。第 7 章将对在不同交
会阶段中，为轨道控制提供所需测量值（例如，x，y，z 位置的测
量，以及最终逼近中的距离 r，方位角 ψ，θ 和相对姿态矢量 δ 的测
量）的各种类型的交会敏感器进行更加详细的讨论（见图 7-28，图
7-29 和图 7-31）。

因为导航滤波器可以对不同的输入和输出进行并行处理，所以

如上所述，测量矢量模块的输入可以直接从轨道敏感器和姿态敏感器获取，也可以从另一个导航滤波器获取。由推进器管理功能产生的推进命令信息可以作为输入用于状态矢量的递推。由于推进命令信息与航天器的几何坐标系（F_{ge}，见 3.1.5 节）有关，所以绝对姿态信息也必须提供给生成模块，从而能够导出本体轨道坐标系 F_{lo} 中的平移运动。

6.2.2　制导功能

制导功能的任务是及时提供状态矢量在每一点的设定值，然后再与导航功能提供的估计值进行比较，使控制功能可以根据比较的结果设置控制命令。根据将要实施的机动和轨道的类型，制导功能必须能够：

- 预先计算出推进机动的执行时刻和持续时间；
- 为闭环控制轨道和保持点生成各个坐标轴上的位置和速度分布，$p(t)$ 和 $v(t)$；
- 为指向地球、太阳或目标航天器的航天器生成姿态分布 $\alpha(t)$，并为闭环控制回转机动（大幅度姿态角度旋转）生成角速度分布 $\dot{\alpha}(t)$；
- 根据任务中推进剂的消耗导出在航天器体坐标系中质心的瞬时位置。

上述最后一个任务本来可以被归到另一个功能中，因为它既不是一个典型的导航任务，也不是一个典型的控制任务，因此被归到制导任务中了。在整个任务中，航天器在体参考坐标系（F_{ge}）中瞬时质心位置的生成是一个不断更新的过程，其瞬时质心的位置不依赖于执行的机动的类型或所要达到的状态，而取决于消耗的推进剂的数量和推进剂箱所处的位置。其更新后的结果将在导航功能（例如，导航滤波器的输入矩阵）、控制功能（例如，推进器管理功能）以及制导功能（例如，从敏感器或对接坐标系向标称姿态坐标系的坐标变换）中使用。

前 3 个任务是标准的制导任务，确定了航天器在各个阶段应达到的状态。根据交会和分离阶段选择的策略（见 5.7 节），必须执行以下某些模式。典型的标称逼近和分离模式为：

- 在切向和径向上的双脉冲转移；
- 在 V 轴和 R 轴上的位置保持；
- 向 R 轴逼近线或向任意的 x，y，z 位置的绕飞；
- 在 V 轴和 R 轴方向上的直线逼近；
- 向任意指向对接轴的直线逼近；
- 有姿态控制和没有姿态控制的自由漂移（没有位置控制）；
- 向任意姿态的旋转。

典型的应急模式为：

- 制动并保持在 V 轴上；
- 制动并沿着对接轴（V 轴和 R 轴）直线后退；
- 径向双脉冲转移并获得保持点；
- 切向双脉冲转移并获得保持点；
- 向指向太阳姿态的旋转机动。

关于平移运动的制导规则可以从第 3 章各种有关脉冲机动和连续推力轨道的轨道方程中得到。在标称轨道机动的计算中必须将各种干扰考虑在内，尤其是追踪航天器和目标航天器之间的差动阻力。对于开环机动来说，任何情况下都必须考虑各种干扰的影响；对于闭环控制轨道来说，只要在标称轨道的计算中没有将它们计算在内，阻力和其他各种干扰就可以不断地通过控制力抵消。对于旋转运动来说，制导律规定了相对于地球、太阳或目标航天器的姿态角随时间的分布，以及在旋转机动中角速度随时间的分布。

虽然可以在任务前对制导律进行验证，并存储在船载数据管理系统中，但是在许多情况下，必须在机动前迅速从航天器的实际状态和预期达到的状态中计算出它的制导参数。对所要施加的 ΔV 以及它们将要执行的时间这两个制导参数来说更是如此。例如双脉冲转移可以按以下规则执行：

- 开环机动，这时制导功能必须计算出每一步脉冲的初始时间和持续时间。
- 具有中间修正的机动（见图 6−4），这时制导功能必须根据标称轨道机动与导航功能确定的实际值之间的差别，为预先确定的时间点计算出所需的修正脉冲机动。

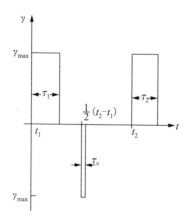

图 6−4　具有中间修正的双推进转移机动

- 闭环控制轨道，这时制导功能应在脉冲之间的每个执行周期向控制功能提供状态矢量的实际标称值（见 4.4.1 节的图 4−8 和图 4−9）。

在制定制导律时，必须考虑到推进系统不可能实现准确无误的脉冲，也不能产生连续的加速度。推进器操作通常都是由一系列有限时间的脉冲组成的。正如 3.3.3 节所举的两个例子所示，对于一个双脉冲转移来说，必须计算出每一个脉冲 τ 的推力持续时间 t_2 和第 2 个脉冲的初始时间。对于恒定推力的机动来说，像 V 轴和 R 轴上的直线逼近，它所要求的推力量级必须通过对脉冲进行宽度调制才能实现。相应地，在制定制导律时还必须考虑到加速度的最小量级或阈值加速度的量级，因为如图 6−4 和图 6−5 所示，其最小的脉冲持续时间 τ 是由推进器的特性（最小脉冲比特，MIB）和推力效率因素决定的（同样见图 6−14）。由推力持续时间 τ_{min} 和计算周

期 T 可以得到其最小量度，即最小平均推力水平为

$$\gamma_{\min} = \frac{\tau_{\min}}{T}\gamma_{\max}$$

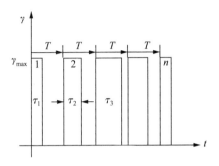

图 6－5 脉冲宽度调制

很显然，当脉冲持续时间 τ 等于计算周期时间 T 时，平均推力达到最大。在这种情况下，当周期结束时推进器就不用关闭了。如果需要较大的加速度，让这种情况多持续几个周期即可。对于不需要这么大的加速度的模式，这种连续的"推进开"情形可以作为一项故障判据（见 6.4 节）。任何情况下设计制导律时，都必须保证要求的加速度不能超过其可能的最大推力水平。

对于受迫的直线逼近运动和类似的轨道环境来说，为了达到预期的逼近速度，必须在运动开始时刻实现一定的加速度分布（见图 6－6）。相应地，在其运动结束时，为了以预期的速度到达预期的位置，也必须实施一个减速。在运动开始时刻，一个恒定的加速度能够使航天器在最短的时间内达到所期望的速度，达到预期的速度后，在该方向上的推力就可以停止作用了。减速阶段并不需要恒定的推力，因为这个阶段要求航天器以预期的速度到达预期的位置，但推力量级的误差将会以时间的平方引起其最终位置的误差。因此，必须采用其他的制导律，例如指数减速律。

指数制动律是为了在失去动力时（见图 4－14）满足被动安全的标准，它的特征是位置和速度随时间按指数规律变化

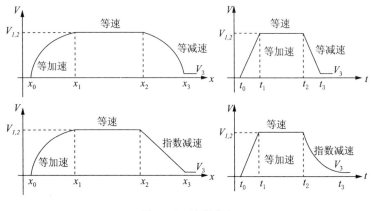

图 6-6　速度分布

$$x(t) = X_0 \cdot e^{-\frac{t-t_0}{\lambda}}$$

$$\dot{x}(t) = \dot{X}_0 \cdot e^{-\frac{t-t_0}{\lambda}}$$

其在逼近阶段产生一个线性分布

$$\dot{x}(t) = \dot{X}_0 - \lambda[x(t) - X_0]$$

其中，λ 是一个比例因数，取决于目标器所要求的安全区域。

　　其他的方案，例如比例制动，也可以考虑，它根据所用的时间按比例地减小所实施的减速运动，从而平稳地在预期位置达到预期的速度。但是这种方案需要的制动时间比较长。

　　最后，还要提一下制导功能另一个可能的任务，这个任务已经在 4.4.1 节论述过了，即在闭环控制轨道中，对每一时间点状态矢量的各个分量的安全边界的计算。这一信息将提供给 FDI 功能（见6.4 节和图 6-20），以确保在系统设计中包含了对该状态矢量"走廊"的检测。状态矢量安全边界的计算必须与标称轨道结合起来。

6.2.3　控制功能

　　控制功能的任务是提供推力和转矩命令，由航天器的反作用控制系统来执行这些命令，从而修正实际状态矢量与标称状态矢量之

间的偏差。制导功能提供了航天器的标称状态或参考状态（见 6.2.2
节），导航功能估算了航天器的实际状态（见 6.2.1 节），控制功能
根据这两种状态之间的差别产生动作命令，从而补偿由干扰和误差
引起的影响。这一控制回路的性能取决于其各元素的动态特性和误
差，以及它们所受到的干扰的影响。图 6－8 表示了控制系统所受的
各种干扰以及它们之间的相互作用点。

　　为了便于对控制功能进行讨论，将图 6－2 中的功能模块转变成
图 6－7 所示的参考原理框图。用虚线框将整个框图划分为不同的功
能组，并在本节中将它们作为独立的数学模型（传递函数）分别进
行讨论。

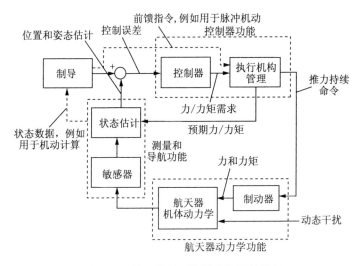

图 6－7　航天器闭环控制系统原理框图

　　图 6－7 中的对象（plant）就是那个描述航天器 6 个自由度运动
动力学的模块，即平移运动动力学（位置动力学）和转动运动动力
学（姿态动力学）。平动和旋动之间的耦合是由轨道旋转（较小）和
平移分量 $r \cdot \sin\alpha$ 引起的，平移分量 $r \cdot \sin\alpha$ 是由距离旋转中心 r 处
的旋转角 α 产生的。当在原点不位于航天器质心的参考坐标系中对
航天器进行控制时，该平移分量就发挥作用。这时，追踪航天器在

与目标航天器接触之前就应该在横向方向和旋转方向上完成与目标航天器对接轴的校准。在所有其他情况下，平移运动和旋转运动的耦合影响很小，通常都可以忽略。如上所述，轨道中质心运动的位置动力学可以用希尔方程描述（方程（3－21）），而姿态动力学可以用欧拉力矩方程描述（见附录 A）。

　　测量和导航功能包括各种敏感器以及状态估计，即 6.2.1 节中所论述的导航滤波器。正如上文所述，通常使用惯性敏感器，即各种类型的陀螺仪，来测量航天器的旋转运动。第 7 章将论述在平移运动或位置测量中所使用的敏感器的测量原理。由于所有的敏感器都不是理想的（偏差、噪声、测量环境的干扰和带宽），所以测量误差会进入回路，并对整个系统的特性产生影响。

　　控制器功能的目的是对控制回路进行分析，它包括合适的控制器和制动器管理功能。其中制动器管理功能将推力/转矩命令变成各个推进器的"开/关"命令。由于旋转运动和平移运动之间的耦合很小，除了对接前的几米距离外，对于大多数的逼近阶段来说，可以将位置回路和姿态回路分开。对于制动器管理功能来说，只有在提供的推进系统允许对位置和姿态进行单独控制时，才能将它们分开处理。

　　执行机构（又称伺服系统，或制动器系统）由推力器组成在航天器中通常还由旋转伺服装置（飞轮）和磁扭器作为辅助，以减小燃料消耗。对于执行交会任务的追踪航天器来说，通常并不使用旋转伺服装置，因为：1）对于这种短途任务来说，由于增加了新的硬件而产生的额外质量和复杂性，将大于由飞轮所节省的燃料的质量；2）由于角动量的存在将使航天器在接触前最后阶段的动力学情况更加复杂。考虑到产生的推力和转矩，在控制回路分析中，伺服系统属于"航天器动力学"模块。

　　在交会的最终阶段，必须对航天器运动的 6 自由度同时进行控制。为了实现这一要求，可以使用一系列在 3 个方向上都能产生分量的推进器，为每一个操作周期提供其所需的推力/转矩矢量。由于推进器操作上的限制，所产生的推力和转矩可能并不是理想的，会对位置和姿态动力学产生输入干扰（见方程（6−30））。

6.2.3.1　控制回路的分析关系

为了便于分析，闭环系统通常可以由其工作点附近的线性近似方程来描述，而实际上在其整个范围内可能是非线性的。这样就可以使用一系列的一阶微分方程来模拟系统，并可以运用拉普拉斯变换，将微分方程变换成易于求解的代数方程。从控制器设计和分析的角度出发，将图 6−7 所示的原理框图转换成图 6−8，作为本节对控制分析进行简要说明的参考图。控制回路的特性由其各个环节的传递函数决定：

$K(s)=$控制器的传递函数；

$G(s)=$对象的传递函数（航天器动力学）；

$M(s)=$测量功能的传递函数（图 6−7 中的测量和导航功能）。

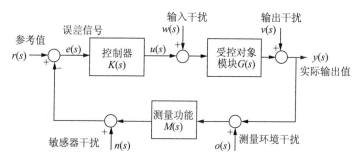

图 6−8　参考控制回路

在参考控制回路图中，制导功能被简化为参考输入 $r(s)$，伺服系统被合并到了设备传递函数 $G(s)$ 中，导航功能和敏感器动力学被合并到了传递函数 $M(s)$ 中。在这些函数中，s 是拉普拉斯域中的变量，从时域函数 $f(t)$ 到拉普拉斯函数的变换为

$$L[f(t)] \equiv F(s)$$

它具有以下特性

$$L[\dot{f}(t)] = sF(s) - f(0)$$

在没有干扰的情况下，系统输出和参考输入之比就是闭环系统的传递函数

$$\frac{y(s)}{r(s)} = T(s) = \frac{K(s)G(s)}{1 + K(s)G(s)M(s)} \qquad (6-12)$$

图 6－8 中的输入、输出和干扰如下：

$r(s)$——参考信号（制导值）；

$e(s)$——误差信号（参考值与测量值之差）；

$u(s)$——控制输出；

$w(s)$——输入干扰（来自受控对象外部的干扰）；

$v(s)$——输出干扰（来自受控对象内部的干扰）；

$o(s)$——测量环境的干扰；

$n(s)$——敏感器干扰（偏差、噪声等）；

$y(s)$——受控对象的输出。

根据误差和干扰的特征，为了便于分析，可以将其中的某些量合并起来，例如，通常将测量环境干扰 $o(s)$ 和敏感器自身干扰 $n(s)$ 合并为 $n(s)$。

控制的性能由系统的稳态误差、瞬态响应特性和抗噪声能力决定。系统的稳态误差是指参考值与瞬态响应结束后的输出状态之间的差。瞬态响应描述了系统达到稳定状态所需要的时间以及在这段时间内的输出特性。抗噪能力包括系统的自然频率和阻尼特征。这些特性都依赖于图 6－8 所示的各元素的传递函数。

瞬态响应将依赖于输入信号的频率。当输入信号的频率低于或高于回路的自然频率时，会产生不同的响应。当输入信号的频率远低于自然频率时，其响应和输入信号幅度之比将等于 1（或等于回路的增益值）；当输入信号的频率远高于自然频率时，其响应和输入信号幅度之比将趋于零。因此，若希望一个系统的输出能够跟踪其正弦输入，则必须对其输入的频率进行限制。通常，将输出信号的幅值比下降3 dB时的频率，即输出的幅度为输入幅度的 0.707 倍时的频率称为带宽 ω_b，如图 6－9 所示。

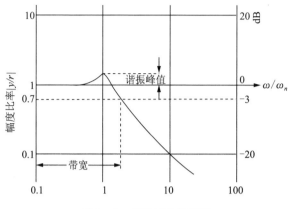

图 6-9　控制回路的带宽

　　下面，将通过一个简单的二阶系统对控制回路的几个基本特性
（质量/惯性—控制刚性—控制阻尼）进行简要的说明，为交会过程
控制功能的性能讨论提供一个参考。毫无疑问，实际应用中的系统
要比这个系统复杂得多。通过一个单位反馈系统（见图 6-10）来说
明谐振频率、阻尼因数和稳态误差之间的关系，在这个系统中，其
系统输出全部作为反馈。大多数情况下，可以通过对框图中传递函
数的变换，将一个给定的控制回路简化为一个单位反馈系统，因此
其讨论的结果具有广泛的适用性。

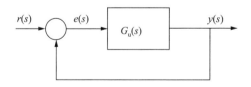

图 6-10　单位反馈系统

　　将控制器和设备的传递函数合并为一个传递函数，即开环传递
函数 $G_u(s)$，由方程（6-12）可得单位反馈系统的闭环传递函数为

$$T(s) = \frac{G_u(s)}{1 + G_u(s)} \qquad (6-13)$$

　　二阶系统的运动方程可以写成如下形式 $A\ddot{x}+B\dot{x}+Cx=0$，其中，x 是平移运动或旋转运动的运动变量，A 在平移运动中为质量 m，在旋转运动中为惯性 I，B 是一个与速率相关的系数；C 为一个固定增益，代表了系统的"弹性刚度"。相应的一个二阶系统的闭环传递函数为

$$T(s) = \frac{C}{As^2 + Bs + C} \qquad (6-14)$$

该回路的自然频率为

$$\omega_n = \sqrt{\frac{C}{A}} \qquad (6-15)$$

　　在所参考的简单的二阶反馈系统中，ω_b 的值与系统的自然频率 ω_n 非常相近（见图 6-9），因此在计算中通常认为其带宽就是其共振频率。

其阻尼比为

$$d = \frac{B}{2\sqrt{CA}} \qquad (6-16)$$

图 6-9 所示的幅度比的谐振峰值（量值）由阻尼比 d 决定。

　　通过方程（6-15）和方程（6-16），可以将闭环传递函数（方程（6-14））改写成能够反映系统动态特性的形式

$$T(s) = \frac{\omega_n^2}{s^2 + 2d\omega_n s + \omega_n^2} \qquad (6-17)$$

从方程（6-17）分母（特征方程）的根中可以得到系统的瞬态响应。当 $d=1$ 时，该系统为临界阻尼；当 $d=0$ 时，该系统为无阻尼。

　　由于幅度响应和相位响应都随着信号频率的改变而改变，所以反馈系统会变得不稳定。图 6-11 表示了一个二阶系统由其控制回路的动态特性而造成的输出信号的相位变化。在实际应用中，当频率比≫1 时，其相位变化接近于 -180°，当反馈信号的振幅足够大时，其振荡实际上是发散的，而不是衰减的。保证系统的稳定性是控制分析的主要目标之一，许多著作对相应的方法都有详细的论述，例如 Anand（1984），Franklin et al.（1994）和 D'Azzo（1995）等。

由于本节的目的是为了说明控制回路的特性对轨道控制和姿态控制性能的影响和限制，因此不需要对这些方法进行详细的论述。在此假定，航天器上的控制系统的稳定性在设计和开发过程中都是有保证的。至于控制回路的性能，应该牢记，对稳定性的要求会对可达到的带宽和稳态误差的值产生一定的限制。

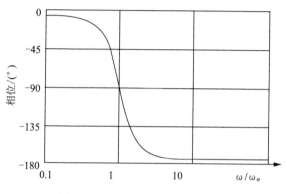

图 6-11　相位变化与频率的关系

稳态误差是系统的参考输入信号和稳定后的系统输出之间的差别

$e_{ss}(t) = r(t) - y(t)$，当 $t \to \infty$　即 $s \to 0$ 时，

$$e_{ss}(t) = \lim_{s \to 0} s \left[\frac{r(s)}{1 + G_u(s)} \right] \qquad (6-18)$$

对于在时刻 $t = 0$ 时位置函数的阶跃变化，例如，参考信号在 $t > 0$时，$r(t) = A$。阶跃输入的拉氏变换为 $r(s) = A/s$，在其作用下，前述单位反馈系统的位置稳态误差为

$$e_{ss}(t) = \lim_{s \to 0} \left[\frac{A}{1 + G_u(s)} \right] \qquad (6-19)$$

$\lim\limits_{s \to 0} G_u(s)$ 为开环传递函数的零频增益。

速度的阶跃输入是斜坡函数 $r(t) = At$，其拉氏变换为 $r(s) = A/s^2$，加速度的输入是抛物线函数 $r(t) = At^2$，其拉氏变换为$r(s) = A/s^3$，据此可以推导出其相应的稳态误差。

系统的稳态误差与系统的零频开环增益成反比，即开环增益越大，稳态误差 e_{ss} 越小。也可以通过一个具有积分特性的反馈回路（积分反馈）来减小稳态误差，但这样做会增大系统的暂态响应误差。

为了方便对控制回路的特性的讨论，在此引进一个附加函数，即灵敏度函数 $S(s)$，它为闭环传递函数与开环传递函数之比。对于图 6-10 中的单位反馈系统来说，其灵敏度函数为

$$S(s) = \frac{1}{1 + G_u(s)} \qquad (6-20)$$

闭环传递函数和灵敏度函数之和具有下列关系

$$T(s) + S(s) = 1 \qquad (6-21)$$

灵敏度函数表明了闭环回路控制的优点：由于开环回路增益 $K(s)G(s)$ 的变化（例如，输入的干扰）而引起的被控参数的误差在闭环回路控制中要比在开环回路控制中的小，缩小的因子正好等于"灵敏度函数"的数值。

6.2.3.2　控制器设计的总体目标

为了简化对参考控制回路特性的讨论，可以将图 6-8 所示的参考方框图转换成一个单位反馈系统，其前提条件是测量系统 $M(s)$ 的带宽要远远高于闭环控制回路的带宽，这是设计控制回路的必要条件。如果满足这一条件，就可以把传递函数 $M(s)$ 当成控制器传递函数 $K(s)$ 或被控对象传递函数 $G(s)$ 中的一个简单的增益，那么闭环回路传递函数（方程（6-12））变成

$$T(s) = \frac{K(s)G(s)}{1 + K(s)G(s)} \qquad (6-22)$$

则灵敏度函数变成

$$S(s) = \frac{1}{1 + K(s)G(s)} \qquad (6-23)$$

在这些假设条件下，就可以对图 6-8 中各种输入或干扰对系统的影响进行评估了。系统输出是由以下 4 个输入信号产生的：参考信号 r、输入干扰 w、输出干扰 v 和敏感器干扰 n（其中测量环境的

干扰 $o(s)$ 包含在敏感器误差 $n(s)$ 中）。由图 6-8 我们可以直接得到系统的输出为

$$y(s) = T(s)r(s) + G(s) \frac{1}{1 + K(s)G(s)}w(s) +$$
$$\frac{1}{1 + K(s)G(s)}v(s) - T(s)n(s)$$

根据灵敏度函数 $S(s)$ 的定义（方程 (6-23)），可将上面的函数写为

$$y(s) = T(s)[r(s) - n(s)] + S(s)[G(s)w(s) + v(s)] \qquad (6-24)$$

控制器的输出为

$$u(s) = \frac{K(s) \cdot [r(s) - n(s) - v(s) - G(s)w(s)]}{1 + K(s)G(s)}$$

将其化简为

$$u(s) = \frac{T(s)}{G(s)}[r(s) - n(s) - v(s) - G(s)w(s)] \qquad (6-25)$$

由方程 (6-24) 和方程 (6-25)，可以得出有关控制回路的以下一些结论：

- 同参考信号一样，敏感器干扰也按闭环回路增益放大了 $T(s)$ 倍，即反馈并不能减弱敏感器的误差/干扰信号。

- 在灵敏度函数 $S(s)$ 作用下，输入和输出干扰被减弱了。因此在跟踪和抗干扰系统中，要求系统的灵敏度函数在干扰信号的频域范围，即在中低频范围内，要尽可能的小。

- 为了减少推进剂消耗，要求控制输出 $u(s)$ 的能量值尽可能地小，这就要求闭环传递函数 $T(s)$ 尽可能地小，至少对象的传递函数 $G(s)$ 要尽可能地小。

- 如果灵敏度函数变小的话，即 $S(s) \ll 1$，则设备干扰 $w(s)$ 和 $v(s)$ 就会大幅衰减，即系统具有较强的抗干扰能力。这时由方程 (6-21) 可知，$T(s)$ 变得很大，因此控制回路对测量噪声 $n(s)$ 更加敏感（参见 6.2.1 节，导航滤波器的一个主要作用就是减小敏感器噪声）。

- 应该注意到，系统的参考输入和系统干扰通常都在低频范围内，而测量噪声在高频范围内。因此，总体设计方针是，在高频范围内实现一个较小的 $T(s)$，并在低频范围内实现一个较小的 $S(s)$。因此，开环回路传递函数 $K(s)G(s)$ 的值对低频来说应该较大，而对高频来说应该较小。

若事先定义（设定）闭环传递函数 $T(s)$ 可能会导致控制器 $K(s)$ 无法设计。因此，通常根据开环传递函数 $K(s)G(s)$ 来设计控制器，并要求其具有如下特性。

- 要求其位置、速度和姿态角的稳态误差不能超出特定的范围。因此，若要求这些参数具有较低的稳态误差，则系统必须在低频范围内具有较高的增益。
- 考虑到响应时间，必须选择带宽，使能够对制导分布和敏感功能输出的频率分布进行跟踪，并且能够以满意的阻尼比进行抗干扰。
- 应该具有保持回路稳定所要求的增益和相位裕度。

总之，在设计控制器时，应使其在跟踪输入参考信号 $r(s)$ 时达到良好的性能，并对测量噪声 $n(s)$ 和设备干扰 $v(s)$ 和 $w(s)$ 具有良好的抑制能力。此外，控制器还要对受控对象参数的不确定性（如质量和转动惯量）具有充分的鲁棒性，同时还要保持控制信号 $u(s)$ 尽可能地小，以减小推进剂的消耗。

6.2.3.3　受控对象和各种干扰的建模

在控制回路设计中，受控对象的描述需要包括动力学模型和运动学模型（见图 10—10）；其中动力学模型是根据运动方程导出的，运动学模型是根据航天器设计导出的。由于输入干扰 $w(s)$，如空气阻力、重力梯度、J_2 和晃动影响等，都与航天器的动态特性和运动特性直接相关，因此在对 $w(s)$ 建模时，需要将航天器的动力学模型和运动学模型作为输入。这些模型在控制回路的设计分析中将要用到，但对控制器的设计未必有直接影响。由于这些干扰是可预测的，因此可以在制导功能中对其进行补偿。在 10.4.1 节关于航天器船载系统的验证问题中，将再次对动力学建模和干扰建模进行论述。有关交会轨道中的主要干扰源在 4.2 节已经进行了讨论。

正如已经论述过的那样，可以用 Hill 方程（方程（3−21））来描述一个航天器相对于另一个航天器的相对平移运动动力学。对于轨道运动，已经在 3.3 节说明了共面运动（x，z）和非共面运动（y）是非耦合的。非共面运动是一个在轨道频率下的非衰减振荡过程。共面运动的耦合项即是 CW（方程（3−22））的算式中的柯氏力（Coriolis）和引力见（见附录 A）。对于一个闭环回路控制器的设计来说，这些耦合项可理解为低频干扰，因而不必出现在模型设计中。因此，在进行位置控制器设计时，可以在每一个轴上使用相互独立的二重积分器模型。对于一个指向地球的、三轴稳定的卫星的旋转运动来说，可以将欧拉的力矩方程线性化（Kaplan 1976，见附录 A），这样对旋转运动来说，在控制器的设计中基本上也可使用一个二重积分器动力学模型。

因此，当阻尼比 d 和闭环回路带宽 ω_b 确定时，就可以直接定义一个简单的 PD 控制器

$$K(s) = K_P + K_D \cdot s$$

对平移运动来说（位置控制），$K_P = m \cdot \omega_b^2$；对于旋转运动来说（姿态控制），$K_P = I \cdot \omega_b^2$；阻尼项 $K_D = 2d \sqrt{K_P}$（见方程（6−14）～方程（6−17））。如果要进行更加详细的分析，例如稳定性分析，则被忽略的耦合项就必须考虑在内了。

在最终逼近之前的阶段（见图 2−1），位置控制和姿态控制都与航天器的质心相关。这时运动学模型只需要描述相对航天器质心的方向和位置。在 6.2.2 节中，已经把质心实际位置的计算归到制导功能的任务当中了。在由逼近向对接的最后过程中，追踪航天器对接口的位置和姿态必须对准目标航天器的对接口（见图 6−12）。因此，必须在对接坐标系中对航天器进行控制，这就需要针对航天器姿态坐标系（其原点就是运动着的质心）和对接坐标系之间的几何关系建立模型。其相应的运动模型是导航滤波器的一部分（见图 6−

3 中的 "生成测量矢量" 框），它描述了由敏感器的位置和视向而引起的运动耦合。

　　总之，对各种干扰和被控系统的合适的数学建模，将会改善控制功能的性能。当然，真实世界是无法被完全准确地描述出来的。因此，对于模型逼真度的选择也就决定了制导和控制算法的效果。模型精确度的选择，通常也决定了模型的复杂程度和计算机的处理负担。因此，在对某些功能和干扰建模时，对其精确度的要求可以有一定的限制。

6.2.3.4　交会任务中的特殊控制问题

　　交会任务对减小轨道误差这一性能要求，即位置和逼近速度的稳态误差，将随着追踪航天器与目标距离的接近而不断增加。在逼近的最后阶段，当追踪航天器进入目标航天器对接接收范围内时，这种性能上的要求将会更加严格。7.1 节，将对这种典型的性能要求进行简单的总体介绍，并对敏感器的要求进行讨论。

　　对于距离目标几百米的粗逼近，可以使用弧形轨道转移（见3.3.2 节，3.3.3 节和 5.7 节）。如果使用脉冲转移，就必须把推进阶段和自由飞行阶段区分开来。对于目标航天器附近（一般为 30～50 km）才开始的交会操作，其所需的单次推进的速度增量 ΔV 与进行相位调整以便进入目标轨道的轨道转移推进相比要小得多。为了产生这种较小的 ΔV，当使用大推力推进器时（例如，调相时使用的），会在较短的工作时间内产生较大的加速度；当使用小功率推进器时（例如，姿态控制时使用的），则在较长的工作时间内产生较小的加速度。第 1 种情形中的 ΔV 的误差可能较大，并且控制性能较低；在第 2 种情形中，主推进器的工作时间将会持续大部分轨道圆弧。交会航天器时，这些将成为选择推进器的部分动因。

　　开环机动。当距目标较远时，在开环回路中可以以较高的精确度实施轨道机动，即推进器可以根据预期的加速度的量级和要求的速度增量计算出来的推力持续时间进行工作。在远距离交会阶段，对控制精确度的要求适中，通常都采用这种开环推进机动。开环轨道机动的误差主要是推进系统自身的误差（见 4.3.2 节）。

在每次推进之间的自由飞行阶段，由第 1 次推进的实施和摄动因素引起的误差并不包含在制导功能的处理范围之内，但是这些误差可以观测到，并可以通过中间机动进行修正。

长时间推进机动的闭环控制。对于需要较长推进时间的小推进器，可以使用一个高带宽速度控制器，通过闭环回路控制来改善其性能。此方案的导航功能（各种敏感器和导航滤波器）必须拥有足够的带宽来提供状态信息。

在此需要提醒注意的是，推进期间要特别注意对姿态的控制。质心位置的微小移动以及每次推力水平的差异都会产生显著的干扰力矩，要保持速度增量的正确方向，就必须将这种干扰力矩抵消（见 4.3.2 节）。这就需要一个具有相对较宽带宽的控制器，这时，当航天器上安装有太阳能电池板或其他柔性附加物时，可能就不能将其假定为刚体动力学了。

推进机动之间的闭环控制。4.4.1 节中已从轨道安全的角度对这一情形进行了讨论。在每次机动之间的自由飞行阶段，由于空气阻力和其他干扰的影响会造成摄动干扰。只要这些摄动因素是可以预测的，制导功能就应该对其进行处理。控制回路中的残余干扰就是所谓的制导模型中的未知项和忽略项。它们都很小，而且是低频的，因此如果在自由飞行阶段使用闭环回路控制，则只需一个窄带控制器即可。事实上，在这种情况下，控制器的使用是为了修正上次推进（导航误差和推力误差）形成的轨道误差，或是为了实施主动轨道安全方案，而不是为了对干扰影响进行补偿。因此，如上所述，在闭环回路控制中通常使用开环回路修正推进（中途机动）作为闭环回路控制的补充。

另一个可以采用的弧形轨道转移方案是基于转移期间的小辐连续加速（见 3.3.3 节）。虽然这种转移需要的推进持续时间通常是其他转移的 2 倍，但由于这种转移受到的干扰较小且是恒定的，所以它很适合窄带闭环回路控制。

直线轨道中的闭环控制。 在向目标逼近的过程中，对位置控制和速度控制的精确度的要求越来越高。因此在距离小于一定范围后，开环回路技术就不再适用了。由于光学敏感器角度操作的范围（目标反射标志器的可见性，见 5.3.2 节）和由目标空间站确定的逼近走廊（见 5.6 节）的限制，要求航天器必须停留在预先设计好的轨道上。

对于闭环轨道控制，其需要的控制器带宽，将取决于由制导律所决定的参考轨道与速度分布、对性能的要求（响应时间、精确度和燃料消耗）、以及干扰的大小。基本跟踪系统的带宽，一方面要足够宽，以达到要求的精确度，另一方面要尽量足够小，以减少能源消耗。可以在闭环回路中引入一个适当的死区，来改善航天器在能源消耗方面的性能。

对接前最后几米的逼近。 在逼近的最后阶段，设计控制器时一个重要的动因就是追踪航天器必须能够跟随目标航天器对接口的运动。在追踪航天器的最终逼近过程中，由于目标航天器推进器点火或其结构上的柔性引起目标航天器的运动，其频率特性可能会要求（追踪航天器的）控制器必须具有比其他逼近阶段更高的带宽。虽然位置和角度校正的稳态误差在对接装置的允许范围之内，但是当目标快速运动时，其暂态误差可能会随之增大。对这些预期频率范围的运动，控制器的暂态响应应该满足以下条件：追踪航天器和目标航天器对接接口之间的横向位置误差和角度误差的瞬时值相叠加应在允许的范围之内（见图 8-30）。

如上所述，由于这一阶段需要控制追踪航天器和目标航天器对接接口坐标系之间的运动，因此必须考虑到旋转运动和平移运动之间的耦合作用。追踪航天器或目标航天器的任何姿态运动都会导致相应对接坐标系中相对姿态和相对横向位置的改变。

对接时，追踪航天器的控制系统必须完成在横向位置和角度上与目标航天器对接装置的校准，这样残余误差就能保持在对接接口的允许范围之内。为了说明对接前最后阶段的控制问题，应该考虑 3

种逼近控制，其中，追踪航天器的 GNC 系统分别跟踪目标状态的不同参数：

1）目标质心的位置；

2）目标对接口的位置；

3）目标对接口的位置和其相对姿态。

图 6—12 表示了上述 3 种不同的情况，其中粗箭头代表航天器姿态坐标系，x 分量的长度表明了对接口与质心的距离。在目标航天器一侧显示了姿态控制裕度，在追踪航天器一侧显示了位置控制裕度。图的上方还显示了最大横向距离误差和角度误差。

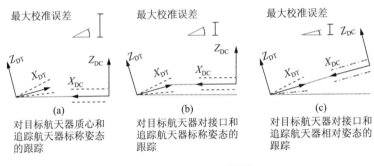

图 6—12　对接逼近控制

图 6—12（a）描述了最简单的控制方案，即像前一逼近阶段一样，用对追踪航天器质心的相对运动和航天器绝对姿态的控制，来代替对于对接口的相对位置和方向的控制。其目标点是目标航天器对接口中心的标称位置而不是其实际位置。在对接接口处的系统校准误差是角度误差和横向位置误差的叠加。其中角度误差是由目标航天器姿态偏移引起的，横向位置误差是由对接口与目标航天器质心间的距离引起的。

在图 6—12（b）中，根据目标航天器对接口的横向位置对追踪航天器对接口的横向位置进行控制。控制过程中，需要对目标航天器的对接口进行视向测量。对各个航天器相对于标称参考坐标系的姿态控制都是相互独立的。对接接口处的系统校准误差就只有追踪航天器和目标航天器之间的姿态偏移引起的角度误差。

在图 6－12（c）中，需要同时对相对横向位置和相对姿态进行控制，以实现对接接口在位置和角度上的完全校准。航天器船载系统不仅需要对横向位置进行估计，还需要对追踪航天器与目标航天器对接轴之间的相对方向进行估计。这一方案的结果就是旋转运动和平移运动产生了耦合，对控制器产生了重要的影响，因为这时需要进行多输入多输出（MIMO）的设计。

第 3 种情况是唯一的一个没有系统校准误差的情况。这时，由残余姿态误差和位置控制误差引起的校准误差是这 3 种情况中最小的。执行 RVD 任务时，只有图 6－12（b）和（c）所示的方案在实际任务中使用过。以下的"方案（a）"指的是图 6－12（a），其他依此类推。

- 方案（a）在实际中并没有使用过，因为它不仅在精确度方面与对接装置的实际允许范围相差太远，而且并不实用，因为没有能够满足对追踪航天器与目标航天器质心之间相对位置进行测量的足够精确的敏感器。

- 方案（b）已经在某些对接任务中应用过了，在此方案中，通过人工控制追踪航天器的位置，而各个航天器的姿态则由各自的姿态控制系统自动控制。由于单独的姿态控制系统都会产生各自的稳态误差和暂态误差，所以这一方案还要求对接接口具有相对较大的角度接收范围。

- 方案（c）被应用在交会对接任务所有的自动 GNC 系统中。在此方案中，导航功能完成对相对位置和姿态测量的处理，从而估算出 6 自由度相对状态矢量，并对这 6 自由度相对状态矢量的各个分量同时进行控制，需要先进的控制器设计技术。方案（c）也是目前人工控制逼近对接的标准概念（见6.5.3 节）。如果有视频摄像机且目标图案合适的话（见图6－25），还可以通过人工操作员获取横向位置和相对姿态信息，然后对偏移量进行适当的调整就可以达到标称姿态了。

在大多数的 RVD 任务中，除了对接的最终逼近阶段（方案 (c)），都可以认为姿态控制系统和位置控制系统是相互独立的。而且，在这些阶段中，对精确度的要求比在近距离时要宽松一些。然而在"受控对象和各种干扰的建模"一节中已经提到，对于位置控制来说，在共面运动的 CW 方程中包含有低频耦合，对于这点要牢记（见方程（3−22）中的 2ω 项）。

这些交叉耦合可以在控制器设计中予以考虑或是作为系统制导部分的前馈项，以减小系统的暂态误差，提高精确度，减少燃料消耗。这一部分的 GNC 设计，经典的 PID 设计类型通常就已经能够满足要求了，但是，当系统中出现低阻尼挠性模式时，就需要更先进的设计了。可以采用经典的控制设计和分离的调谐陷波滤波器相组合的设计方式，但是 H_∞ 的设计更优秀、更高效、更适合解决这些问题。

最终逼近的最后几米，在相对于目标航天器对接口的控制中，位置、姿态角、平移速度和角速度都是耦合的，并且需要对它们同时进行控制。为了解决这一控制问题，需要一种多变量的设计方法。鉴于系统的特性、被控柔性模态以及干扰的描述方式，建议系统设计的综合与设计阶段采用多变量鲁棒设计方法。

如上所述，这种类型航天器的伺服通常都是推进器，在进行稳定性分析时要特别注意它们的非线性特性（见图 6−15）。对于适用 SISO 设计的部分，建议使用负逆描述函数，对于 MIMO 设计来说，可以采用合适的频域加权函数。

6.2.3.5　离散时间控制

目前航天器船载控制系统都是由数字计算机的软件实现的，因此在方程（6−12）～方程（6−25）中，实际上处理的都是由数字计算机控制的系统，而不是模拟的。因此，在整个设计过程中都必须正确运用离散域的理论知识。在此所讨论的系统是以固定的采样时间 T 对反馈回路进行采样的数据采样系统，与一些中断驱动的自由运行离散系统不同。

数据采样系统通常用差分方程来描述，其信号由一个数字序列来。这些数字序列是通过对连续信号或模拟信号采样后得到的。通过"模数转换器"（ADC）可以将敏感器输出的模拟信号转换成数字信号，再通过"数模转换器"（DAC）将控制器输出的数字信号转换成模拟信号，然后将这些信号送入系统的制动器中。可以将实域看成是模拟的，离散系统是一个特例，或者可以更方便地将实域看成是离散的，连续的部分是一个特殊的系统，对于以上两种观点，本书推荐后一种观点。图 6－13 举例说明了一个模拟控制回路与其相应的离散控制回路。

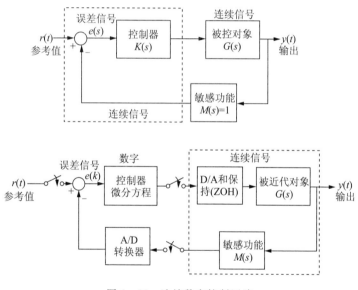

图 6－13　连续数字控制回路

在对连续信号的采样过程中，其采样频率必须足够高，这样就不会丢失太多的相位裕度。奈奎斯特（Nyquist）采样频率为信号最高频率的 2 倍，它是理论上最小的采样频率。对实际应用来说奈奎斯特频率太低，在闭环回路系统中，其采样频率通常为系统最高频率的 7～10 倍。在这种情况下，还必须要注意敏感器中高频噪声的频率混叠现象，它会表现为失真的低频离散信号。为了防止频率混叠，可以采用模拟抗混叠滤波器。

离散系统的输出通常经过数模转换器（DAC）和零阶保持器（ZOH）转换为连续信号，后者使某一采样点的输出信号保持恒定。

可以运用 Z 变换对离散系统进行分析（相当于连续系统中的拉氏变换），它的定义如下

$$y(z) \triangleq Z[y(k)] = \sum_{k=0}^{\infty} y(k)z^{-k} \qquad (6-26)$$

变量 z 可以看成是一个变换算子或是 z 平面的一个复变量，就像将 s 当做是一个微分算子或拉普拉斯平面内的一个复变量一样。

这里应该说明的是，通常可以通过拉普拉斯变换得到 $y(z)$，并不需要通过其冲激响应函数 $y(k)$ 和方程（$6-26$）给出的求和操作来求出 $y(z)$。通常是将复变量 s 用各种欧拉近似公式，如前向、后向或双线性变换，得到其相应的 z 变换。这是对 Z 变换的近似，因此需要更高的抽样频率，从而也增大了计算机的工作量。另一种更好的方法是利用零极点映射，即

$$z = \mathrm{e}^{sT} \qquad (6-27)$$

s 为拉普拉斯变量，T 为采样时间。这种方法所需的采样频率最低，且数学精度也较高，即在采样时刻，其离散信号的值严格地等同于其 Z 变换相对应的连续信号的值。

通过单位圆可以来判断离散系统的稳定性，从 s 域到 z 域的变换映射图可知，拉普拉斯域的左半平面被映射到 z 平面单位圆的内部。因此，当系统闭环回路的极点在单位圆内部时系统就是稳定的。

当直接在离散域设计离散 GNC 系统时，即将设备变换到离散域，将会获得最好的性能、最低的采样率和较高的稳定裕度。这样做的结果比先在连续域进行设计然后再利用近似变换来设计控制器要好得多。

有关数字控制理论的详细论述不是本章的目的，也超出了本章的论述范围，对此感兴趣的读者可以参考其他文献，如 Franklin & Emami-Naeini（1990）。

6.2.3.6　推进器选择功能

推进器管理功能的任务是根据推进器相对于航天器瞬时质心的方向和位置，将由控制功能产生的推力和扭矩命令转换成各个推进器的"开/关"命令。根据控制误差，可以确定沿着各个坐标轴需要施加的推力大小。位置控制器产生沿各个体坐标轴方向上的推力命令，姿态控制器产生绕着各个体坐标轴的扭矩命令。对于能够实现这些需求的推进器硬件设备来说，存在着以下两个问题：

1）推进器只能提供标称的推力或零推力，即推力水平不能在零到最大值之间随意改变。

2）由于推进器在配置和冗余方面的限制，不可能为各个控制器输出提供专用的推进器，即在推力和扭矩之间通常都存在耦合，对于这一点必须给予适当的考虑。

对于上面第 1 种类型的问题，可以通过具有转换功能的非线性控制器来解决。对于推进器控制来说，通常采用脉冲宽度调制和脉冲频率（PWPF）调制（Noges & Frank，1975）（见图 6-5）来解决。

交会过程中，离散控制器的采样间隔（通常为 1s）比推进器的最小脉冲长度大很多。因此在控制周期内，其脉冲长度可以在零到控制采样间隔之间变化。实际的推力近似为脉冲长度的线性函数。所以，对于一个一阶近似，其效果相当于在控制周期内对推力进行幅度调制，其平均推力（见图 6-14）为

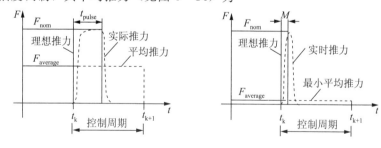

图 6-14　推力脉冲的特性

$$F_{average} = F_{nom} \frac{t_{pulse}}{t_{k+1} - t_k} \qquad (6-28)$$

$F_{average}$相当于控制器的输出，传递给推进器控制的命令就是脉冲的长度 t_{pulse}。

当然，脉冲长度不可能任意无限地小。其下限为"最小脉冲比特（MIB）"。例如对于一个 200 N 的双元液态推进器来说，其 MIB 应处于 50 ms 的量级。另外，对于小脉冲来说，其稳态推力量级尚未达到。因此，很小的推力（或扭矩）需求通常被控制器输出中的死区所抑制。

当推进器工作在 MIB 附近时，可以给方程（6-28）乘以一个校准因数 C_F，根据推力需求下的大小对其进行适当的修正。由此得到

$$t_{cmd} = C_F \frac{F_{ctrl}}{F_{nom}}(t_{k+1} - t_k) \qquad (6-29)$$

图 6-15 给出了包括死区在内的校准系数的曲线形状。在 $C = 1$ 处的虚线上方的曲线可以近似看成指数函数。

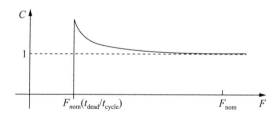

图 6-15　控制力的校准系数曲线

一个推进器的 MIB 通常是其最大推力的函数。当使用同一组推进器既产生较大的推力（例如在转移机动时）时，又进行精确控制（如在对接前的最后几米的控制或在停靠区减小残余速度时）时，就可能会出现这样的问题：在控制周期内能施加的最小平均推力将会限制能实现的 GNC 性能。

对于上述 2）中提到的耦合问题，可用两种不同的原理处理，取

决于耦合的复杂度和要实现的推进器冗余度。如果对推进器的布置能够接近理想配置，即在单独的坐标轴上都有专用的推进器负责处理推力和扭矩需求时，就可以使用所谓的"查表"的方法。这些表为推力/扭矩需求定义了要使用的推进器。其实际指令是由各个参考点按比例组合而成的。

这些表只对具有固定质心的特殊的推进器布置有效，而且在解决燃料消耗和精确度问题方面并不是最优的。但是这种方法的速度很快，对 CPU 资源的占用也很小。由于航天器系统必须具有容错功能，所以要为所有可能的推进配置，即任何推进器（或推进器簇）出现故障时，都定义一个专用的表。因此需要为航天器系统定义大量的表。而且如果质心发生大幅变化的话就需要更多的表，例如空间站的维修舱在各种交会阶段的情形就属于这种情况。

若星载系统能实时确定一组优化的推进器及其相应的脉冲工作持续时间，上述问题就可以得到简化。这时，必须知道质心的精确位置，这一点仍是误差的主要来源。这一任务相当于一个线性优化问题，可以通过一个标准的数学方法，如 Simplex 矩阵算法（Press et al.，1992）来解决这一问题。该算法可对优化变量的约束条件进行求解，这些优化变量是由线性方程组和目标函数定义的，目标函数反映了各个自由变量对优化解的影响。

对于推进器的选择来说，必须解决以下问题

$$
\begin{bmatrix}
f_{1x} & f_{2x} & \cdots & f_{nx} \\
f_{1y} & f_{2y} & \cdots & f_{ny} \\
f_{1z} & f_{2z} & \cdots & f_{nz} \\
t_{1x} & t_{2x} & \cdots & t_{nx} \\
t_{1y} & t_{2y} & \cdots & t_{ny} \\
t_{1z} & t_{2z} & \cdots & t_{nz}
\end{bmatrix}
\cdot
\begin{bmatrix}
u_1 \\
u_2 \\
\vdots \\
u_n
\end{bmatrix}
= \alpha
\begin{bmatrix}
F_x \\
F_y \\
F_z \\
T_x \\
T_y \\
T_z
\end{bmatrix}
\tag{6-30}
$$

或

$$
A \cdot B = \alpha \cdot C
$$

其中，f 是推进器 n 在 x，y，z 方向上的推力分量；t 是推进器 n 在 x，y，z 方向上的扭矩分量；n 是可以使用的推进器的数量；u 是规范化的推进器工作持续时间，$|u_i|\leqslant1$。

u 的最大值为 1，即推进器的工作持续时间为整个控制周期。当 $u_i=0$ 时，表明该推进器没有使用。系数 α 说明了推进器的饱和度。当现有的推进器不能实现要求的推力/扭矩控制矢量 C 时，则至少会保持要求的方向，即矢量 C 被适当地缩减了。

优化的标准是使所消耗的燃料最少，同时使比例系数 α 最大。那么其成本函数为

$$Z=-(c_1u_1+c_2u_2+\cdots+c_nu_n)+c_a\alpha\Rightarrow\max \qquad (6-31)$$

其中，$c_i=1$，2，$\cdots$，n 为推进剂消耗系数，c_a 为实现的权重因数。

通常情况下，Simplex 矩阵算法总是有解的。但是从理论上讲，这种算法也有可能进入一种所谓的"循环"体制，即由于在 Simplex 表中出现不断重复的序列而造成该算法不收敛。这种情况一般很少出现，如果这种情况出现了，可以预先定义好循环次数，当超过循环次数后就强制停止循环，换句话说，也就是求出一个潜在的非最优解。

优化方案给 CPU 带来很大的工作量，尤其是在同时处理许多推进器时（＞20 个）。它为推进器故障和质心位置提供了很高的内在灵活性。所需要改变的仅仅是质心位置和一组表明一组推进器是否可以使用的标识。

随着航天器上计算机的处理能力的不断增强（但还是比平时使用的商业计算机要慢得多），今后 CPU 的工作量已经不是主要问题了。这种算法的内在的灵活性将使其能够应用在众多的航天器上，并且将来它有可能为推进器控制的一种常规方法。

6.3　模式排序和设备管理

如上所述，由于在交会逼近的各个阶段，会使用许多不同的机

动、轨道、姿态和敏感器，而针对每一个阶段都应该设置不同的软件（算法和参数）和硬件（敏感器）功能，因此，需要有一个管理功能，它负责在每一个新阶段为制导、导航和控制选择合适的软件模式（阶段/模式管理），并在新的机动和轨道段开始时，在合适的时间点进行敏感器配置（航天器管理）。此外，还有对硬件功能的冗余管理，例如处理器、数据总线、敏感器和针对紧急情况的反应控制设备。所有这些功能都可归类到"任务和航天器管理"中。

执行单个卫星任务时，只有关键硬件设备的冗余管理是由星载功能完成的；其他所有的管理功能都可以由地面的操作员完成。在非载人的交会任务中，许多管理功能最好由航天器船载系统完成。这是因为航天器与地面的通信可能中断，而且机动的延时也会对轨道产生较大影响，尤其是对交会阶段的正确实施有较大影响，也就是在追踪航天器距离目标足够近，要实施相对导航时。因此，自动任务和航天器管理功能是实施自动交会和捕获的关键因素。

阶段/模式管理功能的主要任务是决定新的 GNC 模式开始的时间点。因此，在进入下一个轨道段之前，必须对时间和航天器状态（位置和姿态）进行检查，以确保这些参数达到了预定的标准状态。除了逼近的最后阶段以外，在其他阶段，所有的轨道要素都会持续一定的时间（通常为半个或一个轨道周期），这可以根据将要实施的机动的类型和所需的推进持续时间计算出来。然而仅把时间当做判断的标准是不够的，因为推力误差和推进器故障可能导致航天器在该时间所处的位置并不适合启动下一阶段的逼近。同样，如果仅仅单独考虑位置或航天器其他状态参数的话也是片面的，因为航天器可能会由于推力误差而无法到达所要求的位置。只有在时间参数和状态参数都在标准要求的范围内时，才能实施下一阶段的操作，否则就应该实施应急策略。

图 6－16 表示了 5.7 节第 1 个例子中逼近策略的标称模式和应急模式的流程图。每一个标称模式都有 3 种可能的转换模式：1）进入下一模式，2）中断任务，3）中止任务。在第 4 章已经论述过中

止任务（避撞机动）是一种简单的制动推进，根据不同的逼近阶段它所实施的制动力的大小也不尽相同。在不同的逼近阶段，中断任务将由不同的制导模式组成。在所选的示例中（见图 5－25），交会阶段有如下几种中断任务模式。

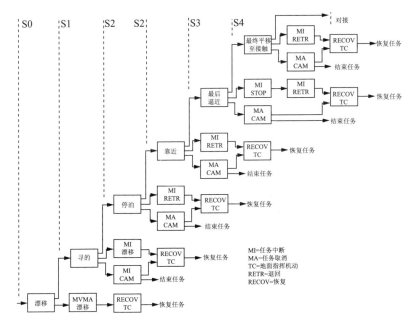

图 6－16　标准模式和应急模式的先后顺序

- 漂移阶段 S0－S1。如果由于航天器故障，或由于交会航天器船载控制系统以外的原因，第 1 个寻的机动未能执行，则在经过 S1 后航天器继续漂移。
- 寻的阶段 S1－S2。如果是由于交会航天器船载控制系统以外的原因，任务不得不被中断，则航天器就转变到下一个模式"保持在 S2"；如果由于第 2 个寻的机动脉冲没有执行，那么航天器在经过 S2 后继续漂移。
- 保持点 S2。实加切向脉冲实施返回机动，环绕着离开目标。切向脉冲必须很小，以防止其轨道一开始就进入逼近椭球。

再施加一次脉冲机动，航天器可以停止在一个新的保持点。

- 接近段 S2－S3。如果是由于交会航天器控制系统以外的原因，任务不得不被中断，航天器就转变到下一个模式"保持在 S3"；如果第 2 个接近机动脉冲未能执行，那么航天器通过 S3 后继续漂移，这时，在经过半个轨道周期后，必须实施第 2 次机动使航天器停在 S2，防止它继续向目标航天器运动。

- 保持点 S3。通过径向脉冲机动使航天器返回到前一个保持点 S2。同样，在这种情况下，也需要在经过半个轨道周期后实施第 2 次机动，防止航天器继续向目标航天器运动。

- 最终逼近 S3－S4。停止并保持在 V 轴上。与之前几种模式不同，在直线逼近中航天器可以以相同的代价停在轨道的任一点上。在这一制动机动后，航天器可能会退到前一个保持点 S3。

- 对接前的最终平移运动。退回到点 S4。在这种情形中，停止或停留在目标航天器附近是十分危险的。

除了当任务中止在保持点或 V 轴上以外，对中断任务或中止任务的恢复都需要对一系列不同的恢复机动进行计算。对于所有超过几分钟的中断，由于与照明条件和通信窗口的同步可能会丢失，必须对任务进行重新规划。所有的重新规划都必须在地面进行，因为不可能事先设计出所有可能的恢复机动。恢复机动必须建立在实际情况的基础之上，然后必须通过遥控指令发送到航天器上。

这种阶段/模式管理功能可以通过多种方式实现。为了使读者明白这个功能是如何操作的，图 6－17 举了一个简化概念的例子。其工作原理如下。

1）"任务时间表"功能相当于一个查询表，它包含了事先设计好的机动和轨道的进度表。

2）当到达预先设计好的轨道或姿态的实施时间时，"任务时间表"功能请求改变控制模式（新的机动、轨道或姿态模式）。

3）收到这个请求后，"模式管理功能"从"模式转变标准"表中获取应用标准，并检验 GNC 数据（导航和制导输出）是否达到了模式转变的标准。

4）当数据满足标准时，系统将从模式表中加载新的 GNC 模式，并向"算法调度程序"和"设备调度程序"发送相应的指令。

5）如果没有满足转换标准，系统将会加载为每个阶段预先定义好的应急模式，并向"算法调度程序"和"设备调度程序"发送相应的指令。

6）根据"模式管理"功能的指令，"算法调度程序"从算法表中提取新模式不同的 N，G 和 C 的算法，"设备调度程序"转换到执行该功能的相应的设备组合。

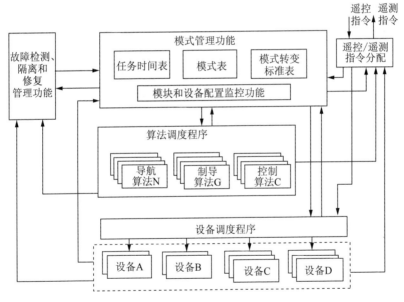

图 6—17　任务和航天器管理功能

在这一方案中，"模式管理"功能和"设备调度程序"功能必须记录各个时刻的软件模式配置和设备配置，包括它们的冗余状态，并将这些信息提供给故障检测、隔离和修复（FDIR）功能。如果 FDIR 功能检测到了设备故障或设备链的错误动作，它会请求"设备调度程序"功能执行敏感器和伺服器的冗余设备转换。示例中的任务时间表，实际上是一个包含所有任务的时间顺序的最新计划安排表。它包含了基于计划发射时间和目标轨道机动的最新的任务更新，并在发射前加载到航天器船载系统中。当实际的时间表有较小改变时，航天器船载系统会自动对这个表以及相关的参数进行修改，例如修改模式转换的时间标准等。对于较大的改动，可以通过地面的遥控指令对时间表进行修改。

在任何一种设计中，"任务和航天器管理"功能与 FDIR 功能互相都有紧密的关系。上例中的模式转变故障管理和设备冗余管理已经表明了这一点。随后将对可能的故障检测和修复方法进行详细的讨论。

6.4　故障识别和修复概念

本节旨在介绍如何在交会系统的空中和地面部分实现故障容错和修复的一般原理，并特别介绍在航天器船载控制系统的设计中如何实现故障容错和修复。对故障进行修复的前提是对故障的检测和识别，因此首先要回答的问题是"什么故障是可检测的？识别故障的标准是什么？"在系统级别上，它可以检测到航天器实际状态与设计值之间的偏差，例如在位置、速度或姿态方面的偏差。在子系统级别上，它可以检测到参数和条件与标称值之间的偏差。在最低级别上，它可以通过检测输出数据的特性、能源消耗和其他的物理参数，来检测设备的功能是否正常。因此，追踪航天器的 FDIR 系统应该能够在 3 个不同的级别上提供故障检测功能。

- 在最低级别上，要通过内部或外部手段（内置测试功能、电压标准、温度标准和压力标准等）对所有设备进行检测。
- 在 GNC 子系统级别上，要对一系列与所处的 GNC 模式以及将要实施的机动和轨道相关的标准进行检测。
- 在最高级别上，需要进行的检测包括航天器状态的位置、速度、姿态以及角速度是否超过了标称值的安全范围。

航天器 FDIR 执行的总体概念一直都是尽可能地从最低的（设备）级别上开始进行修复。如果不具有在设备级别上的故障检测和修复功能，航天器船载控制系统就不得不尝试在更高一层的级别，即在 GNC 子系统级别上对该情况进行修复，例如转换到 GNC 子系统冗余链上。如果在 GNC 子系统级别上进行的修复行为仍然没有使航天器回到正常状态允许的范围内，那么就要在任务级别上进行修复了。根据逼近的阶段的特性，航天器 FDIR 在这个级别上的修复选择包括：保持在 V 轴上，在应急姿态模式下的自由漂移和中止任务（避撞机动）。

在图 6－1 和图 6－17 中，FDIR 系统被表示为一个单独的功能模块。在实际设计中，故障检测和识别（FDI）功能应遵循上面论述的三级故障检测原则，与设备（敏感器、反应控制系统及计算机）和 GNC 功能有着密切的联系，并不形成一个独立的子系统。从前面的论述中可以看到，修复功能有时会调用标称任务管理中的某些功能。因此，在实际设计实现中，不能将 FDIR 功能与 MVM 功能分开。

可以利用以下信息对航天器船载 GNC 设备的故障进行检测。

- 有关设备能源状态（即打开或关闭）或能源消耗的信息。
- 设备能够提供其自身状态的信息（自测试数据）。
- 具有不同操作模式的设备，能够提供其模式状态信息。
- 对于某些敏感器，其测量原理涉及不同类型的数据，可以检查测量数据的一致性。例如对 GPS 和激光扫描交会敏感器的输出数据就可进行这种检查。但是对于只测量单一参数的敏感器，比如单一的陀螺仪、地球敏感器和太阳敏感器等，就不可以进行这种一致性检查。因为对于单一参数的敏感器，即使具有热备份，也不能仅根据输出信号判断出是哪个冗余敏感器出现了故障。
- 从原理上讲，推进器故障能够在设备级别上通过对燃烧室压力和设备温度的测量检测出来。市场上的硬件设备不能保证总能采用前一种方法，而后一种方法的缺陷是从故障出现到被检测出来有较长时间的间隔。因此，可以通过对控制功能输出的观测实现对推进器硬件故障，即长开故障和长闭故障的迅速检测可能通过对控制功能输出的观测来实现（见下文）。对推进器故障的准确识别是十分困难的，因为推进器的配置复杂，并且这些设备相对于航天器的质心来说也不是完全对称的。

根据图 6-3 对卡尔曼滤波器的总体描述，自动交会航天器船载系统的导航滤波器可以用图 6-18 中的总体框图的形式表示，其中的更新和生成功能模块负责方程（6-5）～方程（6-8）的功能。通过对测量、生成和更新模块输出结果的比较，可以有助于识别导航滤波器的故障。

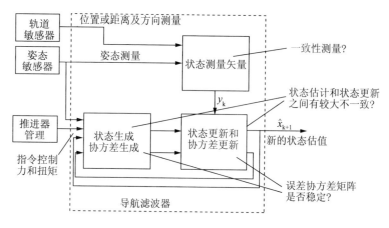

图 6-18　简化导航滤波器：误差检测的可能性

为了检测 GNC 子系统的故障，包括敏感器和推进器的故障以及 GNC 功能的正确性，可以对以下的参数和条件进行检测。

- 测量状态和生成状态之间的差异（见图 6-19）。这一检测能够发现航天器在导航上的主要问题，这些问题通常是由对某一敏感器的错误操作或对导航滤波器软件的错误操作造成的。
- 导航滤波器的收敛性（见图 6-19）。任何输入数据都有可能造成滤波器的延迟收敛甚至是发散，这些数据可能是敏感器

的数据或推力命令反馈或滤波器软件的误差。这种检测只能
发现故障，不能确定故障的具体位置。

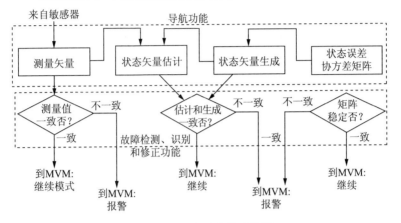

图 6-19　导航功能故障检测

- 对机动持续时间的监测（见图 6-20）以及对是否达到预期状
  态的检测（在前一节已经论述过）。其检测结果与规划的动力
  学状态和实施情况有关。对状态偏差的检测也无法立即确定
  故障的位置。

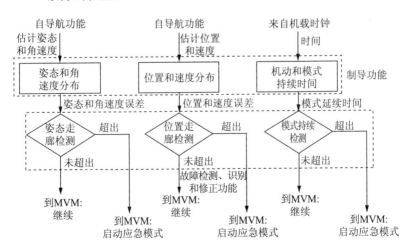

图 6-20　制导功能故障检测

- 控制器对推力和扭矩需求的限制（见图 6－21），例如输出到推进器的命令的饱和度。除了推进机动以外，某一方向的连续推力命令可能是由于导航功能设定的值与标称状态之间有较大偏差而引起的，或是由推进器工作故障引起的。

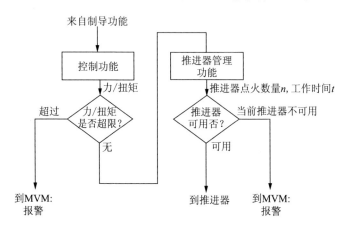

图 6－21　控制功能故障检测

为了在最高级别检测故障，即检测航天器的位置、速度、姿态和角速度是否超过了标称值的安全范围（见图 6－20），首先，可以使用标称敏感器和 GNC 功能，它的检测范围包括推进器故障以及敏感器和 GNC 软件的"硬"故障，而敏感器和 GNC 软件的"软"故障通过这种方法是检测不出来的。术语"软故障"是敏感器和 GNC 功能输出故障的总称，这种故障并不能被即时识别出来，但随着时间的推移，它会导致航天器的实际状态严重偏离其标称状态。"硬故障"是指像操作停止、输出数据完全矛盾或具有很高的噪声等这样的严重错误。

为了使航天器船载系统能够检测到"软故障"（例如缓慢积累的敏感器偏差），必须在航天器上安装独立的敏感器和独立的制导和导航功能，事实上，它们要比标称 GNC 系统更可靠。很显然，每种设计最终都会遇到一些技术和经济上的限制。这就是为什么即使是一个设计得很好的航天器船载 FDIR 系统，具有在很大范围内确保航天器正常工作的能力，但却不能保证航天器一直 100% 正常工作的原因。外部手段具有独立的远程监控、紧急情况评估以及与自动船载系统交互作用的功能，因而总是高度需要的，并且对逼近和捕获的最终阶段的安全性也是必要的。这些手段包括地面的操作人员、目标空间站中的工作人员以及他们使用的辅助工具，独立的评估方法可能是直接用眼睛、摄像机或其他测量距离和方向的设备（见第 9章）。尽管全自动外部监控系统是可行的，但在载人的目标空间站附近，由操作人员实施的监控也是必不可少的。

另一个在航天器船载系统中具有重要影响的故障是通信连接的中断。这会危及到交会逼近，因为这些连接对远程监控和导航来说可能是必不可少的，正如 RGPS 的情况那样（见 7.3.3 节）。下面列举一些检测通信连接故障的方法：

- 从目标站到追踪航天器之间的通信连接可以通过追踪航天器船载系统来检测，例如当以 RGPS 为交会敏感器时，可检测对 GPS 数据的接收，其他情况下，可监控目标站发出的连续脉冲或音频信号。

- 在近距离交会阶段，从追踪航天器到目标站的通信连接可以通过目标航天器上的接收机进行连续的检测，因为追踪航天器需要不断地发送其 GNC 数和内部保持数据。在 RGPS 情况下，这同样意味着对目标站与追踪航天器之间的通信连接进行检测，因为追踪航天器发出的数据中包含导航数据。另外，如果需要的话，追踪航天器也可以将目标发出的连续信号转发回去，这样可以（在目标站方）对双向通信连接进行检测。

- 追踪航天器与地面的通信连接，不管是通过 DRS 或是通过 ISS/TDRSS 进行，包括所有的地面通信连接，则可以利用地面接收设备进行检测。

如前所述，可以通过各种标准对故障进行识别，包括大部分潜在故障的识别。然而，在大多数情况下，这些标准并不能迅速而明确地对故障源进行定位。只有在出现设备故障时，例如当这些设备的健康状态信息可以获取时，才能在这一（设备）级别上立即切换到备用设备。在其他大多数情况下，唯一的修复选择就是至少在子系统级别上（例如 GNC）转换到冗余备份链。为了保证冗余链的有效性，必须对所有必需功能的冗余状态进行监控，对冗余交叉带进行管理，约束已经没有冗余备件的设备，因为修复操作的选择或最后的安全措施（例如避撞机动），都将依赖于冗余备件是否有效或功能是否已经丧失。

从上面的论述中可以得出结论，对各种紧急情况的修复主要包括 3 种方法：

1）如果能够确定故障设备的话，就转换到冗余设备。

2）如果不能将故障设备隔离的话，就转换到冗余备份链，包括转换到一个具有相同交会对接控制软件的冗余处理器。

3）在使用冗余转换也不能解决问题的情况下，中断或中止任务，即

· 中断任务（停止在 V 轴上，退回到保持点）。

· 当存在碰撞危险时，执行避撞机动功能。

· 停止轨道控制的制动装置，使航天器停留在一个安全的漂移轨道上（如果可能的话）。

为了满足容错需求（见 4.1.1 节），对必需的重要设备，如数据管理设备、硬件反应控制系统和陀螺仪等，必须实行双重冗余。对于其他的设备，像交会敏感器，对安全操作（避撞机动，生存模式）来说并不十分重要，单一的冗余就足够了。为减小系统的复杂性，设计中还必须最大限度地包含功能的冗余。

对于由于超出走廊或功能丧失而导致的紧急情况的检测和修复，既可以由船载系统处理，也可由目标空间站上的工作人员处理，还可由地面操作员借助各种工具（见第 9 章）来处理。如前所述，在由于出现时间表改变的情况下，对任务的重新规划和重新紧急情况而导致同步只能由地面系统完成。快速重新规划要求具有超实时仿

真的能力，因为在将修复策略上传到追踪航天器之前必须对其进行充分验证（见 9.2.2 节）。

6.5　与自动系统的远程交互

虽然无人自动航天器的船载系统必须具有很强的容错能力，以保证任务安全成功地完成（见 4.1.1 节），但是很显然，它并不能包含所有可能的故障情况。外部事件（例如目标空间站内的故障），或在检验/确认过程中没有发现的设计错误，以及在验收程序中没有发现的制造问题都可能导致紧急情况的发生。远程控制技术可以帮助解决在飞行过程中由这些原因引起的紧急情况。根据紧急情况的具体情形和故障的类型，需要通过远程控制与船载自动控制系统的各个功能进行交互作用。可以在以下 4 个级别对船载自动系统进行干预：

- 对模式管理和设备调度程序的高级别的干预，其中模式管理主要管理任务的执行顺序，设备调度程序主要负责航天器的配置。第 9 章将对这种干预进行详细论述。
- 在自动 GNC 系统工作的过程中，对导航、制导或控制功能的干预。在这种情况下，将会对特定功能进行修改或由远程操作员接管部分功能。
- 人工导航、制导和控制，即自动系统的 N，G 和 C 功能全部由远程操作员接管。这仍是一个闭环控制，因为操作员会根据标称状态不断地对航天器的实际状态进行修正。同时，这也需要用到船载系统的伺服器管理功能。
- 开环控制干预，即由远程操作员发送指令，通过离散推力机动改变航天器的轨道或姿态。

（术语"远程操作员"在这里是指操作人员，计算机操作员功能，或两者的结合，他们都在追踪航天器以外。）

6.5.1　与 GNC 功能的交互

关于 GNC 功能，图 6－22 表示的是可能实施的与自动系统的远程交互作用原理示意图，并列举如下。

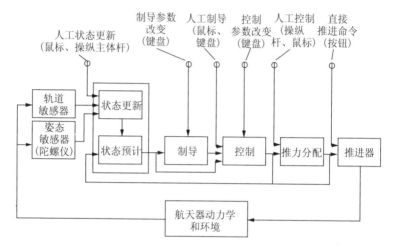

图 6－22　GNC 回路中的潜在干预点

- 将测量数据输入到导航功能中（由人工进行状态更新）；
- 对制导功能的输入：
  - 固定的设定值，
  - 新的制导律，
  - 新的制导参数；
- 对控制功能的输入：
  - 新的控制律，
  - 新的控制参数；
- 将推力和扭矩命令输入到伺服器管理功能中；
- 将阀门开/关命令输入到各个单独的推进器中。

对于制导律、控制律和参数，其交互过程是通过软件更新实现的，这些新软件将在地面进行检验和确认，然后离线上传到船载系统中，例如在漂移阶段或保持点，当船载系统没有使用这些制导律、控制律和参数时。

当外部直接向推进器发送命令时，原则上还需要有一个远程推进器管理功能，因为要实现纯粹的推力和扭矩通常需要几个推进器相互配合。然而在避撞机动功情况下，需要在航天器本体的某一方向产生某一固定推力，这时可命令一组固定的推进器同时工作一定的时间来实现。

在图 6－22 所示的点中，有 3 个点特别需要操作人员与自动 GNC 系统进行更为连续的交互过程：

- 人工状态更新，即将由操作人员观测到的修正数据作为导航滤波器对实际状态的输出，人工输入到传递状态中；
- 人工制导，如由操作人员输入设定点的速度或角速度点；
- 人工控制，即由操作人员向推进器管理功能中输入推力或扭矩命令。

6.5.2　对自动 GNC 系统的人工状态更新

当交会敏感器失效，但自动 GNC 系统仍然可以使用，且操作人员可以从摄像机中获得连续的信息时，作为一种备份模式，人工状态更新的作用就体现出来了。例如，首先人工绘制出目标航天器的轮廓，再将人工图叠加在视频图像上，模拟与视频摄像机相同的视场，并根据导航滤波器的状态更新输出信息调整模拟视场的方向和大小，操作人员可以通过改变模拟视场（即通过改变大小、位置和方向）。使人工图与航天器的实际图像匹配图 6－23 举例说明了这一过程。因为计算机产生的图像中包含所有必需的数据信息，像距离、视线角度等，这些修改后的值（与图像匹配后）可以输入到导航滤波器的更新功能中（MATRA 1993；Vankov et al.，1996）。

为了解释其原理，图 6－23 用锥形代替目标航天器的实际形状。从原理上讲，人工图并不需要目标全部的几何信息。确定并操纵一个船体最少需要 4 个点，其中一个点必须位于其他 3 个点所在的平面之外。不过，详细描述航天器几何特性的人工图可以很容易地与实际目标图形进行匹配，因为它具有更多的信息。

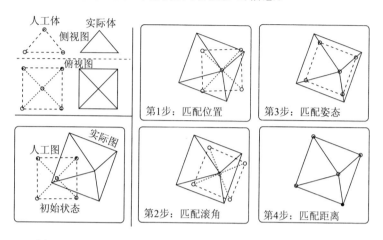

图 6-23　通过对实际图像和人工图的匹配实现手动状态更新

　　初始状态时，操作人员在屏幕上看到的目标航天器的图形和人工图并不匹配；它代表了导航滤波器生成的目标航天器的状态。第 1 步，操作人员通过鼠标或操纵杆移动人工图使其在位置上（或分别在方位角/仰角上）与目标保持一致。在进行第 2 步和第 3 步时，操作人员将会在 3 个坐标轴上旋转人工图调整其相对姿态，在最后一步，操作人员通过匹配尺寸调整与目标的距离。这些步骤可以重复执行。当匹配满意时计算机将其结果再转换成位置和角度信息，作为新的测量值提供给导航滤波器。在仿真过程中发现，未经训练的操作员能以足够的精度实时地完成这一任务（Vankov et al.，1996）。

6.5.3　人工在回路的自动 GNC 系统

　　在美国航天飞机的交会逼近中，对接前最后一段的逼近操作通常都是由人工控制的，俄罗斯的航天器，像载人的联盟号和不载人的进步号，都具有人工控制的功能，并将其作为一种备份模式在自动系统出现故障时使用。这里需要说明的是，对于任何一个自动航天器来说，这种人工控制备份模式是为了提高任务成功率而不是为了增加安全性。从其自身来看，人工控制的安全性反而较低，因为它没有安全边界的自动检测功能，而且人工控制具有最高的权限。

在所使用的人工操作模式中，例如俄罗斯的进步号货运飞船的模式，目标空间站中的工作人员或地面的操作员可以根据视频图像对这一没有载人的航天器进行远程控制。这些视频图像是由实施逼近的航天器发送到目标空间站或地面的。远程操作员从这些视频图像中提取导航信息，再按照相同的方式将指令发送到航天器船载系统中，仿佛这些操作人员就是航天器上的飞行员一样。

在人工控制模式中，操作人员要完成除了保持姿态稳定性以外的所有 GNC 任务，而姿态稳定性是由基于陀螺仪测量的自动控制回路实现的（见图 6-24）。姿态的改变将会通过操纵杆命令作为姿态速率的改变量（制导设定值）输入到陀螺仪稳定回路中。因为角速度的设定值是由操作员输入的，这实际上是由操作员代替了制导功能。平移速度的改变也将通过操纵杆命令直接输入到推进器管理功能中，它负责选择推进器和推进时间长度。这时，操作员代替了控制功能，直接控制推力和扭矩命令的执行。

操作人员通过屏幕估计（在十字线和固定标志的帮助下）实施导航：

- 根据目标航天器图像外观的大小来判断到目标航天器的距离；
- 根据目标航天器图像相对于屏幕中心的位置来判断目标航天器的位置、方位和仰角；
- 根据目标航天器主要几何点相对于屏幕坐标轴的位置来判断航天器的相对姿态角。

只要距离目标航天器的距离足够远，目标航天器的整个图像都会显示在屏幕上，操作员将会根据整个图像进行估计。当距离较近时，目标航天器只有一部分显示在屏幕上，操作员将会从中获取尽可能多的有用信息进行导航估计。最终，只有对接口附近的一小部分会显示在屏幕上。这时需要一种特殊的目标图案，其大小应该直至接触时都不超过屏幕的范围。为了能够对目标航天器的目标图案进行中距离和近距离的监控，可以使用具有两副透镜的照相机。图6-25表示的是在俄罗斯和美国太空计划中使用的这种目标图案。这个图案由一个基板和距离基板某一距离的十字组成。其使用方法与上面论述的相同，根据图案相对于屏幕的位置和十字的大小以及其相对于基板的位置，估计出目标航天器的距离、位置和相对姿态。

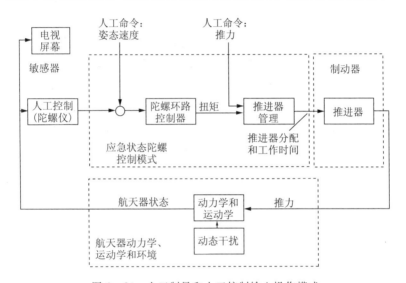

图6-24　人工制导和人工控制输入操作模式

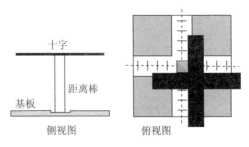

图6-25　近距离人工控制逼近中的目标标志器

第 7 章 交会导航敏感器

本章的主题是讨论相对导航敏感器的测量原理。在执行远距离和近距离交会任务时，由于在交会适配阶段中（见图 2－1）绝对导航的精确度已经不能满足任务的要求了，因此需要使用相对导航敏感器对追踪航天器和目标航天器之间的相对状态进行测量。航天器应用中的绝对姿态和绝对位置的测量原理已经众所周知，因此除了一种例外（见下文），对绝对导航敏感器的原理在此不再赘述。测量和控制绝对姿态几乎是每个航天器的共同特征。在轨测量绝对位置也在某些任务中需要用到，例如在地球观测任务中，有些航天器上就安装了用于卫星导航和地基无线电定位系统的接收机 DORIS（Carrou，1995）。然而在其他大多数任务中，绝对轨道和绝对位置的确定通常都是由地面观测完成的，因为在大多数情况下，根据任务的要求并不需要在航天器上安装一个绝对位置测量敏感器。

作为上面提到的一种例外，本章将介绍卫星导航中绝对位置测量的基本工作原理。现在卫星导航中通常使用的都是 GPS 导航和 GLONASS 导航，为了交会导航的目的，把 GPS 接收机相对于地球坐标系的导航结果称为绝对 GPS。只有在对绝对 GPS 导航有一定了解的前提下，才能理解相对 GPS 导航的基本原理。在远距离和中距离相对导航交会阶段，相对 GPS 导航是所使用的主要敏感器原理之一。如果航天器上安装了 GPS 接收机，绝对 GPS 将会成为绝对位置信息的主要数据来源。

本章不对实际敏感器的设计情况进行详细论述，因为敏感器的详细设计在很大程度上依赖于当时的科技情况，而最近十年以来这些技术已经发生了相当大的变化，并且对于交会系统中某一特殊敏感器典型功能和性能的理解也并不一定要了解该敏感器的实际设计情况。本章主要论述以下内容：

- 简要论述敏感器在测量参数、轨道误差的测量性能以及在逼近中作用范围的测量性能方面的要求；
- 简要概述在两个航天器之间进行相对导航测量的物理学原理；
- 阐述在交会任务中实际使用的各种敏感器的基本功能原理；
- 讨论测量环境可能对各种敏感器工作原理的潜在干扰；
- 说明各类敏感器的典型特征，如测量性能、测量范围、质量、功率消耗和其他约束条件。

7.1　基本的测量需求和概念

7.1.1　测量需求

在空间交会任务的各个阶段中，出于通信、功率和照明的原因，必须确定航天器相对于地球和太阳的角度和位置，因此需要对航天器的绝对状态进行测量，这些状态包括：航天器在本体轨道坐标系 F_{lo} 中的姿态，航天器在地心赤道坐标系 F_{eq} 中的位置或轨道星历。另外，当航天器从远距离开始交会任务时，需要知道它在目标本体坐标系 F_{lo} 中的相对位置和相对速度。通过追踪航天器和目标航天器上绝对测量数据的差，可以得到相对位置和相对速度信息。由于量级较大的数据相减会产生较大的误差，所以这种方法只能在远距离时使用。在远距离和近距离交会过程中，对追踪航天器与目标航天器之间相对位置和相对速度的测量精度的要求不断增高，这就需要在两个航天器之间进行直接测量。从原理上讲，两个航天器都可以进行这种测量。如果由目标航天器进行测量，需要将测量结果传送给追踪航天器的 GNC 系统，这将产生额外的噪声，并存在通信中断的危险。如果由追踪航天器进行测量，则不能直接得到目标本体坐标系 F_{lo} 中航天器的相对位置或相对速度。这时，必须知道追踪航天器的敏感器轴相对于目标本体坐标系 F_{lo} 的精确姿态，从而将追踪航天器本体坐标系中的实际距离和方向的测量值转换为目标本体坐标系中需要的值。

7.1.1.1　测量参数

相对位置测量可以使用以下两种方法：

- 在追踪航天器或目标航天器的体坐标系 F_{ge} 中对距离、视线角、距离变化率和角速度进行测量（有关坐标系的定义详见 3.1 节）。假如已知追踪航天器在目标系中的姿态，这些测量值就能分解为目标本体坐标系 F_{lo} 中的 x、y、z 方向的位置和速度分量。通过两个航天器之间的距离 r，可以求出由轨道曲率引起的追踪航天器与目标航天器标称姿态坐标系之间的角度差。当两个航天器之间的距离非常近时（$r \ll R$，其中 $R =$ 轨道半径），追踪航天器和目标航天器 F_{lo} 坐标系的角度方向趋向一致，其偏差将小于姿态测量精度和在轨计算精度。例如，当距离小于 1 km 时，追踪航天器和目标航天器标称坐标系的角度对准偏差应 $<0.009°$。

- 在追踪航天器和目标航天器上使用相同类型的工具和方法，对它们相对于一系列外部参考点的距离或距离距离变化率进行测量。由各个航天器单独测量值之间的差就可以计算出其差分结果，并不需要求出全部结果的差。这就是 7.3.3 节中 RGPS 所使用的测量原理。由于追踪航天器和目标航天器的参考点、工具和方法都相同，且两个航天器之间的距离与它们距参考点的距离相比很小，所以它们的主要误差相同，并且可以让两个航天器的测量数据相减从而消除误差。

在逼近的最后阶段，为了获得对接轴，需要在追踪航天器和目标航天器对接坐标系之间，对相对平移运动和旋转运动同时进行控制，因此额外需要知道相对姿态和相对姿态变化率方面的信息。同样，从原理上讲，两个航天器之间的相对姿态可以从两个航天器在本体轨道坐标系中绝对姿态的差值得到。然而，由于潜在的累积误差以及对接装置接收范围的限制，在大多数情况下，必须直接在两个航天器对接口之间进行相对姿态的测量。以下原因会导致对接接口实际姿态与标称相对姿态之间产生偏差：

1）两个航天器的对接轴在标称姿态坐标系中存在潜在的未知对准偏差，例如，可能由热膨胀造成的偏差。

2）对接轴的运动。对接轴的运动与航天器标称姿态坐标系相对于 F_{lo} 坐标系的运动相互独立，例如，可能是由航天器结构挠性引起的运动。

3）由控制行为引起的与标称姿态的瞬时偏差（见图 8-30）。

对空间交会导航最重要的一项要求，是所有参数的测量误差应该随着两个航天器之间距离的缩短而不断减小；其次，在对接口附近，导航误差要尽可能地小以确保控制误差在对接装置的接收范围之内（见 8.3.6 节）或在内部停靠区的容许范围之内（见 5.3.1 节）。为了导出对敏感器的要求，下面将讨论测量误差对轨道的影响、减小机动误差的可能性或通过其他方法在轨道顺序中实现误差收敛的可能性。

7.1.1.2　位置测量误差

只有在 z 方向上（R 轴）的位置测量误差会对轨道机动产生显著影响。在 4.3.1 节中已经讨论过，横向测量误差 Δz_m 能够通过两种方式转变为 x 轴方向上的误差。

第 1 种情况（a）：如果追踪航天器与目标航天器处在同心却不同半径的共面轨道上，则由方程（4-16）可知，会产生一个观察不到的高度差 Δz_m：

- 经过 1 个轨道周期后（切向推进转移），沿着轨道方向会产生一个位置误差 $\Delta x = 3\pi\Delta z_m$；
- 经过半个轨道周期后（径向推进转移），相应地会产生一个位置误差 $\Delta x = 3/2\pi\Delta z_m$。

第 2 种情况（b）：如果追踪航天器在目标航天器轨道的上方或下方，且在轨道方向上具有与目标航天器相同的速度，由方程（4-17）可知，会产生一个观察不到的高度差 Δz_m

- 经过 1 个轨道周期（T）后，沿着轨道方向会产生一个位置误

差 $\Delta x = 12\pi\Delta z_m$；

- 经过半个轨道周期（$T/2$）后，会在 x 轴方向产生误差 $\Delta x = 6\pi\Delta z_m$，并在 z 轴方向产生误差 $\Delta z = 7\Delta z_m$。

在此引用 4.3.1 中给出的数值作为参考。当测量误差 $\Delta z = 10$ m 时，其结果为：

情况(a)在 $T/2$ 时，$\Delta x = 47.12$ m；在 T 时，$\Delta x = 94.25$ m。

情况(b)在 $T/2$ 时，$\Delta x = 188.5$ m；$\Delta z = 70$ m；在 T 时，$\Delta x = 377$ m，$\Delta z = 0$。

能否应用情况（a）或情况（b）中的测量误差，取决于能否实现精确的速度测量。因为在大多数情况下，速度测量的精确度小于位置测量的精确度，情况（b）被认为是最差的位置误差情况。

7.1.1.3 速度测量误差

4.3.1 节中指出，除了位置误差外，速度测量的误差也会导致最终位置的偏差。由方程（4-18）可知，在轨道方向上的速度测量误差 ΔV_{xm} 将会产生如下影响：

- 经过半个轨道周期后，（径向推进转移）其位置误差为 $\Delta x = -\dfrac{3}{2}\Delta V_{xm}T$ 和 $\Delta z = -\dfrac{4}{\omega}\Delta V_{xm}$。

- 经过 1 个轨道周期后，其在 z 轴方向的位置误差为 0，在 x 轴方向的位置误差为 $\Delta x = -3\Delta V_{xm}T$。

在此引用 4.3.1 节中的数值作为参考。在轨道方向上，0.01 m/s 的速度测量误差，经过 1 个轨道周期后，将会在 x 轴方向产生 170 m 的位置误差，在 z 轴方向则没有位置误差；经过半个轨道周期后，将会在 x 轴方向产生 85 m 的位置误差，在 z 轴方向产生 36 m 的位置误差。

z 轴方向上的速度测量误差 ΔV_{zm} 的影响与 x 轴方向上的速度测量误差 ΔV_{xm} 的影响相比要小得多，即 ΔV_{zm} 在 x 轴方向和 z 轴方向造成的误差分别是 ΔV_{xm} 的 0.21 倍（$2/3\pi$）和 0.25 倍（见方程（3-34））。在 y 轴方向上的速度测量误差 ΔV_{ym} 只在 y 轴方向上产生位置误差，它对 y 轴位置误差的影响与 ΔV_{zm} 对 z 轴位置误差的影响相同。

为了保证航天器的最终位置误差在任务允许的范围（该范围与距离相关）之内，速度测量误差必须随着距离的减小而线性减小否则，速度测量误差必须在整个使用范围内具有对应最小距离时的性能。

7.1.1.4　角度测量误差

对于需要通过观测角（LOS）和距离来计算位置和速度的敏感器来说，视线角的测量精确度需要与距离的测量精确度相匹配。横向误差 $\Delta z = r \cdot \sin\Delta\alpha$，其中 $\Delta\alpha$ 就是观测角的测量误差。为了达到相应的 0.1% 的距离测量精度，观测角的测量精度至少应该达到 $0.05°$。考虑到距离测量误差和观测角测量误差可能同时存在，因此对它们的精确度的要求应该更高一些。

在此没有考虑测量误差对绝对姿态的影响，因为绝对姿态不是由交会敏感器测量的。只有在逼近的最后阶段，当进行直线闭环控制轨道时才需要对航天器的相对姿态进行测量。相对姿态测量误差将在后面讲到捕获条件时进行论述。

7.1.1.5　对轨道策略和轨道安全的影响

从上面的论述中可以看出，对于开环转移来说，在横向位置上恒定的测量精度并不能实现最终的接触条件。但是，如果测量精度是距离的确定的百分数的话，即测量误差随着航天器之间距离的减小而逐步减小的话，则在一定程度上较大的测量误差，可以通过一系列较短距离的逼近策略进行补偿。但是这种方法所需的时间较长，而且推进剂消耗也较大。

例 1

在图 7-1 中，假定沿着轨道轴进行切向推进转移，即每次转移都需要 1 个轨道周期。使用两种敏感器：第 1 种敏感器的横向位置测量精度为目标距离的 0.1%；第 2 种敏感器的横向位置测量精度为目标距离的 1%。下面将对比一下当航天器从距离目标空间站

100 km的位置转移到距离目标空间站 1 000 m 的过程中两种敏感器的性能。

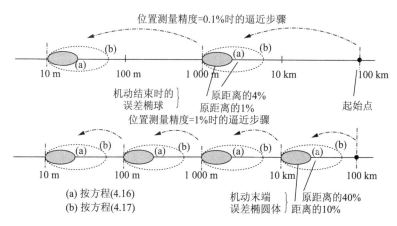

图 7－1 敏感器的距离测量精度为 0.1％和 1％时的逼近步骤

对于横向测量精度为 0.1％的敏感器来说，到达终点时，在情况（a）中其距离误差大约为初始距离的 1％，即其测量误差为 1 000 m；在情况（b）中其距离误差大约为初始距离的 4％，即 4 000 m。

对第 2 种敏感器来说，它的横向测量误差为 1％，到达终点时，在情况（a）中其距离误差大约为初始距离的 10％；即其测量误差为 10 km；在情况（b）中其距离误差大约为初始距离的 4％，即 40 km。

对于横向测量精度为 1％的敏感器来说，在情况（b）中，转移的终点在 x 轴方向上与目标的距离必须大于 40 km，以避免与目标相撞。因此，对于这种敏感器来说，从 100 km 到 1 km 的转移至少需要分两步实施，而精确度为 0.1％的敏感器在相同要求下直接就可以达到要求的最终绝对偏差。

这个例子表明，敏感器的测量精度限制了机动的距离。当使用的敏感器的性能较差时，通过将整个机动分解为一系列短距离的机动转移，仍可实现要求的最终精确度。在任何情况下，机动终点周围椭球形的误差范围必须达到任务要求的与目标航天器之间的安全距离范围，以保证两个航天器不会发生碰撞，因此对敏感器的误差范围也会有相应的限制。

对于切向推进转移来说，横向测量误差在经过 1 个轨道周期后，只会在 x 轴方向（V 轴）产生位置误差，而在径向推进转移中，经过半个轨道周期后，其位置误差也会包含较大的 z 轴方向分量。这将使每步转移后位置误差的修正十分复杂，因为这既需要产生切向修正 ΔV，又需要产生径向修正 ΔV。图 7－2 表示了由 z 轴方向的位置测量误差和 x 轴方向的速度测量误差引起的到达位置的偏差。位置测量误差和速度测量误差的结合也会产生轨道安全评估方面的问题，这一点将通过下面的例子予以说明。

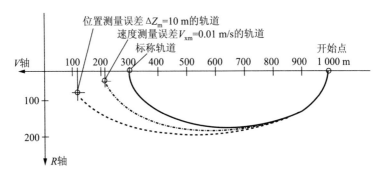

图 7－2　径向推进转移后由于测量误差引起的偏差

例 2

考虑一个沿 V 轴从距离目标 1 000 m 的初始位置向距离目标 300 m 的目标位置的径向推进机动：其敏感器在 z 轴方向的位置测量误差为 -10 m，在 x 轴方向的速度误差为 -0.006 m/s。假定追踪航天器的实际状态为：在 V 轴下方 10 m 处，相对于目标航天器的速度为零，则在这种情况下，敏感器测量的数据表明，追踪航天器正好在目标轨道上，且其相对于目标航天器的速度为 -0.006 m/s，即满足沿 $-V$ 轴逼近的安全条件。在实际的初始条件下，经过半个轨道周期后，其在 x 轴方向的位置误差为 190 m，在 z 轴方向的位置误差为 70 m。

这个例子表明，对于一个初始于 1 000 m 处并最终停在距离目标几百米处的开环径向推进机动来说，假定距离测量精度为 1%，速度测量精度为 0.006 m/s，是不能达到要求的末段转移的条件。

7.1.1.6　差分速度测量

在许多情况下，要么无法直接测得航天器的相对速度，要么测得的速度在精确度上达不到任务的要求。如果一个敏感器只能测量位置的话，可以通过一段时间内的位置变化求得航天器的平均速度。例如，如果其位置测量精度为 10 m，若要获得 0.006 m/s 的速度测量精度，即在例 2 中在 1 000 m 处开始机动时假定的速度测量精度，就需要有 166/s 的连续测量时间。如果能直接测量速度，所需测量时间当然会减少。当直接速度测量的精度为 0.1 m/s 时（在进入目标轨道的机动实施前，其逼近速度应为 10 m/s，在靠近阶段应为 1～2 m/s），要达到同样的测量精度，需要的测量持续时间仅为 16.7 s。然而，在近距离开环控制转移中，要求敏感器的位置测量误差和速度测量误差应随着与目标距离的减小而不断减小，这一要求最终将导致敏感器无法实现其在精确度和测量持续时间方面的测量要求，出于轨道安全方面的考虑，当追踪航天器与目标航天器之间的距离小于某一距离时，开环控制转移将不再适用。

7.1.1.7　中途修正和闭环控制

可以通过一次或多次的中途修正或对根据标称推进计算出来的标称轨道的闭环控制（见 4.4.1 节），来改善脉冲转移机动的位置精度。从理论上讲，在单个中途修正机动中最终位置误差能够减小到原来的一半，通过在 3/4 轨道周期处的进一步的修正机动，其最终位置误差能够减小到原来的 1/4。由于每次机动都会产生新的误差，这种理论上的改进方法在实际中有可能实现不了。

当整个转移轨道全部采用闭环控制时，到达位置的误差是由测量误差和一些附加控制误差组成的。连续闭环控制最主要的优点是可以通过控制将初始测量误差的影响消除。这是因为在闭环控制轨道中，位置误差是实际轨道点到目标的距离的函数，而在开环控制转移中，位置误差是机动开始时刻追踪航天器与目标航天器之间的距离的函数。因此，在连续控制的双脉冲转移轨道中，对位置测量和速度测量在各个方向上的要求与开环转移相比要宽松一些。

对于闭环控制轨道来说，如果可能的话，其测量精度的数量级应该比被控制值的数量级高（至少为 2～3 倍）。前面已经论述过，在逼近的最后部分需要进行直线转移。最后的直线逼近过程中，需要对位置和速度分布同时进行精确地控制，这将产生额外的速度测量的要求。

7.1.1.8　捕获时的测量要求

捕获阶段对测量和控制的要求非常苛刻，捕获阶段的限制条件如下。

- 在对接时，对接装置的有效接收范围，表现为对横向位置和角度的偏差要求和对碰撞速度的要求（见 8.3 节）；
- 在停靠时，内部停靠区的位置和大小（见 5.3.1 节）。

对实现捕获操作界面，GNC 系统需要对以下参数进行控制并达到下述性能。

- 在对接过程中需要控制的参数包括：逼近速度、横向位置对准误差、横向速度、角度对准误差和角速度。根据对接装置的类型和航天器的特性，这些参数的取值范围为：

  —逼近速度＝0.03～0.3 m/s；

  —横向位置对准误差＝0.05～0.2 m；

  —横向速度＝0.01～0.05 m/s；

  —角度对准误差＝$1°～5°$；

  —角速度＝0.05～0.25（°）/s。

- 在停靠的过程中，无动力情况下航天器的标称速度必须为零，应该达到的典型性能值为：

  —x 位置、y 位置、z 位置＝0.1～0.5 m；

  —残余速度≤0.01 m/s；

　　——角度对准误差≤10°；

　　——角速度≤0.1（°）/s。

　　由于捕获过程需要一定的时间，因此停靠时的线速度和角速度偏差要比初始性偏差和角度偏差更为重要。

　　在第4章已经讨论过，导航误差不是捕获阶段的轨道偏差和对准误差的唯一来源，因此它只构成总误差的一部分。图7-3用饼状示例图说明了在最终的闭环控制对接转移中各个误差来源所占的比例。对接过程中最终对准精度产生影响的因素主要有：

图7-3　对接接收距离的误差分配图

- 敏感器测量误差。包括敏感器噪声和任何没有补偿掉的由敏感器自身引起的或是由于敏感器和对接轴之间没有对准而引起的偏差。
- 控制误差。包括航天器所有的实际状态与制导设定值以及敏感器测量状态之间的偏差。
- 尚未补偿的敏感器轴和追踪航天器对接轴之间以及目标反射

　　　轴和目标对接轴之间的对准偏差。例如，可能由校准残余误
　　　差、发射冲击以及热变形等所导致。
　　• 因敏感器带宽限制而不能检测到的目标运动。
　　• 所有其他未知的偏差和干扰容差。

7.1.1.9　一些关于测量性能的结论

　　从上面的论述，可以得到下列有关相对导航敏感器性能影响的
结论。

脉冲转移

在开环回路中：

　　• 最主要的轨道偏差是由 z 轴方向（R 轴）上的位置测量误差
　　　和 x 轴方向（V 轴）上的速度测量误差引起的。
　　• 对于开环转移来说，其转移结束位置与目标航天器之间的距
　　　离要足够远，以防止由最终的转移位置偏差而引起的两个航
　　　天器发生碰撞的危险。初始的位置精度（在各个坐标轴上）
　　　一般为距离的 0.1% 或 <0.1%。如果测量精度只有 1% 的话，
　　　则两次脉冲转移后会导致对中短距离交会无法接受的最终位
　　　置偏差。
　　• 利用测量精度随着与目标航天器之间距离的减小而提高的特
　　　点，开环控制转移的精确度可以通过中途修正得到改善。为
　　　了使 1% 的距离测量精度能用于直至距离目标航天器 1~2 km
　　　处的逼近，除了减小转移距离之处，实施单次或多次中途修
　　　正也是必要的。对于转移到距离目标航天器数百米处且具有
　　　中途修正的逼近来说，其横向位置的测量精度不能大于与目
　　　标航天器距离的 0.1%。
　　• 如果横向位置是由距离测量和 LOS 测量计算出来的，则距离
　　　测量精度至少应为横向位置精度的一半。
　　• 如果要求横向位置测量误差小于与目标距离的 1%，且距离测
　　　量误差为 0.5%，那么观测角的测量精度必须 ≤0.25°；如果
　　　要求横向位置测量误差为 0.1% 时，相应地其视线角测量精度

也应该提高 10 倍。

- 在脉冲推进转移中，轨道方向上 0.01 m/s 的速度测量误差，经过半个轨道周期后，在 x 轴方向产生的位置误差为 85 m，在 z 轴方向产生的误差为 36 m，经过 1 个轨道周期后，在 x 轴方向产生的位置误差为 170 m。当与目标的距离小于 1～2 km 时，这种误差是不能接受的。对于到达目标航天器数百米的逼近，速度测量性能必须提高一个数量级。

为了从距离测量中实现要求的速度测量精度，可能需要较长的积分时间。在闭环回路中：

- 在脉冲转移中，通过对标称轨道的闭环控制可以减小到达位置的偏差。测量误差是实际轨道点到目标距离的函数，在闭环控制转移中，如果敏感器的距离测量精度为 1%，再加上其他误差的影响，将可实现实际距离几个百分点的位置精度。
- 对于闭环控制的双脉冲推进转移来说，如果在轨道各个点上位置测量的精度足够高的话，那么对初始速度测量精确度的要求就会相对宽松一些。距离测量精度为 1% 的连续位置控制能在转移持续期内为初始速度误差的有效修正提供充足的时间。

直线转移

这种情况下：

- 对于以捕获为结束点的闭环控制轨道来说，必须牢记有许多误差都会影响到最终位置的精度，如图 7-3 所示。因此，测量误差必须比期望的最终精度小 2～5 倍。
- 对于具有速度分布的闭环控制轨道来说，如果可能的话，速度测量精度要比期望的速度精度要好一个数量级（至少为 2 倍）。例如，如果接触前最后几米逼近中的标称速度为 0.1 m/s，其控制精度为 20%，则其速度测量精度必须 <1 cm/s。
- 为了通过位置测量而达到这种速度精度，必须以 1 Hz 或更宽

的带宽对距离和观测角进行测量。在短距离内目标航天器的
运动，如姿态控制运动或结构振动等，会对敏感器的带宽产
生额外的要求。追踪航天器所无法跟随的目标航天器的横向
运动是对接误差的主要成分。

- 如果要求对接轴角度对准的误差＜5°，那么相对姿态的测量
  精度必须为1°左右。

以上讨论的目的是展示影响敏感器性能的主要因素，而不是为
了列出一份完整的交会敏感器的性能指标清单。这种指标清单只有
在定义了逼近策略，包括轨道类型和转移距离；确定了中途修正方
案和对轨道的闭环控制；并对其他的轨道偏差源（如外部干扰和推
力误差等）进行了正确的分析之后才能确定下来。

7.1.2　测量原理

可以使用以下的基本物理现象及原理对空间交会过程中的导航
参数进行测量。

7.1.2.1　距离、范围

- 三角测量。可以由测得的角度及已知的目标尺寸计算出与目
  标的距离：对追踪航天器相对于目标航天器上一系列参考点
  的方向角的测量，反之亦然（必须知道这些参考点之间的相
  对位置和尺寸）；对目标航天器上某一特征图像在追踪航天器
  摄像机焦平面上的成像大小的测量，反之亦然（必须知道装
  置的维数）。
- 对电磁波信号从发射机到接收机的传播时间进行测量，必须
  知道信号发射的时间 t_0（见图7-5）。
- 电磁波信号从发射机到接收机的相位的变化，需要知道信号
  发射时的初始相位（见图7-5）。
- 对速度测量值在一定时间内进行积分。这种方法只能求出在
  测量期间的距离变化，并不能求出绝对距离。

7.1.2.2　距离变化率

- 发射频率到达接收机时的多普勒频移（见图7-7），需要知道

发射机的频率。

- 对距离测量值关于时间求微分，这要求在距离测量中的噪声要足够低。

7.1.2.3　视线方向

- 对一个目标点或目标图像中心在照相机焦平面上的位置进行测量（见图 7—30 和图 7—31）。
- 由安装在一个航天器上的具有固定间隔的两个天线对由另一航天器上的目标发射或反射的某一电磁波信号的相位延迟之差进行测量（见图 7—10）。
- 由安装在一个航天器上的具有固定间隔的两个天线对由另一个航天器上的目标发射或反射的某一电磁波信号的时间延迟之差进行测量（见图 7—10）。
- 对由其他航天器发射或反射的信号进行测量，包括对信号幅度和旋转接收天线瞬时角度的测量。该天线必须具有合适的模式，具有明确的最大和最小强度（见图 7—11 和图 7—12）。
- 对由另一航天器发射或反射的窄波束信号在接收端的万向架转角或电子扫描角进行测量（扫描器的类型见图 7—9）。

7.1.2.4　相对姿态

- 三角测量。通过下述方法在目标航天器上建立一个 3 轴坐标系：对同一平面上至少 3 个不同的已知点的距离和方向进行测量（见图 7—29）；对至少 4 个已知目标点在照相机焦平面上的目标成像的相对位置进行测量，构成一个三维实体（见图 7—31）。
- 通过两个天线模式图的叠加对单个坐标轴进行测量，即一个具有音频调制的固定天线和一个旋转天线：一个全方向天线发射一个音频调制信号，另一个具有特殊天线特性的天线按照调制频率旋转，测量两个音频信号之间的相位差；这与飞机导航中的甚高频（VHF）全向测距（VOR）相似（见图 7—13）。

- 由两个具有不同调制频率的天线波束实现的对振幅差的单轴测量，或由 4 个具有不同调制频率的天线波束实现的对振幅差的双轴测量（与飞机导航中的仪表着陆系统（ILS）相似（见图 7—14））。

7.1.2.5　角速率

- 对 LOS 和相对姿态测量值关于时间求差分。
- 陀螺仪。陀螺效应（机械原理：角动量守恒；光学原理：Saganc效应）是唯一的直接检测角速率的物理现象。陀螺仪只能检测自身航天器相对于惯性坐标系的角运动，它不能检测诸如由于目标航天器的横向运动而引起的 LOS 速率或由于目标航天器姿态的改变而引起的相对姿态速率。

7.2　射频敏感器

7.2.1　距离和距离变化率的测量原理

7.2.1.1　距离测量的基本原理

目标距离可以通过对信号传播时间的测量或通过对接收信号和发射信号的相位变化的测量得出。这就要求记录信号传播的时间或发射端和接收端的相位。电磁波的传播时间 $t_2 - t_1$ 与传播距离 r 之间的关系为

$$t_2 - t_1 = \frac{r}{c} \qquad (7-1)$$

其中，c 为光速。

相位变化 $\phi_2 - \phi_1$ 与传播距离之间的关系为

$$\phi_2 - \phi_1 = \frac{2\pi r}{\lambda} = \frac{2\pi r f}{c} \qquad (7-2)$$

其中，λ 为信号的波长，f 为信号的频率。在通常情况下，时间和相位差只有在发射的信号被目标反射回来并且反射信号又被接收机收到后才能测量出来（7.3.2 节中的情况是个例外）。在所有的实际情

况中，发射机产生一个调制过的射频信号，通过天线发射给目标。信号的部分信号能量被目标沿着发射方向反射回来，或由目标航天器上的应答机将信号再发射回来，并由位于发射机位置上的天线接收回来。如果航天器具有在发射信号和接收信号之间相互转换功能的话，发射天线和接收天线就可以使用同一个天线。由于是调制信号，所以返回信号（回波）可以与发射信号进行相互对比参考。

7.2.1.2　脉冲调制信号测距

用高频载波被调制成脉冲的形式。接收脉冲的前沿时间被与相应的发射脉冲的前沿时间相关联（见图 7－4）。由于信号往返传播的距离 R 是实际距离的 2 倍，所以由方程（7－1）可知，其总时间也是原来的 2 倍

$$T = \frac{2R}{c}$$

因此距离为

$$R = \frac{1}{2} T \cdot c \qquad\qquad (7-3)$$

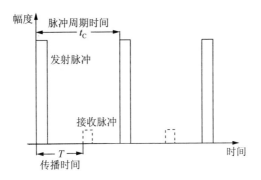

图 7－4　通过时间延迟测量距离的功能原理

在脉冲雷达中，同一信号被重复地发射出去，为了防止发射信号和接收信号之间产生干扰，只有在接收到前一个信号的回波信号以后才能发射下一个脉冲信号。当发射机发射脉冲信号时，接收机处于阻塞状态。这就是脉冲雷达的基本测量原理。随着现代技术的

发展，不再通过转换载波频率开关的方法产生脉冲信号，而是通过双边相位调制的方法产生脉冲信号。如果要求距离分辨率为 1 m，系统必须能够测量≤$6.6×10^{-9}$ s 的时间差。

7.2.1.3 连续波信号测距

对发射信号与接收信号之间相位差的测量需要知道信号发射时的初始相位（见图 7－5）。与上面对电磁波传播时间的测量一样，如果接收机和发射机在一起且信号被目标反射回来了，那么接收机就可以知道发射时的初始条件。CW 雷达（连续波雷达）使用的就是这种测量原理，卫星地面站通过双向遥测链路进行的所谓的"音频测距"也是基于这一测量原理。当向目标发射一个连续波后，发射信号与回波信号之间的相位差为

$$\Phi = 2\frac{2\pi R}{\lambda} \tag{7-4}$$

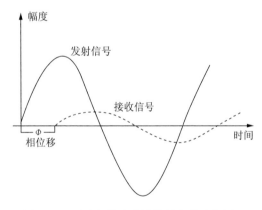

图 7－5　通过相位变化测量距离的功能原理

其中，$\lambda = c/f$ 为波长，则相应的距离为

$$R = \frac{\Phi\lambda}{4\pi} \tag{7-5}$$

由于 Φ 的准确测量范围为 $0\sim2\pi$，当距离 $2R>\lambda$ 时就会出现模糊现象。另一方面，距离测量的分辨率随着波长的减小而提高。如果测量信号的频率为 10 kHz，则能够测量的最大无模糊距离为

$$R = \frac{1}{2}\lambda = 15 \text{ km}$$

如果相位角的测量精度为 $\Delta\Phi = 0.01 \text{ rad}$，则最高距离分辨率为

$$\Delta R = \frac{1}{2}\frac{\lambda}{2\pi} = 24 \text{ m}$$

如果需要增大测量距离，就必须增大信号波长；如果要改善分辨率，则必须减小信号波长。为了解决这一矛盾，可以使用两个或多个调制频率，其中最高频率确定波长的大小用于确定分辨率，低频率则用于确定波长的大小（Hartl 1977）。也可以用不同频率的副载波来调制主载波，这样主载波就可以传输更多的附加信息。

在这种调制中通常使用相角 Φ 为 0°和 180°的相位调制，即"相移键位"（PSK）。其调制形式如图 7—6 所示，它可以用来发送脉冲信息或数字信息。本例中，逻辑"0"或逻辑"1"代表了其中的一个相位角。在雷达应用中，可以用不同长度的脉冲或"0"，"1"码表示测量时间的开始。方程（7—5）中的相位角测量可以通过载波和副载波完成，方程（7—3）中的电磁波传播时间的测量可以通过数字码完成。Kurs 系统以及卫星导航系统就采用了这种脉冲和相位相结合的雷达原理，它们将在 7.2.5 节和 7.3 节中进行讨论。

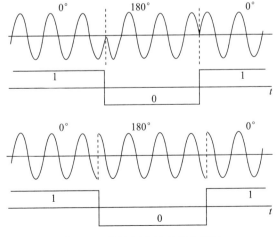

图 7—6　载波频率的双相位调制

7.2.1.4　距离变化率测量

通过多普勒效应可以来测量距离变化率。接收机收到的某一频率的"多普勒频移"与相对速度$\dot{R}$在发射机—接收机方向的速度分量成正比关系

$$\Delta f = \frac{-\dot{R} f_{\mathrm{T}}}{c} \qquad (7-6)$$

即当距离变化率为正值时，表明发射机远离接收机，它们之间的距离随着时间的增加越来越远，接收机接收到的频率 f_{R} 变低了；反之亦然，当距离随时间减小时

$$f_{\mathrm{R}} = f_{\mathrm{T}} + \Delta f = f_{\mathrm{T}}\left(1 - \frac{\dot{R}}{c}\right) \qquad (7-7)$$

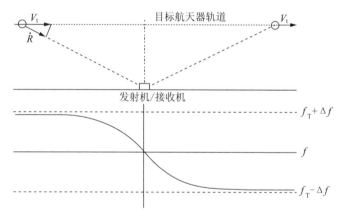

图 7-7　由目标距离变化率引起的接收频率的多普勒频移

如果信号是由目标反射回来的，则多普勒频移将是原来的 2 倍。在目标处的频率为

$$f_{\mathrm{t}} = f_{\mathrm{T}}\left(1 - \frac{\dot{R}}{c}\right)$$

在接收机端的频率为

$$f_{\mathrm{R}} = f_{\mathrm{t}}\left(1 - \frac{\dot{R}}{c}\right)$$

最终得

$$f_R = f_T(1 - \frac{\dot{R}}{c})^2 \qquad (7-8)$$

由于光速 $c \gg \dot{R}$，因此式（7-8）可以近似为

$$f_R = f_T(1 - 2\frac{\dot{R}}{c}) \qquad (7-9)$$

由此得距离变化率为

$$\dot{R} = \frac{1}{2}\frac{c}{f_T}(f_T - f_R) \qquad (7-10)$$

或

$$\dot{R} = \frac{1}{2}\lambda_T(f_T - f_R) \qquad (7-11)$$

其中，λ_T 为发射信号的波长。

这种测量原理被使用在多普勒雷达中。为了使速度的分辨率达到 0.01 m/s，则使用的敏感器必须能够测量的 $\frac{\Delta f}{f}$ 的比率为 6.7×10^{-11}，这要求发射频率的数量级为 100 GHz。

7.2.1.5　功率对作用距离的限制

雷达的最大作用距离受接收机端接收到的回波信号的最小可检测功率的限制。这意味着接收到的信号的功率必须高于噪声的功率。这些噪声既包括外部噪声，也包括接收机自身产生的噪声。热噪声最终将会对接收机的灵敏度产生限制。到达目标时信号的功率密度等于发射功率乘以发射机天线增益与以距离 R 为半径的球面面积之比

$$S_t = \frac{P_T G_T}{4\pi R^2} \qquad (7-12)$$

其中，S_t 为信号到达目标时的功率密度，P_T 为发射信号的功率，G_T 为发射天线的功率增益。目标反射的功率等于目标处的功率密度乘以目标的有效反射面积。假设目标的反射是漫反射，即全方向性反射，则接收机接收到的回波信号的功率密度为

$$S_{\text{echo}} = \frac{S_{\text{t}} A_{\text{te}}}{4\pi R^2} \qquad\qquad (7-13)$$

其中，S_{echo} 为接收机天线接收到的功率密度，A_{te} 为目标的有效反射面积，从而得到著名的"雷达方程"（Ehling，1967）

$$S_{\text{echo}} = \frac{P_{\text{T}} G_{\text{T}} A_{\text{te}}}{(4\pi R^2)^2} \qquad\qquad (7-14)$$

在此结果上再乘以接收机天线的有效接收面积 A_{re}，得出接收机接收到的信号的功率为

$$P_{\text{rec}} = S_{\text{echo}} A_{\text{re}} \qquad\qquad (7-15)$$

这一信号功率的算法适用于所有的被动反射型雷达。

7.2.1.6 目标航天器上的应答机

由于回波信号的功率与距离的 4 次方成反比，因此雷达的作用距离受到一定的限制，当超过限定距离后这一系统就不能使用了：对于远距离来说，该限定距离受回波信号信噪比的影响；对于近距离来说，受放大器饱和度的影响。用于提高回波信号功率的被动方法是在目标航天器上安装一个直角反射器（Corner-cube）。另一个可以显著提高回波信号功率的方法是在目标航天器上安装一个应答机（见图 7—8）。应答机负责将接收到的信号放大并通过一个定向天线以不同的频率转发给发射机。这种方法的优点在于其接收到的信号和发射信号之间不会产生相互干扰，并且不需要在发射模式与接收模式之间相互转换。使用这种方法时，必须知道信号通过应答机而产生的延迟时间，而且这一时间必须保持恒定。

对于方程（7—3）中的距离测量来说，应答机的延迟时间 t_{t} 不得不被加到电磁波传播时间 T 中，即 $T_{\text{tot}} = T + t_{\text{t}}$。同样，应答机的相位延迟 $\phi_{\text{t}} = 2\pi f \cdot t_{\text{t}}$ 也不得不被加到方程（7—5）中的相位变化 Φ 中，即 $\Phi_{\text{tot}} = \Phi + \phi_{\text{t}}$。

多普勒雷达中，应答机转发的频率必须与接收到的频率有一个固定的比例关系，例如，采用因数 n，以便准确计算双向多普勒频移

$$\frac{f_{\text{t1}}}{f_{\text{t2}}} = n$$

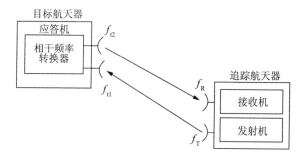

图 7−8　应答机的频率转换和转发

则接收端的频率为

$$f_R = nf_T(1 - \frac{\dot{R}}{c})^2 \qquad (7-16)$$

由于光速 $c \gg \dot{R}$，因此可以将其近似为

$$f_R = nf_T(1 - 2\frac{\dot{R}}{c}) \qquad (7-17)$$

于是，可得距离变化率为

$$\dot{R} = \frac{1}{2}\lambda_T(\frac{1}{n}f_R - f_T) \qquad (7-18)$$

7.2.2　方向和相对姿态的测量原理

在射频敏感器中方向测量和相对姿态测量所使用的许多测量原理以及此后所描述的各种测量原理都能在关于飞机导航系统的文献中找到，例如 Kendal（1987）和 Jenkins（1991）。

7.2.2.1　视线方向测量

通过窄波束天线的指向测量 LOS

通常测量视线方向最直接的方法就是测量窄波束天线所指向的目标方向（见图 7−9）。发射/接收天线安装在一个两轴的万向架系统上，测得的万向架转角就是回波信号振幅最大的方向。通过在预期目标方向附加进行扫描就能找到最大的回波信号振幅。由于反射

信号的传播时间远远小于扫描周期，因此发射和接收时万向架的转
角是相等的，且在角度读出器的精度范围之内。电磁分解器、光学
编码器或者类似的设备都可以作为读出器使用。这种通过扫描天线
来测量视线角的原理来自雷达型敏感器得来的，它依据方程（7－3）
或方程（7－5）进行距离测量，还可依据方程（7－10）或方程
（7－11）进行距离变化率的测量。

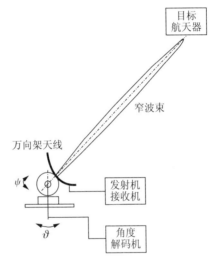

图 7－9　通过指向目标的窄波束来测量视线方向

　　除了采用移动整个天线抛物面反射器的万向架系统，扫描也可
以通过天线馈电器的角运动或对天线波束的电磁偏转（电子扫描）
来实现。若可实现的扫描角度能满足要求，出于使设备小型化和轻
型化考虑，应优先采用这些方法。

通过时间延迟或相位变化测量 LOS

　　在这种类型的敏感器中，对时间延迟或相位变化的测量是从安
装在同一条基线上距离为 d 的两个天线接收到的信号中得到的。如
果波前与基线平行，则两个天线接收到的信号的相位相同。如果波
前与基线不平行，那么相位变化和时间延迟将取决于两个天线之间
的距离 d。天线 1 接收到的信号为（见图 7－10）

$$a_1(t) = a \cdot \sin(\omega t)$$

天线 2 接收到的信号会产生相位变化 τ

$$a_2(t) = a \cdot \sin(\omega t + \tau) \qquad (7-19)$$

或产生时间延迟 Δt

$$a_2(t) = a \cdot \sin[\omega(t + \Delta t)] \qquad (7-20)$$

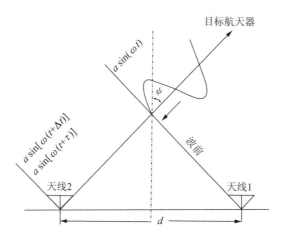

图 7−10　通过两个天线来测量视线方向的功能原理

从相位变化中可以得到基线的垂线与指向信号源的视线之间的夹角 ψ

$$\tau = \frac{2\pi d}{\lambda} \sin \psi \qquad (7-21)$$

同样，从时间延迟中也能得到 ψ

$$\Delta t = \frac{d}{c} \cos\psi \qquad (7-22)$$

视线角 ψ 的分辨率将随着基线长度 d 的增大、时间延迟 Δt 和相位变化 τ 的测量精度的增加而改善。在后一个情形中，视线角 ψ 的分辨率实际上是通过减小波长 λ 而改善的。

通过幅值和天线旋转角测量 LOS

天线的偶极特性具有两个明确的零接收方向（见图 7−11），他们可以用来搜索方向。当必须测量高达 360°的方位角时，将会产生模糊的结果。然而，在许多应用中，通常已知目标的大致搜索范围，因此不会产生这种模糊的结果。在偶极天线中，旋转角引起的感应电压为

$$V(\psi) = V_{max}\sin\psi \qquad (7-23)$$

如果需要对方向角进行全方位 $360°$ 的测量，则偶极特性可以叠加到具有相同敏感度的圆形天线模式上。其产生的新的天线模式为心形线（见图 $7-12$），它有一个零点。在这种配置下旋转角引起的联合感应电压为

$$V(\psi) = V_{max}(1 + \sin\psi) \qquad (7-24)$$

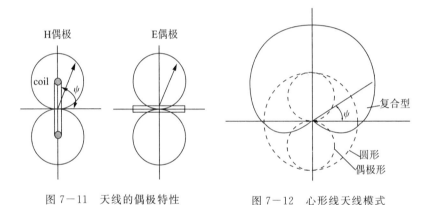

图 $7-11$　天线的偶极特性　　　　　图 $7-12$　心形线天线模式

7.2.2.2　相对姿态的测量

通过目标上的音频调制和旋转模式测量相对姿态

在发射机一方，天线（1）沿圆周有特定的单一最大或最小旋转角度，如心形特性，以频率 n 进行旋转，发射一个没有调制的载波信号。接收天线所收到的信号将按发射天线的旋转频率 n 进行调幅。发射机第 2 个天线（2）具有圆形特性，发射一个频率为 n 的音频调制信号。通过对天线（1）的旋转频率和天线（2）的幅度调制的调整，可以使接收机在某一特定方向上从两个发射天线接收到的信号具有相同的相位。相对于这个特定方向的其他角度的位置，可以直

接通过两个接收信号的相位差来确定（见图 7－13）。这一原理被用于飞机导航，如甚高频全向测距（VOR）。

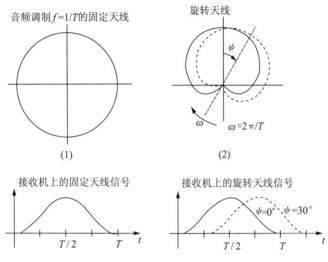

图 7－13　通过固定的和旋转的天线模式测量相对姿态

通过具有不同音频调制的天线波束测量相对姿态

两个天线在不同的角度以相同的载波发射各自的模式或波束，但调制频率不同，分别为 f_1 和 f_2。接收机针对每一个载波都有一个相应的通道，当接收机正好位于两个模式中心线夹角的正中间时，接收到的两个辐射信号的幅度相等。当接收机位于两个模式中心线夹角的角平分线的一侧时，在接收到的信号中，一个调制频率的信号幅值会变大，而另一个调制频率的信号幅值会变小。这样就可以通过接收到的两个调制频率为 f_1 和 f_2 的信号的幅值比来确定目标的角位置。图 7－14 表示了两种情形：第 1 种是两个偶极天线叠加的模式图，第 2 种是两个窄波束天线的模式分布。第 1 种方向图能够确保在某一象限内的无模糊测量，而第 2 种只能在较小的角度范围内使用，但它具有更高的精确度。这种类型的角度位置测量通常用在飞机的仪表着陆系统（ILS）中。

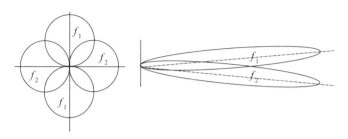

图 7-14　通过具有不同调制频率的天线波束测量相对姿态

7.2.3　测量环境和干扰

通常用分辨率、偏差和噪声来描述一个敏感器的性能。然而，在现实中还存在其他一些干扰，它们会对敏感器的性能产生影响。这些干扰和影响既不是敏感器自己产生的，也不是测量链中固有的，它们是由测量过程所在的环境影响引起的或只会在某些特定的环境中出现，而在其他的情况下不会出现。把这些外部影响称之为"测量环境"（见图 7-15）。

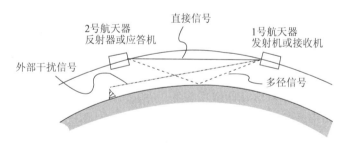

图 7-15　由地球和外部干扰反射的多径信号

测量环境中的主要干扰是由以下影响造成的：

- 由发射机所在的航天器上的结构元件引起的发射信号的多重反射，导致传输的目标信号发生混叠或模糊。
- 多径干扰，即由于外部物体对电磁波的反射或折射而引起信号通过不同的路径到达接收机。例如，地球和/或电离层对发

　　射机或应答机信号的反射；电离层和大气层对信号的折射和
　　延迟；目标航天器不同表面对发射机或应答机信号的多路径
　　反射；接收航天器不同表面对接收信号的多路径反射。
- 由发射航天器或接收航天器上的结构元件引起的对发射方向
  的遮蔽现象。
- 来自其他信号源的相同频率信号的干扰。

　　当与目标的距离很远且返回信号十分微弱时，以上的某些干扰
会对信号的接收产生很大的影响。上面所列举的最后一种干扰，即
其他信号源的同频信号，就属于这类干扰。同样，由地球引起的多
路径干扰将在距离较远时产生影响。与此相反，由目标结构引起的
多路径干扰和遮蔽现象将在距离目标较近的范围内产生影响。

　　可以通过对航天器和天线的正确设计来消除由发射天线附近结
构元件引起的信号反射干扰。也可以根据特殊的任务或应用，使用
专用的频率，从而避免由外部信号源产生的同频干扰。还可以使用
前面提到的被动式直角反射器，在目标航天器上定义一个参考点，
这样就可以根据信号的功率将所需的反射信号与其他的对该信号的
虚假反射区分开。如上所述，目标航天器上的应答机将会改善接收
机对其他虚假反射信号以及由目标航天器结构引起的折射信号的分
辨能力，但这需要在目标航天器上增加主动设备和功率消耗。

7.2.4　对射频敏感器应用的综合评估

　　射频敏感设备已经被应用在到目前为止的所有的空间交会任务
中，用来完成对距离、方向或位置的测量。例如，在美国的空间交
会任务中，从双子星号到航天飞机都使用了空间交会雷达，以及俄
罗斯（苏联）空间计划中使用的"Kurs"射频系统。俄罗斯的
"Kurs"系统综合利用了前面论述的各种距离测量和角度测量的原
理，在随后的章节中将把它作为射频敏感器的应用实例进行详细论
述。卫星导航是射频敏感器的一种特殊形式，它将电磁波传播时间
测量和相位测量的原理应用于一系列导航卫星的发射信号中。由于

其特殊性，它与前面所讨论的射频敏感器原理有很大的不同，也鉴于它对未来空间交会任务的重要性，在 7.3 节将单独对其进行论述。

　　本书曾在 5.3.2 节中对交会任务中敏感器作用距离的限制进行了讨论，并在图 5-10 中给出了距离和精确度的关系图。除了发射功率的限制外，射频敏感器的最大探测距离还取决于天线孔径的大小。天线的有效孔径或有效面积为

$$A_e = \frac{D\lambda}{4\pi}$$

其中，D 为天线的方向性，它代表频率与天线大小之间的关系。假设在距离 R 处有一个接收天线，利用上面接收天线有效面积的关系式，我们可以将方程（7-12）扩展为（Kayton and Fried，1997）

$$\frac{接收功率}{发射功率} = \frac{A_{re}A_{te}}{R^2\lambda^2} \qquad (7-25)$$

其中，A_{re} 为接收天线的有效面积，A_{te} 为发射天线的有效面积，R 为接收天线与发射天线之间的距离，λ 为信号的波长。

　　方程（7-25）表明，在天线面积确定的情况下，接收功率随着信号频率平方的增大而增大。因此必须使用甚高频（千兆赫范围）以使质量和功率最小化。方程（7-12）和方程（7-25）还表明，对于射频测量系统（除了卫星导航系统以外，见下节），受可用功率的限制，其最大作用距离也将受到限制。

　　射频敏感器典型的工作距离是逼近段的中远距离，而对于非常近的距离则需要付出很大的努力来减小干扰并提供所需的性能，所以并不适用。对于中远距离来说，发射信号还必须足够地强（见上面讨论的功率和天线大小的关系），因此上述射频敏感器的功率消耗和质量也相对较大。

　　以上论述表明，射频测量原理适用于空间交会任务中要求的所有导航参数的测量，即距离、LOS、距离变化率和相对姿态。在自动船载交会系统早期的发展过程中，所有的敏感器设计都基于射频技术（见 7.2.5 节），没有其他的选择。然而，随着新的科学技术的发展，现在在许多情况下，其他的敏感器原理在测量性能或质量以

及功耗方面反而更有优势。例如远距离和中距离的卫星导航，以及近距离的光学敏感器，将在随后的 7.3 节和 7.4 节中对此进行说明。

7.2.5　实例：俄罗斯 Kurs 系统

　　Kurs 系统在俄罗斯的联盟号飞船和进步号飞船的交会导航中已经使用了很长一段时间，它首先应用在向和平号空间站的逼近任务中，随后又应用在向国际空间站的逼近任务中。Kurs 是一个将各种射频敏感器原理应用到同一个导航系统的实例。Kurs 系统能够在从数百千米处一直到接触的整个逼近过程中，为航天器提供所有必需的导航测量。在此将对它的功能进行一个简要的概括，因为这个系统是到目前为止唯一的一个在自动空间交会和对接任务中使用的敏感器系统，而且俄罗斯今后还要继续使用这个系统。可以将 Kurs 系统看成是对新技术进行评价的标准。下面的描述基于各种出版物（Suslennikov 1993；数据手册：Service Module 2000；数据手册：Soyus/Progress 2000）和致本书作者的一封信中提供的更新材料（Semyachkin，2001），反映了 2001 年 Kurs 的设计情况。

　　Kurs 系统具有如下功能：
- 通过两个全向天线识别目标所在方向的半球，从而指引追踪航天器对接口向目标位置所在半球逼近。
- 在目标所在半球内，通过大角度的扫描天线识别目标方向。
- 通过调制信号在从追踪航天器发射到目标航天器然后再返回到追踪航天器的传播时间内的相位变化来进行距离测量，反之亦然。
- 通过载波频率的多普勒频移进行距离变化率测量。
- 通过一个扫描范围为 $\pm 15°$ 的扫描天线，实现对目标方位角和仰角的更加精确的 LOS 跟踪（在 Kurs 最初的设计中，对追踪航天器在 y 轴和 z 轴方向上的 LOS 速率的附加测量是由安装在万向架天线上的陀螺仪完成的（Suslennikov，1993））。
- 在接近阶段（$\leqslant 200\ \mathrm{m}$），通过分析由目标航天器扫描天线发

射并由追踪航天器固定天线接收的扫描波束模式，实现对相
对俯仰角、相对偏航角以及视线角（LDS）的测量。

- 在最初设计中，对接近阶段相对滚动角的测量是通过对在目
  标航天器周围发射不同频率信号的天线的跟踪来实现的（Su-
  slennikov，1993）。目前这种设计已经被改变了：现在滚动角
  是由船载计算机的控制系统通过对其他可用信息的计算得出
  的（Semyachkin，2001）。

Kurs 系统在 S 频段工作，波长的数量级为 10 cm，既具有连续
波模式，又具有双相位（0°～180°）调制信号。如图 7－17 和图 7－
18 所示，该系统是由追踪航天器和目标航天器上的各种主动功能构
成的。下面给出该系统的导航参数以及这些参数的测量范围：

- 粗略视线角：ψ_0，ϑ_0：在搜索阶段为±180°；
- 距离 R：在 1～100 km 时测得的距离是准确的，当距离超过
  100 km 时会产生距离循环，即在 180 km 处测得的值为
  80 km；
- 距离变化率$\dot{R}$：搜索完成后在各个方向上均为 400 m/s；
- 视线角 ψ_r，ϑ_r：搜索完成后在各个方向上均为±15°；
- 视线角 γ_ψ，γ_ϑ：在接近阶段≤200 m 时，为±15°；
- 相对姿态 ψ_Π，ϑ_Π：在接近阶段≤200 m 时，为±30°。

在最初的设计中，相对滚动角的测量也是在接近阶段（≤
200 m）进行的，并在完成搜索后的所有距离内利用天线平台上的陀
螺仪对视线角速率 Ω_y，Ω_z 进行测量（Suslennikov，1993）。现在的
设计中，已经不使用陀螺仪了，并且角速度也不是直接测量的了
（Semyachkin 2001）。图 7－16 表示的是这些测量使用的天线。下面
对这些天线的功能进行简要的说明。

7.2.5.1　追踪航天器上的天线

A1 和 A2 都是全向天线，发射由追踪航天器产生的频率为 f_1 的
信号，并接收由目标航天器产生的频率为 f_2 的信号。它们主要负责
搜索目标，以确定目标航天器所在的半球。搜索到目标后，它们就

发射并接收用于距离和距离变化率测量的信号（见图 7－16）。

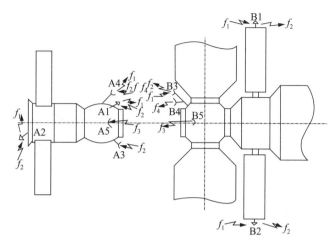

图 7－16　Kurs 天线在进步号与和平号空间站中的位置

　　A3 是一个具有特殊波束模式的宽角度机械扫描雷达，其扫描圆锥角为 $200°$。它负责接收由目标航天器发射的频率为 f_2 的信号，用于确定目标航天器位置的大致方向，即提供用于确定相对于航天器 x 轴的粗略视线角 ψ_0，ϑ_0 的信息。在目标搜索过程中，它与天线 A1 和 A2 一起使追踪航天器的 x 轴指向目标航天器。

　　A4 是一个固定的电子扫描雷达，其扫描圆锥角为 $30°$（Semyachkin，2001）。（在最初的设计中，它被安装在具有 $±15°$ 自由角的万向架系统上（Suslennikov，1993））。它发射一个频率为 f_1 的询问信号，在搜索到目标后，接收由目标航天器上天线 B1 和 B2 发射的频率为 f_2 的信号，在接近阶段（$\leqslant 200\ \mathrm{m}$），它将负责接收由目标航天器上天线 B3，B4 和 B5 发射的频率为 f_3 和 f_4 的信号。频率为 f_1 和 f_2 的信号是用来测量距离（R）、距离变化率（$\dot{R}$）和对视线角（ψ_r，ϑ_r）进行跟踪的。频率为 f_3 和 f_4 的信号是通过视线角 γ_ψ 和 γ_ϑ 来确定滚动角的（Semyachkin，2001）。在最初的设计中，这些天线是用来直接测量滚动角的，在前面已经论述了它的方法，即由安装在天线万向架平台上的两个陀螺仪得出视线角速率 Ω_y 和 Ω_z。（Sus-lennikov，1993）。

为了建立一个精确的测量轴，通常选择电子波束转换方式，它产生与图 7－14 中相似的天线子波束，只是各个子波束不是按频率分隔而是按时间分隔。如果天线测量轴直接指向目标航天器，则所有子波束接收到的信号的幅度都相同。

A5 是一个具有窄波束特性的固定天线，它负责接收由目标航天器的上天线 B5 发射的频率为 f_4 的信号。A5 被使用在接近阶段（≤200 m），用于测量视线角 ψ_r 和 ϑ_r。从接收到的信号的幅值信息，可以得到相对姿态角 $(\psi_\pi, \vartheta_\pi)$。

7.2.5.2　目标航天器上的天线

B1 和 B2 都是全方向性天线，发射由目标航天器产生的频率为 f_2 的信号，接收由追踪航天器产生的频率为 f_1 的信号。它们在功能和性能上相当于追踪航天器上的天线 A1 和 A2。

B3 是一个固定天线，具有一个 $\pm30°$ 的波束。在接近阶段（≤200 m），目标航天器上的应答机转换到天线 B3，发射频率为 f_2 的信号。在这一阶段，天线 B3 也负责接收由追踪航天器发射的频率为 f_1 的信号，用于从目标航天器上确定距离和距离变化率。

B4 是一个固定天线，具有一个 $\pm20°$ 的波束，发射频率为 f_4 的信号。天线 B4 发射的信号主要用于逼近的最后 30 m，以改善追踪航天器与目标航天器之间的距离测量精度。

B5 是一个电动机驱动的圆锥扫描天线，其转动频率为 700 r/min（11.66 Hz），扫描圆锥角为 60°。该天线以载波频率 f_3 发射 11.66 Hz 的幅值调制信号。其测量原理与图 7－13 所描述的有些相似，只是它的旋转模式不是一个心形线：将 11.66 Hz 的幅度调制信号与追踪航天器天线 A5 接收到的载波的幅度变化进行比较。如果载波信号是恒定的，说明追踪航天器与目标航天器已经对准了；如果载波信号有一个振幅的话，则可以通过对调制振幅和相位差的估计来确定相对姿态。

7.2.5.3 Kurs 系统的硬件设备

追踪航天器（联盟号或进步号）上的设备被称为"询问器"，因为它包含大多数的主动测量功能，图 7-17 表示了其示意图。天线之间的转换是由"转换器"根据"逻辑单元"（在图中没有表示）选择的。各个天线的使用也取决于任务的进展，并且像其他所有的 Kurs 设备一样，是由来自船载计算的输入信息控制的。该图中没有表示扫描控制功能。

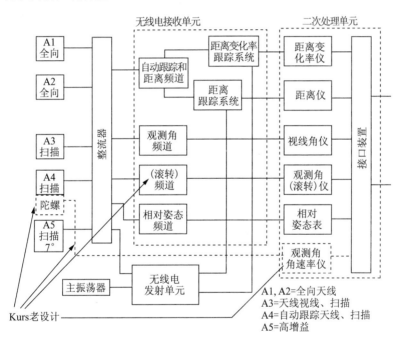

图 7-17 Kurs"询问器"的功能模块图

用于确定距离、距离变化率、视线角以及相对姿态的信息是在"无线电接收单元"中从各个天线接收的载波频率为 f_2，f_3 和 f_4 的信号中提取出来的。根据这些提取出来的信息，将在"处理单元"中计算距离、距离变化率、视线角和相对姿态等输出导航参数，并传送到船载计算机中供 GNC 系统和机组显示器使用。

　　"无线电发射单元"为发送给目标航天器的询问信号产生频率为
f_1 的载波,并进行双相位调制。发射信号也当做参考信号提供给
"无线电接收单元"中的距离和距离变化率跟踪回路。

　　目标航天器(和平号空间站或国际空间站)上的设备示意图显
示在图 7－18 中。除了应答机功能外,即以频率 f_2 将询问信号再转
发给追踪航天器,它还必须为天线 B4 和 B5 提供发射频率为 f_4 和
f_3 的调制信号。对于天线 B5 来说,还需要为它提供所需的用于圆
锥扫描的驱动力。此外,与追踪航天器 Kurs 系统一样,目标航天器
上的 Kurs 系统也包括距离和距离变化率测量回路。其输出通过"处
理单元"提供给目标航天器上工作人员的显示器。

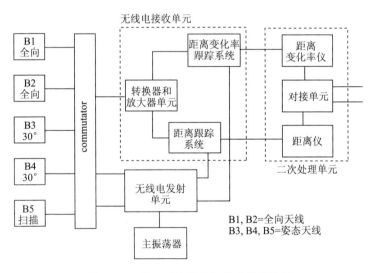

图 7－18　Kurs "应答机" 的功能模块图

　　下面将给出追踪航天器和目标航天器上 Kurs 设备的质量和功率
消耗的数据(Suslennikov 1993;数据手册:Soyus/Progress 2000;
数据手册:Service Module 2000;Semyachkin 2001):

　　追踪航天器上冗余设备的总质量≈85 kg

　　追踪航天器总功率消耗为≈270 W

目标航天器上冗余设备的总质量≈80 kg

目标航天器总功率消耗为≈250 W

7.2.5.4　空间交会过程中的天线操作

在距离为 200 km 时，目标航天器上的天线 B1 和 B2 将会发射一个频率为 f_2 的未调制信号，并以 1 kHz 的速率在两个天线之间轮流交替发射。在追踪航天器前方（对接口）和后方的两个天线 A1 和 A2 也以 1 kHz 的速率相互转换，交替接收目标航天器发射的信标信号。天线 A1 和 A2 接收到的信号强度之差就决定了目标航天器所在的半球。如果需要的话，可以实施姿态机动以确保追踪航天器的对接口在目标航天器所在的半球内。因为目标航天器现在已位于扫描天线 A3（圆锥角为 200°）的接收范围之内，因此能够更加精确地确定目标航天器的指向，这样追踪航天器就可以向目标航天器移动，使目标航天器位于追踪航天器的主跟踪天线 A4 的接收范围之内。

此刻追踪航天器的 Kurs 系统就开始向目标航天器发射一个载波频率为 f_1、调制频率为 800 Hz 的双相位调制信号作为询问信号。当接收到信号后，目标航天器系统通过天线 B1 和 B2 以另一个载波频率 f_2 将调制信号再发射给追踪航天器，作为应答信号。这个信号在距离 R 内产生两次相位变化，利用调制信号可得出距离（见方程 (7-5)），利用载波频率可得出距离变化率（见方程 (7-18)）。在目标航天器中也执行了相同过程，因此两个航天器都能够获得距离和距离变化率的信息。

在相距 400~200 m 之间的绕飞或接近阶段，追踪航天器将会与目标航天器的对接轴对准。当目标航天器校准天线发射的所有频率的信号（即天线 B3 发射的频率为 f_2 的信号，天线 B4 发射的频率为 f_4 的信号，天线 B5 发射的频率为 f_3 的信号），都被追踪航天器上与它们相对应的天线 A4 和 A5 接收到时，就可以在距离目标约 200 m 处实施位置保持。

在随后的最终逼近中（从 200~20 m），追踪航天器的天线 A4

将会跟踪目标航天器的天线 B3，追踪航天器的天线 A5 将会跟踪目标航天器的天线 B5。天线 B3 在这个距离上发射 Kurs 应答机信号以获取距离、距离变化率和视线角的信息。天线 B5 为相对姿态在俯仰角和偏航角方面的检测提供参考信息。在最后 30 m 的逼近过程中，追踪航天器上的天线 A4 接收到由目标航天器天线 B4 发射的信号，这个信号将与从 B3 接收到的信号一起，通过角 γ_9 来确定距离。

7.3　绝对卫星导航和相对卫星导航

7.3.1　导航卫星系统简介

同前一小节一样，对于绝对导航和相对导航的总体理解只需要知道一些基本的测量原理即可，因此在这里仅对导航卫星进行讨论。如果想要了解更多的内容，可以参考这方面的文献，例如 Ackroyd & Lorimer（1990），Scott et al.（1995），Kaplan（1996），Dye & Baylin（1997），Kayton & Fried（1997）。

卫星导航系统就是无线电导航系统，它基于环绕地球轨道运行的一系列卫星传输信号。它通过测量用户接收机与某些导航卫星之间的距离和距离变化率为用户提供导航信息。卫星导航系统通常由以下 3 个部分组成：

1）空间部分。由导航卫星组成，作为用户获取导航信息的主动合作伙伴。

2）地面部分。主要负责控制轨道参数，星载时间的精确度及导航卫星发送的导航信息的精确度。

3）用户部分。由导航接收机组成，其位置需要被确定多个接收机可以相互协作以提高这些接收机之间的相对导航精度（见 DGPS 和 RGPS）。

目前世界上主要使用两种导航卫星系统：

• 全球定位系统（GPS）。由美国开发并负责运营。

- 全球轨道导航卫星系统（GLONASS）。由俄罗斯开发并负责运营。

由于卫星导航对地球导航的各个领域，包括汽车导航、轮船导航和航天器导航，都十分重要，因此这些系统将会不断地发展并改进。目前，在国际"全球定位与导航卫星系统"（GNSS—1）计划的框架内，地球同步卫星覆盖系统正在开发过程中，即美国的"广域增强系统"（WAAS），"欧洲同步导航覆盖服务"（EGNOS），以及日本的"基于 MTSAT 卫星的增强系统"（MAMS）。这 3 个系统将为 GPS 系统和 GLONASS 系统提供无缝覆盖服务，预计于 2005 年左右投入使用。下一步具有新星座结构的 GNSS—2 计划也在规划和发展之中。

7.3.1.1　空间部分的构成

GPS 全球定位系统

美国 GPS 空间部分由 24 颗使用中的卫星（也称为"导航星"）组成，这些卫星分布在近圆形轨道面上，高度大约为 20 180 km（ARINC 1999）。GPS 卫星的轨道周期为 11 小时 58 分，即它们每天旋转 2 圈，因此每天（即 23 h 56 min）经过同一个位置一次（由于地球自转的影响）。GPS 卫星分布在 6 个轨道面上，每个轨道面上都有 4 颗卫星。所有轨道面的倾角均为 $i=55°$，它们的升交点赤经角依次相隔 60°。由于受到干扰的影响，特别是受地球扁率的影响（J_2 影响），这些轨道交点将会随时间漂移。每个轨道面上 4 个卫星并不是均匀分布的。这些卫星的分布必须保证用户在任一时刻在地球任何位置至少能够看到 5 颗卫星。

导航星发射两种 L 频段的信号，即 1 575.42 MHz 和 1 227.60 MHz，发送的导航信息包括伪随机码（PRN）和其他信息。这些信息包括卫星识别，以及每个卫星的轨道特性和卫星星载时间信息。

GLONASS 系统

俄罗斯 GLONASS 系统标准的空间部分也是由 24 颗使用中的卫星组成，这些卫星分布在 3 个轨道面上，相互间隔 120°。每个轨道

面上有 8 个等分布的卫星，即卫星之间的间隔为 45°。轨道高度为
19 130 km，每个轨道面的倾角为 64.8°。地面对每个卫星的跟踪每
隔 17 个轨道周期出现一次，即大约 8 天。

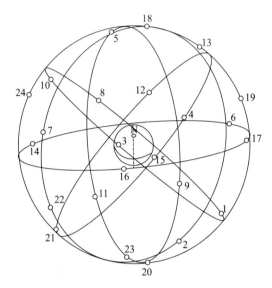

图 7—19　轨道中的 GPS 卫星

GLONASS 卫星发射的载波频率分布在两个 L 频段附近，即
1 602 MHz 和 1 264 MHz，每个卫星都有自己的频率。GLONASS
卫星也发送伪随机码、导航信息等，但是其发送方式与 GPS 相比有
微小的差别。

伽利略系统

全球定位与导航卫星系统（GNSS-2）发展的下一步将是欧洲的
全球卫星导航系统，被称为"Galileo（伽利略）"。这一新的星座计
划将由 27 颗使用中的卫星和 3 颗备用卫星组成，这些卫星将分布在
高度为 24 000 km 的 3 个圆形轨道面上，各个轨道面的倾角为 55°～
60°。该系统预期实现与 GPS 和 GLONASS 的完全交互可操作性
（见图 7—20）。预计该系统于 2008 年开始试运行，到 2010 年能够实
现全部功能。伽利略系统的定位精度可望达到 4 米左右。

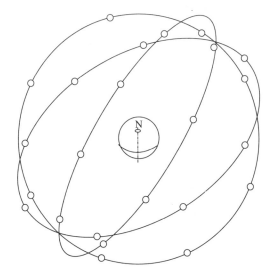

图 7－20　轨道中的 GLONASS 卫星

7.3.1.2　地面部分的构成

　　为了控制导航卫星系统，在地球上必须有 4 个分布合适的地面天线站。当已知地面站的精确位置，且地面站的时间精确同步时，就可以利用将在随后用户部分中讨论的导航方程，通过相反的方法来确定导航卫星的精确位置或轨道星历表。由于地球、太阳以及月球对轨道的干扰，需要对所有卫星的轨道参数进行测量，并需要实时计算、预测它们随时间的变化情况，相应地，就需要定期对每个导航卫星发送的导航信息进行更新。此外，还要定期对导航卫星的星载时间进行监测和修正。完整的地面部分由以下几个部分组成：

　　• 至少要有 4 个监测站，具有高性能的接收机和精确定位的接收天线；

　　• 具有 1 个主控站，负责计算和产生上传数据、控制时间同步以及监测发射站与监测站之间的通信连接；

　　• 具有一系列注入站，负责将指令和数据上传到导航卫星中。

7.3.2　用户部分的导航处理

7.3.2.1　距离测量

为了使用电磁波"传播时间"的方法（见 7.2.1 节）来测量导航卫星与用户之间的距离，必须知道导航卫星发射信号的时间。而且，为了在特定的坐标系中确定用户的位置，必须知道导航卫星在这个坐标系中的位置。这就要求导航卫星连续不断地发送它们的位置或轨道星历表以及时间标记作为参考，并且用户接收机的时钟与导航卫星的时钟必须同步。从时间和轨道星历表中，可以计算出导航卫星在参考时间的实际位置，用户与导航卫星之间的距离可以由信号传播时间 t_t 和光速 c 求出。

由于用户接收机的时钟与发射机的时钟不可能完全同步，测得的用户和导航卫星之间的距离为

$$p = c \cdot (t_1 + t_{bias} - t_2) = r_{2,1} + c \cdot t_{bias} \qquad (7-26)$$

其中，c 为光速，$t_t = t_2 - t_1$ 为信号在 P_2 点（导航卫星）与 P_1 点（用户）之间的传播时间，参数 t_{bias} 为用户时钟与导航卫星时钟之间的未知偏差。由于存在未知附加项 t_{bias}，所以通过这种方法测得的距离 r 并不是用户与导航卫星之间的实际几何距离 $r_{2,1}$，因此称之为"伪距"。如果已知发射机的位置，可以从以下的关系式中求出用户位置的坐标（见图 7-21）

$$r_{2,1} = \sqrt{(x_2 - x_1)^2 + (y_2 - y_1)^2 + (z_2 - z_1)^2} \qquad (7-27)$$

其中，x_1，y_1，z_1 和 x_2，y_2，z_2 为 P_1 和 P_2 在惯性地心笛卡尔坐标系中的位置坐标。由于一个三维的位置坐标通常可以由对 3 个已知目标的距离测量确定，其偏差可以通过对第 4 个导航卫星的伪距测量消除，于是得出包含有 4 个未知量的 4 个方程

$$\left.\begin{array}{l}
(x_{n1} - x_u)^2 + (y_{n1} - y_u)^2 + (z_{n1} - z_u)^2 = c^2(t_{u1} + t_{bias} - t_{n1})^2 \\
(x_{n2} - x_u)^2 + (y_{n2} - y_u)^2 + (z_{n2} - z_u)^2 = c^2(t_{u2} + t_{bias} - t_{n2})^2 \\
(x_{n3} - x_u)^2 + (y_{n3} - y_u)^2 + (z_{n3} - z_u)^2 = c^2(t_{u3} + t_{bias} - t_{n3})^2 \\
(x_{n4} - x_u)^2 + (y_{n4} - y_u)^2 + (z_{n4} - z_u)^2 = c^2(t_{u4} + t_{bias} - t_{n4})^2
\end{array}\right\}$$

$$(7-28)$$

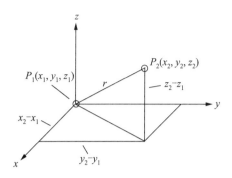

图 7－21　伪距计算中各个参数之间的关系

在这些方程中，下标 u 表示用户，下标 n 表示导航卫星。卫星 1～4的位置 x_n，y_n，z_n 可以从各个导航卫星发送的导航信息的轨道数据中计算出来。时间 t_{ui} 是由用户接收机测量的，接收机的偏差在所有的测量中都是相同的。由于方程（7－28）不是线性的，因此需要将其线性化，例如可在某一个估计的位置点上展开成泰勒级数，通过不断地迭代得到所要求精度的解（在文献 Kaplan（1996）中有关于该解的推导实例）。

另一个需要说明的重要问题是：用户接收机是如何连续测量时间差 $t_{ui}-t_{ni}$ 的？导航卫星连续地发射数字二进制码，这些码叫做伪随机码（PRN），它们都是由 0 和 1 随机组合而成的序列。这些码具有确定的长度，并以此为周期重复出现，就像连续重复的旋律一样。这些伪随机码（或数字旋律）是由导航卫星产生并发射的，每个导航卫星都发射自己的（GPS），或传播同一旋律，但载波的频率稍有不同（GLONASS）。用户接收机能够根据导航信息"旋律"（GPS）或载波频率（GLONASS）来识别不同的导航卫星。用户接收机中存有（民用）伪随机码的副本，一旦它识别出某个导航卫星，就能与其发射的伪随机码相关联。

在导航信息中，导航卫星还发送了有关信号发出时间（相对于导航卫星上的时间）和伪随机码序列起始点的信息。这些信息都是必要的，因为信号每隔 1 ms 就发送一次，经过很长一段距离后会出

现距离模糊现象。例如当距离为 20 000 km 时，信号就会重复 66
次。有了信号发出的时间和伪随机码的相关信息，用户接收机就可
以将接收到的伪随机码与自己内部保存的伪随机码副本相比较，并
利用自相关技术来确定时延（见图 7—22）。确定时间 Δt 后，就可以
根据方程（7—26）计算伪距。当 4 个导航卫星的 Δt 都确定了以后，
通过解方程组（7—28）就能得到用户的具体位置了。

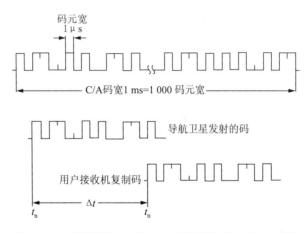

图 7—22　粗测距码（C/A）中的伪随机码（PRN）序列

GPS 和 GLONASS 都发射两种类型的伪随机码，一种是"粗测
距"（C/A）码，另一种是"精测距"（P）码。普通用户只能使用
C/A 码。GPS 和 GLONASS 的 C/A 码都是以 1 ms 为周期重复发射
的。C/A 码的码元宽度（0 或 1 的长度）大约为 1 μs。P 码是相当长
的，例如 GPS 的 P 码的长度为一星期，之后不断地重复。它的码元
宽度为 0.1 μs。由于 P 码是军队专用的，所以在此不再详细介绍。

由方程（7—4）可知，载波相位也可以用来测量距离。由于离
导航卫星的距离很远且使用的信号的频率很高，信号在传播的过程
中会经过无数个循环周期，因此接收机有可能测量到相同的相位角。
这将使对总距离的确定更加困难，不过可以通过对载波相位的测量
（通过多普勒效应）来改善伪距的测量结果（见"速度测量与距离变

化测量"）。

7.3.2.2　测量误差

为了说明测量距离的原理，到目前为止仅考虑了接收机的时钟误差。而在现实中有许多误差都会影响伪距测量的精确度。总的来说，导航卫星的伪距测量包括以下几类误差分量

$$p = c\Delta t + E_{t-rec} + E_{t-ion} + E_{t-sat} + E_{ephem} + E_{n-rec} + E_{t-trop} \tag{7-29}$$

其中，

E_{t-rec} 为由接收机时钟偏差引起的误差（≈ 1 m）；

E_{t-ion} 为由电离层延迟引起的误差（取决于用户轨道 ≈ 10 m）；

E_{t-sat} 为由残留卫星时钟误差引起的误差（≈ 1 m）；

E_{ephem} 为由导航卫星星历误差引起的误差（≈ 1 m）；

E_{n-rec} 为由接收机噪声引起的误差（≈ 0.5 m）；

E_{t-trop} 为由对流层延迟引起的误差（≈ 1 m）。

多路径效应和遮蔽引起的误差并不来自测量过程，因此将在后面对其进行讨论。另一个由所谓"选择可用性"对 GPS 引入的人为误差也将在下面单独讨论。结合所有的测量误差，方程（7-29）可以写成

$$p = c\Delta t\sigma_P \tag{7-30}$$

其中，σ_P 为伪距测量的误差系数，它包括了方程（7-29）中列举的所有误差。

7.3.2.3　由星座的几何分布引起的误差

撇开上述误差，并不是任意 4 个可见的导航卫星的组合都会为用户产生相同的位置测量精度。如果用户接收机选择的用于位置测量的 4 个导航卫星相对来说距离较近，那么它们距离轨迹（见图 7-23）的交角会很小，这样会导致较差的三角测量结果。从用户的角度看，如果 1 个导航卫星在用户的正上方，其他的 3 个导航卫星都在水平线附近且相互之间间隔 120°，这时得出的结果是最佳的；当然这种设想并不现实。通常，4 个导航卫星相距得越远，用三角测量法算出的结果就越精确。为了量化所选卫星的星座几何分布对用户

位置精度的影响，引入了"几何精度系数"（GDOP）的概念。下面就 GDOP 的定义进行解释。方程（7－27）中与用户位置和时间有关的（包括时钟偏差和几何星座的影响）总的标准差 σ_{tot} 可以表示为

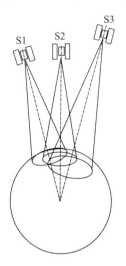

图 7－23　导航卫星的等距离轨迹

$$\sigma_{\text{tot}} = \sqrt{\sigma_{xu}^2 + \sigma_{yu}^2 + \sigma_{zu}^2 + \sigma_{ct}^2} \qquad (7-31)$$

其中，$(x_u,\ y_u,\ z_u)$ 为用户的位置，$\sigma_{xu,yu,zu}$ 为它们的偏差，σ_{ct} 是由时钟误差引起的偏差。总误差可以定义为伪距的误差系数与所选卫星星座图引起的 GDOP 产生的影响的乘积

$$\text{GDOP} \times \sigma_P = \sigma_{\text{tot}} \qquad (7-32)$$

相应的 GDOP 的定义为

$$\text{GDOP} = \frac{\sqrt{\sigma_{xu}^2 + \sigma_{yu}^2 + \sigma_{zu}^2 + \sigma_{ct}^2}}{\sigma_P} \qquad (7-33)$$

如何从所选择的用于测量的 4 颗卫星的星座图中计算出实际 GDOP 值，可参见相关文献，如 Kaplan（1996）和 Kayton & Fried（1997）。总的来说"几何精度系数"就是方程（7－28）的解的精度的表示系数，还可以定义其他的"精度系数"，例如：

PDOP＝位置精度系数（三维的）

TDOP＝时间精度系数

根据 GDOP 的定义，位置精度系数的定义如下

$$PDOP = \frac{\sqrt{\sigma_{xu}^2 + \sigma_{yu}^2 + \sigma_{zu}^2}}{\sigma_P} \tag{7-34}$$

为了得到有效的定位结果，PDOP 的值不能超过 6。当 PDOP＝3 时，定位结果可认为是良好。

7.3.2.4　速度测量与距离变化测量

通过对载波多普勒频移的测量可以得到关于速度和距离变化的信息（基本测量原理见方程（7-6）和图 7-7）。由方程（7-7）得出接收到的频率为

$$f_R = f_T(1 - \frac{\dot{r}}{c})$$

其中，f_T 为导航卫星的发射频率，c 为光速，r 为导航卫星到用户的距离。相应的距离变化率为

$$\dot{r} = \frac{c}{f_T}(f_R - f_T) \tag{7-35}$$

或以发射频率的波长 λ_T 的形式

$$\dot{r} = \lambda_T(f_R - f_T) \tag{7-36}$$

测得的距离变化率 $\dot{r}_{n,u}$ 是导航卫星在距离方向上的速度分量 v_{rn} 与用户接收机在距离方向上的速度分量 v_{ru} 的差。由于可以从轨道星历表中得到导航卫星在距离方向上的速度分量，那么用户接收机在距离方向上的速度分量为

$$v_{ru} = v_{rn} - \dot{r}_{n,u} \tag{7-37}$$

导航卫星的位置也可以从轨道星历表（导航信息）中得出，且用户接收机的位置可以从伪距的计算中得出。由以上这些数据，就可以求出距离变化率矢量的方向和速度在 x，y，z 方向上的分量。

对方程（7-35）或（7-36）积分可得距离的变化为

$$\Delta r = \int \dot{r}_{n,u} dt$$

$$\Delta r = \lambda_T \int (f_R - f_T) dt \tag{7-38}$$

也可以通过计算接收到的频率与已知载波频率在固定时间内周期数的差，从而得出距离的变化，这种方法叫做"积分多普勒计数"

$$N_{Da} - N_{Di} = \int_{t_i}^{t_a} (f_T - f_R) dt \tag{7-39}$$

其中，N_{Da} 为 t_a 时刻的计数，N_{Di} 为 t_i 时刻的初始计数。那么伪距的变化为

$$\Delta r = (N_D - N_{Di})\lambda_T - E_N \lambda_T \tag{7-40}$$

其中，E_N 是这种测量中所有的误差和，包括方程（7-29）列举的误差和其他的由测量环境引起的误差（见 7.3.4）。由于载波频率的一个周期（$\leqslant 1$ ns）与伪随机码的一个码元宽度（1 ms）相比要小得多，因此距离变化的分辨率比绝对距离的分辨率要好至少两个数量级。根据载波的波长，在一个周期内的距离变化为 $\Delta r = \lambda_T$，其中：

对于 GPS 的 L1 频段来说，$\lambda_T = 0.190\ 3$ m；

对于 GPS 的 L2 频段来说，$\lambda_T = 0.244\ 2$ m；

对于 GLONASS 的 L1 频段来说，$\lambda_T = 0.187\ 3$ m；

对于 GLONASS 的 L2 频段来说，$\lambda_T = 0.240\ 8$ m。

伪距测量和多普勒测量误差大部分都是由噪声构成的。由于在求解导航方程的过程中以及为了使导航方程解中的噪声最小化，都采用了迭代的方法，所以所有的 GPS 和 GLONASS 接收机都使用了递归卡尔曼滤波技术（见 6.2.1）来处理导航结果。基于现有的典型机载计算机资源，滤波器通常需要几分钟达到收敛状态。从接收机初始化，到获取可用的导航效果，必须把滤波器的这一收敛时间考虑在内。

7.3.2.5　选择可用性

当完成初始 GPS 卫星的部署后，就发现从 C/A 码中获得的导航效果要比设计时预测的要好很多。为了保护军方的利益，美国据此

决定通过附加一种称为"选择可用性"（SA）的特性来人为降低C/A
码的导航精确度。SA 是在 GPS 卫星的时钟上加上一个随机的改变
量，这就污染了电磁波传播时间测量中的参考时间，并在导航信息
中引入了误差。应用 SA 后，位置测量所能达到的精确度为（Kap-
lan 1996）：

水平方向 100 m（95％的概率）；

垂直方向 156 m（95％）。

取消 SA 后，位置测量的精确度提高为（Kaplan 1996）：

水平方向 25 m（95％）；

垂直方向 43 m（95％）。

出于没有公开的原因，美国政府决定从 2000 年 5 月 1 日开始，
取消 SA 政策。GLONASS 在位置测量方面能够达到的精确度与没
有应用 SA 限制的 GPS 的精确度相似。

7.3.3　差分 GPS 和相对 GPS 的功能原理

在本节中将对"差分 GPS"（DGPS）和"相对 GPS"（RGPS）
进行介绍；相对导航原理的这些简称已经为人们所熟知。这些原理
并不只适用于 GPS，它们还可以应用于 GLONASS 以及未来的卫星
导航系统中，例如 Galileo 系统。

在许多实际应用中，尤其是在空间交会类型的导航中，对航天
器状态矢量测定精确度要求最高的并不是相对于某些固定坐标系的
绝对导航，而是航天器与固定点之间，或两个航天器比较接近时的
相对导航。利用卫星导航，可以通过以下方法确定相对状态矢量：

1）把对移动接收机的绝对测量和对固定参考接收机的绝对测量
联系起来，这些固定参考接收机的精确位置是已知的（DGPS）；

2）将位于不同位置的接收机相对于一系列共同的导航卫星（至
少 4 个）的原始测量数据相减，并将这些差分原始数据作为导航滤
波器的测量输入（RGPS）。

在以上两种情况中，如果两个接收机的距离很近（不超过几十

公里），那么大部分的误差都将会被消除。

7.3.3.1　差分 GPS

差分 GPS 的方法经常使用在陆地应用中。它有以下几种实施方法（见图 7－24）

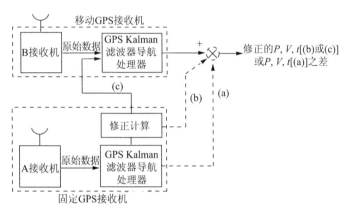

图 7－24　差分 GPS 的功能原理

1）一个移动的接收机 B 相对于一个固定的参考接收机 A 的坐标，就是两个接收机在同一时刻的测量值在方程（7－28）中的解的差。这是最简单的方法，它能够消除方程（7－29）中由电离层和对流层引起的误差，但是只有在两个接收机使用相同的导航卫星的情况下，才能消除由卫星引起的误差。

2）参考接收机 A 计算已知位置与 GPS 测量的瞬时解之间的差。这些位置修正被发送给接收机 B，以修正其绝对位置解。其误差消除情况与 1）相同。

3）参考接收机 A 在已知自己位置的基础上，计算伪距相对于所有可用导航卫星的修正量。这些关于各个卫星的修正量被发送给接收机 B（实际上这些修正量是作为通用值发送出去的），接收机 B 从这些修正量中选择它将要用到的值来确定其绝对位置。这种方法的优点是移动的接收机可以自由选择导航卫星。

在方法 1）和 2）中，如果两个接收机的测量不是同步进行的，

就必须给方程（7-28）和方程（7-29）加上一个修正项

$$\Delta r(\Delta t) = \Delta t(\dot{p} + \dot{r}_{c,t}) \tag{7-41}$$

其中，Δt 为追踪航天器接收机与目标航天器接收机之间的测量时间差，$\dot{p}$ 是伪距的变化率矢量，$\dot{r}_{c,t}$ 是在时间 Δt 内追踪航天器和目标航天器之间的距离变化率矢量。方法 3）中伪距的修正量随时间的变化相对较慢，因此不同步的测量并不会立即产生误差。

如果目标航天器与追踪航天器接收机的测量是基于相同的导航卫星，那么方程（7-29）中的大部分误差，除了接收机的噪声，都会被消除。由于追踪航天器和目标航天器接收机的噪声都是由它们接收机中的卡尔曼滤波器独立处理的，因此对这些噪声不能做最优化处理，同样也不能将追踪航天器机动状态下的动力学特性以最优的方式予以考虑。

由于在空间应用中没有固定可用的参考接收机，因此用 DGPS 方法来改进绝对导航是不可能的。除非在飞行后的轨道重构过程中，可以使用某一固定地面接收机的测量信息，作为其校准的依据（见 10.7.2 节）。

7.3.3.2　相对 GPS

在相对 GPS 中，两个接收机的原始数据，即伪距、载波频率的多普勒数据以及参考时间都将由追踪航天器的导航滤波器处理（见图 7-25）。如果追踪航天器的 GPS 接收机与目标航天器的 GPS 接收机是同时进行测量的话，那么就可以将两个接收机的原始数据合并在一起处理，在 RGPS 的导航滤波器中，通过线性化方程（7-28）和方程（7-40）可以求出追踪航天器与目标航天器之间的位置差和距离变化率之差（见图 7-26）。如果测量不是同时进行的，则必须加上方程（7-41）中的修正量。通常，追踪航天器和目标航天器的 GPS 原始数据在传输时都有一个时间标签，因此可以将它们转变为同一时间的参考数据。接收机 A 和 B 相对于同一导航卫星 i 的测量信号之差将会消除方程（7-29）中的卫星误差项和电离层误差项，这两项是方程（7-29）的主要误差项

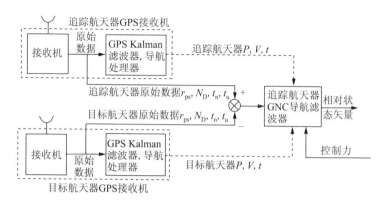

图 7—25　相对 GPS 的功能原理

$$\Delta p^i_{A,B} = p^i_A - p^i_B \qquad (7-42)$$

其中，$\Delta p^i_{A,B}$ 是新的可观察量，它被作为追踪航天器导航滤波器的输入（见图 7—26）。

为了消除方程（7—29）中接收机的时钟偏差，可以采用双重差分处理的方法，即同一接收机测得的两个不同导航卫星的伪距之差和两个不同接收机测得的同一导航卫星的伪距之间的差。考虑到接收机 A 和 B 以及导航卫星 i 和 j，RGPS 导航滤波器的"双重差分"输入为

$$\nabla \Delta p^{i,j}_{A,B} = p^i_A - p^j_A - p^i_B + p^j_B \qquad (7-43)$$

由于采用了"双重差分"，所有的误差，除了接收机的噪声以外，都被消除了，因此方程可以变换为

$$\nabla \Delta p^{i,j}_{A,B} = r^i_A - r^j_A - r^i_B + r^j_B + E_{n-A} + E_{n-B} \qquad (7-44)$$

其中，$r^{i,j}_{A,B}$ 为接收机 A 和 B 到导航卫星 i 和 j 的真实距离，$E_{n-A,B}$ 为接收机的噪声。一组 4 个共同的导航卫星才能得到所需数量的"双重差分"可观察量 $\nabla \Delta p^{i,j}_{A,B}$，这些量可以用来求得真实距离 $r^{i,j}_{A,B}$ 和相对位置。对载波相位测量也可以采用相同的方法，以减小伪距测量中较大的噪声。

在通常情况下，两个接收机都可以看到许多导航卫星，但只有其中的一部分是它们能够共同看到的。因此，导航过程中首要的任

务就是识别共同的导航卫星，并根据标准，像 GDOP，为相对导航处理选择至少 4 颗合适的导航卫星。然后对发送给两个接收机所选择的导航卫星的原始数据进行测量时间的同步修正，并相减。对卡尔曼滤波器测量矩阵的精确计算需要知道绝对位置和姿态。然而，与相对导航数据相比测量矩阵的精确度可以低一些。这些测量数据再被提供给状态更新过程、增益和协方差计算过程，以及状态和协方差传播过程，如 6.2.1 节描述的那样。图 7－26 表示了 RGPS 导航滤波器的简化框图。

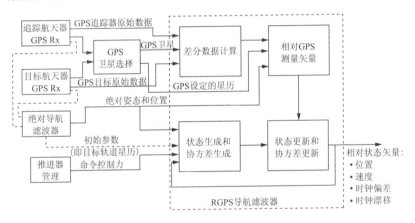

图 7－26　相对 GPS 导航滤波器的框图

　　利用这种方法和当前的技术条件，与绝对 GPS 中 100 m 的位置测量精度（在没有 SA 的情况下为 30 m）和 0.5 m/s 的速度测量精度相比，RGPS 的位置测量精度能够达到 10 m 的量级，速度测量精度能够达到 0.05 m/s 的量级。RGPS 的作用距离受到两个因素的限制：其一是 RGPS 消除误差的效果随着接收机之间距离的增加而不断降低；其二是受到追踪航天器和目标航天器之间（用于传递原始数据所必需的）无线电通讯距离的限制。最大有效距离也会受到通信链路有效性的限制。当距离较远时，通信链路有效性会受到发射功率的限制，近距离时有可能受到两个航天器结构的影响而产生对通信链路的遮挡现象。

7.3.4　测量环境和干扰

　　绝对卫星导航和相对卫星导航最主要的干扰和限制就是遮挡影响和多径效应。多径效应会直接导致导航卫星信号的载波和信息码失真。"遮挡"是指 GPS 接收机天线与导航卫星之间的视线被其他航天器的结构遮挡了。当追踪航天器与目标航天器距离很近时，即当追踪航天器与目标航天器之间的距离与目标航天器的大小在同一数量级或小于目标航天器的大小时，遮挡的影响会十分显著。对于带有较大的可旋转太阳能帆板阵列的目标航天器，如和平号空间站和国际空间站，阳能板，其总体遮挡特性也取决于各种太阳能电池板相对于本体轨道坐标系的角度。由于这些表面都指向太阳的方向，其遮挡特性取决于所用的导航卫星的瞬时位置、航天器在轨道上的位置（白天段/黑夜段）以及一年中所处的时间。只有通过正确地模拟追踪航天器、目标航天器以及导航卫星的轨道运动，才能获得实际的遮挡情况。近距离时，对于最重要的逼近方向，即 $\pm V$ 轴方向或在目标航天器下方 $+R$ 轴一侧来说，目标航天器会遮住一大部分视线，使它们不能连续地看到 4 颗共同的导航卫星。这一影响是决定空间交会任务中卫星导航的最小作用距离的因素。

　　地球对导航卫星信号的反射和折射而造成的多径效应，会对接收机水平面（实际轨道位置的切平面）附近或以下的导航卫星的功能产生影响（GMV 1997）。当两个航天器的天线主要指向正上方且其低仰角都被遮住时，多径效应就不会对其测量产生影响。

　　航天器外部结构造成的多径效应有（见图 7－27）：

- 航天器表面的镜面反射；
- 由边缘等引起的衍射。

衍射信号的强度比镜面反射信号的强度小得多。然而，设计中的 GPS 天线是用来接收直接路径的 GPS 信号的，这些信号都是右手极化的。平面金属表面反射的信号会很大程度上由右手极化改变为左手极化。GPS 天线能够使所有非右手极化信号大幅衰减，因此单次反射的多路径信号对天线的干扰影响是很小的。单次反射的信号或衍射信号会使伪距测量产生 5～10 m 的误差，载波相位测量产生 5 cm的误差。但是，如果单次反射的信号发生了第 2 次反射，它的极化方向将再次改变，从左手极化变成右手极化。因此两次反射的多路径信号会对天线产生强烈的干扰，使伪距测量产生 40～100 m 的误差，载波相位测量产生 2～3 cm 的误差（GMV 1997）。ESA 曾经在一次飞行试验中观察到了高达 300 m 的伪距测量误差（Ortega et al，1998）。

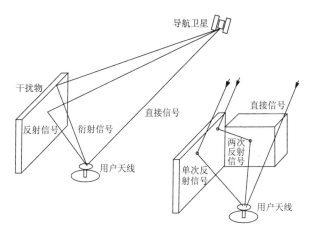

图 7－27　由外部结构引起的多径效应

另一种误差被称为"周期滑动"，当接收机失去了对导航卫星的捕获时，例如由于遮挡的影响，就会产生这种误差。从测量开始，信号的周期数就被精确地记录下来了，并与伪随机码序列的初始位置有关（锁定某一卫星）。如果对卫星发射信号的接收中断了一段时间，就会产生"锁定丢失"。当接收恢复后，必须重新建立锁定。相应地，在测量数据中会出现一个"跳跃"。

7.3.5　空间交会对接中卫星导航的总体评估

在各个任务阶段，卫星导航提供了一种独特的在地心坐标系中确定航天器绝对位置和速度的方法。如果没有卫星导航的话，只能通过多次的地面或船载射频导航或确定一个航天器的绝对状态。此外，如果两个航天器都安装了合适的导航接收机，并且其中一个航天器的原始数据能够发送给另一个航天器，卫星导航就能实现对追踪航天器与目标航天器之间的相对位置和速度的测量。相对导航能够在两个航天器相距较远时实施（$\geqslant 50$ km），假设在这个距离上的有可用的通讯链路，其位置测量精度能够达到 10 m 的量级，速度测量精度能够达到 0.05 m/s 的量级。由于相对导航需要一个安装有导航接收机并与追踪航天器进行通信联系的合作目标，因此这种类型的敏感器不适合那些部分必备功能丧失的目标航天器，例如向功能丧失的航天器的救援逼近就不能使用这种敏感器。

卫星导航技术对距离测量和距离变化率测量的精度不依赖于追踪航天器与目标航天器之间的实际距离。对相对卫星导航在很大程度上也是如此。它在交会逼近中的优势在于，在距离较远的情况下也能实现较高的机动精度，这样就减少了所需的机动次数（见 7.1.1 节）。考虑到相对导航的性能以及在前面讨论的各种干扰，在交会任务中，卫星导航的最小工作距离（下限）应为距目标航天器几百米的距离。

与其他射频敏感器技术相比，卫星导航接收机的质量和功耗并不依赖于追踪航天器与目标航天器之间的距离。考虑到两个航天器之间的通信连接所需要的功率，只有相对导航的功耗依赖于航天器之间的距离。出于操作的原因，在所有情况下（除了向功能丧失的航天器的逼近）这种通信联系可能都是必需的。对于基于卫星导航接收机的导航系统来说，在相同的作用距离下，它的质量和总功耗与其他射频敏感器系统相比要小得多。

7.4　光学交会敏感器

本节主要介绍两种类型的光学敏感器：激光扫描测距仪和摄像机敏感器，它们都需要在目标航天器上安装光学直角反射器作为接口。这两种类型的敏感器技术是在 20 世纪最后 20 年发展起来的，专门应用于自动交会对接任务中。随着图像识别技术和其他新技术的发展，相信将来会有更多的、各种各样的敏感器技术被应用于自动交会任务中。

7.4.1 激光扫描测距仪

基于相同的基本物理原理（见 7.1.2 节），激光扫描测距仪（在某些书中也叫做"无线电测向仪"）型敏感器的功能与 7.2 节论述的雷达型敏感器相同。它们技术上的区别在于电磁波信号的波长不同。目前应用的这种类型的光学敏感器的波长在红外线波长附近，其数量级为 1 000 nm，取决于可用的激光二极管技术。它既可以通过测量信号的传播时间来测量距离（参见方程（7－3）脉冲激光测距仪），也可以通过测量回波信号的相位变化来测量距离（参见方程（7－5）连续波激光测距仪）。通过激光扫描波束以及测量接收到的回波的角度可以来确定目标的方向。在测量回波的角度时，既可以通过两个反射镜来引导发射和接收到的激光信号，也可以将激光测距仪的投影仪安装在万向架系统上，它沿正交的坐标轴转动（见图 7－28）。镜面轴的角度可以由光学编码器或解码器读出，来得到相对于目标的视线角 ψ 和 ϑ。在目标航天器上，光学直角反射器将发射过来的激光波束反射回发射机的方向。有关激光测距型交会敏感器的设计与开发在一些出版物上都曾有报道（NASA 1992；Moebius，Kolk & Manhart 1997；Kolk & Moebius 2000；Luther & Meissner 2000）。

与射频雷达的情形相同，扫描激光测距型敏感器的接收功率等于辐射功率乘以有效反射面积与发射波束横截面积之比，再乘以有效接收天线面积与反射波束横截面积之比。由发射波束横截面积 π $(R \cdot \varphi_t)^2/4$ 和直角反射器反射回来的波束横截面积 $\pi (R \cdot \varphi_{cc})^2/4$ 可得到接收信号的功率为（MBB 1988）

$$P_r = P_t \cdot \tau \frac{A_r A_{cc}}{\Omega_t \Omega_{cc}} \frac{1}{R^4} \qquad (7-45)$$

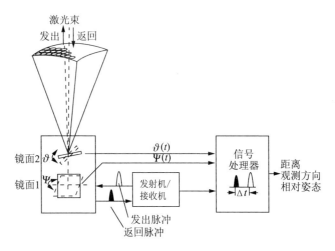

图 7—28　激光扫描测距仪的功能原理

其中，P_t 为发射机功率；τ 为接收机光学器件的透射系数；A_r 为接收机光学器件的孔径 $\pi d_r^2/4$；A_{cc} 为直角反射器的面积 $\pi d_{cc}^2/4$；R 为到目标航天器反射镜的距离；$\Omega_t = \pi \varphi_t^2/4$；$\varphi_t$ 为发射的激光波束发散度；$\Omega_{cc} = \pi \varphi_{cc}^2/4$；$\varphi_{cc}^2 = \varphi_a^2 + \varphi_b^2 + \varphi_c^2$；$\varphi_a$ 为直角反射器的反角误差；φ_b 为直角反射器的衍射；$\varphi_c = (d_t + 2d_{cc})/R$ 为返回波束的发散度。

图 7—28 表示的是脉冲雷达型的激光测距型敏感器的功能原理图。首先产生一个高频连续脉冲序列（kHz 量级），并将其聚合成一个非常窄的激光波束。发射的波束被两个具有正交轴的反射镜反射到 x 轴和 y 轴方向，可以控制两个反射镜从而实现各种扫描模式。与脉冲的重复速率和光速相比，扫描的速度很慢。对于一个覆盖整个矩形视场的搜索扫描来说，第 1 个反射镜以几赫兹的频率振动，当第 1 个反射镜返回到初始位置时，第 2 个反射镜进行缓慢地转动以开始一条新的扫描线。当发出的激光波束遇到目标航天器上的直角反射器时，会被反射回发射机的方向，并被反射镜反射到接收机的光学器件中，用于与输出的信号进行比较。通过发射脉冲与接收脉冲的时间差，就能计算出到反射镜的距离。

对距离的测量和视线方向（LOS）的测量只需要一个后向反射

器即可。一旦敏感器探测到了反射器，就不需要在整个视场范围内
扫描了；敏感器只需要在反射器附近较小范围内进行扫描，对反射
器进行跟踪。当距离很远时，可以通过增加目标航天器上反射器的
数目来增强回波信号的功率。这时，敏感器必须在相距很小的一组
反射器中选择某一反射器进行跟踪，通常就选择处在最中间的反射
器。通过对距离测量的差分（滤波后），就可以确定距离变化率。

　　在相对姿态的测量中，至少需要 3 个后向反射器（见图 7－29）。
通过在整个视场内的搜索扫描或根据在较远距离时对完整标志器的
前一次跟踪，对这些反射器进行识别后，敏感器就会分别对它们进
行跟踪。在已知目标航天器上这些反射器的坐标并分别测得到各反
射器的距离的基础上，敏感器就能确定它们在目标航天器上建立的
坐标系的角度。相对姿态测量的精确度由这些反射器与标志器中心
的距离，以及激光测距仪的距离分辨率决定。由于只能对这 3 个反
射器进行顺序扫描，如果对各个反射器的距离测量信号不被转换到
同一时间点上，它们之间的相对运动就会导致相对姿态误差的产生。

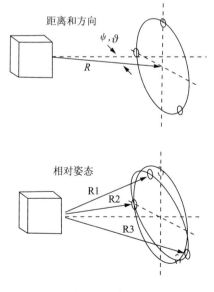

图 7－29　激光测距仪的目标标志器

7.4.1.1　相对姿态量带来的限制

对相对姿态的附加测量会带来一些相关的限制，它们在仅测量距离和视线时是不存在的。

有效距离的限制

具有某一最大视场的敏感器只有在一定的距离范围内才能观测到由位于某一特定半径的圆弧上的 3 个反射器组成的目标标志器。例如，视场角为 30°的敏感器，即半圆锥角为$\psi_{max}=15°$，只有在距离大于 $R=r/\tan\theta=3.75$ m 时，才能观测到半径为$r=1$ m 的目标标志器。这一现象是在对几何图形进行跟踪时所固有的，逼近中的这种现象也被称为"视场中的目标过大"。不幸的是，这一效应并不能通过转换到一个较小的目标标志器而得到补偿，因为如果距离测量的分辨率没有提高的话，当转换到较小的目标标志器时，相对姿态测量的分辨率就会降低。

带宽限制

由于顺序扫描 3 个后向反射器必须顺序扫描时间不能低于扫描镜面/驱动动力学决定的某一最小值，所以将会对测量的带宽产生限制。不仅在相对测量中存在这种情况，在距离以及 LOS 测量中也存在这种情况，因为它们都是由相同的输入数据计算出来的。如果 GNC 回路不能对追踪航天器与目标航天器相对状态的变化进行观测并处理的话，测量带宽的限制将会对整个控制性能产生影响。这些相对状态的变化可能是由追踪航天器的逼近运动引起的，也可能是由目标航天器的独立运动引起的。

7.4.1.2　作用距离及性能

距离测量

激光测距型敏感器的典型作用距离为小于 1 m 到数千米的范围内，它取决于所采用的测量原理，即是连续波雷达还是脉冲雷达，以及发射机的功率。在近距离内，只要选择了相应较高的调制频率，连续波激光测距仪的分辨率将会比脉冲敏感器高。然而，当距离较远时，脉冲激光型敏感器又将比连续波敏感器更具优势。7.2.1 节中已讨论过连续波雷达的最大无模糊距离、分辨率以及波长之间的相互依赖关系。

视线测量——视场

视场大小的确定将是对以下各个因素综合考虑的结果：搜索要求，轨道控制以及在近距离时一方面要保持目标标志器位于视场内，另一方面又要保持必要的万向架或反射镜的尺寸，质量和功耗。在最终逼近交会任务中，激光测距仪典型的视场的大小为 $\pm 10° \sim 20°$。

相对姿态 (RA) 测量

如上所述，能够进行 RA 测量的距离下限是由视场的大小决定的，即光学器件仍能观测到目标航天器上的所有反射器的最小距离。还应考虑到，敏感器必须能覆盖追踪航天器和目标航天器之间的横向位置运动和相对角运动，因此在此上面例子中给出的距离更远的地方，用于 RA 测量的反射器可能已经位于敏感器视场之外了。RA 测量的距离上限是能够对 3 个反射器进行独立跟踪的最大距离。如果假设为了对 3 个反射器进行单独跟踪，它们之间的角度应相差 1°，对于上例中的目标标志器，RA 测量的距离将达到 100 m 的量级。这已经足够了，因为只有在最后 20～40 m 用于捕获对接轴时，才需要进行 RA 测量。

测量性能

距离测量的性能是由时间或相位的精确度决定的。脉冲激光测距仪在商业应用上的分辨率为 5～50 mm，在空间应用上的分辨率为 10～30 mm。对于连续波激光测距仪来说，只要提供的调制频率足够高，波长足够短，其分辨率就能到达 1 mm 以下。例如，如果波长为 10 m（3 MHz），1 mm 的分辨率就不难达到；但是这样做的代价是，当距离超过 10 m 时，信息就会出现模糊。从脉冲激光测距仪的测量原理可以看出，其距离的分辨率不依赖于绝对距离的远近，即在 100 m 时的分辨率与在 10 m 时的分辨率并不会相差太大。然而在现实中，这一原理仅在距离较近时成立，因为当距离较远时，波束发散和相应的信噪比衰减会使测量性能变差（见方程 (7-45)）。

角度的分辨率取决于反射镜光轴或万向架轴的角解码器。在现有的技术条件下，以上视场范围的分辨率能够达到 0.01°或者更高。

7.4.2　摄像交会敏感器

摄像交会敏感器（在某些出版物中也被称为"视频测量仪，"即 vediometen）的测量原理基于透镜的焦平面成像原理。随着固态电荷转移器件（电荷耦合器件 CCD 和 CID）的出现，能够生产出具有很高分辨率、体积很小的摄像机，这使得光学相机的原理可以用来完成许多敏感器任务。摄像敏感器的基本功能如图 7－30 所示。安装在光学仪器附近的照明装置将照亮摄像机的整个视场。由一组直角反射器排列组成的光学标志器安装在目标航天器上，每个反射器都将接收到的光反射回光源方向。CCD 电子装置读取目标标志器的图像，从而获得反射器图像的坐标。利用标志器评估算法，由数据处理器计算出距离、视线方向和相对姿态信息。许多出版物都有关于摄像型交会敏感器设计和开发的介绍，例如 Bomer & Tulet (1990)；MATRA（1994）；Howard et al.（1997，1999）；Strietzel (1999)。

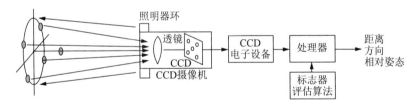

图 7－30　摄像型交会敏感器的功能原理

通过目标航天器上两个反射器之间的已知距离 D 和这些反射器在摄像机焦平面上的图像之间的距离 d 来求解距离 R 的基本测量原理，可以用以下关系式表示

$$\frac{距离}{反射器之间的距离} = \frac{焦距}{图像之间的距离}$$

则距离为

$$R = D \cdot \frac{f}{d} \qquad (7-46)$$

其中，f 为焦距。

目标航天器上单个反射器的视线角 ϕ 和 θ 可以通过这个反射器在摄像机焦平面上的图像的位置 x_{fp}，y_{fp} 求出。观测角与成像参数之间的关系为

$$\frac{观测角}{视场角} = \frac{图像点与中心之间的距离}{与焦平面中心的最大距离}$$

若最大视场角为 $\pm \psi_{max}$，$\pm \vartheta_{max}$，则整个视场为

$$FOV = 2 \mid \psi_{max} \mid \times 2 \mid \vartheta_{max} \mid$$

焦平面的总面积为

$$A_{FP} = 2 \mid x_{max} \mid \times 2 \mid y_{max} \mid$$

相应地，目标航天器上某一反射器的视线角为

$$\left. \begin{aligned} \psi &= \psi_{max} \frac{x_{fp}}{x_{max}} \\ \vartheta &= \vartheta_{max} \frac{y_{fp}}{y_{max}} \end{aligned} \right\} \qquad (7-47)$$

由于目标航天器相对于追踪航天器的摄像机光轴可能有一个相对姿态角，而且投影到与摄像机光轴垂直的平面上的标志器平面有可能被缩短了，因此仅对两个反射器的坐标进行测量是不够的。在目标航天器上定义 1 个平面至少需要 3 个反射器。不过，在许多应用中，通常都选择由 4 个共面反射器的构型以简化算法。由相对姿态角引起的反射器在焦平面上图像的位置变化是该相对姿态角的余弦函数，但它并不提供该角的符号。必须通过一个与其他几个反射器不在同一平面的反射器才能实现对姿态的无模糊检测。图 7-31表示的是一个具有 4 个共面反射器和 1 个非共面反射器的典型的成像目标。图中显示了能够从标志器图像中估计出来的参数。在摄像机处理器中产生目标反射器图像的步骤为：

1）计算焦平面上 4 个反射器图像所定义的椭圆的中心。

2）确定椭圆的长轴和短轴，并计算长轴的距离，它对应于反射

器所在圆弧直径。

3）根据椭圆中心到焦平面中心的 x 距离和 y 距离，计算视线角。

4）根据非共面反射器图像在焦平面上的位置计算出相对姿态的俯仰角和偏航角。

5）根据标志器图像的轴线相对于焦平面 xy 轴的角度，计算滚动角。

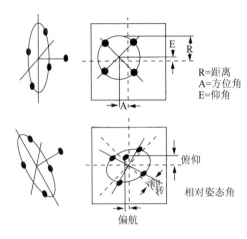

图 7—31　摄像型交会敏感器的目标标志器

摄像机的分辨率由视场的大小以及焦平面像素的数量决定。现在有一种技术可以使图像散焦（模糊），并根据有关的各个像素的信号强度计算出中心点，从而得到亚像素分辨率，使像素的基本分辨率得到改善，用因子 η 表示。这样有效分辨率成为 $\varepsilon_{\text{eff}}=\varepsilon \cdot \eta$。利用这种改进技术，可以将分辨率提高一个数量级，即改善因子为 $0.1 \leqslant \eta < 1$。基本分辨率 ε 为

$$基本分辨率 = \frac{焦平面的大小}{像素数}$$

对于一行或一列来说

$$\varepsilon = \frac{2 \mid x_{\max} \mid}{N}; \quad \varepsilon = \frac{2 \mid x_{\max} \mid}{M} \tag{7-48}$$

其中，N 和 M 分别为一行和一列的像素数。若 a 是一个像素的直径，则用像素的个数来表示焦平面上目标标志器图像的大小 d 为

$$d = n \cdot a \qquad (7-49)$$

将这些定义代入方程（7－46），得到像素数与距离之间的方程为

$$n = \frac{D}{R \cdot \varepsilon} \qquad (7-50)$$

方程（7－50）指出了误差随距离 R 的变化情况。如果仅考虑基本分辨率 ε，则测量误差为 1 像素，相应的整数 n 的倒数值就成为距离分辨率的直接量度。若整个视场对应的 CCD 的像素为 $N \times M$，则视场角度 ψ_{max}，ϑ_{max}，焦距 f 以及一行或一列的像素数之间的关系为

$$x_{max} = \tan\psi_{max} = \frac{1}{2}\frac{N \cdot a}{f} \qquad (7-51)$$

$$y_{max} = \tan\vartheta_{max} = \frac{1}{2}\frac{M \cdot a}{f} \qquad (7-52)$$

对于某一行来说，方程（7－50）可以写成

$$n = \frac{D}{2R}\frac{N}{\tan\psi_{max}} \qquad (7-53)$$

对于某一列来说，只需用 ϑ_{max} 和 M 来代替相应的 ψ_{max} 和 N 即可。

摄像敏感器存在一个对目标标志器照明的问题。由于每次测量都需要保证整个视场的照明条件，所以反射信号的功率密度与激光测距仪的强波束相比要小得多。对于一个正方形视场来说，即视场角为 $\psi_{max} = \vartheta_{max}$，照明装置的半圆锥角必须为 $\phi_{ill} = \psi_{max}\sqrt{2}$。根据雷达方程，摄像机接收到的功率为

$$P_r = P_t \frac{A_{cc}}{A_{beam-ta}} \cdot \frac{A_r}{A_{beam-r}} \qquad (7-54)$$

其中，P_t 为发射功率；A_{cc} 为直角反射器的面积；A_r 为接收光学器件的孔径；$A_{beam-ta}$ 为照明锥体在目标上的横截面积；A_{beam-r} 为反射锥体在接收机处的横截面积。

照明锥体在目标上的横截面积为

$$A_{beam-ta} = \frac{\pi}{4}(R \cdot \phi_{ill})^2$$

而反射锥体在接收机处的横截面积可以很好地近似为 $A_{\text{beam}-\text{r}} = A_{\text{beam}-\text{ta}}$，则得接收机的功率为

$$P_{\text{r}} = P_{\text{t}} \frac{16 A_{\text{cc}} A_{\text{r}}}{\pi^2 R^4 \cdot \phi_{\text{ill}}^4} \qquad (7-55)$$

该结果表明，接收功率与距离和照明圆锥角的 4 次方成反比。

7.4.2.1　目标标志器问题

由方程（7-50）可知，分辨率是目标大小与距离之比的函数。为了使分辨率保持在能够接受的范围内，随着测量距离的增加，目标标志器的大小也要不断增大

$$D = \frac{2n}{N} R \tan \psi_{\text{max}}$$

其中，如果要达到 1% 的分辨率，则像素数 n 必须为 100。对于上面的 $\pm 10°$ 视场和 1 000×1 000 像素 CCD 的例子，为了在作用距离为 100 m 时，保证最基本的 1% 的距离分辨率，则目标标志器的大小至少为 3.5 m。如果可以应用一个分辨率增强系数 η，则目标标志器就可以相应地减小。任何情况下，反射器之间的距离 D 随着作用距离的增加而线性增加。同时，在逼近中，如果目标太大的话，距离较远时目标就可能已经超出了摄像机的有效视场了。例如，当标志器的大小为 3.5 m，视场角为 $\pm 10°$ 时，在距离为 10 m 时，就已经超出有效视场了。交会逼近中，在达到该距离前，敏感器必须转换到一个较小的标志器才能继续进行测量。为了能够对光学敏感器与目标标志器之间小于 1 m 的距离进行测量，标志器的大小必须 $\leqslant 0.35$ m。当考虑到目标航天器的横向运动时，其值还要进一步减小。因为在该例中，对于一个直径为 0.35 m 的标志器来说，只有在 10 m 之内时才能满足基本分辨率为 1% 的要求，所以需要第 3 个介于两者之间的标志器，以保证在从 100 m 到 1 m 的距离内实现 1% 的分辨率。

因此，摄像敏感器的目标标志器由用于不同操作距离的大小不同的一组同心标志器组成。由于只有在距离为 20～30 m 时才需要进行相对姿态的测量，因此只有内层的标志器才必须拥有图 7-31 所示的非共面的反射器。如果相对姿态角较小，或相对姿态只在某一

已知方向上发生变化，那么在目标航天器上只需要两个距离较远的反射器就能实现对相对姿态的远距离测量。这对解决目标航天器上目标标志器的布局位置问题是十分有用的。图 7－32 表示了一系列典型的反射标志器，其中在距离为 D_3 处的反射器用于最远的操作距离，在距离为 D_1 处的反射器用于最近的操作距离（D_1，D_2，D_3 并没有按比例表示）。

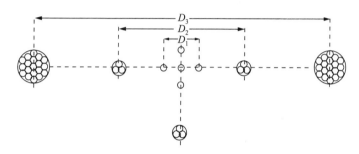

图 7－32　为远距离和近距离设置的典型目标标志器

正如方程（7－55）所示的那样，另一个影响远距离目标标志器设计的问题是回波信号的功率密度较低。摄像敏感器的作用距离将会受到反射信号的信噪比的限制。为了增大光学摄像机接收到的功率密度，必须增大反射器的面积。因此，远距离的目标设计采用了多个反射器，如图 7－32 所示，这比使用大直径的单个反射器所需的质量和体积要小。

7.4.2.2　作用距离及性能

如上所述，摄像敏感器的作用距离受目标标志器大小以及反射光的功率密度的限制。在给出作用距离和性能指标的典型值时假设改善因子 η 对单个像素基本分辨率的改善效果位于 $1 \sim 10$ 倍之间。对具有上例给定的视场和像素数的敏感器的典型使用范围如下。

距离：当目标标志器较大时，最大可达 200 m（见图 7－32）；

视线角：最大可达 $\pm 10°$；

相对姿态（俯仰角和偏航角）：最大可达 $\pm 5°$；

相对姿态（滚动角）：最大可达 $\pm 180°$，取决于目标标志器；

带宽：>1 Hz

对于上例，假设当距离<30 m时，目标标志器的大小为0.2 m，当距离>30 m时，目标标志器的大小为1.5 m，则其具有以下的典型的性能指标。

对于距离和横向偏移来说：

<10 m：<0.01 m；

<30 m：<0.1 m；

<100 m：<1 m。

对于视线角来说：

$<0.1°$

对于相对姿态来说：

<10 m：$<0.5°$；

<30 m：$<2°$。

以上指标仅作参考；实际敏感器的性能可能要好于或次于上述指标，这都取决于敏感器的设计参数以及所采用的评估技术。

7.4.3　测量环境和干扰

7.4.3.1　干扰源

在视场中，除了目标航天器上的后向反射器之外，所有的其他光源都是光学敏感器潜在的外部干扰源。按照对敏感器的影响程度，应着重考虑以下干扰源：

1）太阳；

2）目标航天器表面反射的太阳光；

3）目标航天器表面反射的敏感器照明装置发出的光；

4）来自其他光源的反射光或直射光。

很明显，对敏感器视场影响最大的干扰源就是太阳。太阳能够辐射所有波长的光，因此仅对照明波长的精确滤除并不能给敏感器提供充分的保护。对于由目标航天器的形状引起的对太阳光的镜面反射也是如此。对照明光的镜面反射是敏感器的第3大干扰源，它也不能被滤波器滤除。与敏感器照明光相比，其他光源的直射光或反射光通常强度很弱，并且/或者具有不同的波长，可以通过一个强度阈值或波长滤波器将它们和目标反射器的光区分开来。因此，在随后的讨论中仅考虑前 3 种光源源。

7.4.3.2　不同敏感器对干扰的灵敏度

激光测距型敏感器

由于激光测距型敏感器的波束很窄，且其瞬时视场很小，因此在正常操作模式下，这种类型的敏感器对干扰的灵敏度要比摄像型敏感器低。只有在进行搜索或当敏感器距离目标航天器很近且具有多个目标标志器时才需要较大的视场。在第 1 种情况中，需要较大视场的时间很短，当捕获到目标之后仅对反射器附近很小的区域进行扫描。在第 2 种情况中，在目标反射器附近的瞬时视场仍然很小，而 3 个或 4 个反射器分布在整个视场的大部分区域。关于可能由太阳光引起的干扰，在第 2 种情况中敏感器的大部分视场都被目标航天器覆盖住了。因此，取决于逼近方向，即 $\pm V$ 轴或 $\pm R$ 轴，太阳的潜在干扰仅局限在逼近轨道很短的一部分，且如果需要的话，还可以通过有效的方法滤除（例如，改变轨道的初始时间或短时间改变姿态）。

摄像型敏感器

由于每次测量时都需要对整个视场进行拍摄，因此摄像型敏感器更容易受到光源的干扰。可以有许多技术来抑制"假"图像，随后将对其中的两种技术进行讨论。摄像型敏感器的另一个问题是当视场内有强烈的光源时，电荷耦合器件（CCD）会出现"模糊现象"。这时，受到影响的所有行和列的像素点，以及相邻的像素点，都会变饱和，导致在视场内出现无法进行任何测量的一些交叉的行和列，使其不能进行任何测量。当一个或多个目标反射器处在这些饱和交叉杆上时，这种饱和效应不大可能被消除。对于那些在饱和行和列之外的反射器来说，与上面论述的激光测距型敏感器的方法相似，也可以通过摄像机上的图像来跟踪一个很窄的瞬时视场。这种情况下，其他的像素在评估时都将被忽略。

防止产生"假"图像的措施有：

- 在光学摄像机上安装波长滤波器；
- 比较有敏感器照明条件下和没有敏感器照明条件下的测量结果（Howard et al.，1999）；
- 在转移时使用闪光灯（Bomer & Tulet，1990）。

第 1 种措施对于抑制人造光源或其在目标上的反射光的干扰是十分有效的。但是如前所述，这种方法对于太阳的直射光或反射光没有什么防护作用。第 2 种措施是比较在有敏感器照明和没有敏感器照明条件下的两个图像。由于目标标志反射器总是将光反射回光源方向，所以只有在有敏感器照明的条件下才能在图像中看到目标的反射器。第 3 种措施是在 CCD 电荷由感光区向存储区转移时，使用闪光灯照亮视场。为此，CCD 将工作在非标准模式下。在该模式下电荷按列连续地移动，即不间段地进行转移和清除。因此，持久的光源会影响每一列中的所有像素点，闪光灯照明的反射光将会产生一个清晰的图像。这一特殊模式被称为"闪光转移"（FDT），并且是 MATRA 的一项专利（Bomer & Tulet 1900）的主要内容。

以上措施都不能提供对敏感器照明光虚假反射的滤除功能。对于激光测距型敏感器也是如此，尽管这时被照亮的瞬时视场很小。只有通过对目标航天器表面接口的正确设计，以及在具有代表性的目标环境中对敏感器进行测试才能保护光学敏感器不受照明光虚假反射的干扰（见第 10 章）。

7.4.4　对交会光学敏感器的总体评估

在从几百米到捕获前的这段很短的距离中，光学敏感器能够满足交会导航的各种要求，其他测量原理的敏感器系统在性能、质量、功耗以及复杂度等综合而言都不如光学敏感器。射频敏感器需要复杂而巨大的天线，以及在追踪航天器和目标航天器上安装的电子设备来提供各种参数。卫星导航的位置测量精度，即使在相对模式中，也不超过 5 m，而且在距离较近时导航卫星会受到目标航天器结构的遮挡影响。

从作用距离方面考虑，摄像型敏感器的作用距离在 $100\sim200$ m 范围之内，而激光测距型敏感器的作用距离可达到公里级。然而，对测量原理的选择却更加复杂，而且还将取决于任务的类型，即取决于是对接任务还是停靠任务，在最后几百米是否需要绕飞，在捕获前几米是否需要考虑目标航天器的快速移动问题，等等。为了评估对各种任务要求的适用性，现回顾一下这两种类型敏感器的典型优缺点。

7.4.4.1　激光测距型敏感器

激光测距型敏感器的优点：

- 如果只需要测量距离和视线角时，在目标航天器上只需要一个反射器即可。
- 激光测距型敏感器的作用距离从大约 1 m 一直到数千公里，取决于发射机的辐射功率。
- 由于其工作原理基于非常小的瞬时视场，激光测距型敏感器对太阳干扰和其他伪光源干扰具有内在的低灵敏度。

激光测距型敏感器的缺点：

- 这种测量原理需要具有移动的反射镜或万向架，这将导致：
  1）由于进行扫描运动而造成的额外功率消耗；
  2）由支架对发射和太空环境的灵敏度引起的可靠性的问题。
- 由于在搜索和跟踪时必须执行复杂的扫描模式，当所需要扫描的反射器不止一个时，就会受到带宽的限制。
- 对能够进行相对姿态测量的最小距离具有限制。这是由于在逼近的最后几米，标志器已经不在视场中了。减小目标标志器的大小也不能解决这个问题，因为这样会造成相应的测量误差的增大。

7.4.4.2　摄像型敏感器

摄像型敏感器的优点：

- 随着距离的减小，测量精度不断增加。
- 能够在一次拍摄中同时获得所有导航参数的测量信息。
- 由于测量拍摄能够以较高的速度不断重复，因此其测量输出的带宽较大。
- 通过使用一系列较小的目标标志器，能够在最短的距离内对相对姿态进行测量。
- 由于敏感器没有移动部分，所以不容易受到发射环境和轨道环境的干扰。
- 从原理上讲，可以通过增加一个足够小的目标标志器，这一标志器即使在最短的距离内也能被整个视场覆盖，从而实现对任意短的距离的覆盖。

摄像型敏感器的缺点：

- 对于远距离测量来说，目标反射器位置之间的距离 D 必须很大，同时为了保证充足的发射光，每一位置可能都必须由许多反射器组成（见图 7-32）。此外，对于近距离的相对姿态测量，还必须有一个反射器与其他反射器不共平面。因此，在远距离和近距离的测量中，对于目标航天器上这样一系列复杂的目标标志器的布局将比激光测距型敏感器中单一标志器的布局要困难得多。
- 由于其性能将随着 R 的增大而减小，且信噪比也将与距离和照明角的 4 次方成反比，因此其作用距离将会受到限制。
- 由于照明角的问题，这种类型敏感器的视场必须保持尽可能地小。

7.4.4.3 交会任务中敏感器的选择

作为一个中距离的敏感器，相对模式的卫星导航可用于数百米的以外的距离，这时，遮挡现象和多径效应尚不影响其可用性，并且其性能也能满足下一步逼进的要求。当距离小于几百米，考虑到所有相关的特性和性能，光学敏感器将是最好的选择。尽管光学敏感器本身的视场是有限的，但只要在绕飞机动的过程中，使追踪航天器一直朝向目标航天器，并且在目标航天器上安装一系列不同角的组合反射器，就可利用这类敏器实现对目标的绕飞机动。

对于以停靠为目的的交会任务来说，对光学敏感器类型的选择相对比较容易。由于对相对姿态的测量不是必须的，激光测距型敏感器将是最好的选择。对于距离和视线角的测量，只需要一个反射器即可，而且敏感器能够覆盖从 1 000 m 到停靠区的整个距离。

对于以对接为目的的交会任务来说，对敏感器的选择会比较困难。考虑到从几百米到接触前不同距离的特性和性能要求，激光测距型敏感器和摄像型敏感器的组合将会提供最优的性能。激光测距型敏感器将在整个距离范围内提供距离信息和 LOS 信息，同时，在逼近的最后阶段，即至少从对接前 30 m 开始，摄像型敏感器将会以不断提高的精确度提供包括相对姿态在内的所有导航参数。这种组合的代价是，追踪航天器上敏感器及相应的电子设备的数量都要加倍，且目标航天器上，至少需要安装两种不同的目标标志器布局。由于逼近的最后阶段对安全性有特别的要求，追踪航天器上所有的敏感器功能可能必须有热备份，因此这些敏感器的布局和安装问题更加凸显出来。由于对两种类型敏感器布局和操作的复杂性和费用问题，航天器设计人员首先想到的就是如何只用一种类型的敏感器来解决最后逼近中的导航问题。下面给出几项选择敏感器类型的标准。

- 如果中距离敏感器，如卫星导航或其他类型的敏感器，能够应用于最短 200 m 以内的距离，则有可能在短距离范围内仅使用摄像型敏感器并能满足所有的要求，在这种情况下，目标航天器上必须安装适用于 100～200 m 距离内进行测量的大型目标标志器。

- 如果中距离敏感器在大于 200 m 以上的距离上就不再适用，则采用激光测距型敏感器是更好的选择。然而，在近距离相对姿态的测量中，当目标标志器超出了视场范围时，这种类型敏感器的测量就会遇到问题；同时，为了测量相对姿态必须对 3 个反射器进行扫描，从而提供的导航信息的带宽会受到限制，这也是一个问题。因此，能否使用激光测距型敏感器（包括应用在近距离逼近中，将决于目标航天器的运动特性。

- 在以下 3 种情况下可能就必须将两种类型的敏感器结合起来使用：

    1）当目标航天器姿态运动的幅度占据大部分的对接口的接收范围时；

    2）当姿态运动的周期小于失去相对姿态后残余的逼近过程所需要的持续时间（见前面论述）时；

    3）当中距离敏感器小于数百米的范围不能使用时。

当然，这些考虑只是简要地说明了一些与测量原理直接联系的情况罢了。在航天器工程中，其他的设计限制和操作限制也可能会最终决定敏感器的选择。

第 8 章 结构对接系统

本章的目的在于介绍一些关于两个航天器对接和停靠过程的动力学和运动学基本知识及航天器对接和停靠装置的设计原理，并简单讨论这些装置的设计需求，概述其发展现状。利用简化等效质量模型，研究了对接过程中的动态连接过程和动态捕获过程。这个模型描述了两个航天器的质量及其中间的减振系统。本章最后介绍了用于冲击减振、捕获、结构连接和密封等设计要素的基本功能。

8.1 对接和停靠的基本概念

对接和停靠过程中需要完成的主要任务和需要解决的主要问题在 2.5 节中已进行讲解。"对接"和"停靠"的概念在第 1 章中也已作过说明，但为了本章的完整性，这里再次给出这些主要概念的定义。

- 结构对接（mating）是实现接触、捕获和连接这一过程的一个综合术语，包含"对接"和"停靠"两种情况。
- 接口对接（docking）指追踪航天器的 GNC 系统控制所需的航天器状态参数，确保追踪航天器捕获接口的参数满足目标航天器捕获接口的要求；捕获位置同时也是结构连接的位置。
- 停靠指以下情形：
  - 追踪航天器 GNC 系统以零标称相对速度和角速率将航天器送到结构对接点。
  - 位于目标航天器或者追踪航天器上的机械手抓住另一航天器上与之相对应的捕获接口。
  - 机械手将捕获的航天器及其接触装置转送到目标航天器停

　　靠区的最终位置上，并将它嵌入至目标航天器相对应的接口装置。

　　如图 2－13 所示，对接就是以逼近轴为主轴将捕获和接触装置整合为一个系统。而停靠时，逼近轴和接口装置轴，以及捕获和接触装置的接口是完全分离的。由机械手完成的从捕获位置到接口装置的转移使得航天器可以进入不同的停靠区，如图 5－4 所示。

　　为了解两个航天器对接过程中的功能和操作情况，并重温主要的约束和接口要求（有些内容在前面章节已讲解过），下面几节将介绍典型对接过程和停靠过程中的操作顺序。

8.1.1　对接操作

　　根据任务类型，可以选择使用非加压对接装置（常用于无人参与的任务）和加压对接装置（常用于航天器中有航天员参与的任务）（见 8.2 节）。下面描述的典型的对接过程是基于有人参与的任务，它包含了更加复杂的功能（见图 8－1），因为它必须要建立一个气密的转移通道。

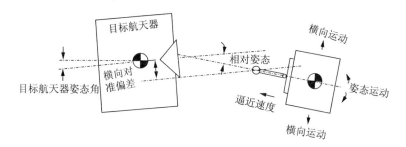

图 8－1　对接接触时的对准和运动参数

　　1）减少逼近速度和对准误差。捕获对接轴过程中及捕获之后，追踪航天器减小它的逼近速度直至终值。在最后的逼近至接触段，航天器匀速飞行，以避免在最后几米发生制动点火和羽流在近距离时对目标航天器的冲击。逼近的最后几米内，追踪航天器的 GNC 系统必须实现与目标航天器的横向对准和角度对准，这对于将追踪航天器与目标航天器的对接接口同置于彼此的接收范围内是非常必要的。

2）接收。在这个阶段，两个航天器的对接接口进入彼此的接收范围。在这个范围内，两个航天器进行物理接触，使对相应接口的捕获成为可能。接收范围必须足够大，可以覆盖追踪航天器相对于目标航天器的所有残余偏移。接收范围必须能够同时覆盖所有回弹运动，这种情况可能发生在第 1 次接触之后、未完全捕捉之前。

3）缓冲。如果接口装置在没有减振器的情况下彼此相撞，它们将会反弹，究竟是出现减速还是加速，取决于接触装置及其次级结构的塑性和弹性变形。因为速度的变化将发生在很短的距离上，所以加速度很大，反弹会在很短的时间内发生，有鉴于此，必须要使用弹簧减振器，它可以减小相对速度（速度的变化发生在比原来长的距离内），从而：

- 减小对两个航天器结构上的冲击；
- 可以使两个捕获接口对准；
- 减小反弹速度；
- 增加捕获过程的可利用时间。

4）捕获。进入接收范围之后，两个航天器上的捕获接口装置能够引导对方相互对准（由于减振系统的使用），这样便可以完成捕获。简单地说，"捕获"是指航天器再不能彼此脱离的状态。然而，这并不表示一个刚性的连接已建立起来。捕获锁的操作可以利用追踪航天器和目标航天器之间的弹簧和残余速度中的动能来完成，这类似于弹簧门锁落入其锁销的过程。另外，捕获锁的操作，可由敏感器启动，并由电动机来驱动。这种敏感器可以是接触感应器或者是压力感应器，还可以是监视接口进入捕获范围内的感应器。

5）收缩和结构对准。捕获完成后，两个航天器仅仅是比较松散地连接在一起，并且残余的距离、横向及角度对准偏差通常使结构锁不能立即啮合。相反地，多数设计中的减振系统的弹簧会将两个航天器推开，直至推到捕获锁装置所允许的极限距离内。因此，为将两个航天器的对接接口平面拉拢在一起，在大部分设计中需要一个收缩装置。收缩装置通常包括一些额外的机械引导特征（如销状锥体、球形凹槽等），以保证在收缩过程中达到更好的对准效果，这对于结构连接也是必要的。

6）结构连接。一旦对准后，结构锁就会啮合，并在预加载下将两个接口面压合在一起，以确保组合航天器在面对后续操作过程所有可能的载荷情况下仍保持刚性结构连接。在加压对接口，结构锁也需要对密封环施加压力，以实现成气密连接。在一些对接装置的设计中，捕获锁、减振系统、收缩装置和结构锁等一种或多种功能可能被结合在一起。

7）通用设施连接。结构锁锁紧操作完成后，就可以启动通用设施的连接。只有在连接是自动完成的条件下，才能即时启动通用设施的连接。否则，它要在加压并打开舱盖之后由航天员才能完成。在很多情况下，只需要进行能源和数据的电连接。然而，在某些任务中，也需要液体和气体的连接，例如向目标航天器内再次加注推进剂、水或者气体。数据线连接完成后，目标航天器可以直接对追踪航天器系统进行直接监控，并在必要的情况下，进行直接控制。

8）加压。在加压对接端口情况下，结构锁成功啮合后，便可以开始向舱门之间加压。这时可以用位于两同心密封环之间的通道中的压力敏感器所提供的监控信息来检验气密性。

9）打开舱门。加压、气密性检测完毕后，就可以打开舱门，根据任务目标进行对接后的操作。

8.1.2 停靠操作

原则上，机械手既可以装在目标航天器上，也可以装在追踪航天器上，相应地，锚针装置就应安装在另一航天器上（见图 2-13）。

下面的讨论是基于国际空间站方案，假定机械手安装在目标航天器上的（见图 8-2）。

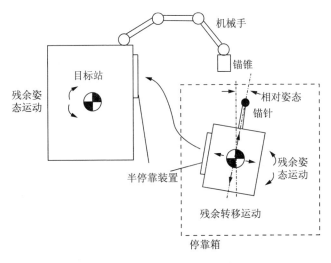

图 8-2　停靠任务：捕获时的条件

1）追踪航天器进入停靠箱。在逼近的最后阶段，追踪航天器将在停靠箱内进行位置保持（5.3.1 节和 5.7.2 节中已介绍过）。停靠箱是一个非常靠近目标航天器的空间区域，追踪航天器需要进入这个区域以使机械手设备能够获取锚针。

2）机械手进入准备位置。追踪航天器一旦进入停靠箱，机械手前端及前端受动器将被移动至可以开始捕获操作的位置。通常出于安全考虑，在追踪航天器进入停靠箱的过程中，机械手不会在这个位置。

3）追踪航天器推进器的关闭及捕获的开始。当机械手前端进入到准备位置、锚针进入"内部停靠区"（见图 5-6）时，追踪航天器的推进系统将被关闭，机械手的末端受动器捕捉追踪航天器的锚针。推进器关闭后，追踪航天器受轨道动力的影响开始远离移动（见图 5-5）。由于此移动的影响，捕获必须在有限的时间内完成，通常是一两分钟，这取决于停靠箱相对于目标轨道（V 轴）的位置。

4）机械手捕获锚针。当捕获工具（末端受动器）进入正确位置之后，捕获操作就开始了。与对接操作相似，捕获操作必须保证接口不能彼此脱离，机械手和被捕获的航天器之间的连接要足够牢固，以满足转移和插入的需求。

捕获工具要达到相对另一航天器上的捕获接口（锚针）的正确位置上），需要一种敏感器功能；它必须提供与对接过程所需要的相同的信息，即距离、视线角和相对姿态角。在当今所有的停靠任务中，都由操作员在末端受动器上的摄像机和靠近锚针装置的目标标志（类似于图 6－25）的帮助下，实现这个敏感器功能。未来，这个功能也可能会自动完成。

5）向停靠区的转移。机械手末端完成必要的平移和旋转动作，以将捕获航天器的停靠装置接口移动到目标航天器上的对应接口处。大部分情况下，被获航天器会遮蔽机械手上的摄像机（位于机械手关节处的摄像机）的视线，因此，转移需要其他不同的敏感器功能。由于在转移过程中对机械手引导的精度要求适中，通常只要使用机械手关节处的内部角度敏感器即可。在转移过程中，为防止被获航天器与目标站的结构发生碰撞，应采用某种既定的路径设计。

6）向接收接口的插入。同对接装置一样，停靠装置同样存在一个接收范围，需要根据机械手的定位精度而测定。因此，需要有感应功能来核实彼此停靠接口的定位精度。如果机械手的角度敏感器不能提供足够的精度，就需要增加额外的敏感器（例如摄像机和视觉目标标志）。

正确定位完毕后，机械手将被捕获航天器上的停靠接口缓缓地推进到目标站停靠接口内。对准操作将由机械手的推力和导引特征完成（即先利用导向瓣，最后利用杆锥或者球槽）。机械臂能一直提供这种推力，直至开始结构连接。较之对接过程，向停靠接口的插入过程进行得非常缓慢，因为它完全由机械手控制完成。

7）结构连接、通用设施连接、加压和打开舱门。这些操作步骤和功能与对接过程基本没有差别，在此不再赘述。

停靠技术也可以用于他用，例如，利用停靠技术可以将舱段或者其他结构部件由一处转移至另一处。具体应用实例如把和平号的舱段由对接位置向最终位置的转移，由机械手把货物从航天飞机上卸载并转接到国际空间站上等。和平号空间站的舱段由一个固定位置向另外一个位置的转移都是自动完成的，不需要人工操作员的主动控制。

8.1.3　对接和停靠的共同点和主要不同点

以上对操作顺序的描述表明，对于对接和停靠来说，基本操作内容相同的有：

- 获取捕获接收范围；
- 闭合捕获装置；
- 转移到结构锁的操作范围并进行对准操作；
- 结构锁锁合；
- 通道加压（根据任务而定）；
- 打开舱门（根据任务而定）。

对于对接来说，捕获和连接功能在每个航天器上都集中在一个位置上，并整合于一个系统内。大部分情况下，起主动作用的功能多半设在追踪航天器上。捕获范围的获取由追踪航天器上的 GNC 系统完成。捕获过程的自动启动则是由被动弹簧锁落进另一航天器上相应的锁环中完成，或者由感应信号触发主动捕获锁来完成。由于捕获功能和转移功能的整合，从捕获位置向接触位置转移的距离变得很短，通常通过对接装置前端向基体结构的简单收缩来完成。

对于停靠来说，两个航天器的捕获和连接的功能都处在不同的位置上。捕获是由一种工具主动完成的，较之对接，这种工具可以在更宽广的空间和姿态范围内跟踪和捕获另一航天器上的对应接口。被捕获的航天器可以从捕获的位置转移到多个潜在的连接位置上。与对接相比，这种转移必须通过一个长而复杂的路径。就停靠操作在捕获位置和连接位置获得的灵活性而言，它所要付出的代价就是大大增加了捕获和转移所需设备和操作的复杂度。这个所需的设备就是巨大的机械手臂和前端受动器。以下原因增加了操作复杂度：

1）三个系统之间的动态交互，即由 GNC 系统控制的正在逼近的追踪航天器系统、带有或不带有主动 GNC 系统的目标航天器机体动力学系统和机械手系统之间的交互。

2）由机械手完成的捕获和转移操作在本质上更为复杂，它是由人在环路中进行主动控制的。

对于对接来说，GNC 系统性能参数（指在逼近方向上的速度、横向对准和角度对准、横向速度和角速度）决定了接收范围的大小和弹簧减振器的大小。取决于对接过程的接触速度的大小，这些功能可采取不同的设计原理。通常，GNC 性能越好，接触时逼近速度就越低。

对于停靠时的捕获来说，与残余速率相比，追踪航天器的绝对校准条件的影响程度居于次要地位，这一点在本书 5.3.1 节和 7.1.1 节中已经进行过讨论。为了在停靠箱停留一段时间，比如，在 1 m³ 的范围内保持 1 min，各个方向的残余速度就不能超过 0.01 m/s。残余角速度必须与机械手和人工操作员的跟踪能力相协调。如果假设存在 10°，残余速率为 0.1（°）/s 的初始校准偏差，1 min 后的偏差将是 16°。这样的残余速度和对准偏差，机械手可以处理的。

为了完整起见，对接和停靠的一般优点和缺点在此重温一下。

对接操作较之停靠操作，一般具有低复杂度、高可靠性和耗时少的优点。但是，对接操作一般要求较大的接收和减振装置，要求在接触后的几秒钟内完成捕获，否则，航天器将会彼此离开。因为具有角度转动（可能由于航天器的接触引起），捕获失败在对接操作中比在停靠中更加危险。

停靠操作允许将追踪航天器连接到目标航天器上对接操作不可能达到的位置。由于捕获发生时两个航天器之间的标称相对速度为零，因此产生的冲击力和作用力会比较小。然而，这就要求追踪航天器的 GNC 系统在推进器关闭之后能够使航天器以很小的残余速度和角速度停留在停靠区内。捕获可用的时间取决于残余速度、相对于 V 轴的捕获位置、目标航天器几何形状的限制以及机械手的能力。

在追踪航天器的控制关闭后，可利用的捕获窗口一般为 $1\sim2$ min。
如果严格按照停靠区定义的规则（见 5.3.1 节）执行，在这个时间
段内捕获失败后追踪航天器仍会处在安全状态，而不会与目标航天
器发生结构碰撞。而就发射质量和投资成本而言，原则上，需要大
型机械手是停靠操作的一个不利因素。不过，若目标站上已有这样
的机械手，这些因素对于追踪航天器的任务设计是次要的。无论如
何，考虑到任务资源，尤其是航天员的时间，捕获、转移和与停靠
端口连接所需的时间都是停靠操作的一个负担。

8.2　对接和停靠装置类型

这一节将概括讨论不同类型的连接装置的特点，主要着眼于讨
论设计动因之间的依赖性。这些动因指的是捕获功能和为航天器之
间建立物资转移通道的功能。后者包括结构连接功能和和载人情况
下建立航天器之间的气密加压通道所需的密封和锁销。本节举例说
明了以前研发的几种不同类型的机械装置，及其具体实现情况。对
载人航天器的中心式及周边式对接装置的详细介绍，以及对俄罗斯
飞船系统主要设计组成的全面讨论，可参见文献（Syromiatnikov
1990）。文献（AIAA 1993）给出了对接和停靠接口的总体概况，介
绍了对接、停靠的要求和参数，并进一步在文中列出了很多参考
文献。

8.2.1　设计动因

对接装置的设计和大小由许多因素决定，它们取决于任务目标，
以及追踪航天器和目标航天器的对接装置在接触时的动力学环境。

8.2.1.1　航天员和物资的转移

不载人任务

在不载人的任务中，即两个航天器都不要求适宜生活居住的条
件时，一般不需要加压转移通道。因此，非加压的对接和停靠装置

的设计取决于承载能力、刚度和某些情况下对准精度的要求。非加压对接装置在设计方面非常简单，因为无需建立气密连接。

载人任务

在载人任务中，两个航天器中至少有一个由人连续或者间歇地操纵。通常由人操纵的航天器都是在轨运行的目标站，这就需要向站内加压区转移物资，因此，追踪航天器通常也应有一个加压区，以便物资可以送到站内使用。为了实现物资转移，需要在对接后建立一个加压通道。对接或停靠装置的直径取决于转移航天员和物资的通道的大小。通常，舱门和通道的最小横截面要允许一名身着航天服的航天员通过。

8.2.1.2　接触参数

必要的接收范围主要由插入过程中两个航天器上的半对接装置的横向和角度对准偏差决定。减振装置的设计和大小由接触过程中的相对移动速度和角速率决定。在对接装置中，逼近速度、横向速度和角速率，均由追踪航天器的 GNC 系统性能决定。在停靠装置上，这些参数值由机械手和敏感器性能决定。在停靠情况下，必须考虑两种捕获情况：一种是锚针的捕获，另一种是被获航天器的停靠接口插入到目标航天器对应接口后的捕获。因为机械手控制的插入速度很低，在停靠过程中不需要大的减振系统，也没有对结构锁时间的限制。

8.2.1.3　通用物资传输的要求

通用管线，比如能量、数据、液体和气体等管线，要求在对接和停靠接口中占有一定的区域，以便与连接器或者供给管线连接。通用设施连接可以自动完成，也可以在有加压连接接口的条件下，通过人工完成。如果是自动完成，则需要提供安装连接装置的额外区域。在加压对接装置中，这些区域必须位于航天员和物资转移所需的最小口径以外。若由人工完成，连接需要位于管道内；而对自动连接，即可位通道内也可位于通道外部。考虑到安全问题，如有毒推进剂的液体传输连接等，一般选择后者，也就是外部连接。

　　加压对接装置的尺寸要求如图 8－3 所示。主要设计要求是其内部横截面能够容纳 1 名身着太空服的航天员。不过可能还会有其他要求，例如需要传送比太空服更大的标准支架等。这正是 ISS 停靠装置中的主要设计要求。关于对接和停靠系统中尺寸设计的要求在 Tobias，Venditti 和 Cable（1989）中有论述。

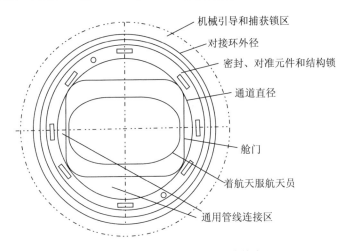

機械引导和捕获锁区
对接环外径
密封、对准元件和结构锁
通道直径
舱门
着航天服航天员
通用管线连接区

图 8－3　加压对接装置的尺寸特点

　　加压通道的直径要求成为选择结构连接锁的驱动因素，因为捕获锁力量与管道直径的平方成正比。这个作用对接环结构、密封和结构锁的影响将在 8.3.6 节进行详细讨论。

　　通常，只有在追踪航天器和目标航天器同时进行研制时，才能够设计出完全满足特定任务需求的对接装置。在服务性任务中，目标航天器一般在轨道上停留了很长一段时间，因此追踪航天器的对接装置必须适合目标航天器上可用的接口。补给航天器与空间站对接时更是如此。通常在早期开发阶段就要设计构思这些接口，或是采取以前任务中所用的设计，而在轨操作阶段可能持续 10～20 年。一般在空间站的运行寿命内，来访的航天器的对接装置必须与空间站上的接口相吻合。其结果是新设计的供给航天器必须采用原对接装置，而这些对接装置可能因为过于陈旧而对执行的任务来说不是最佳的选择。只有空间站增加新的结构装置，才有可能采用新的对接装置设计方法。

8.2.2　中心对接装置和周边对接装置的比较

对于对接装置来说，在第一次接触中，利用中心捕获装置可以轻易达到捕获的有效对准要求。中心捕获装置由一个杆（在主动航天器上，也称探针）和一个中空的锥状物（在被动航天器上，也称锥腔）组成。探针一端与航天器弹性连接，锥腔接收探针的末端并引导它靠近锥腔中心，在此中心将它捕获。这个过程将在 8.3 节中进行深入讨论。在早期美国和俄罗斯的空间计划中，对接装置就是依照这个原理进行设计的（Bloom and Campbell 1970；Syromiatnikov 1971；Syromiatnikov 1990）。中心对接装置的缺点是，在接触和开启舱门成功后，捕获装置的组成部分，即位于主动航天器上的探针和位于被动航天器上的锥腔，恰在转移通道的中央（见图 8－4）。它们必须在航天员和物资转移开始前被移除，放置到其他地方去。

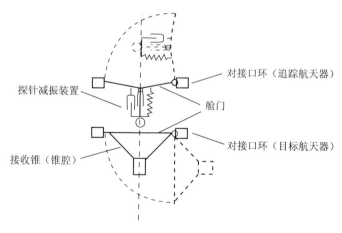

图 8－4　中心对接装置：舱门打开后的障碍

为避免这个缺点，设计者考虑了将完成接收、机械导引和捕获所需的功能部件安排在构成转移通道的接口环周边上的可能性（Syromiatnikov 1971，1990）。这样，接口环内大部分空间被空出来作为通道，仅仅需要打开一个平的舱门，如图 8-5 所示。接收和捕获的主要部件，例如为无加压连接设计的 V 字形锁（见图 8-6），原则上可以布置在接口环附近。周边连接系统也使异体同构设计成为可能。中心系统总是有一方为公连接，一方为母连接，而周边系统可便双方都拥有接收、导引和捕获功能。这样的系统被称作"异体同构"系统（见下节），它的接收和导引组成部件像花瓣一样安装在对接环的四周。1975 年，这个系统第一次应用是在阿波罗—联盟号对接工程中（Swan 1976；Syromiatnikov 1990，见图 8-9）。之后在实践中，所有的周边对接装置的研发都追随这个基本设计，而今它被应用在 APDS（异体同构周边对接系统中，见图 8-10；Syromitnikov 1990）的设计中。起初 APDS 是为俄罗斯空间计划设计的，现在应用在美国航天飞机与国际空间站的对接中，并通过 CBS（通用停靠装置，见图 8-13；Illi 1992），运用在国际空间站美国一方加压舱的连接装置中。

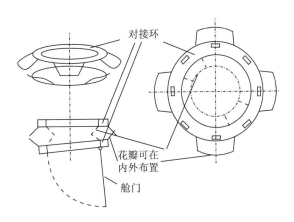

图 8-5　周边对接/停靠装置：外侧/内侧"花瓣"，舱门开启

周边对接系统的接触动力学和冲击减振装置比中心对接系统的复杂得多，因为第 1 次接触发生在以对接轴为中心的直径至少为 1 m

的圆上某一点，接下来会在圆周不同点位发生大量接触，从而产生三维载荷模式。对于中心对接装置来讲，第 1 次接触发生在距离对接轴约 0.1 m 的位置，而接下来的接触不超过 1～2 次，很多情况下可用一个二维模型来模拟接触时的动态变化。冲击减振系统将在 8.3 节再作详细介绍。正如上文所讲的，在停靠过程中不需要冲击减振功能，因为在这种情况下，插入速度通常很低。

8.2.3　对接装置的异体同构设计

20 世纪 60 年代末，经历了人类第一次载人空间飞行后，就产生了异体同构对接装置的设计构想。异体同构对接装置在两个航天器上的基本功能和接口相同，而且在对接过程中任何一方均可担任主动或被动角色。异体同构的设计是救援功能损坏的航天器的先决条件之一；不仅如此，它还能够增加操作的灵活性，比如进行空间站中较为复杂的装配及其重组等；此外，异体同构设计因其两边的功能冗余进而提高了可靠性。

取得这些优点所要付出的代价就是增加了重量、体积和设计的复杂程度，相应的有效载荷运力和在空间服役的时间等都要受到影响。因此，需要提出的一个问题是：严格的异体同构设计是否对所有任务都是最佳选择？或者说，是否有一些设计要求并不希望两个航天器同时具有相同的功能？

在空间站维修任务中，空间站一方的对接装置也许已经在轨道服役了 10～20 年。裸露在太空中的对接装置每一部件的维护都需要由舱外活动（EVA）来完成，这不仅在技术上非常困难，而且还占用了可用的操作资源（即航天员）。这时，最好将所有不能在太空条件下长时间服役的部件装配到由地面发射的到访空间站的航天器上。这类部件可以是密封件、减振装置和所有常用的主动装置（机电装置及润滑轴承等）。

至于在太空中装配重组问题，必须考虑到：

1) 对于长期连接件来说，优先需求权与短期对接连接不同；

2) 对于重组问题，可利用其他的装配方法，即停靠过程。

在停靠中，撞击减振问题并不重要，因此大型的减振装置也不必要。在重组中，双方接口必须吻合，密闭性则成为关键问题。然而，由于在这种重组中要进行的连接是长期性的，因此必要时通过 EVA 来更换密封圈所要付出的额外努力是可以接受的。基于这些考虑，足见异体同构的接口装置有明显的优势，尽管在加压舱的装配和重组中并不需要利用所有对接装置的特点。在国际空间站的 CBS 设计（见图 8－13）中，这些问题已被纳入考虑之中。

在故障航天器的救援中，还会有其他更大的限制因素。只有在载人的情况下，才迫切需要能将航天器带回地面。在载人的 LEO 任务中所涉及的航天器，要么是短期到访的航天器，要么是长期在轨道运行的空间站。只要有航天员在空间站中，必须在轨道空间站连接一个能够安全返回的返回航天器。返回航天器上的对接装置类型无关紧要，只要在出现紧急情况时，它能够迅速、安全地离开空间站即可。载人访问航天器自身具有再入轨和着陆能力。如果载人访问航天器在访问空间站之前或之后发生问题，即使本身的异体同构对接装置仍然可以使用，通过其他航天器搭救的机率也很小。其原因是：

1) 在访问航天器的飞行过程中，必须有第二个航天器和发射设施处于准备就绪状态；

2) 要营救的航天器的轨道条件和操作环境是不可预测的，因而无法做出任何预先准备。

因此，航天器设计者需要将精力投入到增加航天器安全返回地面的可靠性上，而不是在提高营救能力上。

总之，维修任务和营救任务均不能完全当做异体同构对接装置设计的驱动因素。对接装置的异体同构设计的最大价值体现在空间站的装配任务中，它需要在构建过程中或建成之后对模块进行调整或重组。不过，这种连接装置并不需要具备对接装置的所有功能。而且，不是空间站舱段所有连接装置的特征都要求异体同构设计。比如国际空间站的 CBS 系统（下面将作介绍，见图 8－13），有一半是主动装置，有一半是被动装置。

8.2.4　非加压的对接/停靠装置

如果对接的两个航天器都不是载人航天器，通常就不需要加压的转移通道和密闭的接口环，这将有效地降低对接装置的复杂程度；在停靠时，又将装置简化为仅仅需要一个结构连接捕获锁的功能。在对接时，仍然需要冲击减振装置和捕获功能。当然，后者（捕获功能）可以与结构连接功能结合在一起。

体现非加压对接和停靠装置基本设计原理的典型例子是如图 8－6 所示的 V 字形锁的布置方式。这样的布局一般都由安装在主动航天器对接环周围的 3 个或 4 个捕获锁装置组成，在被动航天器上装有与捕获锁装置锁合的锁销。捕获锁装置包括一个 V 字形导向结构和两个锁臂，用来防止锁合之后的锁销脱离并将它定位。在对接中，如果接触速度相对较低，则减振装置可以装在固定的 V 字形结构和 V 字形导向结构之间，如图 8－6 所示。如果冲击速度较大，则弹簧减振部件必须安装在捕获锁装置和基础结构之间，比如后面介绍的周边对接系统。

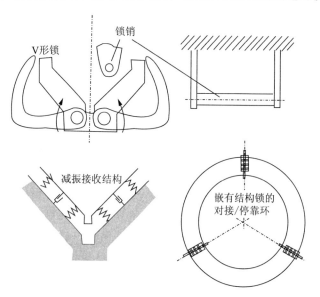

图 8－6　非加压对接/停靠装置：V 字形锁

此类装置已在美国航天飞机的停靠操作中得到应用（比如对哈博太空望远镜的维修和维护），也将被应用在国际空间站向桁架上连接非加压有效载荷的任务中。在对接中，这种装置在 1999 年日本 ETS－Ⅶ（Taniguchi et al. 1991；Ichikawa et al. 1993）的交会和对接演示任务中得到了应用，这将在 10.7.3 中介绍。

8.2.5　对接和停靠装置举例

下面介绍几个已经发展成熟的对接装置。在此并不是要对其设计进行详尽的介绍，而只是举例说明以前章节中涉及到的要求和特点。后面的章节中将更加详细地介绍对接和停靠装置一般组成部件的功能。文中给出的前 4 个例子在文献 Syromiatnikov（1990）中有更加详细的描述。

8.2.5.1　阿波罗探针—锥腔对接系统

这个系统是首批成熟的对接系统之一，并且应用在所有阿波罗任务中（包括登月和空间实验室项目）。

整体设计如图 8－7 所示。它是一种如图 8－4 所示的中心对接系统，在目标航天器上有一接收锥腔体，锥腔中心有一个捕获孔；在追踪航天器一方有一个带减振装置的球形悬挂探针。与接收锥腔第 1 次接触后，探针的锥形顶端被压进捕获孔内。锥形顶端通过球形轴承与探针相连，便于与接收锥腔表面对准。一旦进入捕获孔，探针顶端的弹簧加力捕获锁与孔口内边缘锁合。两个航天器的对准是在探针的收缩过程中通过很多臂状物完成的，这些臂状物形成了一个锥体，连接在探针的底部。

结构连接由 12 个单钩连接捕获锁装置组成，这个捕获锁装置与对接环边缘锁合。在打开舱门之后，为腾出转移通道，需要将捕获、减振和对准等装置的组件移走。

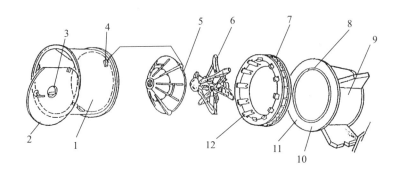

图 8－7　举例：阿波罗对接装置（由 NASA 提供）

1—被动航天器的对接环（在登月舱的通道上）；2—登月舱舱门；

3—等压阀门；4—接收锥体固定物；5—被动航天器上的接收锥体；

6—主动航天器上的捕获和对准装置（指令舱）；7—主动航天器的对接环；

8，9，10，11—通道，舱门和主动航天器次级结构；12—主动航天器的结构锁装置

8.2.5.2　俄罗斯探针—锥腔对接装置

这类对接装置已经被应用在礼炮号和和平号空间站与载人的联盟号和不载人的进步号飞船的对接任务中。它也在作为服务舱的联盟号、进步号和 ATV 与国际空间站的对接中得到了应用。

第 1 个没有密封装置和捕获锁装置的加压连接设计是与阿波罗系统同时开发的，而后在多年的应用中，进行了多次改进设计。这个系统的基本设计如图 8－8 所示。它类似于阿波罗探针——锥腔对接系统的基本设计，即如图 8－5 所示的中心对接装置，在目标航天器上有一个接收锥腔体，腔体内有一个捕获凹槽；在追踪航天器一方有一个减振装的球形悬挂探针。与接收锥体第 1 次接触后，探针的锥形顶端被压进捕获槽内。一旦进入捕获槽，探针顶端的弹簧捕获锁会与凹槽内相应的锁环锁合。两个航天器的对准是在探针收缩过程中通过其底部的活动凸锥体（由很多臂状物组成的锥体）完成的。结构连接是由双钩形连接捕获锁完成的（见 8.4.1 节）。钩子之间的相互钩合，在追踪航天器或目标航天器上均可操作。在阿波罗

系统中，为了让出转移通道，舱门打开之后，捕获装置、减振装置和对准装置组件要被移走。电力、数据和液体管线通用连接均自动完成（见图 8-8）。

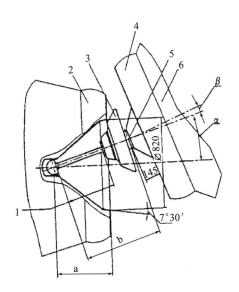

图 8-8　俄罗斯探针-锥腔对接装置（由 RSC Energia 提供）

1—带有延长摆动（在延长的位置上）的捕获杆（探针）；

2—被动航天器带有接收锥形物结构（浮标）的对接环；3—限制角度设备；

4—主动航天器的对接环；5—捕获杆的球形轴承；6—主动航天器的次级机构

8.2.5.3　阿波罗—联盟号异体同构的周边对接装置

这个装置是所有周边对接/停靠装置的前身。根据共同的接口规范，系统的双方分别由美国和苏联为 1975 年阿波罗—联盟号演示任务独立开发的。这是异体同构设计的第一次尝试。每一方都可作为主动方或被动方，每一方的半对接口都可以与其复制品对接。在阿波罗—联盟号演示任务中，任务双方都开发了自己的装置。这些装置中，异向瓣和接触环、捕获锁和结构锁的接口几何外形都是预先指定的；而大部分的详细设计却是根据任务双方自己的意图而定的。

演示任务中，每一方都被假定做一次主动方和一次被动方。在图 8—9 中，阿波罗作为被动方，其接触环收缩进对接环内，而联盟号则作为主动方，其构形被伸展开。

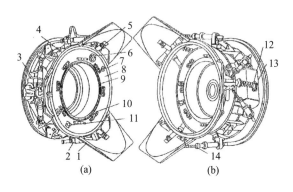

（a）阿波罗一方　　　（b）联盟一方

图 8—9　阿波罗—联盟对接装置（由 NASA，RSC Energia 提供）

1—带有"花瓣"的接触环；2—液压式减振器；3—对接装置驱动（收缩）；

4—捕获锁锁环；5—捕获锁；6—导向对准凹槽；7—推动杆（用于分离过程）；

8—对接环；9—密封环；10—结构锁装置（钩子）；11—校准导向针；

12—弹性电缆；13—带有对接装置驱动的差动部件；14—带有承重螺旋换流器的螺旋杆

第 1 次接触发生在 3 个导向瓣的侧面之间，导向瓣安装在每一个接触环的外侧。接触环与结构连接环（对接环）被"Stewart 平台"上的 6 个减振器分离开。在主动航天器上，减振器延伸出来；在被动航天器上，减振器收缩进去。每一瓣上都带有一个弹簧捕获锁，可以与对应环上的锁环锁合。接触之后，主动方接触环将被推向被动方接触环，并与之对准，与对应的锁环锁合。成功捕获之后，接触环的收缩是由电机驱动装置通过联盟号上的减振器螺旋杆和阿波罗上的 3 根电缆完成的。结构连接是由上文所述的联盟号装置上的 8 个双钩形捕获锁完成的。

8.2.5.4　APDS 异体同构周边对接装置

APDS 系统是在阿波罗—联盟号对接系统基础之上发展起来的。

它起初是为俄罗斯暴风雪号航天飞机设计的，并且在和平号空间站的水晶指令舱内安装了一个与之相匹配的接口。在暴风雪计划结束之后，经过一些修改调整，它被应用在美国航天飞机与和平号空间站的对接任务中，现在它被应用在航天飞机与国际空间站的对接任务中。

　　APDS 系统的基本功能（见图 8—10）与阿波罗—联盟号周边对接装置功能相同。追踪航天器一方和目标航天器一方上的对接装置的第 1 次接触发生在各自接触环上的 3 个花瓣之间。与阿波罗—联盟号装置相比较，花瓣指向对接通道内部。和前一个例子相同，接触环（引导环）被"Stewart 平台"上的一个弹簧减振系统与结构连接环（对接环）分离开。在每一花瓣中间安装着一个捕获锁，与安装在相应对接装置上的对接环边缘内锁环锁合。捕获结束后，利用减振部件的螺旋杆收缩接触环。因为密封环具有较大的直径（与上一个例子比较而言），12 个双钩形结构锁安装在对接环上。电力、数据和液体管线等通用设施连接均自动完成。

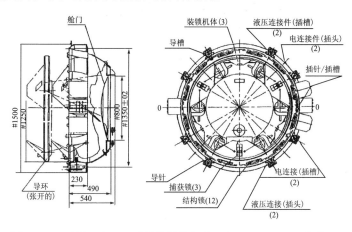

图 8—10　示例：APDS 对接装置的组成（由 RSC Energia 提供）

8.2.5.5　赫耳墨斯—哥伦布（Hermes-Columbus）对接系统装置

　　这个系统的周边对接装置具有很低的逼近速度（0.01~0.03 m/s）。

由于赫耳墨斯—哥伦布"自由飞行"项目的废止，这个装置仍未飞机过。但已建造了一个样机并进行了动态测试（Gonzales-Vallejo et al. 1992）。在此对它进行讨论的原因是它有与以往不同的对接功能和减振功能设计原理。

在这个设计（见图 8-11 和图 8-12）中，捕获锁和收缩装置合为一体。仅在对接装置的主动一方装有捕获锁和减振功能。当被动航天器进入接收范围时，捕获锁锁合操作启动，航天器是否进入接收范围由光敏感器测得。第 1 次接触仍发生在导向瓣的侧面之间，导向瓣安装在每一个接触环的外侧或者内侧。

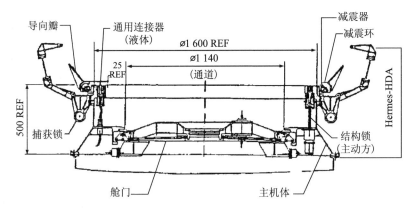

图 8-11　示例：赫耳墨斯—哥伦布对接装置（由 ESA 提供）

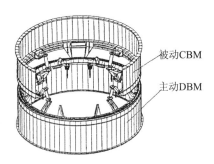

图 8-12　示例：导向瓣内翻的赫耳墨斯—哥伦布对接装置（由 ESA 提供）

主动方的接触环和结构连接环被摩擦减振环分开。由于捕获策略的原因（见 8.3.5 节）和很低的逼近速度，通过摩擦装置减振就足以达到目的。这些小装置是以弹簧摩擦圈的形式实现的（见图 8-24），用以对速度很低的接触冲击进行减振，但不能够用它们实现对准和捕获。4 个主动捕获锁被安装在主动一方对接环的内侧或者外侧。12 个螺钉、螺帽形式的结构锁安装在通道内侧，也就是在密封环内部，可以通过航天器舱内操作（IVA）进行移除或代换。通用设施连接在舱门打开之后由人工完成。因密封环直径较大（>1.6 m），所以锁的型号和数量已经选定。

8.2.5.6　NASA 国际空间站通用停靠装置

这个对接系统（见图 8-13）是为大型空间站舱段（Illi 1992）的连接而设计的。主要的设计要求是舱门直径要大，可以允许标准国际空间站双支架的转移（横截面积 1 055 mm×900 mm）。因此，停靠环内径大约为 1.8 m。导向瓣连接于环的内侧，在加压和舱门打开之后可以被移除。这个装置不需要减振功能，因为在操纵过程中插入速度很小且对捕获时间没有限制。

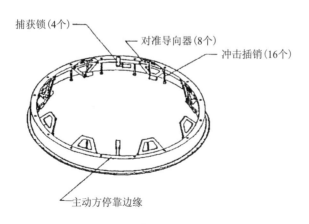

图 8-13　示例：国际空间站通用停靠装置（由 NASA 提供）

4 个捕获锁安装在连接环内部，在机械手完成插入后用来锁合对应锁销，并且完成两侧装置的收缩和对准功能，为结构连接作好准备。与引导瓣相似，捕获锁安装在内部，在长期连接建立起来之后被移除。16 个螺钉、螺帽形式的结构锁安装在密封环内部，可以通过 IVA 移除/更换。同样，所有的通用设施连接都在密封环内部进行，由人工完成。

8.2.5.7　NASA 低速冲击对接机构装置

这个周边对接机构的原型设计由 NASA 和洛克希德马丁公司的一个工程师小组在约翰逊空间中心完成，任务是研究 X－38 和载人返回式航天器与国际空间站的对接和停靠（Lewis 和 Carroll 1999）。图 8－14 所示的是此装置的一个早期版本。3 个接收瓣和机械引导系统指向内部。与减振装置的 Stewart 平台装置一样，它们类似于其他周边系统。这个对接系统有两个有趣而新颖的设计特点：一个是由压力敏感器驱动，带线性制动器的闭环控制机电对准和减振系统，另一个是电磁捕获锁系统。

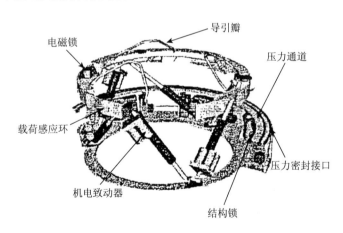

图 8－14　示例：低速冲击对接装置的切面图（由 NASA 提供）

接触时，6 个力敏感器与接触环呈 45°角分布，类似于线性制动器的安装方式，用以确定受力矢量的大小、方向和作用点。通过 6 个线性制动器的闭环控制使追踪航天器上的接触环和目标航天器上的接触环对准，即当力敏感器感应到的力达到平衡状态时，接触环就对准了。在这个阶段，3 个电磁锁被用来将目标航天器的接触环捕获在追踪航天器上。然后，逼近速度被闭环控制系统衰减，所需的阻尼特性可被写入控制软件中。通过进一步减小 6 个线性制动器的延伸距离，可使接触环缩回并使结构连接环与密封装置相联结。

8.3　接触动力学/捕获

8.3.1　接触时的动量转换

接触之后两个航天器及其相互之间的运动可以由动量守恒定律得出。假设物体平移运动变化时间 $\Delta t = t_1 - t_0$，质量为 m 的物体所受力 $\boldsymbol{F}$ 和速度变化量 $\Delta \boldsymbol{V}$ 之间的关系式为

$$\int_{t_0}^{t_1} \boldsymbol{F} \mathrm{d}t = m \cdot \Delta \boldsymbol{V} \qquad (8-1)$$

如果受冲击的点不在两个物体质心的连接线上，那么角动量的变化也需要考虑在内

$$\boldsymbol{I} \cdot \Delta \boldsymbol{\omega} = \int_{t_0}^{t_1} (\boldsymbol{r} \times \boldsymbol{F}) \mathrm{d}t \qquad (8-2)$$

式中，$\Delta \boldsymbol{\omega}$ 是物体在 Δt 时间内角速度矢量的变化量，$\boldsymbol{I}$ 是物体的惯性张量，$\boldsymbol{r}$ 是接触点与物体 b 质心之间的距离矢量。两种冲击类型如图 8-15 所示。第 1 种叫做"中心"冲击，两者所受冲击经过两者质心连线；在第 2 种冲击类型中，冲击力与一个物体的质心，或者与两个物体的共同质心存在力臂 $\boldsymbol{r}$，这种情况称为"非中心"或"偏心"冲击。

两个航天器接触时相互之间的动量交换产生的影响可以通过检验一个被简化的沿某一主轴方向冲击的例子来进行解释，比如沿 x 轴方向受力。对于中心冲击，式（8-1）变为

$$\int_{t_0}^{t_1} \boldsymbol{F}_x(t) \mathrm{d}t = m \cdot \Delta \boldsymbol{V}_x \qquad (8-3)$$

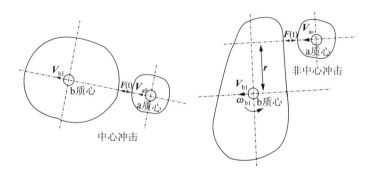

图 8－15　接触时的基本关系

假设两个冲击物体 a 和物体 b，质量分别为 m_a 和 m_b，在 x 轴方向的速度为 $\boldsymbol{V}_a$（t）和 $\boldsymbol{V}_b$（t），由于受冲击影响各自速度变化为

$$m_a(\boldsymbol{V}_{a1} - \boldsymbol{V}_{a0}) = -\int_{t_0}^{t_1} \boldsymbol{F}_x \mathrm{d}t \qquad (8-4)$$

$$m_b(\boldsymbol{V}_{b1} - \boldsymbol{V}_{b0}) = \int_{t_0}^{t_1} \boldsymbol{F}_x \mathrm{d}t \qquad (8-5)$$

式中，$\boldsymbol{V}_{a0}$ 指接触时 a 物体的速度，t_0 指接触时的时间，t_1 可以是受冲击过程中的任一时刻，即两个航天器冲击后分离前的任一时刻。

冲击过程可以分为两部分：压缩阶段和膨胀或叫做恢复阶段。压缩阶段结束，即两个航天器之间的距离达到最小时，它们具有相同的速度 $\boldsymbol{V}_c = \boldsymbol{V}_{a1} = \boldsymbol{V}_{b1}$。此刻，也可以认为是捕获开始，也就是说，两个航天器的结合体将以共同速度 $\boldsymbol{V}_c$ 继续移动。由于作用于二者上的力大小相等，方向相反，此时可以得到

$$m_b\ (\boldsymbol{V}_c - \boldsymbol{V}_{b0})\ = -m_a\ (\boldsymbol{V}_c - \boldsymbol{V}_{a0}) \qquad (8-6)$$

$$\boldsymbol{V}_c = \frac{m_a\boldsymbol{V}_{a0} + m_b\boldsymbol{V}_{b0}}{m_a + m_b} \qquad (8-7)$$

如果捕获没有成功，对接系统中弹簧减振系统的弹簧力也会将两个航天器在冲击之后彼此分离。

对于非中心冲击而言，考察一个简单的冲击情况，物体 a 沿 x 方向以速度 V_a 撞向物体 b，力的延长线穿过物体 a 的质心，但是对于物体 b 而言，受力线与其质心之间在 y 轴方向或 z 轴方向存在一

个距离 r。进一步假设 r 的值在 $t_1 - t_0$ 时间内不变，对于物体 b 角动量方程变为

$$I_b(\boldsymbol{\omega}_{b1} - \boldsymbol{\omega}_{b0}) = \boldsymbol{r} \cdot \int_{t_0}^{t_1} \boldsymbol{F}_x(t)\,dt \qquad (8-8)$$

为简单起见，假设

$$\boldsymbol{V}_{b0} = 0 \qquad\qquad (8-9)$$

$$\boldsymbol{\omega}_{b0} = 0 \qquad\qquad (8-10)$$

在压缩阶段结束，或者在捕获的瞬间，两个航天器在接触点具有相同的速度，物体 b 的速度是质心平移速度和和由相对于质心的旋转角速度引起的冲击点的额外平移速度之和

$$\boldsymbol{V}_c = \boldsymbol{V}_{a1} = \boldsymbol{V}_{b1} + \boldsymbol{r} \cdot \boldsymbol{\omega}_{b1} \qquad (8-11)$$

物体 a 的动量方程仍然是方程（8-4），而对于物体 b，由于存在动量交换，必须同时考虑方程（8-5）和方程（8-8）。在初始条件方程（8-10）下，两方程变为

$$m_b \boldsymbol{V}_{b1} = \int_{t_0}^{t_1} \boldsymbol{F}_x\,dt \qquad (8-12)$$

$$\frac{\boldsymbol{I}_b}{\boldsymbol{r}} \boldsymbol{\omega}_{b1} = \int_{t_0}^{t_1} \boldsymbol{F}_x\,dt \qquad (8-13)$$

结合方程（8-4）和方程（8-11），得到物体 b 的平移运动规律为

$$\boldsymbol{V}_{b1} = \boldsymbol{V}_{a0} \frac{\boldsymbol{I}_b \cdot m_a}{\boldsymbol{I}_b\,(m_b + m_a) - \boldsymbol{r}^2 m_a m_b} \qquad (8-14)$$

角度运动规律为

$$\boldsymbol{\omega}_{b1} = \boldsymbol{V}_{a0} \frac{\boldsymbol{r} \cdot m_a \cdot m_b}{\boldsymbol{I}_b\,(m_b + m_a) - \boldsymbol{r}^2 m_a m_b} \qquad (8-15)$$

在实际情况中，冲击不会沿某一主轴方向，而对接轴也不一定要穿过质心。为了计算冲击力和两个航天器在接触过程之中和之后的动态变化，首先必须测定接触点和冲击方向线相对于两个航天器体坐标系的准确位置和角度；再根据航天器的几何形状、它们的对接界面及两个航天器的状态矢量考虑细节的计算。由于接触时复杂的几何关系，计算非常复杂。不过，对于接触和捕获过程的基本理解，并不需要这些计算细节。

8.3.2　冲击减振动力学

如果两个小型物体彼此冲撞，弹性或塑性变形会相对较小（具体情况取决于材料性质），因此冲击时间也会相对较短，从而相应的冲击力会相对较大。对于两个对接的航天器而言，这会造成很高的结构负载，并且用于捕获的时间很短。为了减小接触力，增加捕获时间，在对接装置中采用了冲击减振器。其设计的目的是增加接触后因弹性和塑性变形产生的冲击距离，并通过黏性阻尼和/或摩擦来吸收一部分动能。在这两种情况下，即速度比例阻尼或常值摩擦力，相对运动的一部分动能被转化为热能。

航天器对接中冲击减振系统的功能可以用如图 8－16 所示的简单例子进行讨论，即两个相撞物体受一个 x 轴方向的中心冲击力，在两者之间安装一个冲击减振器。由弹性部件（弹簧）和可将动能转化成热能的装置组成。相对于任意一个航天器的质量，减振器的质量可看做很小。能量转化功能即是所谓的阻尼器，它可以是与速度相关的摩擦装置、常值摩擦力装置或者两者的结合。速度相关型摩擦装置可以是黏性阻尼器，在此装置中液体被挤压进一个小缺口中，阻力的大小取决于通过这个缺口的速度；或涡流阻尼器，在此装置中阻力转矩的大小取决于金属圆盘在电磁场中旋转角速度的大小。

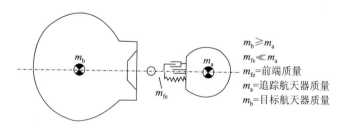

图 8－16　简化模型：具有弹簧减振系统的中心冲击

通过弹簧和速度比例型阻尼器连接于惯性坐标系中某一定点的物体的运动方程是

$$F_x(t) = m\ddot{x} = -D\dot{x} - Cx \pm F_f \tag{8-16}$$

式中，D 是阻尼系数，C 是弹簧常数，F_f 是常值摩擦力。摩擦力方向总是与物体运动方向相反。

质量分别为 m_a 和 m_b 的两物体被弹簧或者黏性阻尼系统连接在一起时（见图 8-16），对于物体 a，运动方程为

$$m_a\ddot{x}_a = -D\Delta\dot{x} - C\Delta x \tag{8-17}$$

对于物体 b，运动方程为

$$m_b\ddot{x}_b = +D\Delta\dot{x} + C\Delta x \tag{8-18}$$

式中，$\Delta x = x_1 - x_0$ 是距离，$\Delta\dot{x} = \dot{x}_1 - \dot{x}_0$ 是两个物体之间的相对速度。两个公式相减得出

$$\Delta\ddot{x} = \ddot{x}_1 - \ddot{x}_0 = -(D\Delta\dot{x} + C\Delta x)\left(\frac{1}{m_a} + \frac{1}{m_b}\right)$$

上式可以写为

$$\Delta\ddot{x} = -(D\Delta\dot{x} + C\Delta x)\frac{1}{m_e} \tag{8-19}$$

式中，m_e 代表系统的等效质量

$$m_e = \frac{m_a \cdot m_b}{m_a + m_b} \tag{8-20}$$

简化的弹簧阻尼器等效质量模型如图 8-17 所示。这种定义优点在于只考虑两个物体之间的相对运动，而不用考虑两个物体本身相对于任何其他坐标系（例如与接触前的状态相关的坐标系）的运动。等效质量的定义也适用于常数摩擦力减振系统，这一点很容易得到。方程（8-16）表明了几种减小动能（$\frac{1}{2}m\dot{x}^2$）的方式：

- 通过弹簧；
- 通过固体摩擦减速；
- 通过速度比例型减速；
- 通过两个或两个以上功能的结合方式。

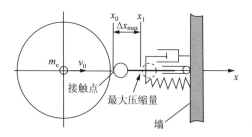

图 8-17　中心冲击简化的等效质量模型

（1）只有弹簧的冲击减振

这种情况下，运动方程为

$$m_e \ddot{x} = -Cx \qquad (8-21)$$

这个微分方程著名的解是

$$x(t) = c_1 \cos(\omega_1 t) + c_2 \sin(\omega_1 t) \qquad (8-22)$$

式中，谐振频率 $\omega_1 = \sqrt{C/m_e}$。常数可由 t_0 时刻的边界条件得到：

$$c_1 = x_0 ; \quad c_2 = \frac{v_0}{\omega_1} \qquad (8-23)$$

（2）只用固体摩擦减速进行阻尼

这种情况下，运动方程变为

$$m_e \ddot{x} = \pm F_f \qquad (8-24)$$

摩擦力方向始终与速度方向相反。在一段时间内的位移可由两次积分简单地求得

$$x(t) - x_0 = \Delta x(t) = (v_0 \pm \frac{F_f}{2m_e} t)t \qquad (8-25)$$

这个方程一直到 dx/dt 变为零时才无效。

（3）只用速度比例型减速进行阻尼

这种情况下，运动方程变为

$$m_e \ddot{x} = -D\dot{x} \qquad (8-26)$$

这个方程可以简单地进行一次积分。之后，位移可以通过一阶线性微分方程 $\exp(\int_p dt)(\dot{y} + py = 0)$ 的齐次解（$y = c$）求得。利用

变量代换 $D/m_e x\ (t)\ -c_1=y$ 和 $D/m_e=p$，方程可以变为上述形式，结果如下

$$x(t)-x_0=\Delta x(t)=-\frac{m_e}{D}v_0(e^{-\frac{D}{m_e}t}-1) \qquad (8-27)$$

（4）速度比例型装动装置和弹簧的结合型

这种情况下，运动方程变为

$$F_x(t)=m\ddot{x}=-D\dot{x}-Cx \qquad (8-28)$$

将上述微分方程转化为下面形式便可求解

$$\ddot{x}+2\delta\dot{x}+\omega_1^2x=0$$

式中，因数 $\omega_1^2=C/m$，$2\delta=D/m$。常数 ω_1 仍然是弹簧减振系统的谐振频率。求解如下

$$x(t)=e^{-\delta t}(k_1\cos\lambda t+k_2\sin\lambda t)，当\ \lambda^2=\omega_1^2-\delta^2>0\ 时 \qquad (8-29)$$

$$x(t)=e^{-\delta t}(k_1\cosh\lambda t+k_2\sinh\lambda t)，当\ \lambda^2=\omega_1^2-\delta^2<0\ 时 \qquad (8-30)$$

$$x(t)=e^{-\delta t}(k_1+k_2t)，当\ \lambda^2=\omega_1^2-\delta^2=0\ 时 \qquad (8-31)$$

方程（8-29）代表阻尼较低的振荡，方程（8-30）代表阻尼较高的振荡，最后一个方程为非周期临界阻尼情况。方程（8-31）情况中，$\omega_1^2=\delta^2$，是避免振荡的最佳方法。该条件在实际情况中是无法严格满足的，但由于其数学表达式比较简单，易于求解，它作为评估弹簧减振系统的参考标准是非常有用的。常数 k_1 和 k_2 可以很容易地从临界条件中求出

$$k_1=x_0$$
$$k_2=v_0+\delta x_0 \qquad (8-32)$$

式中，x_0 和 v_0 是运动的初始条件。利用这些常数和方程（8-19）及方程（8-20），接触之后两个航天器之间的相对位移 Δx（见方程（8-31）），相对速度 $v=\Delta\dot{x}$ 和相对加速度 $\Delta\ddot{x}$ 的方程为

$$\Delta x(t)=e^{-\delta t}[\Delta x_0+(v_0+\delta\Delta x_0)t] \qquad (8-33)$$

$$\Delta\dot{x}(t)=e^{-\delta t}[v_0-(v_0+\delta\Delta x_0)\delta t] \qquad (8-34)$$

$$\Delta\ddot{x}(t)=\delta e^{-\delta t}[(v_0+\delta\Delta x_0)\delta t-2v_0-\delta\Delta x_0] \qquad (8-35)$$

在应用中，Δx_0 总是零，因为在接触的瞬间弹簧减振器处于中

立的位置。图 8－17 所示的最大可能压缩值 $\Delta x_{\max}$ 是系统设计时给出的一个限制量。它并不是受冲击时的最大压缩偏移量。事实上，弹簧减振器的参数，包括最大可能偏移量等，必须进行选择以使它们能够适用于特定任务中所有可能发生的动态条件。

根据方程（8－31），因数 δ 在非周期情况下的定义为

$$\delta = \omega_1 = \sqrt{\frac{C}{m_e}} \qquad (8-36)$$

两物体之间的相对运动和持续受力可以很容易地由方程（8－33），方程（8－34）和方程（8－35）得到。对于中心冲击情况，作用于两物体之间的力由方程（8－28）和方程（8－20）中定义的等效质量确定

$$F_x(t) = m_e \Delta \ddot{x}$$

8.3.3　动量转换和冲击减振举例

假设两个航天器以下列冲击条件对接：
- 追踪航天器质量 $m_a = 10 \times 10^3$ kg；
- 目标航天器质量 $m_b = 100 \times 10^3$ kg；
- 目标航天器围绕 y 轴具有转动惯量 $I_{yy} = 10 \times 10^6$ kg·m^2；
- 逼近速度 $V_{a1} = v_0 = 0.1$ m/s；
- 目标航天器相对于参照坐标系速度为零，即 $v_{b1} = 0$，$\omega_{b1} = 0$。

8.3.3.1　动量转换

对于中心冲击，根据方程（8－7）可知，捕获后的合速度为

$$V_c = \frac{m_a V_{a0} + m_b V_{b0}}{m_a + m_b} = 0.009\ 1\ \text{m/s}$$

此例中，目标航天器和追踪航天器对接后结合在一起的速度变化不大。然而，0.01 m/s 的速度变化将造成两个航天器的结合体相对于初始目标航天器位置的轨道运动如图 3－10 所示，每一轨道周期前进大约 170 m。在非中心冲击中，如果假设冲击力线与中心距离 $r = 10$ m，根据方程（8－15）可知，物体 b 诱发的角速度为

$$\omega_{b1}=V_{a0}\frac{r\cdot m_a\cdot m_b}{I_b(m_b+m_a)-r^2m_am_b}=10^{-3}\ \mathrm{rad/s}=0.057\ (°)/s$$

此例中，目标航天器诱发的最终角速度很小，很容易通过姿态控制系统校正。

8.3.3.2　冲击减振

根据方程（8-20）可知，系统等效质量为

$$m_e=\frac{m_a\cdot m_b}{m_a+m_b}=9\ 091\ \mathrm{kg}$$

下面将要讨论不同类型减振器的冲击减振特点。

纯弹簧型减振器

选择弹簧系数 $C=90.91\ \mathrm{N/m}$，则谐振频率为

$$\omega_1=\sqrt{\frac{C}{m_e}}=0.1\ 次/s$$

利用所选 ω_1 值，和常数 $c_1=x_0=0$，$c_2=v_0/\omega_1=1.00\ \mathrm{m}$，方程（8-22）变为

$$x(t)=1\sin(0.1t)\ \mathrm{m}$$

结果如图 8-18 左边曲线所示。大约在 16 s 后达到最大偏移量 1 m，在 31 s 后再次离开接收范围。

纯摩擦型减振器

为了达到与其他减振器相当的减振曲线，选择因子 $F_f/2m_e=0.002\ 5\ \mathrm{m/s^2}$，对于等效质量为 9 091 kg 的物体，它可以使摩擦力达到 $F_f=45.5\ \mathrm{N}$。当初始条件 $v_0=0.1\ \mathrm{m/s}$，$x_0=0$ 时，方程（8-25）变为

$$x(t)=0.1t-0.002\ 5t^2\ \mathrm{m}$$

（当 $\mathrm{d}x/\mathrm{d}t>0$ 时，方程有效）。结果如图 8-18 的中间曲线所示。当 $\mathrm{d}x/\mathrm{d}t=0$ 时抛物线达到最大值处，而后 x (t) 为常数延伸。对于所选摩擦力，最大偏移量与上例中相同都为 1 m，在 20 s 后达到该值。从图中还可看出，因为方程（8-25）中有平方项，最大减速效果只在结束前达到。这使得纯摩擦型减振器对于参数的不确定性非常敏感。不确定性可能是由于运动初始的摩擦力和由表面特征而引起的摩擦系数的变化。

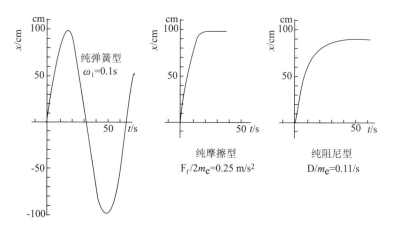

图 8－18　纯弹簧型、纯摩擦型和纯阻尼型情况下冲击后的位移

纯黏性阻尼型减振器

对于质量 m_e 的物体，减振系数选择 $D/m_e = 0.11$ 1/s，则阻尼常数 $D = 1\,000$ kg/s。这个数值是下一个例子中非周期弹簧减振系统 D 值的一半，但其最大偏移量与前两个例子相当。利用初值

$$v_0 = 0.1 \text{ m/s}, \quad x_0 = 0,$$

$$x(t) = -9.1 \times 0.1(e^{-0.11t} - 1) \text{ m}$$

图 8－18 右边曲线显示了速度比例型减振器较之纯摩擦型减振器的优势。大约在 40 s 后达到最大偏移量，并且速度稳步降低。较之纯摩擦型减振器，它对于参数不稳定性的敏感度很低。

非周期弹簧——黏性减振器

对于非周期的情况，系数 δ 等于谐振频率，即 $\delta = \omega_1 = 0.1$/s，相应的阻尼系数 $D = 2\,000$ kg/s。在初始值 $v_0 = 0.1$ m/s，$x_0 = 0$ 的条件下，从方程（8－33）和方程（8－35）得到两个航天器之间的相对位移、相对速度和相对加速度的曲线如图 8－19 所示。

在所选参数条件下，弹簧减振系统在 10 s 后的最大位移约为 0.37 m。冲击开始时最大减速度为 0.02 m/s²，20 s 之后减小至小于 0.004 m/s²。此例中，冲击开始时最大受力为

$$\Delta \ddot{x} \cdot m_e = 0.02 \text{ m/s}^2 \times 9\,091 \text{ kg} = 181.82 \text{ kgm/s}^2$$

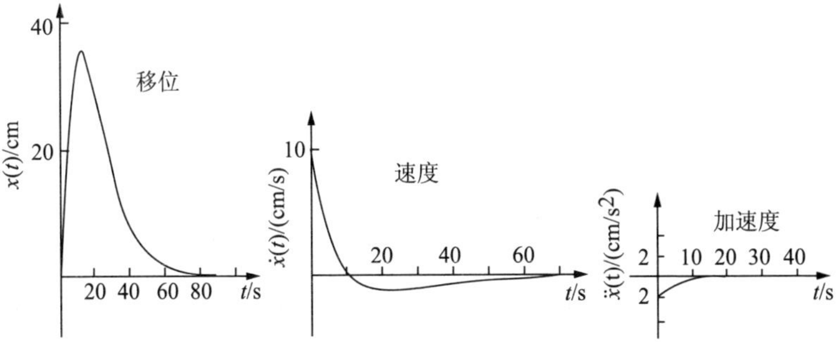

图 8-19　弹簧减振器冲击后的位移、速度和加速度

182 N 的力相当于推进器的推力，它对于对接冲击来说很小。捕获的最大时间是从物体 a（图 8-16 中质量为 m_e 的物体）接触表面后到向回移动越过位置 x_0 的时间。图 8-19 中，时间是由 $x(t)$ 曲线上拐点的切线与 t 轴的交点，决定的，因为此时两个物体会以接触过程中获得的最大负速度分离。在这个例子中，这段时间大约为 40 s。

这个例子表明，在选定参数条件下，用于捕获的时间很长，最大冲击力很小。这是以弹簧减振器的大伸缩量为代价的，要求装置具有较大的尺寸，因而会导致航天器增加不必要的质量和体积。将弹簧因数增加 25 倍，参数 δ 会增加至 $\delta = 0.5$，这将会使弹簧减振器的最大伸缩量达到 0.075 m，用于捕获的最大时间为 8 s，冲击开始时最大减速度为 0.1 m/s^2。捕获时间和最大减速度都仍然适用，而装置的体积可以减小 80%。

8.3.3.3　各种减振器的比较

比较不同类型减振器，可以得到如下结论：

- 纯弹簧型减振器在第 1 个 1/4 振荡周期内效果明显。但在达到最大伸缩量之后运动方向将会改变，最终会将对接接口推出接受范围。如果捕获时间较长且接触受力较小，则谐振频率要求要低，最大伸缩量相应地较大。

- 固体摩擦力可以很容易地应用于减振装置中；事实上，存在于实际装置中的摩擦力也能够用于减振过程中。然而由于它对于参数变化的敏感性，单独用它作减振器是不合适的。
- 速度比例型减振器是很有效的单机减振器，具有减速平稳的特点（具有较小的减速度），与所有弹簧型的减振器相比，它不会改变运动方向。这一特点使其适用于捕获前的制动减速。
- 非周期弹簧—阻尼器组合装置在第 1 个振动周期内消除掉所有的振荡。对于刚进入接收范围便立即开始捕获的系统，这种类型的减振器提供了最佳组合功能，伸缩量较之其他类型要小得多。对于在达到最大伸缩量时开始捕获的系统，这种类型减振器适用于对捕获后残余运动的减速。

所有类型的减振器对初始接触速度都很敏感；接触后的实际伸缩量均不确定。如果装置所能提供的伸缩量小于由于接触速度产生的自然运动的最大伸缩量，则会造成"硬"冲击。因此，在很多设计中都采用了由一系列强度逐渐增加的弹簧椎来形成进式弹簧功能。

必须注意，简化的具有单一"等效"质量的一维模型在此仅用来讨论减振特性，它只能提供对实际动态过程的一个了解，用来粗略预估受力、伸缩量和持续时间的量级。由这个简化模型得出的结论，可以用来评判减振系统在雏形设计阶段必须考虑的冲击、弹力和阻尼因数等。对实际过程，由于存在 6 个自由度的运动、多个质量、惯性和弹性，导致模型非常复杂，只能用计算机仿真程序进行数值上的估计（比如用 Runge－Kutta 积分方法）。

8.3.4　捕获中冲击减振装置和对准装置

8.3.4.1　中心对接系统的冲击减振装置

因为中心对接系统的主动部分是一个弹性连接在追踪航天器上的探针，在接触时会产生两个主要的力：一个沿探针轴方向的纵向力；一个在其基部连接点产生转矩的横向力。相应地，沿探针轴方

向的纵向压缩运动（如果是弹簧，先压缩而后伸长）和探针绕基部
球形轴承的角运动，都需要被削弱。纵向运动的削弱可以由上面讨
论的减振器来完成。如果要抑制探针在两个方向的角运动，可运用
这样一套系统来完成，即由与探针轴垂直的平面上的 3 个或 4 个线
性减振器组成的系统完成（见图 8－20）。

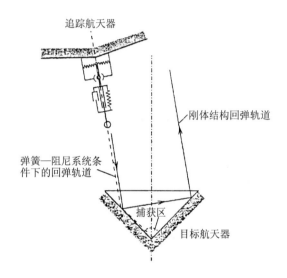

图 8－20　中心对接系统：弹簧减振器和无弹簧减振器下的反弹

　　如果探针不是柔性连接，特别是在横向方向，探针顶端就不会
向捕获探针的锥腔中心移动。如果探针刚性地连接在追踪航天器上，
其顶端特征有如方程（8－14）和方程（8－15）描述的非中心冲击
情况。在锥腔中，经两次反弹会形成反向的平移运动和旋转运动，
如图 8－20 所示。若具有轴向和横向的柔性连接和阻尼器，探针顶
端将能够进入锥腔中心的捕获区。

　　从方程（8－25）和方程（8－27）可知，纵向的减振装置不一
定需要包括弹簧。事实上，对于捕获而言，仅仅有速度比例型减速
系统更好，至少在运动开始时是这样的。如果弹簧系统没有调整好
非周期减速，达到最大伸缩量后系统会将捕获接口推回去。在最后

阶段，尤其在消除捕获后残余运动时，可以利用弹簧—阻尼组合型减振器，也可以附加固体摩擦减振装置。

8.3.4.2　周边对接系统的冲击减振装置

在周边对接系统中，用于捕获的冲击减振装置和对准装置比中心对接系统复杂很多。若没有减振装置，相互冲击的两个环的运动形态类似于硬币被丢在平面上的锥形运动。因为接触时的条件除了沿标称逼近轴的速度外，还包括横向速度、位置、角速度方向对准偏差，及沿各轴的角速度，所以对接系统需要有 6 个自由度的减振调节装置。

为此，最常用的布置方式是"Stewart 平台"，即用 6 个线性运动部件将上环中的 3 个点与下环中的 3 个点两两相连（见图 8—21）。上环和下环连接点依次相隔 60°。这样的安排方式可以使用 6 个相同的线性阻尼部件，满足了 6 个自由度的要求。它也为通道区域提供了转移航天员和物资的必要空间。

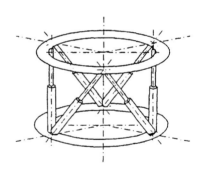

图 8—21　周边对接装置"Stewart 平台"减振装置布置

周边系统的对接动态变化因为以下因素变得非常复杂。如果在周边系统中采用被动捕获锁，只有当两个接触环对准的间隙非常小时才能进行捕获操作，也就是说上面所提到的圆锥运动必须被完全消除。相反，在中心系统中，柔性探针顶端可以深入接收锥腔的中心，无需事先对准接触环，而由被动弹簧锁捕获。

为了在很短时间内完成两个接触环的对准，要么阻尼部件在开始时必须很"轻缓"，要么通过主动方式实现对准。为了使对准时弹簧柔一些且在捕获之后弹簧强一些足以完成冲击减振，弹簧可以分几个阶段逐步增加弹簧因数。为支持接触环的主动对准，AP-DS 对接装置（见图 8－10）采用了复杂的差速齿轮系统，它能够确保接触环某一点被压下时，环上与该点方向相反的一边会向上移动。主动闭环控制对准系统的概念已被应用在低速冲击对接系统中，如图 8－14 所示。采用主动捕获弹簧锁就可以避开接触环的精确对准问题，它可以确保在充分对准前处于"不脱离"的状态（见 8.3.5 节）。

8.3.4.3　冲击减振器

下面给出几个典型减振概念的例子，说明此功能是如何完成的。没有列出描述它们工作原理的公式，这超出了本章的目的，需要的话可以查阅相关物理参考书。

速度比例型黏性阻尼器

弹簧阻尼器和液压式阻尼器的组合装置是很多实际应用中最常用的阻尼装置。这个系统广为人知，例如作为汽车的减振器。在地面应用中，黏性减振器在很多情况下被设计为汽缸的活塞，汽缸中活塞和缸壁之间的间隙就是节流器。在空间应用中，因密封问题此类设计不太适合。一个密封的黏性阻尼器可以按下列原理得到，例如把两个风箱用一个孔连接起来，如图 8－22 所示。风箱之间的孔在此作为节流器，提供与速度成比例的阻尼器。风箱自身提供弹力，所起作用与安放在外面的弹簧类似。

风箱式布局的问题是，伸长长度与压缩长度的比率相对较小。在应用中，如需要较大伸缩量的阻尼器，要么应用活塞—汽缸原理并想办法解决密封问题，要么采用下面要讲到的"干"方法。

速度比例型涡电流减振器

不用液体或者气体实现速度比例型减振器的方法是采用涡电流阻尼器。工作原理基于以下物理反应：当金属片在磁场中移动时在其内部产生涡电流，产生的涡电流又与磁场相互发生作用。结果是，能量被消耗，产生与速度成比例的电磁阻力，从而减弱了金属块的运动。

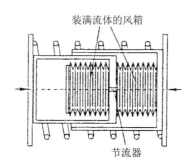

图 8－22　带有风箱的弹簧黏性减振器的设计原理

　　这个原理可以用来阻尼平移运动，图 8－23 是其原理构理图。为了产生较强的阻尼作用，相对速度较慢的平移运动被螺旋杆式运动转换器转换为旋转运动，转换器驱动金属盘穿过永磁场的缺口。平坦的圆盘在磁场两极平板式缺口之间可以改造成一个薄壁金属柱体在磁场两极之间形成的柱形缺口间的旋转运动。后面的改进装置应用在了联盟号/进步号/探针—锥腔对接装置中（见图 8－8）。

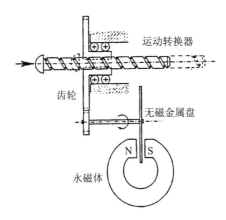

图 8－23　位移运动/旋转运动转换器和涡流制动器

摩擦阻尼器

固体摩擦力存在于所有的机械装置中，多数情况下，它是由轴承中的滑动摩擦或者滚动摩擦产生的。因为摩擦力与垂直于滑动面的正压力成正比，摩擦阻尼器可以通过移动位于另外两个被弹簧预先压紧的盘片来实现。与涡电流相对缓慢的平移运动可以被转换成旋转运动。摩擦刹车中摩擦力的大小可以通过调整弹力实现。典型的设计包含多个盘片旋转在一些固定的盘片之间，即类似于离合器的装置。

图 8－24 所示的是另一种不同的摩擦阻尼器实现方式（GonzalesVallejo et al. 1993）。它由多个线圈组成，每一线圈中有很多弯曲的钢丝线。当线圈变形时，钢丝线彼此摩擦。这种类型的减振器用于振动减振装置中。在对接装置中，它在如图 8－11 所示的 Hermes—Columbus 对接系统中得到实现并测试成功。因它只允许相对较小的变形，此类减振器只能用在冲击速度较小的场合。

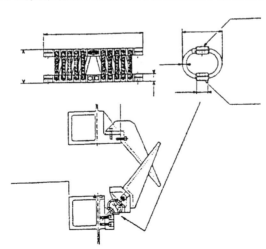

图 8－24 举例：摩擦线圈组件（图 8－11 中的）

主动控制的运动阻尼

利用闭环控制系统实现接触环的完全对准和运动阻尼的概念已

被应用在了 NASA 低冲击对接系统（Lewis & Carrol 1999）的研发中，此概念在 8.2.5 节中已有介绍，并用图 8-14 表示。在此系统中，作用力及作用点由接触环周围 6 个载荷敏感神经主动测量，减振和对准由分布在 Stwart 平台上 6 个线性制动器的运动控制来实现。用主动控制实现对准和减振具有很多优点，但增加了系统的复杂性和开发成本。

由闭合回路控制的机电装置（包括力感应器、控制器和线性制动器）实现减振的优势在于通过改变系统控制软件的算法和参数就可以实现在很大范围的阻尼特性。例如，通过闭合回路控制的系统便可以实现一个渐进式弹簧—阻尼器功能，否则就需要布置一系列不同大小弹簧—阻尼器，或与摩擦阻尼器组合，才能实现所需功能。

8.3.5　捕获装置

8.3.5.1　捕获策略

在以上关于冲击减振的讨论中，是假设捕获发生在第 1 次接触至膨胀段两航天器对接介面再次离开接触点 x_0 期间的某一时间点。下面，将详细讲述捕获问题。在对接和停靠过程中，对接发生的实际时刻取决于所选的捕获策略。下面是可供使用的捕获策略。

接触后捕获

在此情况中，捕获操作开始于追踪航天器和目标航天器相应对接接口之间第 1 次接触的时刻或之后。区分为以下 3 种情况：

- 捕获锁由对接航天器的动能实现操作。捕获过程类似于门闩落入闩眼。这种类型的锁需要有一定的接触速度来克服机械引导和捕获锁的摩擦力和弹簧弹力才能捕获成功。捕获必须在减振系统达到其最大压缩状态前开始。
- 捕获由电机驱动，而电机的操作由冲击感应器触发。捕获必须在接触至分离期间完成，也就是锁合动作应足够快以保证在对接装置分离前捕获成功。
- 在首次接触后接触环会被主动对准，当对准条件满足后，实施捕获操作。捕获必须在减振系统达到最大压缩状态前完成。

接触前捕获

无论任何情形，这个策略都需要一个敏感器来确认对接接口进入了捕获范围。敏感器可以是光屏障敏感器、电磁敏感器或者电容性接近敏感器，等等。如果精度满足要求，也可以采用光学的交会敏感器。在停靠情况下，借助机械手摄像机的人工操作可以完成该敏器的功能。"接触前捕获"可以分为两种具体情况，即停靠中的典型捕获操作和"智能对接装置"的捕获操作。

- 停靠中捕获：机械手的末端受动器主动追逐并捕获另一航天器上的捕获接口。正如 8.1.3 节中所介绍的，这些操作必须在被捕获的航天器离开停靠区前 1～2 min 内完成。
- 电机驱动捕获锁对接的捕获：一旦感应到对接接口进入接收范围就立刻开始捕获。和上面所讲的接触后捕获一样，要求捕获锁锁合速度足够快，以保证在对接接口分离前捕获。这种捕获方式的优点是可用于捕获的时间较长，为原来的 2 倍，且在捕获锁锁合前不要求接触环精确对准。

捕获策略的选择对于对接系统的设计是最重要的设计动因之一。它取决于多种因素，比如 GNC 性能、航天器接触时的速度、捕获接口位置敏感器的可用性和可靠性及追踪航天器或目标航天器上机械手的可用性，等等。

8.3.5.2　捕获系统的类型

中心对接系统捕获装置

根据它们的基本设计原理，中心对接装置一般采取"接触后捕获"策略。如图 8-20 所示，接触发生在接受锥腔表面某一位置，随后探针顶端将移向锥腔中心，在此探针被捕获。捕获由安装在探针顶端的弹簧锁落入锥腔中心插槽中对应的锁环中完成，如图 8-25 所示。这个系统要求有一定的动能以克服摩擦力和捕获锁的弹簧弹力，才能使捕获成功。因此，这种对接方式被称为"冲击对接"。通常，需要采用一次额外推进将捕获锁推入相应的锁环中。探针顶端有 3 个或 4 个锁。在另一航天器上的锁环应有足够大的空间，可以应对可能的对准偏差，但也要对平移运动进行一些约束，阻止在捕获后发生较大的旋转运动。弹簧锁可以通过一个释放装置抽回，以将探针从锥腔中释放，使两者分离。

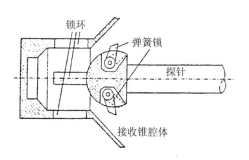

图 8－25　中心对接系统：捕获锁设计原理

周边系统被动捕获锁

中心对接系统不允许自身采用"接触前捕获"策略，而周边对接机构两种设计策略均可采用。对于被动捕获锁，弹簧锁一般都装在每一"花瓣"的中间，与另一航天器上"花瓣"之间的对应锁环相互锁合。这样的撞锁—锁环型接口可以同时安装在追踪航天器和目标航天器上的对接系统中（异体同构设计），并增加了功能备份（见图 8－26）。如果由于某种原因，在对接过程中两个航天器需要分离，可以用一个特殊装置抽回捕获锁。最终对准是成功捕获的前提，这一点对周边系统而言比对中心系统更为关键。这是由于系统要素之间的设计关系造成的，系统中所有的对准和捕获部件均被安装在环的外沿。特别是，为锁合所有的捕获锁，角度对准偏差必须足够小；为达到对准要求，冲击减振系统必须足够合适。由于接触后多个接触点的复杂运动和各点作用力相对于中心线的力臂很长，因此，这种设计中机械导入时"花瓣"间的摩擦力、捕获锁的弹簧弹力及摩擦力对于捕获来讲都较之其他设计更为关键。结果，为捕获成功，需要相对较高的接触速度。并且，在此类对接装置中，沿追踪航天器纵轴方向需要额外的推进来支持捕获。

周边系统主动捕获锁

与被动弹簧锁相比较，这种锁的锁合由电动机操纵完成。应用的捕获策略是"接触前捕获"，以提供可用于锁合的最大可能时间。很显然，只有在逼近速度小于锁合速度时，这种捕获策略才可以获得成功。捕获锁的锁合必须在所有捕获接口进入相应接受范围时立即开始。合适的捕获条件或由专门的敏感器测得（比如在锁或"花瓣"附近的光屏蔽敏感器），或利用交会敏感器对位置和相对姿态测量结果（如果足够精确）计算得到。捕获瞬间对最终对准的要求比被动捕获锁的要宽松一些。这使得捕获更为可靠。然而，由于 GNC 性能问题，当进入接收范围存在较大的对准偏差时，必须相对增大捕获锁的尺寸来予以补偿。

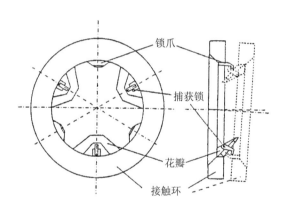

图 8-26　具有被动捕获锁的周边对接装置

图 8-27 给出了一个主动捕获锁系统的例子。这个设计采用过中心捕获锁，它在闭合位置时可以自锁。连动设计使得锁销在开始移动后，经过非常短的一段时间（1~2 s），它的轨迹从准备位置移动至捕获位置，在此位置接口再也不能脱离。这个系统最少包括 3 个捕获锁，各自独立启动。捕获锁轨迹的第 2 部分为结构连接提供回抽功能和对准功能。为了保持较小的结构锁尺寸，给定对接环直径时，角度和横向对准偏差的合值不得超过某一确定值。对于总尺寸大约为 0.5 m 的锁，一般纵向和横向捕获范围介于 0.2~0.25 m

之间。假设横向对准偏差和角度对准偏差同等分享允许的接收范围，对接环直径为 1.5 m，则横向对准偏差不得超过±0.1 m，角度对准偏差在俯仰和偏航上不得超过±3°。由于逼近速度和反弹运动，在刚刚进入接收范围时可以接受的角度对准偏差进一步减小。系统设计的标称逼近速度为 0.02 m/s，可接受的角度对准偏差为±1.5°。

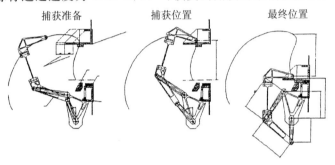

图 8-27　具有主动捕获锁的周边对接装置（由 ESA 提供）

磁捕获装置

捕获装置由几个安装在接触环周围的电磁铁组成。目标航天器上的接口由安装在与追踪航天器上电磁铁对应位置的软金属件组成。当接口被引入较近的区域时，它们相互吸引，保证了接触和连接处在完全对准的状态。用电磁铁作为捕获装置的优势，在于可以省去机械捕获锁，而且可以自动完成对准操作。但因此给对接带来的问题也正是由磁铁的磁力特点造成的，它以 $1/r^2$ 的速度随距离 r 的增大而减小。这意味着：1）距离较大时，磁铁的磁力不能满足捕获要求；2）距离较小时，当磁铁磁力的大小足以满足捕获时，航天器将彼此向对方加速前进，而不是减速运动，而减速运动对于实现平稳接触是非常必要的。磁铁的这个特点产生的问题可以这样来克服，比如将磁力看作主动控制磁力使之成为距离的函数，或者主动使接触环彼此对准并且仅当所有对应的磁铁和软金属件之间距离实际上为零时才启用电磁锁合。

停靠捕获装置

如前所述，停靠中有两个捕获任务：1）利用机械臂建立两个航天器之间的首次次连接；2）一旦完成停靠装置的插入，开始准备结构连接。

为了能够发挥停靠的潜在优势，即可以在较大的位置和相对姿态范围内实施捕获，第 1 次连接中捕获系统必须能够应对两个航天器之间明显的对准误差。大部分误差可以通过机械手的活动关节来弥补。由于机械手杆由人工控制，所以仍然会有残留的偏差。因此，末端受动器必须具有足够大的接收范围。

现在为工业和科学应用研发了很多种末端受动器。用于大多数空间停靠操作的设计，是加拿大空间局（CSA）研发的末端受动器加上美国航天飞机（Ussher and Doetsch 1983）的机械手臂。这个设计现在也用在国际空间站中。操作原理如图 8－28 所示。将要被捕获的航天器上的接口由一个杆组成（锚针），它连接到起对准作用和固定连接的一个基础结构上。末端受动器由一个汽缸组成，它包含一个有 3 个陷阱捕捉的装置。对于有人参与的环路控制捕获过程，机械手的操作员引导末端受动器跟踪捕获装置的剩余运动，并在一个可视目标标志的帮助下完成两个接口的对准。可视目标标志类似于图 6－23 所示的标志。当充分对准后，末端受动器将被放置在锚针上，此时陷阱装置激活。陷阱在锚针周围闭合，防止脱离，如图 8－28 所示。在接下来的操作中，陷阱进一步缩紧，沿机械臂的关节方向拉拽。这样促使末端受动器的汽缸压迫锚针基部，以此来巩固两个航天器之间的连接。

如图 8－29 所示，插入停靠装置中的捕获装置是 NASA 为空间站研发的通用停靠装置（CBS）。这个设计有一个中心连接（Over-Centre）锁，类似于图 8－27 所示的对接中的设计。但它们的设计标准不同。在对接中，从“准备”位置到“捕获”位置的转移速度要求尽量地快，以防止脱离，而在此则没有这样的要求，因为机械手可以使接口按所需的时间保持在位置上。同时，停靠装置在捕获中的对准偏差相对较小，因为机械手可以推动“花瓣”彼此啮合，这样改善了初始对准精度。由于初始对准偏差很小，而且对捕获动作没有时间限制，因此通过优化设计可减小捕获锁的体积和质量。

在连动的第 1 个组件（带有钩子的）和第 2 个组件之间安装了一个弹簧，这个弹簧使上面的钩子向前弯曲，提供必要的柔性以防两个停靠装置之间产生较大的对准偏差。当所有的钩子连接上另一航天器上相对应的掣子时，它们会将两个航天器拉拢在一起。

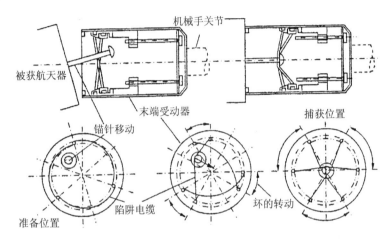

图 8－28　机械手末端受动器和捕获装置（由 CSA 研发）

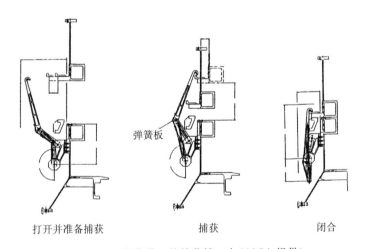

图 8－29　停靠装置的捕获锁（由 NASA 提供）

8.3.6　GNC 和对接系统的接口

由于接触和捕获的动力学与 GNC 性能密切相关，因此在讨论 GNC 和对接系统的结构连接和密封问题和部件之前，在此先讲解它们的接口。通过本章前面几节的介绍，已经获知功能原理的选择、捕获和减振部件的细节设计取决于追踪航天器和目标航天器在接触瞬间或之前（采用"接触前捕获"策略时）的横向位置和角度的偏差以及两个航天器捕获接口之间的相对平移和旋转速度。

通常在对接中，为了抑制冲击，缩小减振系统的体积，接触速度和横向速度及角速率应该尽可能地小。然而，对于"接触后捕获"策略，通常需要一个最小速度帮助探针—锥腔或花瓣—花瓣形接口获得机械导引，并激活弹簧—负载锁。

停靠的要求在 5.3.1 节中已进行过讲解。通过机械手完成捕获的理想条件是零相对平移和旋转速度。然而，由于轨道动力学和关闭反应控制系统后的剩余速度，这样的条件是不可能实现的。

GNC 系统的性能要求在第 6 章和第 7 章已作过一定程度的讲解。第 6 章中已说明了对接时可能的控制策略（见图 6—9），其中表明除了需控制横向轨迹偏离外，还需控制相对姿态，这是为了在对接时达到足够小的对准偏差。而且，控制偏离的原因在 6.2.3 节中已讲解过。第 7 章，在给出的总偏差在控制性能和未补偿的目标机动等因素之间的分配比例下（见图 7—3），根据假定的对接装置的接收范围导出了对接过程对敏感器性能的要求。

本节将更为详细地研究在追逐目标运动时，追踪航天器 GNC 性能对其对接系统接收范围要求的影响。航天器对接端口通常总是与质心保持一定的距离。因此，航天器围绕质心的角度运动会转变成对接端口的横向运动。图 8—30 中的实线是目标对接端口的横向运动，源于典型的两边受限的周期姿态运动（锯齿状的）。圆形拐角是由目标航天器推力及其惯量的大小造成的。由于滤波和控制过程（见第 6 章），追踪航天器会跟随目标航天器的运动，但有一定的滞后。而且，由于敏感器性能和推进器选择过程，追踪航天器的轨迹和相对姿态将会稍微偏离于目标航天器的轨道。由于某些因素，例如追踪航天器 GNC 系统的带宽受限等，追踪航天器的运动幅度可能较小。结果，追踪航天器跟随目标航天器运动的横向运动类似于图 8－30 中粗虚线所示的曲线，即上标为"追踪航天器的瞬间运动"的曲线。偏离量是一个随机过程，可以用其平均运动和偏差边界来描述，如图 8－30 所示"追踪航天器的运动边界"曲线。对接装置的接收范围必须大于目标航天器和追踪航天器对接端口的可能的最大横向运动差异。图 8－30 中简化的图仅仅表示了需要控制的 6 个自由度中的一个。

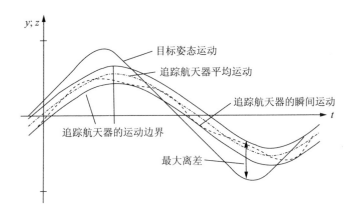

图 8－30　对接时目标航天器和追逐航天器的运动

　　为了避免 GNC 系统对于接触动态的不必要的反应，追踪航天器的反应控制系统（推进器）必须在接触之前或者在接触时关闭。这一操作既可以开始于测得对接接口进入彼此的接收范围，即通过交会敏感器测得的某一距离时，也可开始于探测到了第 1 次接触时。导航、制导和控制系统必须继续工作，以便在捕获失败等情况出现时启动必要的迅速撤离操作。对于前述为支持捕获所必须的辅助推进，将由独立于 GNC 系统之外的指令系统在测得接触的时刻启动推进器来提供沿对接轴方向的推力分量。

至此，由以上讨论得出的关于接收、冲击减振和捕获要求的结论，都与 GNC 系统性能要求无关。这意味着必须在 GNC 性能和对接系统性能之间找出一个平衡点。

- 较高的逼近速度、较大的横向速度和角速度以及接触时较大的对准偏差要求（对接系统）具有较大的接收范围和大伸缩量的减振系统。捕获仅在接触之后完成，捕获功能可由被动的弹簧锁很好地执行。从动力学观点出发，对具有高逼近速度、角速度和对准偏差的对接过程来说，最好的对接系统是中心对接，它提供了较大的横向和角度接收范围，为冲击减振系统提供了相对简单的设计方法，可以处理较大的冲击。周边系统提供了更好的通道清理功能，但以大大增加设计复杂性为代价，并潜在地减小了接收能力。
- 高性能的 GNC、较低的逼近速度和较小的对准偏差，使得可以采用"接触前捕获"策略。其中包括采用主动捕获锁，捕获时它不需要在两个航天器之间具有一定的相对剩余速度。冲击减振要求降低后，允许采用小而简单的阻尼装置。
- 停靠中通过机械手捕获不要求追踪航天器 GNC 系统具有高的定位精度和角度对准性能，但要求标称相对速度和角速度为零。这也要求 GNC 有相对较高的性能（见 5.3.1 节和 7.1.1 节）。

8.4 最终连接的组件

对接和停靠装置的其他功能指结构锁、密封、通用连接、敏感器和探测器等功能。此节只讨论结构锁和密封两个功能，以便完整地理解对接和停靠装置功的功能。这些功能完全独立于飞行（GNC）和接触动力学（接收、冲击减振和捕获）之外，并且在验证过程（见第 10 章）中也是完全独立的。通用连接不在本书的内容之内，因其所涉及的技术领域与理念与空间的交会对接没有直接联系。此功能的设计原理基本上与地面自动连接/断开装置的设计原理相同。

8.4.1　结构锁

结构锁有以下任务：

1) 提供连接所需要的必要刚度和强度，来承受必要的内部和外部的载荷变化，起因包括：诸如航天员和有效载荷的运动、推进器点火、航天器舱外活动（EVA）、机械手活动、进一步的对接和停靠操作及对结合在一起的航天器的姿态控制的要求等。

2) 为对接环和停靠环周围所有点提供必要的压力以达到最佳的密封效果。

第 2 个任务仅在载人任务中需要，它对结构锁提出了最高要求。如果内部压力与海平面标称气压相等，即 $p = 9.81 \text{ N/cm}^2$，结构锁所要承受的总的压力为 $f_p = pd^2 \cdot \pi/4$。例如：

- 直径为 1 m 的密封环，$f_p = 77\ 048 \text{ N}$；
- 直径为 1.5 m 的密封环，$f_p = 172\ 764 \text{ N}$。

空间站中实际的压力较之海平面可能会降至 $50\% \sim 60\%$，这对于结构载荷、能耗预算和 EVA 活动具有益处。除了提供压力，结构锁还必须提供压应力以保证气密封和一定的安全余地。结果，所需要的压力要比第 1) 点中所列的其他载荷力大几个数量级，如第 1) 点中所列的，这使它成为设计结构锁的主要考虑因素。

压力随着受力面的直径以二次方速度增大，最终对结构锁装配造成一定限制。以给定直径的密封环来承受压力，则需要一定数量的锁。密封环直径增加 n 倍意味着同样结构的锁的数量将增加 n^2 倍，才能承受所增加的压力。如果环的周长仅为线性增加，那么最终将导致出现锁的安装位置不足的问题，因此可能要求使用具有更高承载能力的锁。

另外一个随着密封环直径增大而改变并影响密封效果的参数是结构的刚度。如果所有的尺寸线性增加，则刚度也会线性增加，而压力会以二次方的速度增加。结果，结构的弯曲程度将会增加。这反过来要求在密封环周围有更多数量的连接点来保持足够和均衡的预载负荷压力。

总之，通道直径的明显增加将会导致两方面的需要：更高的负载能力和更多数量的锁。

举例如下：

- 联盟/进步号中心探针－锥腔对接系统。通道直径为 0.8 m，密封环直径大约 0.95 m。装置具有 8 个钩型结构锁（另一方系统中尚有 8 个备份结构锁）。
- APDS（异体同构外围对接系统）。密封环直径大约 1.2 m。具有 12 个钩型结构锁（另一方系统上有 12 个备份结构锁）。
- 赫耳墨斯—哥伦布对接系统。密封环直径为 1.6 m。装置具有 12 个螺杆型锁（仅存在于主动一方）。
- ISS 通用停靠系统。密封环直径大约为 2 m。装置具有 16 个螺杆型锁（仅存在于主动一方）。

结构锁有两种基本设计原理，也就是"钩型"（见图 8－31）和"螺杆型"（见图 8－32）设计。钩型锁是为联盟/进步号和 APDS 对接系统研发的。钩型锁的轨迹由一个简单的偏心凸轮产生。这个设计让每一个锁的位置上都有一个主动钩和一个固定的被动钩。在联盟/进步号系统中，一方的所有主动钩子共同由一个制动器通过一个钢丝电缆系统激发。在 APDS 系统中，因为增加了压力和锁的数量，所以有两个制动器，通过钢丝电缆，每一个制动器操纵 6 个主动锁。在每一串钢丝电缆中传播的力必须有很高的冗余空间，以保证在任何条件下操作的可靠性。钩型系统的一个优点是，"固定的"钩子可以设计成在必要时可以松开（比如利用爆破螺栓和弹簧）的钩子。如果采用双钩装置，例如在联盟/进步号中心对接系统中和 APDS 系统（如图 8－31 所示原理）中，当激发另一方捕获锁系统时，也会形成牢固的结构连接，为系统提供了足够的备份。

随着密封环直径的增加，压力变得很大以至于最终钩型锁设计的可靠操作成为问题。因此，对于具有很大密封环直径的对接系统，

例如 ISS 的通用停靠系统或者赫耳墨斯－哥伦布对接系统，则选择
了具有独立制动器的螺杆型结构锁。有了螺杆型锁，可以在由制动
器传送给定转矩上获得更高的预载。

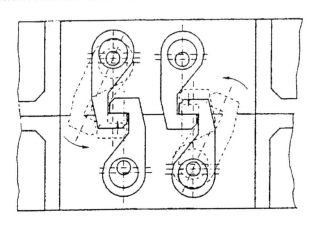

图 8－31　结构锁（钩型锁）

具有独立制动器的螺杆型锁的一个更大的优势是可以独立控制
每一个锁的预载，而这在钩型锁中是无法做到的。然而，这个优势
的取得必须以增加电路和电动机为代价，同时也增加了单点故障率。
为增加备份并减少单点故障率，螺杆型锁必须能够在航天器双方进
行操作，也就是螺钉和螺母必须能够独立操作。

对于非持久的结构连接，能够将其再次打开极其重要。在分离
和离开时，如果没有捕获锁将两个对接环固定在一起，结构锁必须
同时打开。钩型锁装置通过一个钢丝电缆进行操作，同时开锁易于
实现。但对于大量独立操作的结构锁来说，它们之间的同步要困难
得多。因此，在使用螺杆型锁的情况下，首先要再次锁合捕获锁，
然后减压并打开结构锁，最后打开捕获锁分离。对于独立操作的捕
获锁，仍然存在单个锁失效的问题。如果在打开捕获锁之前释放开
减振系统而且对锁不施加弹簧压力，那么可以限制迅速反弹。可以
通过爆破释放装置强迫打开失效的锁。

由于上述的通过对螺杆和螺母的独立操作所增加的备份并不能

涵盖所有失败的可能性，比如在螺纹之间的冷焊现象，因此必须具有其他的打开连接的可能途径。例如，利用爆炸螺栓可以做到这一点。然而，考虑到设计的难度太大，而且出于安全也不能使用大量的爆炸装置，因此螺杆型锁常常被置于密封环之内，这样可以通过舱内活动（IVA）对其操作。这样，利用连接在对接/停靠环边缘的辅助夹具提供的暂时压力，就可以完全由人工操作来移除和代换这些结构锁。在具有较小的通道直径的对接装置中，例如联盟/进步号和 APDS 的对接装置中，为了提供最大的转移通道面积，结构锁和其他一些在连接后不需要被移除的装置更倾向于被安装。由于需要航天员的舱外活动，这样做当然会增加人工操作的复杂性。

　　为赫耳墨斯—哥伦布系统研发的典型的螺杆型锁的设计如图 8-32 所示。在此例中，锁被安装在密封环内。螺杆和螺母均被安装在球形轴承上，以补偿对准偏差。在需要紧急分离时，螺栓可以利用在螺母一方安装的通过螺母中间的一个轴来进行操作。这个轴在顶端有一个方的横截面，可以向下移动进入螺杆顶端的方孔中。

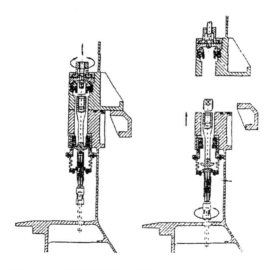

图 8-32　结构锁装置（螺杆型锁）（由 ESA 提供）

8.4.2　密封

为减小结构锁需要保持的对密封环的压力，密封环直径应尽可能地小。然而，正如我们所看到的，还有其他一些因素（例如，需要从内部接近一些必要的部件等）将密封环移到接口环的外侧（见图 8－32）。考虑到功能备份，通常应用两个同心密封环。可以通过测量这两个环之间的压力值，来检测密封环的气密性（见图 8－33）。如果压力值等于内部压力，表明内部环泄漏。如果压力值等于外部压力，理论上有两种可能性：1）外部环泄漏；2）两个环均是绝对密封的。情况 2）中，在结构连接和接下来的加压之后，两环之间的压力值仍然可能与外面相等。可以使用装有连通内部和外部阀门的细管子，利用阀门将两环之间区域的气压调成内部的压力或真空（即外部的压力），利用该区域气压的变化情况来确定泄漏的性质。

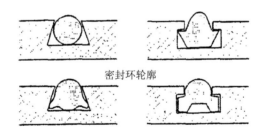

密封环轮廓

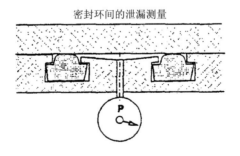

密封环间的泄漏测量

图 8－33　密封环轮廓和泄漏测量

密封环必须具有足够的柔性，这样可以与其接口的类型相匹配，即使接口表面粗糙,即一方具有凹槽用以安放密封环,相反一方便是接口表面。在地面上,金属和人造塑胶被用作密封材料,并配合了低脱气的油脂。然而在空间对接/停靠应用中,多种原因导致不能使用油脂和金属物质,主要为:

- 油脂:高黏合力,在分离时会产生问题,在放射性和氧原子条件下,化学性质不稳定;
- 金属物质:需要很强的压力才能达到气密性,非弹力变形特征决定了金属物质只能使用一次。

这使人造塑胶成为唯一可能满足对接/停靠密封条件的物质。很不幸的是,这些材料在空间条件下经过长时间暴露会失去它们原有的性质,因此,安排任务时不能使密封环在轨道环境中暴露几天以上,这就要求:

- 空间站外部的对接/停靠接口不可以携带密封环;
- 对接/停靠连接的密封环必须位于服务航天器上,它会在轨道中停留几天至几周,直到连接上目标航天器;
- 对于轨道复合体的重新配置、舱段拆解和再组装,密封环必须再次盖住,可由相应舱段的对接接口盖住或由舱门盖住。

希望在将来能够开发出新的材料和密封设计,它们能够长时间暴露在空间条件下。等到这样的密封装置可用时,很显然异体同构的对接/停靠接口设计思路才可以被充分地付诸实践,其优点才可以得到利用。

有很多种密封横截面在地面上得到应用。一些示例如图 8-33 所示。为了能够应用于空间航天器的对接中,密封条和相应的凹槽的必形轮廓必须满足两个要求:

1) 在其对应凹槽中的密封环必须牢固地接触,能够承受发射时的巨大振动和加速度,以及在结构连接时的闭合和对准中的横向运动。分离时的黏合力一定不能使密封环从凹槽中分离出来。

2) 当达到最大压缩时,即对接环之间是金属与金属接触时,密封圈与相应的对接环和凹槽壁之间的接触面积必须达到最大。

因为第 2) 条要求，密封环轮廓不仅不能从接口环中突出出来，而且密封环和凹槽的横截面之间的差异必须控制在当达到最大压力时，凹槽被全部填满的状态。因为密封材料易变但不可压缩，密封环和凹槽的轮廓必须细致地匹配，即当发生金属—金属接触时，二者之间还必须保持一个非常小的自由空间。

密封环压缩后，尤其是在密封环被黏附了一段时间后，在密封环和相对的外壁之间有了一定黏合力，需要一定的力来将其分离。如果电、液连接器没有自己的分离装置，那么在分离时甚至需要比较大的分离力。因此，一些对接装置设计在对接环的周围设计了一定数量的"推动器"，来提供必要的分离力。这些"推动器"就是被动加载弹簧杆，在结构锁锁合时压缩，分离时释放。其他设计中，由连接于冲击减振装置的接触环提供分离力。在停靠操作中，利用机械臂来分离要移除的航天器或舱段。"推动器"还可以用来为即将分离的航天器提供初始 ΔV，所以推进器只需在航天器之间距离达到数米时再启动。

第9章 空间和地面的系统设置

　　这一章涉及了交会任务中自动船载系统之外的各方的任务和职责。论述了控制级别、所需的支持功能以及由于通信联系所带来的限制因素。还探讨了人工操作支持工具的任务和设计原理。

　　第6章已经论述过，在地球轨道没有必要完全靠自动系统执行交会对接任务。相反地，外部操作员的参与和介入总是需要的，因为这会降低系统的复杂程度并增加安全因数和成功的概率。此外，由于通信联系的限制，交会和对接过程不可能由地面完全控制。因此，不载人航天器的船载控制系统必须能够在目标附近自动执行第6章所涉及的控制任务：

- 航天器状态的控制（姿态角，位置，速度和角速率）；
- 在正确的时间和轨道点上对相应的机动和模态的有序执行；
- 发现异常情况和故障并进行恢复操作；
- 对接条件下，对接操作的时序和控制。

　　很多高级别的控制任务更适宜由远端的操作员来完成操作，以充分利用人对不可预见事件的认知和评估能力，以及在综合信息收集与数据处理方面比船载系统更多更广的资源。远端操作员将监控轨道和航天器的姿态、自动船载系统的状态和通信连接状态；也可以下达指令，比如出现紧急情况且无法通过船载系统处理时，对设备进行重组或进行机动操作；在与计划时间发生偏差的情况下（由于延迟或紧急状况处理）重新规划任务。远端操作员结合其相关的支持工具，在识别故障和寻找最佳解决方案方面将比船载系统更有优势。

9.1　空间和地面段的功能和任务

地面操作员和航天站里航天员的远程交互在标称情况下包括：1）对航天器的功能和状态矢量进行监控和高级别的控制；2）启动机动措施或者启动自动逼近的后续操作。此外，地面部门还要为航天器提供操作数据，如两个航天器的实际轨道星历等。在发射后和调相的过程中，只有姿态控制和星务管理功能是由船载系统自动控制的；所有的机动都是由地面设计、计算和启动的。相反地，在交会阶段，地面的参与在标称任务模式下通常只限于监控和高级别的决策，如逼近启动或控制停泊等。如果出现与标称任务的偏差，地面部门将不得不扮演一个更加积极的角色。如果出现任务中断或延迟，地面操作员最重要的任务就是重新设计任务序列。在船载系统出现故障的情况下，最主要的任务也是识别故障来源，如果船载系统无法解决问题，应该迅速缓解局势并启动修复操作。

9.1.1　交会任务中的一般系统设置

追踪航天器和目标航天器空间和地面部门的一般系统设置如图9－1所示。这里假设每个航天器都有其自身的控制中心（CC）。然而，当追踪航天器和目标航天器是由同一个机构来操控时，两个航天器地面部门的部分或所有功能都有可能由相同的中心来完成。在这种情况下，每个航天器都可能有自己的控制小组。

追踪航天器和目标航天器可以在发射和调相阶段单独控制（见图9－2）。除了相互交换有关任务进程的信息以外，只有一种类型的数据需要由目标航天器的控制中心传输到追踪航天器的控制中心，这就是目标站的精确轨道参数。由于这些参数会随着时间而改变，需要不断更新。所有这些数据交换可以离线进行，比如通过声音或电子邮件进行联系等，因为在这一阶段没有必要引入其他空—地数据流的参与。

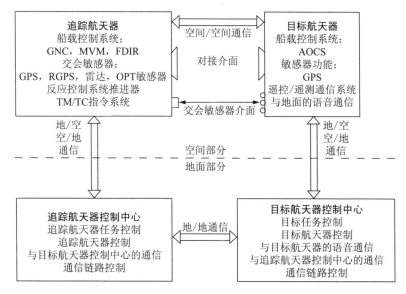

图 9—1 交会任务中系统的功能和接口

从调相的最后阶段开始，当追踪航天器被转移到与目标接近的轨道上时（如到达一个初始瞄准点），两个控制小组需要进行连续的信息交换。在任务的这个阶段，需要建立并验证两个航天器的空间通信联系，操作进度表都应该保持同步，追踪航天器的机动和轨道应该按避撞安全的要求进行评估，并且是否在停泊点或"门"继续逼近，应该由追踪航天器和目标航天器的控制中心共同作出决策。在靠近操作中（开始于下一个机动能够到达目标或环绕目标的安全区的距离之内），必须建立一个控制级别可以协调追踪航天器和目标航天器在空间和地面的各个部门（见图 9—3）。其中的一个控制中心必须就是否继续逼近有决策主导权。如果追踪航天器是不载人的，而载人的航天器是目标站的话，最高控制级别应该在载人航天器一方，即目标方。相反，如果追踪航天器是载人的，最高控制级别应该是追踪航天器的控制中心，因为它有更好的机动能力。

在交会任务的所有阶段，每个控制中心都负责监视和控制己方航天器的子系统和所有硬件、软件。在空间站的模式下，对接以后目标航天器的控制中心会对联合体实施控制。在其他情况下，当目标航天器较小、机载控制能力较弱、或者不载人而追踪航天器载人时，则与上面相反，可能由追踪航天器控制中心对联合体实施控制。下面对交会阶段各种类型的职责和控制权进行详细描述。

就逼近和捕获阶段的控制来说，追踪航天器控制中心在交会各阶段的主要任务如下。

- 发射后和调相过程中：
  - 准备、启动和确认所有机动。
- 标称交会阶段：
  - 监视由船载系统控制的机动过程和轨道；
  - 在停泊点发出"前进"命令，继续前进。
- 捕获阶段：
  - 在自动对接情况下监控捕获过程。
- 紧急情况下：
  - 在非危急情况下发出逼近中断的命令；
  - 在船载系统出现重大故障、大的轨道偏移会导致碰撞（如果没有由船载系统执行避撞机动）的情况下，发出执行避撞机动的命令；
  - 执行避撞机动或任务中断后，准备和实施相应的善后恢复工作。

应该指出的是，在发射前的任务设计过程中，应该在不同逼近背景下对可以想到的紧急情况进行详细设计。对地面控制人员和空间站航天员在紧急情况下采取的措施，必须形成文档并得到各方的同意，这样每个人就能知道如何立即响应。当然，也不是所有紧急情况都能被预计到的，不是所有恢复行动都能被预先设计好的。对于后继的步骤，应该采取特殊的方法。

除了轨道控制任务，追踪航天器控制中心还要执行其他一些与航天器和空间—地面设施控制相关的任务。这些任务中最重要的有：

1）对追踪航天器船载系统和设备进行监视和控制；

2）与目标的地面部门进行通信联系；

3）控制通信连接。

第 1）个任务，除了监控特殊船载交会系统外，原则上与对单独的航天器的地面控制任务没有什么区别。与之相似的是第 3）个任务，原则上与其他的空间任务也没什么区别，除了控制与目标控制中心的通信连接外。与另一个航天器的控制中心进行通信和密切合作却是一个交会中特有的任务，这个任务也包含了对控制级别安排的问题。

假设交会任务是在不载人的追踪航天器和载人的空间站之间进行的，在交会过程中目标地面部门的主要任务如下。

- 发射后和调相过程中：
  - 运用由追踪航天器控制中心提供的数据来监控追踪航天器的任务进度。
- 标称交会阶段：
  - 目标航天器为最后交会和对接作准备；
  - 到达停泊点后与追踪航天器控制中心联合发出"前进"指令；
  - 监控最终逼近轨道，捕获过程和结构连接情况。
- 追踪航天器对接后，对联合体的实施控制。

交会过程中，由目标控制中心执行的任务需要知道追踪航天器状态矢量的详细信息；对于对接来说，需要知道追踪航天器的对接装置的功能状态的详细信息。

在空间站背景下的最后逼近阶段，目标站的航天员也必须要掌握追踪航天器的轨道和姿态信息。因此，在交会各阶段这些信息应该由追踪航天器的本地连接传送到目标站，然后与目标数据流一起传送到目标控制中心。

9.1.2　控制职责和控制级别

从追踪航天器控制中心目标航天器控制中心和目标航天站上的

远端操作员在交会各阶段应执行的任务中，可以确定不同类型的职责和控制级别。各方的职责可以被归纳为以下四类。

1) 负责正确操作航天器，保证船载功能处于良好状态；

2) 负责启动和执行机动操作，改变航天器的轨道和姿态；

3) 考虑到碰撞危险因素，负责安全避撞监控，如果必要启动避撞措施；

4) 负责预定任务的执行及任务的重新规划。

(1) 船载系统的控制职责

各自航天器的控制中心在整个任务当中有进行远程操作的职责。这些远程操作关系到船载系统的正确运转，包括检查硬件和软件功能、报警后识别故障或由船载系统进行自动备用切换，以及在必要情况下更改船载系统的决策等。

(2) 机动的控制职责

第 2 种类型的职责，在整个交会阶段也是各自航天器控制中心的职责，只有一点例外，这就是操作的安全方式。如果由对航天器的设计和性能表现了解不深的外来小组与航天器进行直接交互的话，总会牺牲一些安全功能。因此，这例外的一点就是，在面临碰撞危险时执行停止、后退或避撞机动的命令，不是双方控制中心都可以发出的。这样的交互因此也被限制在只进行非常简单的操作和执行单个指令方面。如果预计需要复杂的交互操作，例如由远程操作人员对追踪航天器进行人工控制来确保任务的顺利实施（见 6.5 节），就得对操作员进行长时间的细节培训。

(3) 避撞安全职责

这项职责自然要涉及到参与任务的所有各方。虽然船载系统具备自身的故障检查功能和避撞机动启动功能，但是还有很多追踪航天器控制中心的远程操作人员和目标站的航天员已经确认了存在碰撞的危险，而船载系统却并没有检测到或者未检测到的情况出现。

目标地面操作人员或航天员的参与程度取决于任务的阶段或是

发生潜在碰撞前的剩余时间。只要时间足够长（比如说当目标一
方探测到危险状态是在半圈轨道运转的开始时），对于追踪航天器
的地面操作人员来说，还有足够的时间启动停止、后退或是执行
避撞机动。然而，如果两个航天器之间的距离不够大、几分钟之
内会发生碰撞的话，如果由目标控制中心或航天员发出要求，而
由追踪航天器控制中心执行启动避撞机动是来不及的。由于存在
发生通信故障或是操作人员失误的可能性，因此除了追踪航天器
的船载系统和地面操作人员之外，目标的地面操作人员和航天员
在最后逼近阶段也要有直接的控制能力来停止追踪航天器或使其
离开目标站。

（4）任务职责

与任务有关的决策原则上是由两个控制中心共同决策的。由于
有时间限制，操作计划的安排得根据任务的阶段来设定，以此来保
证在必要的时间内两个中心能作出决策。在按计划进行的情况下，
发射以前各方就应对任务规划达成一致。任务中最重要的共同决策
是在停泊点的"前进"决策或是进入"门"决策。对于突发情况，
如出现计划任务的中断和延误，就需要进行紧急操作并重新规划任
务。紧急操作被归到机动和避撞安全的职责中。新的任务规划可以
由一方或双方的控制中心共同产生，但执行任务最终需要双方的共
同决策。

图 9-2 和图 9-3 分别表示了交会之前各任务阶段和最终交会
阶段任务的划分。在进入合适的交会阶段前，两个控制中心可以独
自控制各自航天器的任务执行。在发生延误和更严重的紧急情况时，
这时也许有足够的时间来离线准备新的任务规划然后由各方通过批
准。而紧急机动计划（也许是事先计划好的）则由追踪航天器的控
制中心来执行，它可以是向高轨道转移、通过减小调相速度来赢得
时间、或是继续按计划进行直至到达第 1 个停泊点并在那里等待进
一步的命令等操作。

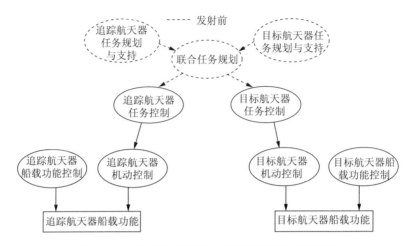

图 9-2　交会各阶段开始之前地面控制小组的职责

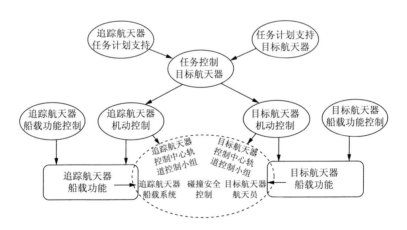

图 9-3　最终交会阶段地面控制小组的职责

交会各阶段的情况有所不同（见图 9-3）。任何能够引起延误、任务中断或是任务流产的紧急情况必须以协调合作的方式得到解决。这些类型的紧急情况能够导致通信窗口同步和照明条件同步的失败，并导致对逼近操作需要重新规划。与交会前阶段形成对照的是，这一阶段在目标附近没有足够的时间重新调整同步。因此，在这一阶段，任何逼近次序的变化都会立即影响到两个航天器的操作计划，出于这个原因，必须确立控制级别和原则，并在发生紧急情况下予以遵守。这样可以确保任何一方能快速协调行动，确保碰撞安全，精心准备任务恢复和任务再规划。需要遵守的原则取决于飞行的轨道类型和与目标的距离，即最可能发生碰撞前的剩余时间。举例来说，在 ISS 背景下，追踪航天器开始进入"逼近椭球"之前，任务的控制权将被移交给 ISS 的控制中心，这时它已是两个航天器的最高控制机构。

在近程交会操作的开始阶段，把控制权移交给目标控制中心，要求目标控制中心接受大量的有关追踪航天器的具体信息，这些信息能够使目标控制中心对任务进度和可能发生的碰撞风险作出正确判断。必要的信息包括追踪航天器的状态矢量（位置、姿态和速率）和追踪航天器与交会过程相关的子系统的健康和冗余状态的一般信息。如果出现紧急情况，控制机构做出了一个任务保持决策（停止在直线轨道或是后退到一个停泊点），那么就要重新设计任务时间表以使逼近次序与通信窗口和太阳照明同步，也可能要与航天员的工作/睡眠时间表同步。由于两个航天器的资源和联系设施（中继卫星和地面联系）都用到了，重新计划需要在双方的控制中心支援小组的协调下做出。在执行避撞机动时，双方都要分析是否利用和如何利用现有资源来完成恢复操作或是重续任务。

如上所述，追踪航天器和目标航天器可能由同一个控制中心的两个小组来控制，这种情况过去在苏联和美国交会任务中都出现过。在这种情况下，控制权限的划分和界定可能不太突出。在以后的空间任务中，如 ISS 的任务，追踪航天器和目标航天器更多地是由不同的部门所控制，这要求对控制权限有明确的界定。

9.2　地面段对 RVD 的监视和控制

9.2.1　监管控制的概念

在程序交会的各阶段，不载人的追踪航天器的自动控制系统实际上完成了逼近到捕获时所需的所有任务，因此，地面控制中心的操作人员只需监控轨道的演变和航天器的姿态以及船载系统的状态即可。"操作员"指的是监控以及控制小组的任何成员，与之对照的是由船载系统或是地面段的自动操作功能来进行的自动操作。在程序任务中，除了 9.1.1 节确定的任务外，如果出现了少许的延误，操作员可能还得把最新的任务时间表传送到船载系统里。这种延误可能由多种原因引发，而不仅仅是由追踪航天器一方引发的。

尽管有各种分析、设计和确认工作，但是永远也不可能创造出一套自动系统把所有的紧急情况和内部、外部的故障以及干扰都包含进去。因此，操作员除了需要监视程序任务的执行外，还需要能和船载系统进行交互，控制推进机动，改变船载系统配置，以及可能的话上传修改过的控制软件。这种监控和因特别干预所需的高级别交互的概念被定义为"监管控制"。

对于不载人的航天器来说，地面或目标中的远程操作员在紧急情况下可以在一定程度上接管控制权。尤其是，为了任务取得成功，自动系统通常只有一次故障冗余，因此由操作员直接控制航天器的运动，对任务的拯救能起到帮助作用。与"监管控制"相对应，这种概念被称为"人工控制"，在 6.5.3 节中已作过讨论。

每当出现紧急情况时，载人航天器上的航天员可以分析问题并解决问题，而自动系统只能处理那些在设计中已经考虑到的情况。对于自动航天器来说，必须确保能将分析潜在问题所需的信息传给地面的操作员。紧急情况下，对于有着或多或少固定轨道的普通卫星来说，一般有相对充足的时间供地面操作人员来解决问题。相反地，在交会任务中，所需的反应时间要短很多，从几秒钟到半个轨道周期（3/4 小时），取决于轨道和到达目标航天器的距离。为了完成"监管控制"任务，控制中心的操作员需要用计算机辅助工具来快速识别并立即为轨道安全和恢复任务准备指令。

为了了解所处的环境，分析和预测未来的状态，操作员需要尽可能地了解航天器各功能的真实状态，以及每种设备和功能的输出情况。这些数据必须与任务时间表里实际点的计划数据进行对比。为了避免目标航天器受到撞击，操作员必须能够快速确认危险来源并给追踪航天器提供命令，如在直线轨道的停止、后退到停泊点或是执行避撞机动的命令。为了确保任务成功，操作员必须能够跟踪轨道顺序的改变和延误情况，重新设计任务并提供船载系统相应的机动、时间表的改变和轨道参数的指令（见图 9－4）。

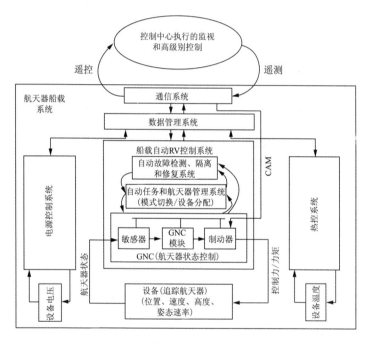

图 9－4　地面操作员监控自动船载系统

为了使操作员能够识别故障原因，支持系统除了当前传送的船载数据外，还应该提供问题时刻设备和软件的标称状态，以及所有子系统期望的处理结果的详细信息。支持系统也应该提供典型的设备和软件故障所引起的后果方面的信息。

9.2.2　地面操作员所用的支持工具的功能

控制中心操作人员的支持工具功能如图 9－5 所示。从航天器接

受的遥测数据经过处理后传送到监控职能区，故障探测分析职能区
和任务重新规划职能区。职能区给操作员的输出和操作员对职能区
的输入是通过人—机接口（MMI）实现的，最简单的例子就是普通
计算机的显示器和键盘。传给航天器的命令和数据需要格式化、打
包并且插入到遥控数据流中。

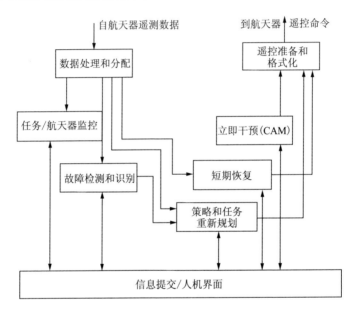

图 9－5　地面操作员的支持功能

9.2.2.1　监控

所要监控的信息必须包括与航天器姿态、位置和速率相关的状
态（包括计划值），与任务时间表相关的实际点，当前的 GNC 模式，
设备和功能的实际配置以及通信链路的状态等。因此，来自航天器
的遥测数据流必须以足够高的频率来更新航天器的状态矢量和星上
系统的状态。数据处理和结果显示必须能使操作员迅速掌握局势并
做出正确决策。

图 9－6 和图 9－7 表示的是轨道监控和系统监控屏幕显示的概
念类似的概念在以下文献中均有描述：Fehse & Drtega（1998）；

Ortega & Alvanez (1998)；Sarlo，Barrera & Ortega (1998)；Ortega (1999) and Sarlo，Barrera，Ortega & Franco (1999)。并不是所有的信息都可以显示在一个显示器上，基本的概念包括一系列的显示内容，通过鼠标和按钮上的光标点击荧光屏上的特定区域就可以调出。新的显示内容用按钮或区域标出。比如在图 9－7 所示的系统显示中，可以点击其中的一个区域，比如说点击"推进系统"或是"数据管理系统"将在屏幕上显示该特定功能更详细的信息。对于特定功能的区域或是按钮，应该以不同的色彩来区分不同的功能状态。颜色指令规定为：

绿　　色＝工作、正常

蓝色不亮＝不工作、正常

红 色 亮＝工作、故障

紫色不亮＝不工作、故障

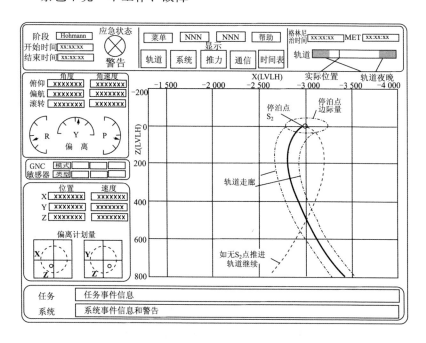

图 9－6　轨道监视显示的概念

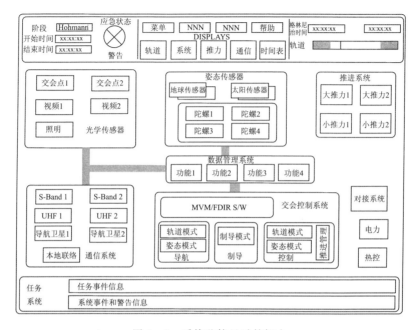

图 9－7　系统监控显示的概念

　　可以在显示屏的顶部或底部设置条形信息区或是在显示屏的一侧设置窗口，应用于所有的显示页面。这些公共的区域显示的内容会包含任务的一般信息，如时间、任务阶段、轨道位置和其他进一步的信息以及主要故障的警示灯和主显示之间的转换。显示屏固定区域的按钮是操作员用来切换显示页面的，这些显示页面从高层次上提供了任务状态和航天器系统的完整的综合信息。进行主要页面转换的按钮也可以有颜色标记，标示能找到紧急情况原因的显示页面。此外，显示屏公共的固定区域上还应该有闪烁灯，不管转换到哪一屏都可以来警告操作员有非常紧急的情况出现。这种非常紧急的情况可能是追踪航天器和目标之间的通信中断超过了指定时限，状态矢量分量（位置、姿态和速率）超出安全警戒线，无法恢复的推进故障及关键设备失去了最后一级的冗余保护等。

　　对于接触之前的最后几十米逼近，图 9－8 给出了载人航天器显示对方航天器的视频图像和相关系统信息，对于地面操作员来说也非常有用。不过，这就需要这一阶段有下传视频数据的能力（参考表9-1）。这在正常的遥测/遥控（TM/TC）传输连接中不可能做到。在俄罗斯的空间项目中，正是出于这个原因建了一系列的地面站，如图5-20所示，那些地面站可以把视频数据传输到控制中心。在这种情况下，必须满足下面的同步需求：最后几米的逼近和对接必须发生在适宜的照明条件下，而此时航天器正越过指定的地面站。

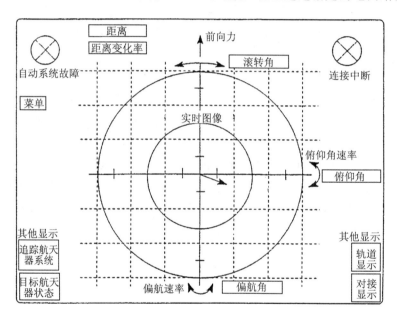

图9-8　最终逼近监视显示概念

9.2.2.2　即时干预

这个功能存储了预编程序指令或指令序列，可由操作员通过 TC 格式化功能迅速发送到航天器。预编程序指令会被用于标称任务，如下达停泊点后的"前进"指令、紧急情况下用于 V 轴停止运动和启动避撞机动的指令。由于不同逼近阶段、不同的 ΔV 和推进方向要求不同的避撞机动，预编程序避撞机动指令必须与当前逼近阶段相关联。同样，对于所有没有跟随直线 V 轴逼近的轨道，V 轴停止指令必须被禁止。对于关键性的安全操作，比如说执行避撞机动指令或是 V 轴立即停止指令，可通过硬线连接到"TC 发送"功能的独立保护按钮完成输入。

9.2.2.3　短期恢复

这个功能存储了机动序列。这些序列并不是单独固定的指令或固定的指令顺序，而是在轨道上每一个点当紧急情况出现时，都需要对下一个推进机动的开始时刻，或是所需要的 ΔV，或是两者同时，进行新的计算。同时，不同的 GNC 模式和修改后轨道和姿态序列可以被存储在这个功能之内，如从计划逼近轨道上的点退回到前一个停泊点的操作。

这些是在有限的任务中断或延迟情况下需要进行的短期机动，即在计划序列后接下来继续进行的恢复逼近。这时，不需要改变控制软件，而且对于重新开始的逼近，只需要更新时间表使它与诸如太阳照明、通信窗口等外部条件同步。对计划逼近序列的恢复发生在下列情况下：在 V 轴上保持之后，回到前一个停泊点之后或是退回到 V 轴上安全的等待点之后。重新同步的机会应在接下来的几个轨道周期内，在 24 h 之后出现。

9.2.2.4　任务重新规划

这个功能是在与计划轨道或者时间表发生大的偏离的情况下，用来确保任务成功的手段。举例来说，执行一个避撞机动以后，追踪航天器的位置和速度会与标称状态有很大差异，因此，要进行复杂的机动序列调整，使航天器回到可以重新开始标称自动逼近序列的地方。由于紧急情况会持续一段时间，恢复所需的时间和燃料也随之迅速增加，这时需要制定出一套恢复策略，同时也要迅速确定需要的机动。这个功能因此包括了重新规划所用的高速运转的计算机和高精度的轨道动力学与环境仿真模拟器，用以验证新制定的任务恢复计划。

9.2.2.5　故障检测和诊断

这个功能必须让操作员迅速地对故障的性质和严重程度进行评

估。为了能够判断故障的长期影响，操作员应该尽可能地确定故障发生的原因。故障的诊断开始于对问题一般表象的确认，如功能和设备无法正常运转或参数超出计划设定的裕度之外等。故障诊断可以在计算机程序的支持下进行，例如计算机程序可以将接受到的船载系统的实际值与支持设备时获得的或是任务之前的分析得到的标称值进行对比。可以开发一套所谓的"专家系统"，即基于知识的搜索程序，来快速确认软件和硬件出现故障的详细原因。

显然，上述对各项功能的描述只是一些基本的需求和概念。这些功能的实现有许多方法，与其他很多功能一样，积累的经验与可用的设备及程序是其决定性因素。在近程交会阶段，如果同一个任务的相同参数需要由两个不同的控制中心来监控，那么有一个特定的标准会十分有利。对基本的显示特征进行标准化将有助于控制中心之间在需要对特定条件进行评估并迅速作出决策时的通信交流。

9.2.3　目标站航天员的监测和控制功能

如上述所述，在目标站附近，目标站的航天员必须也能够监控追踪航天器相对标称状态矢量发生的偏离、追踪航天器上控制接近运动的关键设备的状态和通信连接的状态。在必须立即采取行动而地面操作人员来不及参与的紧急情况下，航天员必须能够执行停止、后退或避撞机动的指令。那么，航天员也应该配备类似于地面操作员的支持设备。当然，航天员的设备不需要具有地面设备那样复杂的分析和重新计划功能。目标站里的监控显示设计应该与安装在航天器上的计算机屏幕相兼容。过去，电视机类型的阴极射线管在俄罗斯（苏联）和美国的空间项目中有所应用。但是，受屏幕大小的限制，能显示出的图像和文字也是有限的。ISS 航天员所用的笔记本电脑比地面大型计算机屏幕上能显示的详细数据要少，而且在地面，会有很多人专门对各种参数和特征进行监测和控制，而在轨道上可能只有一名航天员做这样的工作。

航天员所用的最重要的监测工具是监测显示器,用来显示追踪航天器和目标航天器之间的相对状态。当追踪航天器位于只有敏感器能提供信息的地点时,显示器可以设计成与地面操作员所用的轨道显示器相似(见图9-6)。在与目标十分接近时,逼近过程还被摄像镜头来监测,这时可能要采用一种包括摄像信息的不同显示类型,包括摄像信息等。建议目标站上的操作员能够在最关键的逼近段集中监测一台显示器,因此应将轨道和RV控制系统的信息叠加到摄像画面上。

俄罗斯就开发了这样的系统用于监测联盟号和进步号与和平空间站的交会操作。这个系统运用了模拟(电视)技术进行视频显示,包括相对状态矢量的文字、数字信息的显示等。这套系统仍然运用在ISS的俄罗斯部分。

这种显示系统的现代概念是把数字视频图像与系统信息集中在LCD计算机显示器上显示,如图9-8所示。这里假定视频摄像机安装在追踪航天器上。当以-V轴逼近时,这种安排的优势是:1)逼近快结束时,有良好的照明条件;2)提供了与追踪航天器里飞行员一样的视像。这里假定目标航天器上安装了图6-23所示的视觉目标标志其安装位置应在双方对接时恰与追踪航天器上摄像机的位置相对应。如果追踪航天器在计划的逼近线上以正确的相对姿态逼近目标时,这个目标标志位于图像的中心区。固定的栅格可以使操作员对追踪航天器的平移和角度的对准偏差作出判断。除此以外,位置、速度、姿态和角速率可以用本文和数字的形状显示。平移加速度和角速度则可用箭头显示,这使操作员可以对轨道发展趋势和姿态变化做出评估。

在自动化系统出现意外或关键的通信连接中断等紧急情况下,闪烁的警示灯会向操作人员发出警告。对于追踪航天器—目标航天器—追踪航天器连接,目标上的操作员负有主要监测职责。主监测显示器上的功能按钮可以帮助操作员转换到其他屏上,如轨道显示、系统显示或是对接后的对接系统显示等。除了追踪航天器的信息，目标系统状态的重要信息也可以通过指定的状态显示屏显示。和地面操作工具一样，转换按钮的颜色指出了紧急情况的类型，并指出寻找进一步信息的方向。

如 9.1.2 节所述，机上的操作员需要最小限度的避撞安全控制指令。这样的指令包括：

- 推进中止；
- V 轴停止；
- 避撞机动。

不同的逼近阶段有不同的指令，头两个指令只有在与目标相距一定距离以及特定的轨道中运用。例如，"推进中止"对于两次脉冲转移可能没有什么作用，因为这时轨道会自然继续下去。根据逼近速度，推进中止可能在 V 轴逼近的最后一段更加危险。"推进中止"指令在 V 轴的第一段以及 R 轴直线轨道中起作用，那样形成的轨道是安全避撞的（见图 4.4.2 节）。除了直线 V 轴轨道外，"V 轴停止"指令在所有制导模式下都应该禁止使用。"V 轴停止"指令要求追踪航天器的 RV 控制系统完全开启，在接收指令以后船载系统要自动进入一个减速模式和其后的位置保持模式。

目标站里操作员所用的指令接口可能只是一个或两个物理按钮，用导线与通信功能相连。这些按钮，尤其是执行避撞机动的按钮，必须经过特殊保护以避免发生相反的操作。在标称逼近情况下，目标航天员和追踪航天器之间不发生交互。

由目标操作员对追踪航天器进行人工控制是作为任务恢复的一个备用方案，并已在 6.5.3 节讨论过。在这种条件下，指令端口可能包含两个操纵杆，其中一个是控制 3 个移动自由度，另一个是控制 3 个旋转自由度。在不载人的进步号飞船与和平号空间站及 ISS 对接时应用了人工控制的概念。

9.3　通信限制

　　本节的目的在于简要概括通信限制因素对自动交会任务的操作及对远程操作员监视与控制的影响的情况。本章并不是要讨论所有空间通信的系统和结构设施这些方面的详细信息可参阅相关参考文献，如 Morga & Gorden（1989），和 Wertz & Larson（1991）等。

　　交会任务中典型的通信模式如图 9－9 所示。两个航天器与各自控制中心的通信都是通过数据中继卫星进行，有条件时也可通过指定的地面站进行。在交会阶段，开始航天器之间的直接通信和相对导航以后，必须把两个航天器的状态矢量信息提供给两个控制中心，在逼近的最后阶段，也要提供给目标站的航天员。出于这个原因，通信数据可能是通过两个航天器中的一个发送，通常是目标站，然后接收到综合数据流会被分发到各控制中心。在运用导航卫星的相对导航时，必须建立起来追踪航天器与目标航天器之间的通信联系见 7.3.3。追踪航天器、目标航天器和中继卫星之间的地面通信网络会用到专门的通信线路和任务期间从当地电信部门租用的商业线路。后者在地面站位于偏远地方的情况下特别有用，不过也可用于其他一些地面链路。不管运用哪种连接方式，空间地面数据流都要从目标站传送到地面控制中心，反之亦然。传送过程中经过了许多接收器、放大器和计算机，并可能增加了噪声和延迟。交会任务的通信联系有以下的主要问题和限制条件。

- 通信窗口：空间和地面能够进行数据交换的时间点和持续时间。
- 连接的可用性和可靠性：可能的链路恶化、暂时中断或是完全断开以及相应的数据丢失。
- 由于带宽和数据速率限制所引发的通信连接限制：每单位时间传输一定量数据的能力。

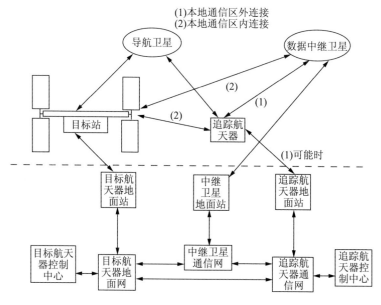

图 9-9 交会任务中总通信模式

9.3.1 数据传递的可靠性

在正常情况下，通信链路的设计都为发送—接收距离提供了足够的裕度，因此链路恶化或中断可能由以下原因引起：

1）航天器、地面以及中继线路如卫星和电话线等通信设备的设备故障。

2）接受信号的信噪比太低。原因是（a）由于大气引起的衰减（如天线 LOS 的低仰角、下雨）；（b）航天器姿态的改变，降低了天线的增益；（c）航天器几何结构或是其他航天器的遮挡等。

3）由同一频率上的其他无线电信号源发出的信号造成的干扰以及多径效应。

航天器和地面站上的通信设备（接收器、放大器等）可以进行冗余设计，但是整个通信链不可能进行冗余设计。航天器天线与地面站的无线电通信、与中继卫星的通信及地面上的电话线等通常都不会有冗余设计。除非是非常有限的平行通信，如1) 直接与地面站通信；2) 通过中继卫星通信，否则整个地面—空间之间的通信没有完全的冗余线路。当考虑最后逼近段的避撞安全控制时，要特别关注通信链路易于出现故障的情况。

　　通信中断有两种类型：一是系统型的，如那些由于地面站和中继卫星的覆盖范围引起的，这样的通信中断可以预测，可以在任务计划阶段提前考虑到方案里；二是随机型的中断，如那些由于大气摄动和其他原因（见上述的1)～3) 点）引起的，只能预测其发生的概率。这种中断的持续时间总是不确定的，其中断的时间长度和发生频率的典型数据可以通过频繁的交会任务所取得的经验得出，如和平号空间站和国际空间站等。

　　由于潜在的摄动和中断，航天器和地面的所有通信，即遥测（TM) 和遥控（TC）流，都需要通过编码来保护，需要检验接收数据的完整性。因此，对遥测数据包和遥控指令流都制定了标准并已被大多数航天器采用（见 CCDSDS，1987a，b）。图 9－10 显示了对来自航天器各子系统和载荷的应用数据形成的打包的遥测数据流进行编码和解码的各种步骤。

　　TM 包传输协议保证了恶化的数据包不会被使用在解码的应用数据中，同时，也保证了当一个包没有收到时，会发出一个错误信息提示。分割流程允许将一个很长的源数据分割成简短的部分，以保证适合于数据流。通过把一组源数据分配到一个特定的传输帧序列，产生了与源数据的频繁需求对应的虚拟信道。不同信道上的帧都被插入到发往地面的数据流的帧序列中。

　　图 9－11 所示的源数据包的格式，就是空间数据系统顾问委员会 CCSDS（1987 b）规定的"版本 1"数据包格式。它也是图 9－10 确定的第 1 个层级的编码。源数据包由包头和数据区组成，前者包括识别码、序列控制和序列长度，后者可以根据应用的需求进行排

列。如图 9-10 所示，在每进行一次编码之前，都会在包头和包尾加上相应的编码。正因为大部分空间通信系统都有容量的限制，这种可靠性改善机制的副作用就是减少了应用数据传输率。从发射机发送数据流到接收机的天线，通过应用所谓的"信道编码"，保证了不同的信息可以清楚地与其他信息相区分（CCSDS 1997）。通过与数据压缩技术的结合，"信道编码"技术在较低的比特误码率基础上保证了较高的比特速率。

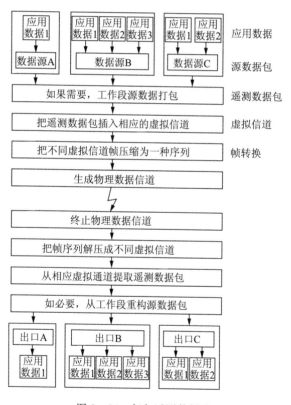

图 9-10　打包遥测数据流

包头 (48 bits)						数据包范围 (可变)		
数据包识别				数据包序列 控制		数据包 长度	数域头 (可选)	源数据	打包错 误控制 (可选)
版本号	类型	数域 头标 志	应用 识别	数据 段标 志	数源 序列 控制				
3	1	1	1	2	1				
16				16		16	可变	可变	可变

图 9—11　源数据包的格式

实现 TC 数据包传输的过程也应用了类似的技术。除了第 1 种保证信息包完整性的措施，在此基础上，信息内容的正确接收通过后续的措施（如船载系统对 TC 包的确认）来保证。

9.3.2　数据传输限制

除了中断和失真，地面和空间段数据传输的主要限制条件如下：

- 预定链路的可用性；
- 数据到达目的地的延迟；
- 数据传输速率或可以传输的频率带宽。

9.3.2.1　预定链路的可用性

很多地面连接以及通过中继连接和通信卫星的链路都是在执行任务时从其他机构（包括商业机构租用的）。在计划可用的时间时必须考虑到由意外导致的逼近延误情况。出于成本的原因，不可能在设计可用的固定时间段时把所有可能发生的紧急情况都包括进去。如果计划由地面视频监控对接，租用电视频道就是这种情况。如果通过一次避撞机动来进行的恢复需要一天或数天时间，必须考虑到在需要时重新开启这样昂贵的连接的可能性。

9.3.2.2　通信延迟：空间—地面，地面—地面

鉴于中继卫星的高度（36 000 km），双向通信延迟时间是

0.24 s。在这个数量的基础上还要加上航天器上的（当追踪航天器经由目标航天器传输时，则是两个航天器上的）和中继卫星上的接收器和发射机的延迟以及地面线路的延迟时间。由于地面线路上的大量放大器和计算机以及在地面站（天线）和地面控制中心之间可能的通信卫星传输的地面—空间往返，整个来回旅程的时间需要数秒钟。在确定机动指令的时间和分析遥测数据时都必须考虑上述延迟。解决这个问题的办法一般有执行机动用时间标签法、TM 时间标志法等（即确认 GNC 数据的正确时间关系）。

9.3.2.3　通信数据速率：空间—空间，空间—地面

信道容量通常会对空间和地面间的数据流有一些限制。如前所述，在信道中，并不是全部的数据速率容量均可以用来传输用户数据，在编码打包时还有一部分将用于保证数据传输的完整性。如图 9-10 所示的多级编码过程中，有很大一部分将被加到遥测数据包的源数据中，根据不同的应用类型和任务，这部分数据可能超过总容量的 10%。

数据速率被定义为每秒的样本数量乘以每个样本的比特数。对于模拟信号，根据奈奎斯特定律（Nyquist theorem），采样频率至少应达到所传输信号频谱最高频率的 2 倍

$$f_{sample} > 2 f_{signal}$$

在实际应用中，因为滤波器的限制，数据传输应该使用的因子是 2.2 而不是 2（Wertz & Larson 1991）。对于数字信号传输，还必须考虑量化误差。比如，最大的量化误差从 3 比特/样本的 6.25%，降到 5 比特/样本时的 1.56% 及 10 比特/样本时的 0.05%。信道所需带宽还取决于要接收的信号所需的质量。表 9-1 列出了一些特定类型的模拟输入数据的比特率的例子。这里与电视有关的比特率参照的是美国标准。

表 9－1　　传输模拟信息所需的比特率（Wertz & Wiley 1991）

模拟数据类型	最大输入频率 f_m/Hz	采样频率 样本数/s	每样本的 比特数	数据速率 $R/bits \cdot s^{-1}$
语音 (PCM)	3 600	8 000	7	64×10^3
语音 (delta PCM)	3 600	8 000	6	56×10^3
彩色电视 （商用质量）	4.0×10^6	8.8×10^6	5	44×10^6
彩色电视	4.2×10^6	9.25×10^6	10	92.5×10^6

　　卫星操作过程中所需的典型的 TM/TC 数据率一般在每秒几十千比特范围内，与语音频道相当。有效载荷的 TM 要求随任务的不同而变化，一般在每秒几百兆比特。但是，在交会任务中所需的 TM 数据率远远大于一般的卫星任务，因为必须相当频繁地传输 6 自由度运动的制导、导航与控制数据和自动系统的操作信息。在图 9－12 所示的例子中，与船上 RVC 系统有关的必须传输到地面的信息总量达 9 184 字节或 73 472 字节。如果这些数据必须每秒钟传输一次，将超出语音频道的容量。当然，不是所有的变量和参数都在频繁地变化，或是以这一频率传回地面。可能只需要一部分信息，而且以可能较低的频率、以一定的间隔，或者仅在特定的情形下传送，因此实际所需的数据速率可以大大减少，以适应飞行器操作链路的能力范围之内（一般在每秒数十个千比特）。如果在最后逼近接触达到几米远的距离时，要求使用视频传输，则下传速率需求会显著增加（见表 9－1）。然而加上现代的压缩技术，所需的比特速率仍可以大幅度减少，同时因为在接近过程中，速度很低，每秒所需的帧数可以降到 10 帧或更少，而且不会出现显著的信息丢失。

9.3.2.4　通信频率

　　太空操作可使用的频率是稀缺资源，得由多个用户共享。随着无线电传输应用的发展，会有更多的频带被地面和空间固定服务所占用。各种类型的频带是由国际电信联盟（ITU）指定的，这是一个政府间的组织，由世界上主要国家的代表组成。有关空间使用频率和数据格式由相关组织，如空间频率协调组织（SFCG）和空间数据体系咨询委员会（CCSDS）等组织，向 ITU 推荐。空间操作频带是由日内瓦的世界无线电管理大会分配的，表 9-2 中所列的频带摘自这些组织（CCSDS，1997）制定的文件。由于将来对无线电频率的使用还会进一步演变，重新分配频率可能会在所难免，空间操作可用的频带也会发生改变。

表 9-2　非商用太空频率波段

波段	频率范围	频率类型	太空运用
	300～225 MHz	VHF	约 137 MHz（上传） 约 149 MHz（下传） 约 270 MHz（下传）
	225～1 000 MHz	UHF	400.15～401 MHz（临近连接） 约 450 MHz（上传）
L-Band	1.0～2.0 GHz	UHF	约 1.5～约 1.7 GHz
S-Band	2.0～4.0 GHz	UHF	约 2.1 GHz（上传） 约 2.3 GHz（下传）
C-Band	4.0～8.0 GHz	SHF	约 7.2 GHz（上传）
X-Band	8.0～12.4 GHz	SHF	约 8.5 GHz（下传）
Ku-Band	12.4～18.0 GHz	SHF	13.23～15.35 GHz （13.4～14.0 TDRSS）
K-Band	18.0～26.5 GHz	EHF	16.6～17.1 GHz（下传） 22.55～23.55 GHz 25.25～27.5 GHz（DRS） 约 26 GHz（近程，多点）

续表

波段	频率范围	频率类型	太空运用
Ka-Band	26.5～40.0 GHz	EHF	约 32 GHz（下传） 约 34 GHz（上传） 37～38 GHz（月球，行星－下传）
Q-Band	40.0～60.0 GHz	EHF	40～40.5 GHz（月球，行星－上传）
V-Band	60.0～75.0 GHz	EHF	约 65 GHz（没有指定方向）
W-Band	75.0～110.0 GHz	EHF	

　　2 GHz，7 GHz 和 8 GHz 区域可用的波段被进一步按 100 kHz 的区段划分成多个频道。如果用商业电话线从地面站传输到控制中心，就要考虑数据速率的限制，如 ISDN 的传输速率为 56 kbit/s。10 MHz 或以上的带宽需求已经很难在低于 10 GHz 的专用于太空的波段内得到满足了。15 GHz 以上的频率现在还不太拥挤。对于航天器之间的视频数据传输，26 GHz 的波段是适合的。可以通过 TDRSS 在14 MHz的波段把视频信号传输到地面，这时需要在计划传输时间内租用宽带频道。要不然，对于向地面站的直接传输，需要用其他高波段。

　　由于航天器所有子系统和载荷的遥测数据共享可用的用户数据传输容量，因此每个子系统只有有限的数据速率可用。交会任务中，载荷数据不需要传输，航天器最重要的子系统是 GNC 系统和推进系统。然而，在大多数情况下，可用的数据速率不允许将地面操作员感兴趣的所有船载数据都传输回来。

9.3.2.5　遥测信息格式

　　追踪航天器船载数据传输中出现的严格的信道限制情况如图 9—12 所示。假设只有 3.6 kbit/s＝452 byte/s 的速率，需要传输全部交会控制数据、必要的数据包头和错误控制信息。由于这个例子当中 GNC 和 MVM 的数据总量是 9 183 byte（超出了语音信道的容量），这样也只能传输系统的概况，而不能传输细节。该问题可能的一种解决办法是在 TM－信息格式中创建固定的和可编程的区域，可编程的区域的内容可以根据地面操作员的请求而改变。如果在固定区域的数据显示制导、导航、控制及任务－航天器管理的任何一个功能发生问题，地面操作员可以向航天器发出 TC 来改变可编程的区域的内容，使得该区域获得更多问题功能的详细信息。

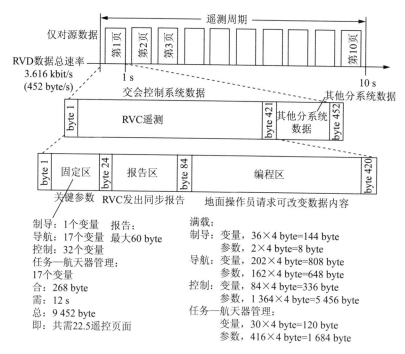

图 9－12　交会任务中典型的 GNC 遥测（TM）数据传输

这种安排的问题在于获得更多详细信息所需要的时间。另一个问题是仅制导、导航、控制和任务－航天器管理的固定数据就有268 byte＝2.14 kbit/s 的总流量，是 GNC 和 MVM 可用总数据速率的 60%。为了获得一个合理的可编程的区域的容量，固定区域被限制在 23 byte。对固定区域所有数据的刷新需要 12 s。

如把目标空间站用做通信中继，逼近操作时，可能会出现新的限制条件。这个安排的优势在于目标航天器可以自动获得追踪航天器传输到地面的所有信息。不利因素在于追踪航天器数据流必须分享目标数据流可用的带宽。因此，上例中出现的数据速率限制情况也会出现。

空间－空间通信连接的范围取决于发射机的功率、天线面积和所使用的频率，如方程（7－12）和方程（7－25）所示。接近连接分配的频带是 400 MHz，在合理的传输功率下，只能获得有限的通信范围。26 GHz 的频带可以提供更大的通信范围。

第 10 章　验证与确认

　　这是本书的最后一章，专门描述自动交会系统研发中最困难的问题之一，也就是：如何在飞行前获得足够的可信度来确保航天器能按设计意图和任务目标的需求在轨道上运行。因为轨道动力学和零引力条件不能在地面上真正地再现，因此很多特性都不能在飞行前进行实物测试，这对所有空间任务来说都是一个普遍存在的难题。除了物理测试之外，获取这种可信度的过程将不得不依赖对轨道影响和航天器系统的数学建模，并基于这些数学模型通过分析和仿真来对航天器系统在轨道环境下的运行特征和性能进行评估。这种通过物理测试、分析和仿真来获取可信度的整个过程就称为验证与确认，本书所使用的该术语的含义是：

- 验证是证明部件、功能或过程的运行是否符合开发时所定义的指标；
- 确认是证明部件、功能或过程在实际环境下能否按期望状态运行，或能使用的数学模型能否以足够的精度描述部件、功能或过程在实际环境下的运行性能能否体现实际条件下的运行性能。

　　与其他的太空任务相比，在交会的最后环节里，飞行操作必须在两个靠得很近的航天器之间进行，并且最后必须实现两个航天器间的物理接触。因为这些操作都影响到飞行安全，所以在飞行前把与这些操作相关的任何风险降到最小是至关重要的。这就需要在航天器的开发过程中，对与交会操作有关的功能、流程和接口进行非常严格的验证，而且对在验证过程中所用到的数学模型和工具进行彻底的确认。

10.1　验证与确认的局限性

部件或功能在实际空间任务中是否可以正常工作，最令人信服的确认是在升空之前完全按照真正的太空任务环境和条件进行测试，同时必须考虑最恶劣的环境和条件。只要可行，无论什么情况，这些部件或功能都应该在实际的物理环境下进行测试，并包括足够的余量应对那些最恶劣的环境和条件。对于那些在地面上不能用物理测试来验证的功能和性能，原则上有两种可行的验证方式：数学建模和仿真，或者在真正的太空飞行条件下进行在轨测试。

通过在轨测试进行验证有很大的局限性，这并不完全是因为发射所需的机会和成本。而通过在轨测试进行全面验证的局限性就更大，因为执行任务的真实环境条件是不可能完整复制的，除非复制实际的太空飞行任务。正因为所需的发射成本，很多场合下在轨测试和演示就成为飞行机会问题，这时只能接受该飞行机会所能提供的测试条件。最好的情形是，在轨测试能在相似的环境下进行，而且必须能充分代表真实任务的条件。关于在轨验证与确认的一般性问题将在 10.7 节中详述。

交会对接系统和操作中的绝大部分性能，包括轨道动力学、接触动力学和零引力效应等，其验证过程必须依赖于包含数学模型的工具和设备。正因为如此，航天器、航天器的动力学和运动学、制动器、敏感器、捕获设备、船上数据管理系统以及通信连接和设备的详细数学模型必须建立起来。这些数学模型必须能够模拟轨道环境下对这些性能可能造成的各种影响。为了使它们适合用做验证工具，这些数学模型必须在航天器设计和轨道环境设定的真实环境下加以确认。因此，所开发的交会和对接系统一般总是包括以下两个部分：

- 船载和远程控制系统及其部件的研发和确认；
- 验证工具和设备的研发和确认。

对这些验证工具的确认，从广义而言，是对上述性能和效应的相关数学模型的确认。确认的目标是用证据说明该模型所代表的现实是正确的，对于验证的目的是足够完整的。后一个要求是最难实现的，因为它要求对"真实世界"的多面性有全面的认知，它要求的知识，即使经过漫长的积累，也难以做到百分之百的准确和完整。

尽管涉及安全性操作中所需的各种功能、流程和接口经受了上述假设的严格验证和确认，还是必须牢记，实际上这些验证和确认从本质而言还不能推导出完全确定的结果，因为它们自身总有各种局限性。而且，即使从技术角度讲，可以对太空任务涉及的各种系统、部件或作业进行各种环境条件下的测试，但要对所有各种可能的变化、各种参数的组合和各种偶然因素进行测试从时间和成本上讲也是不可能的。实际应用中，一般采用对最大值、最小值及适量的组合情况进行测试。也就是说，不同于穷举测试，这种方法可能遗留部分未被发现的问题组合。另一个问题是，测试只能针对某些预估已知的影响进行，而可能漏掉某些未知的次生影响。

综上所述，所有验证和确认的目的都不可能获得绝对的证据，但至少可以最大程度地建立对部件、系统和作业在实际环境下能按实际任务的要求发挥功能的可信度。换言之，即使经过最严格的验证和确认过程，不确定性和风险仍将存在。

10.2　开发过程中的 RVD 验证/确认方法

为了对最终产品能完成既定任务建立起一个能接受的可信度，开发过程中，对一系列的问题必须有肯定性的答案。在任何项目的研发中，与验证和确认相关的一些基本问题包括：

1）过程中包括哪些功能和特性？对正确完成任务而言，哪些是特别关键的因素？哪些具有以前开发和应用中获得的经验？

2）对这些特性而言，存在什么样的风险？也就是说，在开发以及最后作业阶段会出现哪些问题？

3）怎样降低这些风险？也就是说，为了获得设备发挥正常功能的证据，有哪些事情是必须做的？

上述基本问题，马上引出了在项目开发生命周期中如何分配验证/确认资源的问题（见图 10－1）：

- 哪些特性和问题必须被验证/确认？什么时候验证/确认？也就是说，在开发生命周期中，哪些风险必须在哪些时间点被考虑到？

- 如何对这些特性的问题进行验证/确认？也就是说，在开发周期中的每个节点上，哪些验证/确认的方式/方法必须被应用到？

- 每一个验证/确认任务需要投入多少努力？也就是说，为了实现足够的置信度在开发周期的每一个节点上，需要验证/确认这些特性到什么程度？考虑到确认功能是否符合指标或符合实际环境条件是一个渐进的过程，不可能进行得百分之百的准确，必须清醒地作出决策需要投入多少努力？可以承受多少残余风险？

在所讨论的开发项目中，上述所有问题的答案最终将确定一个总的验证/确认途径。

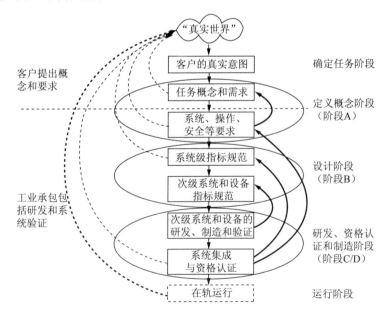

图 10－1　空间项目开发周期中的验证和确认

10.2.1　交会和对接的独有特性

因为本书仅仅关注交会和对接/停靠问题，所以只有那些与交会和对接任务有关、与其他太空任务无关的特性将会在这里进行讨论。对于交会和对接/停靠问题（RVD/B），下列特性的功能和性能必须得到验证：

- 船载系统控制交会的算法，即 GNC、MVM 和 FDIR 的算法；
- 实现这些算法的控制软件；
- 交会轨道和姿态控制所必需的敏感器；
- 具备 6 自由度（6 DOF）运动能力的反作用控制系统；
- 由算法、软件、数据管理系统、敏感器和反作用控制系统等共同组成的船载 RV 控制系统；
- 对接或停靠系统的捕获动力学和物理连接；
- 与自动船载系统的远程交互功能（地面、空间站航天员）。

当然，还有很多航天器的硬件、软件与交会系统有关，比如说，像陀螺仪、太阳和地球敏感器这样的姿态控制敏感器，数据管理与通信子系统、推进器及阀门等。这些部件，虽然也是任何交会控制系统的重要元件，且它们并不是交会系统特定的元件，因此并不在这里进行讨论。一般而言，有关它们的验证方法，在很多空间应用系统甚至地面应用系统中都是众所周知的。而且，其他的验证问题，比如说，有关物理空间环境，如发射载荷、热真空、辐射、电子、电磁环境或与有关航天器生产要求有关的验证，或功能链的端到端验证，等等，这里并不进行阐述，因为任何一种航天器项目的验证任务中都要包括这些环节。

在这里，反作用控制系统是一个例外。推进器管理功能和推进器，当然在所有其他航天器中都有所运用。然而，在 RVD/B 过程中，推进器的使用模式不尽相同，它的工作循环次数很高，推进器管理功能必须选择具备 6 自由度（6DOF）控制能力的伺服系统，这和那些仅需姿态控制航天器的推进器不同。而且，因推进器偏差所致的轨道误差和由推进器故障所引起的涉及轨道安全的问题都是交会逼近中所特有的一些问题。基于这个原因，反作用控制系统被视为交会系统特有的功能。

总之，必须坚持以下 3 条验证主线它们在一定程度上互相独立：

- 与轨道实现有关的功能；
- 实现物理对接过程的功能；
- 与自动船载系统监管控制有关的功能和操作。

第 1 条验证主线涉及 GNC 和 MVM 功能，包括算法、敏感器和反作用控制系统。第 2 条验证主线包括直到插入结构锁接口前的接触和捕获动力学。结构锁自身的验证在这里不作讨论，因为它和地面上的类似应用并无区别。第 3 条主线包括追踪航天器和目标航天器控制中心的地面控制人员、目标航天器的乘组人员的操作，以及这些操作人员专用的支持设备。与通信相关的功能，如打包、编码、传输、接收及地面连接线路等，因为它们不是 RVD/B 专用的，所以也不在这里讨论。

10.2.2　开发周期中的验证阶段

验证/确认并不只局限于一个项目结束的特定阶段（如资格认证阶段，在该阶段中将证实所有的功能在实际任务的所有应用条件下都能正常工作并达到所需求的性能），正相反，验证/确认的任务在项目一开始的时候就要启动，并且贯穿于项目的各个阶段。在开发的不同阶段，应选取不同的验证/确认方法，以对与该特定阶段相关的有风险的某些方面建立可信度。在空间项目的开发周期中，不同的开发阶段必须就如下主要问题作出回答。

- 任务定义阶段：
  - —任务的概念和需求是否现实和可行？
  - —需求和指标是否代表任务的实际需要？
- 设计阶段：
  - —满足指标要求的设计是否可行？

　　——该设计能否实现要求的任务？能否在实际应用条件下提供
　　　所需的性能？
· 开发阶段（到资格认证为止）：
　　——实际的设计能否工作并满足指标要求？
　　——硬件和软件的设计能否完成实际应用环境下任务所需的功
　　　能和性能？
· 飞行产品生产阶段：
　　——飞行产品的各个方面的功能特征，包括物理的、功能的和
　　　性能的，是否与已通过认证的产品相一致？
　　——所有的子系统和部件是否被正确地集成？

　　验证/确认过程的主要目的是保证在各个特定阶段，上述目标得
以实现。首先，验证任务是保证满足指标要求。当然，验证的目标
必须要考虑到在"真实世界"中（即在实际任务条件下）能否达到
要求的功能和性能。因此，在开发周期的每一个阶段要回答的第二
个问题自然就是：

· 在实际应用环境是否存在一些在指标定义和验证过程中没有
　认识或者没有充分考虑的，但在运行阶段却可能导致潜在风
　险的因素？

　　很明显，在确认过程中，"真实世界"的内容由项目所处的阶段
决定。不幸的是，在真正执行实际任务前，不可能完全复制"真实
世界"。利用分析、测试和（可能的）轨道实验结果，在开发阶段对
"真实世界"的认知将会逐渐深入。然而，即使在系统通过资格认证
后，仍有某些不确定性。因此，验证/确认的目标当然应该是，即使
不能保证百分之百的合格，那么在开发周期结束时（即在完成资格
认证时），任务运行阶段的风险将被降低到可接受的水平。

　　在图 10-1 中，右边的实线箭头代表验证任务，左边的虚线箭
头代表与确认有关的问题。根据上述定义，验证的任务只有在第一
个产品完全按照一系列书面要求和指标要求建立起来后才能开始。
第 1 个任务通常是验证系统指标是否符合任务需求。

在项目的一开始，一个主要的确认任务已经存在。用户，通常是一个国家或国际性空间组织，会提出任务意图，也包括对任务执行阶段所处的"真实世界"的初步设想。从这个意图出发，客户必须提出任务的概念，定义任务的需求。这些概念和需求就要相对"真实世界"进行确认，而该阶段对"真实世界"的认知水平很有限。在项目开发生命周期中，调查、研究、描述任务的"真空环境"是与航天器系统、子系统和部件的开发同等重要的开发任务。

初步定义任务和系统的要求之后，所有后续的低一层次的指标及其实现必须对照高一层次的指标和要求进行验证。然而，因为所有这些指标和需求是参照描述未来任务的"真实世界"制定的，所以仍应该针对各个步骤的有关"真实世界"的细节进行确认。开发阶段所做的验证/确认的努力，必须保证系统和部件在"真实世界"或实际的任务中能达到其预定的性能。所有的这些活动被称之为资格认证。然而，还应注意到所有这些验证/确认过程的局限性，只有在真实任务的最终操作执行阶段，航天器系统才会遇到"真实世界"的条件。此时，才能最后证实系统的功能和性能是否正常和正确，所有的需求的定义是否准确、完整而且足够详细，确认工具确实在必要的范围内体现了"真实世界"。

10.3　验证的方法和工具

本节的目的是使读者了解开发过程中每个阶段要验证的要点，采用的验证方法、验证工具以及验证所需的建模程度，轨道环境下的各类因素如热真空、辐射和发射过载等因素对验证的影响，只有当这些因素引起交会、接触和捕获的动力学参数发生变化时，才对其进行描述。诚如上面所说明的，有关承受发射过载的验证问题就不在这儿讨论了。

本节还将简要论述特定开发过程中有关数学模拟使用的数学模型或测试部件所采用的可能的物理刺激程度。对各类模型可能的确认方式及其局限性将在 10.5 节中讨论。

本节的目的主要是揭示各个阶段验证和确认所采用的方法，对于 RV 控制系统仅涉及 GNC 功能的验证和确认；对于对接系统仅阐述对接动力学和捕获等前端功能的验证和确认；对于对接机构，只讨论包括接收、减振设备和捕获锁等系统的前端功能系统。

对于 RV 控制系统，将阐明何时将 MVM 和 FDIR 功能与 GNC 功能集成。这些功能模块的验证，将不在这里详述。它们的最终验证，在开发阶段就应在交会控制软件的整体验证过程中完成。对接触和捕获的验证的描述，将限制在与对接有关的部分。

对于停靠，因为机械手末端将另一航天器的接口捕获、并转移和插入连接接口的整个过程，都是在操作员的控制下完成的，不在自动交会和对接系统的应用范围内，所以，对它的验证和确认也不在此详细描述。

10.3.1　任务定义和可行性分析阶段

在这第一个阶段，必须对任务概念和任务需求进行确认，也就是说，对轨道、姿态、推进器配置和推力大小必须通过分析和仿真过程证明其可行性。这些早期的仿真，并不需要为 GNC 功能的闭环回路，模式排序算法，设备管理（MVM）、FDIR 和其他船载系统功能建立数学模型功能。对轨道、所需的 ΔV 和机动时间的分析，将为推力大小、推进剂的预算、所需敏感器的种类以及捕获可行性分析等提供基本数据。

10.3.1.1　轨道控制的验证/确认

验证目标

- 轨道及姿态策略的可行性分析和轨道序列对 ΔV 的总需求；
- 推进器配置、推力大小和初步的推进剂的预算的可行性；
- 确定不同逼近阶段所需的导航和控制性能和敏感器类型。

在交会系统（子系统、设备、功能及操作）中各种特性的特定需求，是从初始的任务定义及系统设计分析中得出的。对这些特定需求的验证是整体验证任务中的首要部分。

验证工具

在这个阶段中，最重要的工具是一个基于 CW 方程的非实时轨道仿真。推力大小需求、推进剂预算、轨道和姿态控制都是根据经验从分析 ΔV 的结果中推导出来的。导航性能可以从现有的敏感器数据和过去的经验估算出来。至于干扰，轨道仿真仅需要考虑差动阻力，它是分析轨道机动性能和长期轨道安全的重要因素。这需要对追踪航天器及目标航天器的几何形状和交会轨道的大气密度进行估计。这时，其他轨道干扰都不是那么重要，没有必要在此考虑。

10.3.1.2　接触动力学和捕获的验证/确认

验证目标

- 在给定接触时初始速度、横向和角度对准偏差等条件下捕获的可行性验证，初始条件由追踪航天器 GNC 的性能和目标航天器的姿态动力学决定。
- 反之亦然，确定所需的由追踪航天器 GNC 系统实现的接触条件。

验证工具

在这一早期阶段，验证就是通过比较预期 GNC 系统能力和现有对接系统的捕获能力来评估捕获的可行性。对于停靠，验证将通过评估 GNC 系统是否可以满足停靠箱条件来进行。

如果对接装置的设计已经存在，这一阶段可采用接触表面和捕获装置的简化模型进行非实时的对接动力学仿真，来检验捕获概率。如果必须开发一个新的对接机构，在这个阶段，就没有什么仿真的基础了。这时，只能通过与已有对接机构在成功应用中得到的参数的对比来评估其可行性。

10.3.2　设计阶段

10.3.2.1　轨道控制的验证/确认

在设计阶段，第 1 个要务是开发制导、导航及控制系统的算法。

这些算法最初是包含环境仿真的闭环回路进行验证的，其中对环境的仿真是与 GNC 算法的开发同时进行的。由于还没有详细的模型，航天器和轨道环境在这一阶段可以只考虑将其显著作用项进行仿真：即可把航天器视为刚体；敏感器按基本功能叠加上一些误差和噪声来建模；仅考虑作用在航天器截面上的阻力或差动阻力的轨道干扰。从这些初始仿真所期望/要求得到的 GNC 的性能将用做轨道敏感器指标和交会系统前端功能定义的依据，如接收范围和捕获等。MVM和 FDIR 算法，从很大程度上来说，与 GNC 算法独立，所以应该并行开发。它们可以通过施加适当的刺激信号来触发状态变化以便进行测试。在后面的阶段中，它们必须与 GNC 算法融合在一起，形成一个完整的船载交会控制软件。

在设计的最后阶段，RV 控制软件会在包括所有环境功能和影响因素的"全软件"仿真条件下进行闭环验证。除包含 RV 控制软件外，全软件还必须包括考虑到航天器本体的挠性、旋转附加物和燃料晃动等详细因素的数学模型；包括船上数据管理和通信系统模型；包括所有的设备模型；包括所有轨道干扰模型。RV 控制软件由GNC，MVM，FDIR 等算法组成。因为还没有涉及硬件，仿真仍然可以运行在非实时状态下，即它的仿真运行速度比实际飞行过程快，以减少仿真和验证的时间。通过在这样详细和完整模型的仿真环境下运行的 RV 控制软件，可以使人们有足够的信心认为，RV 控制软件在真正的飞行任务中可以正常工作，具有所需的性能。

验证的目标

- GNC，MVM 和 FDIR 概念设计的可行性；
- GNC 性能需求的可实现性；
- 设想的敏感器和数据管理硬件设计实现的可行性；
- 环境模型的正确性（确认工作）。

验证工具

第 1 步，开发 GNC，MVM 和 FDIR 算法需要不同的工具。例如，开发控制系统时，GNC 算法最初可能是在非实时的控制系统开发环境（如 Matlab 或 MatrixX）中开发的；然后在该非实时开发环境中，用带有已包含航天器轨道动力学和轨道干扰基本模型的"全软件"仿真系统进行闭环测试。在此开发阶段，有关航天器设计、子系统和设备的数学模型可能还不够详细，航天器和设备的开发将并行进行，它们的设计通常也没有定型。在这些条件下，航天器动力学和干扰的数学建模只能基于已有的航天器设计、敏感器和伺服器等的初步信息，基于对他们期望的 GNC 工作特性，而不是基于他们的详细设计。比如说，由于还没有详细设计，敏感器只能在其基本功能上叠加一定的误差和噪声建模。测量环境的建模也会简化。比如对于 GPS，可能只对 GPS 卫星相对于相对于航天器上的天线的位置和可视性进行仿真；对于光敏感器，测试环境的干扰（如镜面反射）造成的影响可以被忽略。有关初始的 GNC 仿真的模块框图，请参考图 10－2。

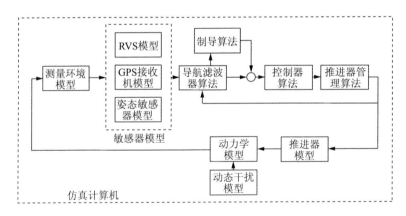

图 10－2　单一平台上的闭环 GNC 模拟

　　早期设计阶段建立的初始数学模型，在后面的阶段中必须细化、更新。比如，近似模拟敏感器工作特性的偏差和噪声模型，将会被视场、作用距离、分辨率和带宽等表征敏感器实际设计的更详细、更真实的数学模型所取代，精细的模型还将包括其工作模式。测量环境数学模型还应包括敏感器工作环境的特定细节。以 GPS 和

RGPS 为例，GPS 数学模型应考虑卫星构形、多径及遮挡效应等因素。除了时域仿真外，其他分析工具，如误差协方差分析，将用于评估 GNC 性能的期望裕度。

因为没有需要实时环境的硬件测试项目，所有这些在设计阶段中用到的分析和验证工具都将在非实时状态下运行。在这个阶段，航天器和设备的数学模型的确认，将仅限于对这些项目设计演变的比较。大部分情况下，对轨道动力学干扰和测试环境的数学模型的确认，仅限于与以前空间任务中得到的数据进行比较。

10.3.2.2　接触动力学和捕获的验证/确认

接触和捕获过程的验证，很明显取决于空间任务所用的对接系统的种类。对于停靠，还需要将操作员和机械手包含在回路中进行仿真。通常，这个机械手和操作员是在目标航天器上，因此对捕获的验证是目标方的责任，对于追踪航天器，只需要证明该航天器可以抵达如图 5—6 所定义的停靠箱即可，这通常是 GNC 系统的任务。

如果对接机构要重新研制，初始的验证任务就是证明对接收、减振和捕获功能的设计参数的正确性。如果必须使用一个已有的对接机构，验证的目标是表明能以期望的 GNC 系统的性能实现捕获。否则，必须决定 GNC 系统将如何改进，或必须改变对接系统的什么参数来保证捕获。

验证的目标

- 接触时追踪航天器和目标航天器间的作用力和力矩必须在可接受的范围内；
- 考虑到捕获能力和作用力的限制，选择的冲击减振器参数必须正确；
- 以给定的追踪航天器的 GNC 性能及目标航天器的姿态动力学特性，必须能够实现捕获。

验证工具

为了分析捕获概率，必须具备一种工具，该工具能模拟如下功能：追踪航天器和目标航天器上的对接前端接口的接触运动学；减振器施加到两个航天器上的作用力和力矩；这些作用力和力矩引起的航天器的相对运动；捕获锁的操作。一个简化的仿真系统的框图如图 10－3 所示。这个仿真系统的第 1 个任务是确定接触点和接触力的方向。这需要用数学模型模拟两个航天器的接收接口，根据两个航天器的相对位置和姿态，确定一个接触面到另一接触面间的每个点之间的距离。接触点、作用力的方向和捕获接口的相对位置和姿态决定了减振系统的变形，该变形又决定了作用在航天器上的力和力矩。在实际使用中，由接触力或光学敏感器触发捕获锁的锁合动作，在仿真开发的早期阶段，可以用距离判据来触发。改变接收机构和减振系统的设计参数，可以改变接收范围、捕获的有效时间段以及作用在航天器上的力，从而提高捕获概率。对于 GNC 仿真而言，在设计阶段，因为没有涉及到硬件和操作员，不需要进行实时仿真。

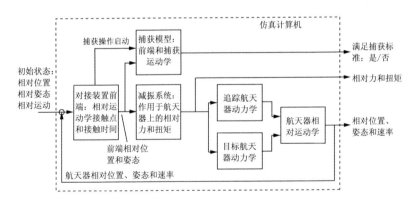

图 10－3　对接系统捕获模拟

在此开发阶段，决定接触点、作用力方向和减振系统的动态响应的仿真程序所使用的几何及动力学模型的确认，只能通过与现有对接机构的设计，或与减振系统特定变形相关的作用力的计算结果进行比较来实现。

10.3.3　开发阶段

10.3.3.1　轨道控制的验证和确认

在开发和认证阶段，船载交会控制系统的功能和性能必须在尽可能接近实际应用的环境中确认。这就需要系统的软件和硬件在实时运行环境中进行闭环测试，并在测试中包含尽可能多的实物部件。对于交会控制系统而言，这意味着 RV 控制软件应在其合适的计算机硬件中运行，实际的敏感器硬件也最终必须与之相连。通常而言，不太可能在闭环性能测试中包括执行机构，因为这需要为推进器和航天器动力学提供合适的轨道环境。在闭环中引入敏感器和控制硬件进行交会系统测试，动力学过程中涉及的所有部件，如航天器本体和执行机构等，自然必须用它们相应的数学模型来代替。

验证/确认的目标
- 软硬件实现的整个交会控制系统具有正确的功能和性能；
- 在实际测量环境中，导航系统硬件和软件的功能和性能；
- 远程控制功能（地面、目标航天器）和船载系统集成后具有正确的功能。

GNC 验证工具

在开发阶段，完整的交会控制软件（GNC，MVM 和 FDIR 功能）将逐渐交付，其性能必须被验证。在开发和认证阶段，验证船载交会控制系统的最重要的工具是实时仿真系统，它能对交会控制软件和数据管理硬件与软件一起进行测试，即在回路中包含船载计算机和数据总线。交会控制软件将装在船载计算机中，与敏感器、推力控制电路或这些部件的数学模型的接口通过船载数据总线实现。这样，因软件实现及其在数据管理环境中的运行而导致的对控制算法性能的任何改动都将在测试结果中体现出来。

轨道摄动、执行机构和它的驱动电路、航天器动力学和运动学，及敏感器和它们的测试环境的数学模型必须足够精细和可靠，以保障获得与实际任务相同的闭环试验结果。所有这些数学模型必须经过确认以保证它们满足这些要求，这意味着，通过试验或比较，必须建立足够的可信度证明它们能在必要的程度上代表"真实世界"。由此而建立的仿真平台，才会成为确认船载交会控制系统（见 10.4 节）功能和性能的主要工具。它将被用于标称太空任务和所有可预见的非标称/应急状态的验证。在开发阶段，典型的确认 GNC 功能的仿真系统如图 10－4 所示。在该图中，没有显示 MVM，FDIR 和数据管理功能。但是，它们可以归入仿真运行中，并成为标称或应急状态验证的一部分。

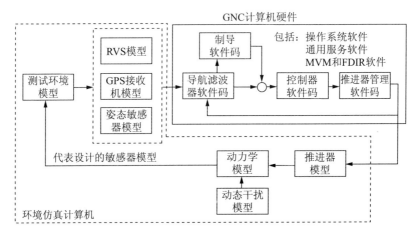

图 10－4　RV 控制计算机作为测试项目的闭环 GNC 仿真

敏感器验证工具

为了验证敏感器的硬件和软件，试验设施中需要包含敏感器的物理激励。这些敏感器先要进行开环测试，测试中采用的物理激励是为敏感器提供尽可能真实的测试环境，以便与追踪航天器和目标航天器的轨道和姿态运动及其他参考点的运动一致。这些激励，对于 GPS，RGPS 或其他卫星导航系统而言就是导航卫星；对于光学敏感器而言就是逼近时的太阳（见图 10－5）。对于姿态、太阳的位置、以及导航卫星的星座可以使用针对待测逼近段事先计算好的固定的分布曲线，这些含物理激励的开环测试系统，将是确认"全软件"仿真中所用的敏感器数学模型的主要手段。

软件仿真和激励器中测量环境模型中的非系统干扰部分，只能通过太空实际经验来确认，要么与以往太空任务的数据相比较，要么通过在轨实验（参见 10.7.2 节）来进行。经验中取得的最差状态条件可用于带物理激励的实验，来确认敏感器和导航模块在真实环境下的性能。

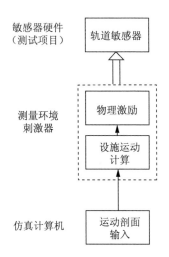

图 10－5　敏感器硬件的开环 GNC 仿真

带有敏感器激励的 GNC 验证

在 GNC 系统的闭环测试中，最终还将包括激励装置（见图10－6）。这些闭环测试主要用于系统级的对"全软件"仿真的确认，特别是导航功能的确认。因为这些测试平台的准备工作和测试过程非常复杂，用时较长，并且很昂贵，因此应该仅对特定的测试项目进行测试。同时，由于设施的物理局限性或是测试操作的安全性，这些敏感器物理激励的测试平台可能无法复现各种极限状态。

对于 RGPS 仿真（见图 10－7），物理激励器必须为追踪航天器和目标航天器 GPS 接收机产生射频数据输入，这些数据将根据实时的 GPS 星座、追踪航天器和目标航天器的实际位置与姿态分别由对应的天线所接收。为了产生这些射频数据输入，需要两个 GPS 卫星星座仿真器，来模拟各航天器上看到的 GPS 卫星的位置。要生成这些输入，必须得到追踪航天器和目标航天器的实际位置和姿态。追

踪航天器和目标航天器接收机上的输出，将馈入 GNC 系统的 RGPS
导航滤波器，在这里生成实际的相对导航数据（见图 7－25 和图 7－
26）。GPS 卫星星座的仿真，必须包含追踪航天器和目标航天器天线
周围的几何条件而产生的多径效应和遮挡效应等内容。

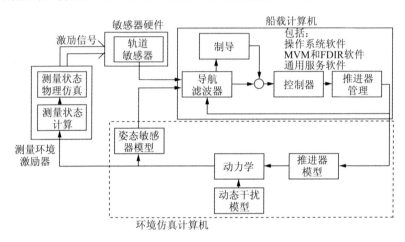

图 10－6　包括 GNC 计算机和导航敏感器硬件的闭环仿真

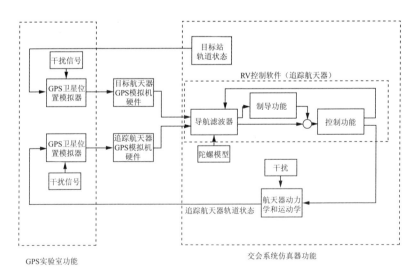

图 10－7　相对 GPS 导航测试环境的仿真

对于光学交会敏感器，物理激励器必须能产生由这些敏感器测试的光信号条件，这些光信号可由敏感器发光器发出并经由目标器上的反射靶标反射而生成，也可由是目标器上的光源直接生成的。这种仿真环境需要一个运动系统，它能根据两个航天器在要测试的轨道上的相对运动关系而改变光源的方向和距离。而且，激励器也必须再现实际任务中这些敏感器可能面对的各种实际干扰（测试环境）。这些干扰，具体地讲就是目标航天器表面对太阳光和敏感器发光器的反射光以及直射入敏感器视场的太阳光。因为追踪航天器和目标航天器各自相对于太阳的姿态运动是独立的，上述干扰激励器的角运动的实现需要独立于追踪航天器和目标航天器之间的相对运动，这使得相应的运动系统至少需要有 8 个自由度。

根据上面描述的步骤，在数据管理环境中验证交会软件，在测量环境中验证敏感器和导航功能，由于时间及成本的原因，只能对少数几组不同的初始条件和干扰参数进行试验。在实时仿真中，轨道的每一部分测试将在 1/2 圈或 1 圈之间进行，即大概 45～90 min 之间。除此之外，还应考虑测试的准备时间。考虑到整个系统、设备的指标范围及对环境认识的不确定性，并考虑到所有可能的参数组合和变化，在实时仿真平台上对系统工作性能极限的评估将需要花费大量的时间。对于系统性能的全面验证，需要采用最新的"全软件仿真"平台，这样能以比实时运行更快的速度进行蒙特·卡洛（Monte Carlo）仿真。这样的仿真平台，和图 10-2 所示的在原理上相似；然而，它们还要包含最终的 GNC 算法，敏感器、制动器功能和干扰的详细模型、以及完整的 MVM、FDIR 功能和数据管理系统。

10.3.3.2　接触动力学和捕获的验证/确认

作为与轨道控制相关的系统和部件，对接系统的前端功能必须在尽可能接近实际应用的条件下进行验证。这需要 1）在与外太空实际对接过程相同的动力学环境中测试前端硬件；2）在测试平台上可以得到两个航天器的动力学响应。

接触动力学和捕获的验证/确认目标

- 零距离时，按照 GNC 性能，在两个航天器的终端运动学和动力学条件下，可以正确地接触。
- 接触时，在给定的运动学和动力学条件下，捕获锁可以成功捕获。
- 在接触和捕获过程中，确定作用在两个航天器上的最大作用力和力矩。

捕获动力学的验证工具

在新的对接机构的开发过程中，分析工具（已在前面的章节中描述过，并在图 10-3 中显示过）将被用来验证核设计对逼近速度、横向速度、横向位移及角度偏差的捕获范围和能力。对机构设计和仿真模型的确认，需要建立一种测试平台，在该平台上，对接机构的硬件服从于接触的运动学和动力学条件，也就是线速度和角速度偏差。这种测试平台，要能仿真追踪航天器和目标航天器对接端的物理运动，模拟两个航天器的质量、惯性和柔性，及计算它们的运动学响应。

这样的工具所需的典型功能框图如图 10-8 所示。运动系统必须提供 6 自由度的物理运动，携带追踪航天器和目标航天器上的对接系统的前端，包括导向瓣、捕获和减振等功能。与交会敏感器功能的物理激励装置类似，接触动力学装置的极端状态测试也应有所限制，因为极有可能损坏被测部件及测试工具本身。由于测试所需的时间相对很短，这样的工具还可以用于评估捕获机构的最佳设计参数。

对接机构的其他功能，即回弹、结构锁和密封等性能的验证原理，和地面应用时的原理没有什么差别。因此，没有必要在这里讨论。

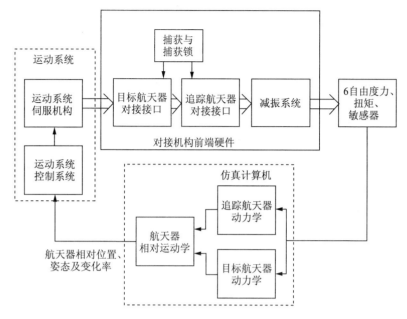

图 10-8　对接系统终端的动力学测试

10.3.3.3　热真空条件下性能验证

GNC 功能

敏感器和制动器可能会受到影响，因此要按设备层级的要求对其性能表现依据环境条件的变化测试其性能的变化。但不必在热真空条件下对整个系统进行测试。

捕获动态功能

考虑到捕获装置对温度和真空条件的敏感性，对接系统的所有功能都应在热真空环境下进行测试。尤其是减振器和捕获器前端功能，要按环境条件的变化测试其性能的变化。因此，必须根据这些装置的实际情况设计开发相应的验证工具。然而，热真空条件下的闭环动态性能测试并不是必须的，这是因为，在常温下用数学模拟就可以验证这些性能，把热真空条件下测得的部件变化参数输入"全软件"模拟平台，也可以获得该条件下整个捕获系统的性能变

化。其他对接装置功能如回缩、结构锁和密封也须在热真空条件下
测试，确保它们发挥正常功能。不过这里没有必要对它们进行深入
的讨论。

10.3.4　操作方法和远程操作员工具的验证

对于天地系统和远程操作支持工具的需求及概念的验证需采取
与上一节描述的验证船载自动交会系统不同的路线。在追踪航天器
和目标航天器控制中心的地面操作员和目标航天器上的航天员的工
作任务已被界定，支持工具的需求和概念在前面已经讨论过。根据
这些任务管理交互者之间交互工作的操作程序的指定与验证，以及
相应支持工具的验证，只有在船载系统设计及确认工具的开发进行
到一定程度、船载系统和环境仿真的实时软件已经具备的时候才可
以开始。为了避免与船载系统的开发阶段混淆，这里将对开发和验
证的目标和流程作全局性讨论和描述，而不细分为可行性分析、设
计及开发各阶段。

10.3.4.1　地面系统工具和操作的验证/确认目标

- 地面和空间操作人员支持工具的功能和性能正常；
- RV 阶段追踪航天器控制中心追踪航天器的交互功能正常；
- RV 阶段追踪航天器控制中心与目标航天器控制中心的交会功
  能正常；
- 紧急情况下，目标航天器航天员与追踪航天器之间的交互功
  能正常。

10.3.4.2　地面和目标航天器操作员支持工具功能的验证

要验证的项目和内容

- 对于地面操作员和目标航天器航天员支持工具的监控功能，
  应验证：轨道、姿态和船载功能状态的描述程度，警告和显
  示的信息应该易懂，并提示他们进行合适的操作。
- 对于即时干预和短期恢复功能，应验证：命令可以被船载系
  统执行，预期的轨道/姿态变化能够实现，人员操作方便

快捷。

- 对于故障分析功能，应验证：能快速检测船载故障和紧急状态，操作员很快可以察觉，并能及时启动消除或恢复行动。更进一步，应确认能尽可能将故障定位在适当的层次上，在故障定位过程中，特定的工具可以支持操作员。
- 对于策略和任务重新规划功能，应验证：这个工具能迅速提供实现一个新轨道序列所需的全部数据，包括可能的机动和 GNC 模式所对应的参数。不仅如此，还应应证这个工具所提供的结果足够准确，可安全地用于任务的重新计划和轨道实现。

验证方法

- 监控功能。支持工具的正确性能可以通过与实时仿真器（代表船载系统）一起进行验证，由实时仿真器提供相关的船载系统的数据。验证的主要准则是一个或几个操作员是否认为显示信息易于理解，在操作时是否有用。
- 即时干预和短期恢复功能。如上所述，支持工具的性能的验证可以通过与一个代表船载系统的实时仿真器一起运行来实现，在仿真器上，船载 RV 控制系统接受和执行远程操作员通过该功能发布的命令。
- 故障分析功能。对这样一个功能进行全面的验证是很困难的，因为从原理上讲需要测试平台中包括的完整船载系统的所有软、硬件，并具备生成所有可能故障条件的能力。然而，在包括实际软件和硬件的测试平台上复现所有可能的故障或在特定的时间复现特定的故障是很困难的。测试故障分析功能的唯一的方法是和一个船载系统的仿真器一起运行，仿真中尽可能包括足够详细的敏感器、数据管理和推进系统的数学模型，故障条件可以通过指令产生。
- 策略和任务的重新规划功能。这个功能必须包括一个具备详细的 GNC、推进力和环境的模拟的快速仿真器。它可以离线操作和验证，假定一些特定的紧急状态，如避撞机动、撤退或长时间等待之后的状态等。其验证将通过与一个用现有的最准确的仿真工具仿真相同的轨道序列、机动和 GNC 模式参数得到的结果进行比较来实现。

验证工具

- 监控功能。需要建立一个操作员支持工具和实时 RV 系统仿真器一起运行的平台，也就是船载计算机上的 RV 控制软件和实时的环境仿真。另外，还需要一个通信仿真器，用来模拟如天地时延、通信窗口、遮挡和信噪比等效应。
- 即时干预和短期恢复功能。需要建立一个相同的平台，也就是建立一个操作员支持工具和实时 RV 系统仿真器一起运行的平台。
- 故障分析功能。需要建立一个测试平台，由故障分析工具和包含所有子系统和设备的详细设计模型的全软件交会系统仿真器共同构成。
- 策略和任务的重新规划功能。需要一个快速的非实时交会系统仿真器，例如用于蒙特·卡罗（Monte Carlo）仿真的非实时交会系统仿真器。

10.3.4.3　控制中心和航天器交互功能的验证

验证的项目和重点

- 标称和紧急状态下的操作程序，以及在 RV 阶段与这些操作程序相关的追踪航天器控制中心和追踪航天器之间的交互功能。
- 在交会任务的最后阶段，目标航天器的控制中心和追踪航天器的控制中心之间的交互操作程序，如任务控制权的移交、在保持点是否继续接近的决策、紧急状态处置等。
- 在最后接近阶段出现紧急情况时，目标航天器控制中心对追踪航天器的交互操作程序。

- 在紧急情况下目标航天器航天员对追踪航天器的交互操作
程序。

验证方法

在一个或两个控制中心监测的这部分任务段和航天器上的航天员用监视设备监测逼近过程的最后阶段，必须可实时地得到追踪航天器的状态矢量的仿真导航数据、及子系统和设备状态等的仿真输出。

航天器和地面之间的通信延时、噪声和其他限制条件或干扰必须进行仿真。若目标和追踪航天器控制中心不在同地，地面控制中心间最终的通信验证测试平台还需要使用实际通信线路（或等效设备）。

验证工具

基本的仿真平台包括实时的 RV 系统仿真器，也就是船载计算机上的 RV 控制软件、实时环境仿真器，以及用于模拟天地间通信链路约束和干扰通信仿真器。

如果追踪航天器和目标航天器处在不同的地方，最后的验证可以使用"分布交互仿真"技术（Miro et al. 1998；Vankov & Arguello 1998；Arguello & Miro 2000），这项技术可以让每一个航天器的详细仿真模型运行在不同的地方，即追踪航天器的动态仿真在追踪航天器控制中心进行，目标航天器的动态仿真可以在目标航天器的控制中心进行，同时还可以在各自的对方控制中心对每个航天器进行简化的动态仿真。从详细的仿真器上得到的状态矢量信息通过地面通信实时更新每一个简化的动态仿真过程。在两个控制中心间通信的延时通过超前/滞后算法来补偿。分布交互仿真技术的原理如图 10－9 所示。这种仿真方法的优点是：每一个操作员可以处于他们平时的工作环境中，测试可以包括地面联系中的实际的约束和干扰，并且空间各系统的仿真相互同步形成一个完整的天地系统仿真。

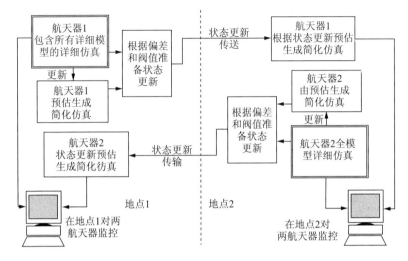

图 10-9　分布交互仿真的原理

10.3.5　飞行产品生产阶段

在飞行产品生产阶段，必须减少生产错误所导致的风险。必须验证这些已制造的飞行部件在任何方面均按指标定义的要求生产，也就是最后开发的部件所表现的物理指标、功能和性能等是合格的，可以完全适用于飞行项目的要求。

在验证中，不需要全部重复认证过程中所进行的测试项目。验证一个部件按要求生产通常不需要耗费很多精力，因为可以通过生产过程中的一些物理测试和仿真运行来保证正确的生产。这必须包括标称（可能也包括一些紧急状态下）状态下的功能和性能的验证，包括所有接口的确认，包括认证部件的物理特征的验证。重要的是飞行部件的验证必须在一个最高层次上进行，即在系统集成和整船集成上进行，以验证集成和所有接口的正确性。

10.3.5.1　GNC 验证工具

交会控制软件，除了在软件层面要进行综合测试之外，还必须在包括数据管理硬件和软件在内的实时 RV 仿真平台上进行验收测试。这是保证飞行产品的硬件和软件的匹配工作不出问题的最简单的方法。这种验收测试可以只限于标称任务的测试和少量的紧急状态条件下的测试，只要保证这些产品的指标和飞行软件在工作行为的表现上没有偏差就可以了。

在飞行产品生产阶段，除了在数据管理硬件环境中测试 RV 控制软件之外，不需要把硬件引入回路进行 GNC 性能测试。硬件产品可以使用自己的设备级测试工具和装置单独进行自己的验收测试。验收测试中没必要进行敏感器硬件在实际测试环境中的 GNC 级的试验，因为其性能可以认为是设计依赖型的，而不是生产依赖型的。在整船层级上，则必须进行包括所有硬件和软件的端到端测试，用电信号激励敏感器和其他硬件功能。其目的是验证各个部件的功能和整个链路连接关系的正确性，而不是验证性能。

飞行之前，GNC 系统必须进行类似的最终电性能测试，作为航天器出发前功能检测的一部分。然而，当航天器已经完全组装好后，这种测试应该没有前面的测试那么全面。

10.3.5.2　捕获动力学验证工具

对接机构前端的飞行产品验收测试应同时包括两个独立试验：在实验室和热真空条件下进行的缓冲装置和捕获机构的单独测试；在实验室条件下在 6 自由度运动装置上对整个系统进行的测试。用于验证的工具和开发阶段所用的相同。

如上所述，RV 控制软件的实时测试总是需要很长时间，所以只能局限于极少的测试项目，与此相反，接触和捕获的单一测试项目不会超过几分钟。正因为如此，值得花时间按照接触时 GNC 性能定义的全部动力学条件范围测试对接系统的飞行产品。

10.4　飞船部件和轨道环境的数学建模

试验中，为了评估一个部件或功能在"真实世界"中的性能响应，这个"真实世界"中的系统或流程中的其他每一个部件或功能，要么是实际存在的，要么就是被对等的数学模型所代替的。在验证试验平台中，把被测试的功能或部件称为测试科目，而把所有其他代表"真实世界"的功能和性能称为环境（轨道环境仅指仿真和测试环境中与航天器在轨受到的影响有关的部分）。例如，当在敏感器所在的系统环境里测试敏感器时，也就是在包含 GNC 系统的闭环回路测试时，敏感器就是测试科目，而 GNC 算法和数据管理系统就是环境；相反，当在 GNC 系统环境中测试 GNC 算法时，也就是在包含敏感器硬件的闭环回路测试时，算法就是测试科目，而敏感器则属于测试环境。数学模型只能应用于隶属于环境中的部件或特性。

正如前一节所描述的那样，建模在项目早期阶段以简单行为的数学模型开始，对于航天器设备，如敏感器和制动器等，初始的模型将包括基本的输出，再加上一些误差和干扰，其模型被描述为偏差和噪声。对于测量环境，初始的模型就是其基本因素，如对于 GPS，基本因素是每一个独立的导航卫星的位置等。轨道干扰，如阻力或差动阻力等，初期建模时设为恒力。在轨道可行性分析的最初始阶段，如在任务定义和可行性分析的开始阶段，敏感器和制动器都是理想的、没有误差的，ΔV 被设定为脉冲力，而不是持续力（见第 3 章）。在开发过程中，这些模型将被完善和细化，以使它们最终能代表用于飞行科目和系统认证所需的实际航天器部件、测试环境和轨道干扰。

本节将确定在开发过程的最后阶段，为了满足验证需求所需的数学模型的类型和内容。RV 控制系统和对接机构捕获系统的数学模型将在这里进行论述。然而，因为这些数学模型由航天器和设备的实际设计决定，在这里讨论它们的详细设计没有意义。很多情况下，数学模型的基本功能已经在本书前面的其他章节中有过描述，后面将指出的是参考章节、参考图或公式。

10.4.1 用于 RV 控制系统测试的环境仿真的数学建模

在图 10-10 所示的例子中，假设测试科目是完整的 RV 控制系统，也就是在船载计算机上用的 GNC，MVM 和 FDIR 算法。这就是图 10－4 表示的测试类型。图 10－10 表示了含上述测试科目的闭环交会仿真所需的各种环境仿真模型。它还表示了环境仿真和测试科目间的输入、输出数据接口。环境仿真的输入包括两个部分：一是用于产生推力和扭矩的对推进系统的 GNC 指令，二是用于确定轨道干扰的轨道参数和航天器姿态等信息。环境仿真对 RV 控制系统的输出是追踪航天器和目标航天器的 GPS 接收机的原始数据（见图 7－25）、追踪航天器的绝对姿态、光学交会敏感器提供的（最后逼近段的）距离、视线和相对姿态角度等。

在环境仿真中用到的数学模型可分为以下几组：

- 追踪航天器的执行机构模型；
- 追踪航天器的摄动模型；
- 追踪航天器的动力学模型；
- 目标航天器的摄动模型；
- 目标航天器的动力学模型；
- 敏感器和测试环境模型。

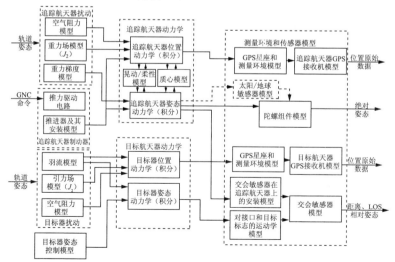

图 10－10　航天器科目、动力学、运动学和轨道环境的仿真

　　图 10－10 也表明了模型之间主要的输入/输出。但是，为了不使图形变得很复杂，没有表示出所有的联系（如从追踪航天器和目标航天器的位置和姿态动力学的输出，作为摄动模型的输入就没有表示）。除了上述的模型组外，图中还显示了"目标航天器的姿态控制模型"，它描述了输入目标航天器姿态动力学的控制力矩的简化模型。当不存在详细的目标航天器 GNC 的信息时，或者说追踪航天器 GNC 的性能测试不需要对目标航天器 GNC 详细建模时，目标航天器的姿态运动可以通过把一组固定的指令曲线（如锯齿型分布曲线）输入到目标航天器的姿态动力学模型来仿真。

10.4.1.1　追踪航天器执行机构模型

- 推进驱动电路模型应考虑：
  - 推进阀的执行动作与从推进器管理功能模块（属于 GNC 算法的一部分）传来的命令之间的时延。
  - 模拟"内置测试设备"产生的故障推进器数据作为 MVM 和 FDIR 输入。
  - 冗余主阀状态的数据作为 MVM 和 FDIR 的信息输入。
- 推进器安装模型应考虑：
  - 航天器上的推进器安装位置和角度。
  - 推进器位置和角度安装误差（见 4.3.2 节）。
  - 对航天器结构的羽流冲击导致的推力方向和大小偏差（见 4.2.4 节），必须根据航天器结构设计、安装位置和角度，对受影响的推进器单独建模。
- 推进器设备模型应考虑：
  - 最小脉冲比特（MIB），作为"推进器工作时间"函数的推力大小和推进脉冲特性等（见图 6－14 和图 6－15）。
  - 推力方向和大小的不确定性（见 4.3.2 节）。
  - "推进器打开"和"推进器关闭"故障模式。

10.4.1.2　追踪航天器的摄动模型

- 绝对和差动空气阻力（见 4.2.1 节）应考虑：

　　—因为轨道光照区和阴影区温差引起的沿轨道的空气密度的
　　　差异。

　　—追踪航天器沿轨道方向的横截面因太阳能电池板随太阳方
　　　向转动引起的变化。

　　—确定沿轨道方向追踪航天器横截面和空气密度的变化计算
　　　得到的作用在追踪航天器上的绝对阻力。

　　—确定阻力力矩。当压力中心和质心不重合时产生力矩。质
　　　心位置将从下面的质量、惯量和质心模型中得到。

　　—从追踪航天器和目标航天器间的绝对阻力的差值得到的差
　　　动阻力。

　　—近距离时，修正追踪器因被目标器结构遮挡引起的差动
　　　阻力。

• 引力场，J_2 效应（见 4.2.2 节）：地球因为和理想球体的差异
　所致的重力场偏移产生的作用力，这种作用力改变了航天器
　的轨道（见方程（4—8）和方程（4—9））。

• 重力梯度：地球的径向重力场梯度导致的作用在航天器本体
　上的力矩（因为在所有有关姿态控制的教科书里都已经很好
　地分析和描述了这种影响，在本书里没有对姿态干扰作进一
　步的讨论）。

• 推进器羽流相互作用（见 4.2.4 节）包括：

　　—从目标航天器喷射的推进羽流作用在追踪航天器表面所导
　　　致的推力和力矩。

　　—目标航天器推进器位置和两个航天器间的相对位置和姿态
　　　的运动学模型。

　　注意：如果在对接过程中，目标航天器的推进器被禁用，就没
有必要对目标航天器的羽流建模。

10.4.1.3　追踪航天器的动力学模型

• 追踪航天器质心动力学包括：

　　—希尔方程（3—21）的数值积分（注：CW 的线性解方程

（3-22）不够精确）。参数是航天器特征参数，也就是根据下述的"质量、惯性和质心"模型确定的航天器本体的质量和质心位置。输入值是作用在航天器上的力，也就是推力，空气阻力和 J_2 效应。

——柔性附件（太阳能电池板、天线和燃料箱中液体推进剂的晃动等）内在特征因素导致的航天器刚体动力学特性变化（如谐振频率、带宽、阻尼特性等）。

——因质心位置模型导致的推力矢量的修正。这一点非常重要，一般而言，不会是只有一个燃料箱且处于几何中心（见下述）。

• 追踪航天器姿态动力学包括：

——方程（A.83）的数值积分，方程的输入是由下面描述的质量、惯性和质心模型所确定的航天器惯性张量和力矩，即推力器引起的控制力矩、阻力和重力梯度效应引起的干扰力矩。

——和上述质心动力学模型一样，导致共振频率、带宽、阻尼特性等方面的航天器刚体动力学特性变化的内在特征，均是一些柔性附件，如太阳能电池板、天线和燃料箱中液态燃料的晃动等（见下述）。

——利用质心位置模型的结果对推力矢量的修正，与上述质心运动力学模型一样。

• 柔性附件：是动力学模型模块的一部分，用以模拟柔性附件与航天器刚体动力学之间的相互影响。这些附件就是太阳能电池板或天线，通常用一个通过弹簧——阻尼器与主体结构相连接的独立质量块来建模。

• 燃料晃动：是动力学模型模块的一部分，模拟因为线性加速度和角加速度而导致燃料箱中的液体推进剂的运动。有多个模型可用来描述它，最简单的一个是钟摆模型，即把推进剂简化为单个质量物体，铰接在代表燃料箱的质心的某个点上，

能进行 3 个自由度的运动。该模型一般用在概念可行性阶段
的仿真分析。在最后设计阶段，必须使用更详细的模型，要
考虑到燃料箱的形状和类型（如表面张力燃料箱、隔膜式或
囊状燃料箱等）以及液体零重力状态下在这些箱体内的运动。

- 质量、惯性和质心位置：

　—由于燃料消耗导致的航天器质量、惯量和质心的改变。输
　　入到模型的是实际燃料消耗量，这个量是由推进指令和燃
　　料消耗计划所决定的。

　—一个轨道周期内太阳能电池板转动引起的转动惯量变化。

10.4.1.4　目标航天器姿态控制的建模

- 简化建模。如上所述，目标的模拟可以保持相对简单，条件
　是，只有其质心运动对于决定追踪航天器的相对位置有用，
　并且只需要模拟它的一些特定姿态运动来获得对接端口运动
　的实际结果，作为对光学交会敏感器在最后逼近段的输入。
　如果不需要由闭环控制来表征目标姿态控制，目标器由重力
　梯度和大气阻力效应产生的姿态摄动就不需要模拟。目标姿
　态随着时间的演变可以建模为力矩平衡状态（即所有外部力
　矩都处于相互平衡状态）下的姿态偏差，并由简化的姿态控
　制指令来描述，例如在本及限环形式的力矩指令下的姿态
　控制。

- 闭环建模。如果要模拟目标的闭环姿态控制系统，那么它的
　摄动干扰和动力学建模就应与追踪航天器相同。除了推进器，
　目标还可能再动量轮或控制动量陀螺仪作为制动器。下面的
　讨论中假设采用简单建模。

10.4.1.5　目标航天器摄动模型

- 绝对空气阻力模型：

　—由于轨道照明区和阴影区的气温差异而导致的大气密度沿
　　轨道的演变（于对追踪航天器的建模一样）；

　—由于太阳能电池板围绕太阳旋转而使目标航天器横截面积

沿轨道发生的改变；

——通过沿轨道横截面积和气体密度的演变计算目标绝对阻力。

- 重力场，J_2 效应（见 4.2.2 节）：由于地球不是理想的球体，它的重力场偏移产生的力会改变航天器的轨道（见方程（4—8）和方程（4—9）），（与追踪航天的模型一样，只是当目标航天器轨道高度与追踪航天器不一致时，二者所得到的数值才会有差异）。

- 推进器羽流作用模型（见 4.2.4 节）：

——由追踪航天器喷射出的羽流对目标航天器表面产生的冲击形成的力和扭矩；

——追踪航天器上推进器的位置运动学模型和两个航天器之间的相对位置和姿态的运动学模型。

10.4.1.6　目标航天器动力学模型

- 目标航天器质心动力学。把绝对阻力作为输入对希尔方程式（3—21）进行数值积分。在简化的目标航天器运动模型中，可以假设在追踪航天器的交会逼近过程中不对目标的质心运动进行控制。如果在追踪航天器的逼近中，对目标进行了位置控制或施加了其他控制力，可以用开环控制力分布作为质心动力学模型中的输入，这与对姿态控制力矩的处理一样。除了位置控制力外，还有动量轮和控制惯量陀螺卸载的残余推力。

- 目标航天器姿态动力学。如果目标航天器姿态不采用简单的运动学模型，则可把固定惯量特征和目标姿态模型里的控制力矩输入到方程（A.83），进行数值积分。

10.4.1.7　敏感器和测量环境模型

卫星导航模型（见 7.3 节）要考虑：

- 追踪航天器导航卫星星座位置，确定相对于追踪航天器瞬时位置的导航卫星位置。

- 追踪航天器卫星导航的干扰摄动模型（遮挡、多径效应）：

　　—由于追踪航天器的天线特征、结构和姿态造成的追踪航天器卫星天线对导航卫星的固定可视性约束；

　　—追踪航天器上运动结构组件，如太阳能电池板等，对导航卫星的遮挡，这个模型较前一个提供了附加的、临时遮挡特征；

　　—目标结构遮挡导航卫星；

　　—多径效应。

- 追踪航天器的卫星导航接收机模型。追踪航天器的卫星导航接收机模型代表基本的功能和单体设计的特定特性。这个模型需要包括所有与 RV 控制软件的 GNC，MVM，FDIR 功能进行交互的特性。这个模型至少应包括：

　　—体现接收机设计精度的原始测量；

　　—数据的输出率，体现接收机设计的时间测量精度；

　　—使滤波器收敛所需的时间；

　　—天线间切换的标准；

　　—切换至冗余信道的标准和功能；

　　—内置的测试功能。

- 卫星导航接收机模型必须体现接收机设备的详细内在功能，从而可以从模型中得出上述特征和性能。

- 目标航天器的导航卫星的位置星座图：决定导航卫星相对于目标航天器的实时位置。

- 目标航天器的卫星导航的干扰摄动模型（遮挡、多径效应）：

　　—由于目标航天器的天线特征、结构及姿态导致的目标航天器卫星天线对导航卫星的固定可视性限制；

　　—目标航天器的移动结构部件，如太阳能电池板等，对导航卫星的遮挡。该模型提供附加的临时遮挡效应。

- 目标航天器的卫星导航接收机模型：与追踪航天器的相同。

10.4.1.8　光学交会敏感器模型（见 7.4 节）

- 光学交会敏感器的安装和运动学模型：

　　—敏感器位置处的线性及角运动与追踪航天器质心角运动间

　　的关系；

　　—追踪器上敏感器位置和光轴与目标航天器上反射标志器的
　　　相对位置和姿态，它取决于反射标志器与目标航天器质心
　　　间的相对位置和姿态，目标航天器对接接口动力学模型和
　　　追踪航天器上敏感器的位置模型。

· 目标航天器对接接口和反射标志器的运动学模型：

　　—目标航天器质心的角向运动和对接口的线性和角向运动间
　　　的关系；

　　—敏感器反射标志器在对接口平面上的位置。

· 交会敏感器的测量环境模型：

　　—所接收到的光能，它是距离的函数（方程（7－45）用于激
　　　光测距器，方程（7－54）用于相机型敏感器），以及信噪
　　　比的标准；

　　—太阳相对于敏感器视场的位置确定；

　　—镜面反射模型（如果需要的话，有些敏感器对镜面反射不
　　　敏感）。

· 光学交会敏感器的设备模型：交会敏感器模型，代表实际设
　备设计的基本测量功能（见 7.4.1 节和 7.4.2 节）和特定的
　特性。这个模型必须包括所有与 RV 控制软件的 GNC，
　MVM 和 FDIR 功能有关的功能和参数。这个模型至少具备如
　下参数：

　　—敏感器的 FOV；

　　—性能；

　　—测量参数的操作限制；

　　—带宽、输出速率和信息的延时；

　　—内置的测试功能。

　　就像卫星导航接收机模型一样，交会敏感器模型必须足够详
细地体现设备的内在功能，能够得到上述的特性和性能。

10.4.1.9　其他敏感器

· 陀螺组件模型。由于在地面和空间有大量的应用，已经有很

多详细的陀螺组件模型，适用于特定的应用场合。这个模型必须包括特定的冗余特性，如将斜装陀螺仪作为多个测量轴的备份，相应地降低测量精度等。同时，就像对交会敏感器和 GPS 接收机的建模一样，所有与 RV 控制软件的 GNC，MVM 和 FDIR 相关的特性和参数都必须被建模。

· 太阳和地球敏感器。这些模型已经被很好地建立起来了，因为它们在很多卫星中都被用于姿态控制系统。大部分情况下，模拟基本的测量功能和噪声、偏移就应该足够了。现有的模型可以很容易地经过适当修改来应用于任务中的一些特定场合。

10.4.2   接触动力学仿真的建模

在接触和捕获仿真中使用的基本的模型如图 10－3 所示。与接触和捕获动力学建模相关的航天器特性如图 10－11 所示。详细的建模在很大程度上取决于机械设计的类型（见 8.2.5 节）。

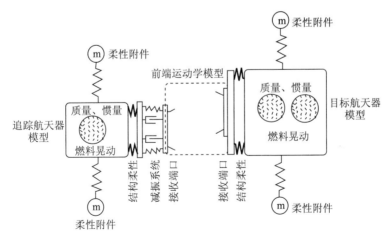

图 10－11   用于接触动力学分析的航天器建模原理

建模时，必须包括如下的特性：

· 目标航天器及追踪航天器间的相对运动学：确定航天器质心

间的相对位置和相对姿态角。用于仿真输入的初始条件，是测试开始距离上的接近速度和 GNC 性能。在后续的计算步骤中，相对位置和姿态是通过目标航天器和追踪航天器动力学模型的位置和姿态的输出差异来确定的。

- 前端运动学模型：
  —接收机构的几何构型，即探针—锥腔构型或是带花瓣的接触环构型；
  —根据航天器的相对运动学和前端几何特性与航天器质心的距离，确定目标航天器和追踪航天器的这些几何前端特征之间的相对位置和角度；
  —目标航天器和追踪航天器的前端几何特征间的最短距离的确定，以及当相互间距离变为零时的接触点的确定；
  —在接触点上由追踪航天器和目标航天器前端的几何特征所决定的接触力的方向。
- 捕获锁装置运动学模型：捕获锁模型至少必须包括：
  —启动后捕获锁位置的随时间变化情况；
  —捕获锁位置和其目标航天器上对应接口位置的比较；
  —捕获锁状态的确定。

这个模型与减振动力学和前端运动学模型密切相关。它的设计取决于捕获锁是否与减振系统连接，（比如在图 8－8 和图 8－25 中所见的中心对接系统），是否与对接环连接（如图 8－27 所示的带主动捕获锁的周边对接系统）。

在被动的弹簧锁装置中，这个模型必须确定捕获锁装置的位置和角度是否完全闭合。它还应该模拟航天器间捕获锁装置导致的弹簧力和摩擦力。

在主动捕获锁装置中，这个模型必须包括捕获锁动作的启动判据、捕获锁的运动学、捕获锁装置与目标航天器接口间接触点的确定，以及接触时捕获锁作用到目标航天器和追踪航天器上的力及力的方向。

- 减振动力学模型。如 8.3 节所描述的，用它来确定冲击减振设备随时间变形的演变过程，以及接触后航天器间的作用力。它的输入是接触点和力的方向，由前端装置运动学模型和瞬时速度矢量确定。
- 追踪航天器本体动力学模型。确定由减振系统传递的力作用到追踪航天器上产生的线性加速度和角加速度。对于大型航天器，如图 10－11 所示，在动力学响应的计算中，必须考虑对接端口子部件的柔性、柔性附件和燃料晃动等因素。
- 目标航天器本体动力学模型。这个模型在结构和内容上，应与追踪航天器本体动力学模型相像，能代表目标航天器与接口位置的受力有关的结构设计。

10.5　模型、工具和设备的确认

以上讨论的所有模型，以及所用到的工具和设备都需要在用做船载系统的验证工具之前得到确认。根据本章开头给出的定义，这意味着必须使模型（对特定的效应）以及工具/设备（对测试项目的整体环境）在确认时以足够的可信度体现真实状况。确认可以根据如下原理实现。

1）把模型/仿真的输出与在相同条件下物理测试中得到的数据或是实际产生的相关效果进行比较。

2）把模型/仿真输出与实际空间任务中得到的数据进行比较，此时，模型或仿真的参数应调整为该特定任务中的参数值。如果一致，就提高了该模型应用于其他任务条件下的可信度。

3）把数学模型与别的渠道中得到并已被确认过的同类模型进行比较。

4）把全仿真的结果与别的渠道中得到并已被确认过的同类仿真结果进行比较。

10.5.1　GNC 环境仿真模型的确认

10.5.1.1　轨道摄动模型

对于独立于航天器设计、航天器的子系统或设备设计的轨道特征来说，通常可以从飞行试验中或之前任务的开发工作中获得经过验证的模型。例如，残余大气模型、地球重力场梯度模型及其异常（J_2 效应）模型等，都属于这种情况。尽管这些环境模型建得很好，并且已被确认，对于执行任务时出现的真实值仍然存在不确定性。尤其是残余大气的密度，它随着太阳通量的大小而变化（见 4.2.1 节）。

对于那些不仅依赖于轨道环境，而且还依赖于航天器实际设计的摄动模型来说，比如绝对和差动空气阻力，及重力梯度力矩等，应首先建立和确认这些能代表特定条件的航天器的相关几何模型。

- 对于空气阻力来说，模型必须涵盖所有与飞行方向垂直的飞行器表面。为了确定阻力引起的摄动扭矩，必须计算这些表面压力的中心和它们到飞行器质心的距离。
- 对于重力梯度的影响，需要建立一个能体现航天器上质量分布的模型。

这些模型需要进行修正，从概念定义的粗略估算值开始到可行性阶段再到最后方案，修正过程应与航天器的设计过程相一致。航天器的设计细节，它的运动部件（例如太阳能电池板以及铰接天线），航天器姿态和飞行中质量、质心以及惯量的变化等都要考虑在内。尽管部件及至于整个飞行器的质量和几何特征数据在航天器被制造出来后都可以通过测试逐步获得，但对于这些几何模型的确认只能通过与飞行器硬件设计的分析和比较来完成。

由于这种摄动模型是结合轨道环境模型和航天器几何模型获得的，这种结合模型很难通过试验进行确认。可把这些模型追溯或应用于既往的已取得飞行数据的航天器，来确认这种建模方法。例如，阻力可由航天器轨道的衰减来计算。鉴于已知航天器的横截面，如果已知残余空气密度，那么能计算阻尼系数 C_D（见方程（4－1））。或者，反之亦然，如果具有足够可信度的阻力系数，可以通过计算得到密度。

10.5.1.2　羽流作用模型

对于阻力而言，这是一种组合模型，取决于推进器的羽流特性、推进器的几何安装位置、另一航天器的表面几何特性以及有两个飞行器的相对位置和相对姿态。关于推进器羽流特性，羽流压力场模型（见方程（4－11））必须得到确认。通过在真空室中测量表面的压力分布情况或者测量在不同距离处推进器作用于金属板上的力，这个模型已在多种场合下进行过确认。在此真空室的可用空间更大的距离上，推进器产生的羽流压力仍然存在并且具有明显的作用效果。由于已知真空中羽流的扩张特性，压力大小和分布作为距离变化的函数可以从较短距离内所测得的压力场的变化情况计算出来。

10.5.1.3　航天器动力学模型

运动方程即位移方程（3－21）和旋转方程（A.83）是基本的力学定律，已得到了证明。数值积分方法的精度可以通过数学方法证明。依赖于航天器设计，因此需要被确认的其他航天器动力学模型如下：

- 飞行过程中航天器质量、质心位置和惯量的变化；
- 由柔性附加物引起的动力学干扰；
- 由燃料晃动引起的动力学干扰。

对于最终的航天器设计，这些模型中没有一个可以通过试验直接得到确认，因为这需要知道飞行过程中的质量变化和零重力情况下的动态反应，而这些均须在实际航天器中才能观测到。此时的确认手段是利用已经被证实过的建模方法和基于独立分析的交叉检验，来验证这些模型在一组特定参数下提供了正确的，至少是可信的结果。

质量、质心位置和惯量的变化

质量、质心位置和惯量的变化是有关推进剂消耗量和燃料箱用法的函数，仅能通过分析来确认：即通过精确计算任务时间表中特定时刻的推进剂消耗量和储存罐中推进剂质量的变化来实现。考虑到推进剂消耗和储存罐中液体推进剂运动的不确定性，质量、质心位置和惯量的具体值也会存在一个不确定性裕量范围，仅通过改善建模无法对其进行改良。

柔性附加物

柔性附加物的动力学相互作用会影响本体对输入力和扭矩的动态响应，并且对控制性能产生影响，尤其对姿态控制影响明显。对柔性附加物的建模方法，以及其克服不良影响的控制器设计方法都已相当成熟，并且某些特定的造型在试验中也已得到验证和确认。对于所讨论的实际航天器设计模型的确认，通过一定的分析就能达到足够高的可信度。

燃料晃动

零重力条件下，容器内液体的运动模型很难在地面上通过试验得到确认。在姿态控制中，燃料的晃动带来了动态的不确定性。这种现象存在于实际的每颗卫星上。因此，人们提出了许多理论并进行了很多试验。理论方面的工作包括有限元素的流体动力学分析。试验方面，进行的滴塔（Drop tower）和抛物线飞行试验能提供短时间的零重力环境。在轨道试验方面，也已经进行了很多尝试，最近综合性最强的一次试验——晃动试验卫星 Flevo 工程，现在已经提上日程，准备于 2003 年由美国的航天飞机发射（Vreeburg 1999 a，b）。

对于具体的航天器设计来说，晃动模型的确认只能通过分析实现。这种模型的可信度处于中等，并取决于其细化程度。然而，与其他摄动产生的影响相比较，执行交会任务时，仿真的误差并不是很大。

10.5.1.4 敏感器

对于卫星导航接收器、光学敏感器、陀螺仪组等，其模型来自于实际设计，通过与在 10.3.3 中图 10－5 所指出的和 10.6 节所阐述的在激励设备中对敏感器的测试结果相比较来完成确认。这样的试验需要包括数值和参数类型的评估，对于卫星导航接收器和光学交会敏感器的这些数值和参数已在 10.4 节列出。敏感器的在轨验证的目的是为了提高对其工作性能的可信度，而不是为了确认模型。

10.5.1.5　测量环境

仿真中，敏感器性能的正确体现既取决于敏感器功能的建模，又取决于测量环境的建模。测量环境的系统部分是感应过程的一部分，包括所定义的几何关系和时间关系。对于卫星导航接收器来说，是指导航卫星星座相对于接收器的位置、以及导航卫星和接收器的时钟时间。对于光学敏感器来说，指的是目标反射器位置，这个位置从敏感器和反射器硬件的安装模型和运动学模型中得来。模型的这一部分可以通过分析来进行确认，具有很高的可信度。

对于测量环境的扰动部分，即在卫星导航接收器中指遮挡和多径效应，在光学敏感器中，指太阳或敏感器照明的反射，或者 FOV 中的直射阳光等，模型的确认非常困难。必须进行许多试验研究，利用从测试平台或者实际空间任务中获得的大量测量数据，来获得对这些模型足够的可信度。这些扰动影响发生的范围、程度和频率的确认是建立仿真设备（见 10.6 节）和在轨试验和演示（见 10.7 节）的动因之一。

10.5.1.6　推进器

确认很大程度上可以通过分析进行。对各种型号和不同设计类型的推进器都有长期的经验数据，建立了详细的模型，对推进器的行为和性能的建模也具有很高的可信度。然而，对于每一个独立的设计，推力大小、最小脉冲比特，推进开/关分布和相似的参数等至少要通过试验确认一次。这样的试验性确认可以通过比较模型输出与真空室中推进器测试结果来完成。

10.5.2　接触动力学仿真模型的确认

10.5.2.1　追踪航天器动力学模型

此模型可以基于为 GNC 仿真所建立的追踪航天器动力学模型，

但需要加以修改以包括追踪航天器对接端口的刚度特性。通过分析进行确认可以提供足够高的可信度。

10.5.2.2　目标航天器动力学模型

与追踪航天器相同，此模型可以基于为 GNC 仿真模型建立的目标航天器动力学模型，并加以修改以包括目标航天器对接端口的刚度特性。通过分析进行确认可以提供足够高的可信度。

10.5.2.3　航天器相对运动模型

这是一个纯粹的质心相对位置和航天器相对姿态的几何模型。仿真中的当前数据可以通过积分动态输出得到的初始条件的演变获得。确认可以简单地通过分析完成。

10.5.2.4　前端运动学和接触探测模型

需要确认的是如何确定在每一时刻上的最短距离和在接触时点作用力的方向。确认工作会在开发的生命周期内进行，首先需要分析一组特定的包含初始位置、速度以及相对姿态和角速率的参数，将分析结果与在对接动态测试装置上得到的真实装置的测试结果进行比较，来实现确认。

10.5.2.5　减振器动力学模型

对弹簧和阻尼（Spring and damper）模型的确认，可以对部件进行物理测试，然后将结果同模型的输出比较。对复杂的弹簧—阻尼模型，需要通过分析完成进一步的确认。减振系统的模型可以通过对整个减振系统的硬件进行物理测试来确认，比如通过测量在设定冲击作用下的力和位移等。只有当整个对接机构在对接动态试验台上完成了测试以后，才完成最终的确认。

10.5.2.6　捕获锁运动学模型

需要确认捕获锁与其对应部分（锁环、接口环）的相对运动的建模。这包括单捕获锁的平面运动，以及它们所在的结构的 6 个自由度的相对运动，捕获的成功取决于双方锁和前端的运动学条件。这个模型纯粹是运动学模型，可以很容易地通过分析确认。同样，只有当整个对接机构在对接试验台上完成了测试，将模型和测试结果相比较，才完成最终的确认。

10.5.3　仿真项目和激励设备的确认

即使仿真项目中的所有模型都已得到正确的确认，残余风险仍然存在：项目的各部分之间也许没有正确地互相作用，比如，由于动态的不兼容会导致它们互相影响；可能会存在未检测到的硬件/软件问题等。正确的功能和性能的确认应如下进行。

- 在两种仿真器上进行相同的测试项目，将仿真结果进行比较；
- 仿真中，通过利用和以前任务相同的初始条件、干扰等参数获得的结果与以前的任务数据相比较。

激励设备的确认不仅取决于敏感器的类型，而且对于测量环境模型来说，还取决于激励想要达到的目标，即目标是否：

- 为了检验在测量环境中敏感器得到的输入数据产生的测量数据是否正确；
- 为了检验敏感器的输出对测量环境的干扰是否敏感。

在第 1 种情况下，设备的确认本质上是要提供证据来证明设备产生的几何构型、速度和时间的值是正确。比如，卫星导航接收机的激励器就是这种情况，这里对测试项目，即接收机输入信号的精度，应相对于实际的导航卫星星座进行确认。对于光学敏感器的激励设备来说也属于这种情况，需要证明激励设备所指示的敏感器的几何位置、角度和速率及目标反射标志器能以验证测试所需的精度描述该设备的实际状态。

在第 2 种情况中，确认就是要证明对干扰的建模是真实的。敏感器的测量数据在最恶劣的干扰条件下不受影响是至关重要的。因此，确认就是证明试验设备能够提供这样的恶劣条件。比如，光学敏感器的光干扰激励器就属于这种情况。必须要证明，在太阳对目标飞行器的照明以及对敏感器 FOV 中太阳光的仿真中，设备照明光源的效果都应等效于真实太阳光。最坏的情况将是对阳光和敏感器自身光源的镜面反射产生的干扰。必须确认激励设备能产生这些条件。对于卫星导航的激励设备来说，必须确认由于多路径的影响以及遮挡效应引起的干扰是最坏的情况而且是现实的。在前面对测量环境模型确认的讨论中已经论述过这些确认方面的问题。

为了确认对接设备的物理运动刺激输出，第 1 种情况下，简单的接触几何（如球对平板的作用）和航天器机体的简单模型（如球体和立方体）都可以被利用，接触后的运动通过分析很容易地得到验证。这种最初的确认演练将验证整个仿真平台设置的功能运行情况是否正确，即对从力矢量的组成经由航天器动力学转换到执行机构的整个过程进行演练。模型的确认已经在前面章节提到过了。对于整个设施（包括所有模型）的确认，最好的方法是将它与已经得到确认的仿真结果进行比较。两个独立开发的仿真，即使还未得到确认，但它们的结果的兼容性将提高这两种工具的可信度，比如设备中对接硬件的测试结果和完全基于数学建模的结果的兼容等。

10.6　RVD 的主要仿真器和设备

10.6.1　基于数学建模的验证设备

用于此处的术语"验证设备"是指仿真器，它可以提供对硬件和软件产品与仿真环境一起进行闭环测试的验证环境。在 10.3.3 中已经看到，对于运行在船载电脑（见图 10－4）的 RV 控制软件的验证就需要这种设备，同样对轨道敏感器装备和 GNC 系统（见图10－6 和图 10－7）的导航功能的验证也需要这种设备。在这些图中，只表示了高级别的 GNC 功能、敏感器和在"真实世界"条件下对测试项目有影响的其他特征模型。

此外，验证设备还必须提供如下一些功能：与测试项目的界面，运行仿真环境和动力学方程积分，模型间的正确匹配，数据的输入、输出、数据的预处理和实验后处理以及存储等。图 10－12 概括了这样一种测试设备的主要功能。

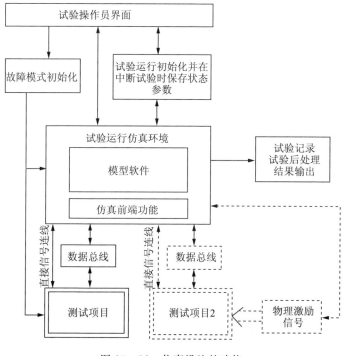

图 10-12　仿真设施的功能

为了能与测试相同连通，设备必需提供测试项目在标称环境中所有的数据界面，比如数据总线和硬线信号线路界面等。此外，可能需要为这些测试项目建立特定的测试数据界面，比如，需要测量不通过数据总线和直接线路的数据流里的特定值时，或是为了对测试项目中的特定功能创造一个故障条件而需要产生特定的输入数据时。

验证设备主要的功能是提供仿真的运行环境，即实时积分待仿真动力学过程的不同微分方程，衔接模型和计算，传输测试项目的输入和输出数据等。输入、输出数据流必须与真实的进程时序以及测试项目的速率同步。验证设备还应当具备在测试运行中引入故障条件的能力，以及中止和重启仿真运行的能力。最后，一套测试设备必须能够记录、后处理并提供测试历史数据和测试结果。

对测试项目或对环境仿真的某一功能模型引入故障条件，可以在仿真过程中预先安排好的点引入，也可以由测试操作者临时决定。当测试 FDIR 功能时，这样的故障仿真可能与测试项目中的故障条件和环境仿真中的装备模型都有关。

在仿真运行中的任意时刻，测试操作者必须能够使仿真停止运行，进行离线分析，然后以相同状态，即以相同模型的条件和值，让它继续运行。设备必须在任务中的某一特征点处提供测试初始化所必要的全部功能，也就是说提供与此任务点一致的环境仿真的模型状态点。在测试中断时，要能保存中断时的状态，并且将该状态数据当做继续测试运行的初始值。

第 2 个甚至第 3 个测试项目可能会与仿真设备连接，比如敏感器或跟踪/目标航天器的 GPS 接收机，这些项目可能是由外接的激励器进行物理激励的，如图 10-4 和图 10-7 所示。在那种情况下，刺激器要与仿真环境同步，并由模型软件中的模型按照追踪航天器和目标航天器的运动过程驱动。物理刺激可以是电信号形式，比如馈入到卫星导航接收机的天线信号；也可以是光和运动形式的信号，如对光学敏感器的物理激励等。对于后一种情况，在下面一节中来详细介绍一个激励器的例子。

10.6.2　光学敏感器激励设备的实例

光学交会敏感器的激励设备必须能在敏感器探头与目标标志器之间的各个方向上提供可变的相对位置、相对姿态、相对速度和角速率信号。它还必须能够模拟敏感器视场中的太阳、以及太阳光对目标标志器周围的反射面的照射。前者用来测试敏感器在作用范围内的性能，后者用来测试它们在测量环境中对干扰的敏感性。

尽管很希望拥有一套能覆盖光学敏感器整个作用范围的试验平台（典型值是在视线方向数百米范围内），但在此极限作用距离内测试全部功能将及其困难，而且也是不值的。还有，随着敏感器探头和反射标志器之间距离的增大，由温度变化引起的大气密度的轻微变化会导致空气流动，使干扰加大。光学交会敏感器的关键距离段是对接前的最后几十米。在这个距离内，不仅对距离和 LOS 角度测量存在最高性能要求，而且还要测量 3 个相对姿态角。因此，一个光学交会敏感器的激励设备应当覆盖此距离的绝大部分。如果要测量敏感器光源或阳光的镜面漫反射的影响，则目标反射器需要具有独立于敏感器探头的 3 自由度转动能力。

为了进行交会控制软件在回路的闭环 GNC 测试，如图 10－6 所示，运动系统要能够绝对平稳地跟随状态矢量，矢量值是在环境仿真设备中积分航天器动力学方程得到的（见图 10－12）。这要求设备的带宽至少要达到 GNC 和航天器闭环系统的带宽，而且设备的运动系统不会产生除航天器自身振荡运动以外的振动。带宽的要求限制了设备的大小要求：尺寸越大，特征频率越低。

这种激励设备的实例是欧洲逼近模拟器（EPOS）（Heimbold，Prins & Fehse 1987；Heimbold & Zunker 1996），它是由欧洲太空局和德国空间中心（DLR）共同开发的。该模拟器安装在德国的 Oberpfaffenhofen 的 DLR 飞行操作中心。EPOS（见图 10－13 和图 10－14）包括：一套能提供 6 自由度运动能力的运动系统（表示为 DMS），一个具有额外 3 自由度角运动的目标装置（表示为 TMO），以及一个照明系统（表示为 ILS），它能进行 2 自由度平移运动，2 自由度旋转运动。测试项目（表示为 RVS）安装在 DMS 的前端。

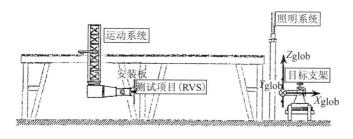

图 10－13　光学敏感器测试环境设备，EPOS 模拟器（由 DLR 提供）

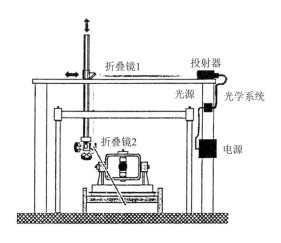

图 10－14　EPOS 模拟器照明系统（由 DLR 提供）

　　运动系统是一个自动门架装置，它有一个 12 m×3 m×2 m 的工作空间，能在各个方向提供最大为 0.5 m/s 的平移速度。第 1 节滑车（门架）沿着两根轨道在 ±x 轴方向移动，轨道间距大于 3 m，装在与地基固连的结构平台上。第 2 节滑车在门架上沿着 ±y 轴的方向运动。第 3 节滑车是连接于第 2 节滑车的垂直梁型结构，在 ±z 轴方向上运动。连接于垂直运动结构下端的是承载测试项目的前端装置。该前端拥有 360°×180°×360°（偏航角、倾斜角、滚动角）的旋转自由度（不带测试项目），还能提供最大为 6（°）/s 的旋转角速率。该运动系统的带宽是 2 Hz。

　　目标支架提供 360°×180°×360°（偏航角、俯仰角、滚动角）的活动范围，但是，由于测试项目的安装，其范围会有所减小。比如，安装目标反射标志器，或者安装目标飞行器表面模型等。目标支架可以通过重置能将反射标志器和敏感器探头之间的距离增加到25 m。

　　照明系统（见图 10－14）安装在另一个门架型的自动装置上，它能提供在 y 轴和 z 轴方向上的横向移动，装在万向节上的前端装置则提供俯仰和偏航旋转运动。太阳模拟器由一个投射器和两面折叠镜构成：投射器可以产生一个太阳常数强度的平行光；第 1 面折叠镜安装在门架的运动部位，第 2 面安装在承载前端装置的万向节的外环（俯仰）上。照明系统可提供直径为 12 cm 的光束，该光束能射向敏感器光学设备或目标支架。

为了测试敏感器，3 个系统可按事先定好的位置、角度、速度以及角速度分布来运作。3 个自动系统都能通过连接于 EPOS 上的 GNC 实时仿真器的输出来改变位置和方向，此时，安装在 DMS 上的测量敏感器为 GNC 仿真器提供输入。

10.6.3　对接的动态激励设备

人们做了许多尝试，试图完全靠机械手段来建造对接动力学测试设备。以下要求中的每一项都是很难实现的：

1）6 自由度的运动能力；

2）两个具有正确质量、惯量和质心位置的航天器模型；

3）重力影响的补偿；

4）正确的接触速度；

5）符合实际的平移和旋转偏差。

如果不降低自由度，或不对测试条件的选择做出严格限制的话，这些要求结合在一起在实际中是不可能实现的。这些限制将包括接触条件、航天器质量和惯量等的测试范围，以及接触后的模拟航天器的运动自由度。5 自由度的全机械设计已经在 Syromiatnikov (1990) 中描述过。这个试验平台已经用于验证阿波罗－联盟号的对接装置和其他俄罗斯（苏联）的对接装置。在图 10－15 中，可以看到两个航天器的质量和惯量是如何进行模拟的（项目 2 代表目标航天器，项目 4 代表追踪航天器）；重力的影响是如何利用悬挂两个通过质心的重物得到补偿的；钟摆效应是如何通过弹簧补偿器得到补偿的（项目 1 和项目 6）；还有，追踪航天器本体是如何相对目标本体布置的（项目 7），等等。

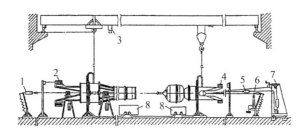

图 10—15　机械对接测试装置

很明显，随着对接过程中航天器质量和惯量的增长，这样的全机械模拟设备将更加难于实现。这种设备主要的缺陷是：随着自由度的降低，两个航天器模型机体的实际反应不能恰当反映追踪航天器和目标航天器之间的实际运动。这样的平台可能会显示一些减振器系统中的接触点以及作用力的大小，还可能有助于对减振器系统或捕获锁功能的测试，但是不能证明捕获是否获得成功。

为了在 6 自由度空间环境下测试对接系统，根据 10.3.3 的描述以及图 10−8 所示的概念，电脑控制的机电装置已经开发出来了。实际上，目前所有这种设备的开发都采用了 Stewart 平台的原理。(Stewart 平台是能以最少数量的制动器和运动部件及最大的刚度提供 6 自由度运动能力的装置)。动态对接测试设备的基本设计原理如图 10−16 所示。这种设备已经应用于美国 (Tobbe & Naumann 1992) 以及俄罗斯 (Syromiatnikov 1990) 的空间项目，后来也应用于欧洲 (Brondino et al. 1990) 和日本 (Inoue 1991) 的空间项目。

用前端运动学模型能计算出平台要求的位置，并可以转化为线性制动器的必要行程。在 10.4.2 节中，已经讨论了用于计算平台运动的数学模型的需求。由于载人的对接机构的质量很大，并且在对接冲击时负载大，因此多数情况下是采用液压制动器。依靠电动机驱动的线性制动器使用在小型的测试设备中，这些设备最初是为不加压的对接测试设备而设计的 (Brondino et al. 1990；Inoue 1991)。在这种小型设备上验证载人条件下对接机构接触动力学特性的尝试，促进了缩比模型和缩比定律的发展（MATRA 1993）。必须看到，尽管在按比例缩小的硬件上进行的测试是试验和验证设计能力以及确认模型的有效方法，但是它们还不足以对飞行产品进行最终的合格认证。

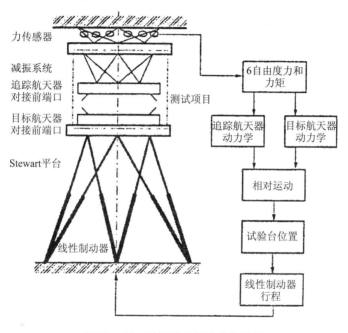

图 10-16　对接动态学试验台原理

为了得到更好的承载能力和补偿不需要的 1 g 过载，设备的主运动轴（逼近轴）应当是垂直的。在一些应用中（Grimbert & Marshal，1987；Brondino et al. 1990；Inoue 1991；RDOTS 1997），为了增加对对接敏感器的测试能力而牺牲了这一点。然而，这样的测试目标的组合并不可取：

- 对接试验台要求具有较高的刚度来获得较高的带宽。这一点在对接装置和航天器的子结构受到冲击时能够完成结构振荡引起的运动是很必要的。逼近方向上所需的距离只需要略大于把平台及试件加速到所需接触速度的距离。

- 敏感器测试设备必须在各个方向上具有相对较大的有效范围，但是刚度要求适中（见前面的章节）。

较大的有效范围以及较高的刚度是不相容的技术要求。对于体积很小、质量很轻的对接机构，比如用于不加压对接的对接机构，不同类型的设备组合起来是可能的。对于大型载人对接系统，这种设备的组合对于哪一种测试类型来说都不会产生有用的结果。

10.7　RVD/B 技术的在轨演示

10.7.1　在轨演示的目的和局限

术语"演示"是让人见证设备的操作，以证明该设备具有适当的功能和性能。演示既不是验证，因为没有证据证明测试设备满足所有的指标；也不是完全的确认，因为也没有证据证明测试项目的功能和性能能达到各种实际条件下所需的效果。一般来说，演示的最佳情况也就是表明在一组特定演示条件下，所需求的性能得到满足。但是，一次成功的在轨演示，可以很有效地提高一个项目发挥正常性能的置信水平。

在轨演示首先是提供轨道动力学和零重力条件下产品的行为表现；其次是根据演示项目和目的，提供有关其他环境条件的经验，例如在发射条件下的生存能力，在真实测量环境下的性能等。但是，演示如果无法在与真实任务相同的条件下进行，它与"实际条件"可能相似，但不等同，这会降低演示作为验证手段的价值。

对于验证/确认的目的来说，利用两个航天器在轨演示结果而产生的具体问题是，这将要求具备独立的测量设备，它的性能要比待验证的项目或方法的性能好，或至少与之相同。例如，一个 GNC 系统的性能主要取决于它的敏感器的精度，而某次任务所选择的 GNC 敏感器就当时条件来说是最好的，因此，一般来说不大可能通过与更高精度的独立测量相比较来验证在轨 GNC 系统及其敏感器的性能。最好的情况也就是用到一个不同设计或独立设计但具有相同精度的敏感器。

因此，多数情况下在轨演示的目的不是通过直接测量进行验证或确认。演示的成功通常由运行最终达到的状态来判断（比如一个机动的终点，对接口的捕获等），或由间接标准来判断（该标准能更轻易地在轨道或从地面执行）。演示后轨道参数和特定时刻的轨道位置可以进行相对较高精度的复现。

当要求专门的任务包括航天器、发射和任务运行等整套作业进行演示时，飞行演示将耗资巨大。出于这个原因，在大多数情况下，飞行演示实验将寻机附加到正在进行的任务中。但是，这种机会少之又少，特别是把相同类型的轨道作为目标任务的机会就变少。因此，考虑到有限的飞行机会和实现在轨演示的一般局限性，多数情况下，任何轨道条件相近的飞行机会都会被接受（如 LEO 对 LEO 目标任务）。

10. 7. 2　关键特征和装备的演示

在轨测试将主要针对一些特定的项目或特征进行，通过地面上的分析、仿真或物理试验很难确定各种潜在影响或干扰因素对它们的作用范围和程度。这些问题存在于：

- 尚没有在空间应用过的新技术；
- 复杂测量环境。可以是一个或两个航天器的复杂结构干扰所致，也可能是大气或地面的干扰所致，很难对其进行建模；
- 复杂动态干扰和相互作用。

需要进行在轨测试的新技术的一个典型例子就是交会敏感器的演示。因为敏感器的性能对于交会任务的成功是至关重要的，所以必须保证一旦入轨，不会在执行任务中产生损害敏感器功能和性能的因素。这样来讲，飞行演示的目的就是：

- 揭示那些由轨道环境造成的，在分析和测试中被忽略掉的副作用；
- 更好地了解设备发挥功能的运行环境；

- 在测量环境干扰方面，能获得更好的信息。

具体特征用在轨演示进行可能的确认在 10.5.1 节已经提到过，比如阻力和燃料晃动等特征的确认。其目的是确认或改进现有模型。演示/测试平台的概念如下：

- 对主航天器自身动力学响应的测量（例如，应用线性加速度和角加速度激起液体晃动，通过加速计和陀螺仪测量产生的激励和反应（Vreeburg 1999））；
- 主航天器和一个子航天器间的轨道和姿态差值的测量（例如，用光学交会敏感器或者用相对 GPS 对具有不同弹道系数的子航天器的轨道进行测量以确定差动阻力）。

相对 GPS（见 7.3.3 节）是复杂敏感器功能的一个例子，它涉及到由一组导航卫星、敏感器设备（即追踪航天器和目标航天器上的卫星导航接受机）、航天器之间的通信连接和导航滤波器（接受来自追踪航天器上其他功能的输入）等组成的测量环境。由于测量原理的复杂性和它对许多条件和特征的依赖性，而这些条件或特征只有两个航天器在轨道上处于相对临近的位置才出现，因此应用前的演示相当必要。遗憾的是，除非安排一次专门的演示任务（见 10.7.3 节中的 ETSV Ⅱ 演示任务），否则能在一次飞行中同时提供以下所有特征的机会相当少：

- 两个飞行器很临近；
- 追踪航天器和目标航天器上都有 GPS 接收机；
- 航天器之间有通信；
- 将其中一个飞行器的实时执行指令和姿态测量信息作为输入的 RGPS 导航滤波器。

很明显，由美国航天飞机执行的任何一次与空间站的交会任务以及对航天器的释放和回收都会或多或少地具备这些特征。可是，到写作本书时，在和平号和 ISS 任务中还没有任何航天器使用过 RGPS 进行交会和对接导航，同时大多数释放和回收任务都没有包含 GPS 接收机，因此目前而言 RGPS 的所有演示需要一套特殊的试验平台。在本书写作期间，一些轨道试验已经做过，相应的试验计划和结果也有报道，比如，Hinkel，Park & Fehse（1995），Park et al.（1996），Ortega et al.（1998），Cislaghi et al.（1999）和 Mokuno，Kawano & Kasai（1999）。但是，为了达到实际应用所需要的可信度，还需要在预期的航天器系统和任务操作环境中积累更多的 RGPS 经验。

　　RGPS 飞行演示实例。作为测量的复杂性和数据重建的例子（见图 10—17），下面将描述 RGPS 的在轨演示，它是欧洲空间局 1997 年在美国航天飞机与俄罗斯和平号空间站的交会任务 STS—84 和 STS—86 完成的（Ortega et al. 1998，Cislaghi et al. 1999）。演示过程还包括光学交会敏感器 RVS 的演示。但是，考虑到本例的目的，讨论将仅限于演示的 RGPS 部分。演示的目的有 3 个：

　　1）在实际空间环境条件下确认接收机设备；

　　2）用实际飞行数据输入确认 RGPS 导航滤波器；

　　3）确认 GPS 接收机的数学模型。

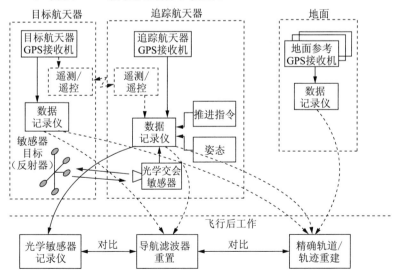

图 10—17　RGPS 飞行演示的实验平台

RGPS 演示平台由以下部分构成：

- 追踪和目标飞行器上的 GPS 接收机。这些接收机具有不同的设计：
    - 目标器上有一个摩托罗拉 Viceroy 接收机，它是德国导航包 MOMSNAV 的一部分，安装在和平号空间站的 Priroda 舱上；
    - 追踪航天器上有一个 Laben GPS 接受机（基于 Loral TEN-SOR 的设计），作为 ESA 试验项目安装在航天器对接口的附近。在追踪航天器沿 R 轴逼近的最后阶段，两个航天器天线处于标称天顶指向。
- 追踪航天器上的光学交会敏感器提供短距离内的参考数据。有两个这样的敏感器，即 ESA 交会敏感器 (RVS) 和 NASA 轨道控制敏感器 (TCS)。它们都属于激光测距型，并且都安装在追踪航天器对接端口附近。相应的目标航天器的反射器安装在和平号空间站的 Kristal 的对接舱上。
- 追踪航天器（航天飞机）上的数据记录仪：
    - 记录追踪航天器上 GPS 接收器接收到的原始数据；
    - 记录追踪航天器的加速度和姿态参数；
    - 记录光学交会敏感器的输出。
- 目标航天器（和平号空间站）上装在笔记本电脑里的数据记录仪，记录目标 GPS 接收机的原始数据。涉及和平号空间站的其他数据不能记录下来。空间站的实际姿态变化时间只能从飞行后的飞行计划分析中获得。
- 最初还计划建立从目标飞行器（和平号）向追踪航天器（航天飞行）传送 GPS 原始数据的无线电链路，但未能实施。

为了获得最大的测量机会，计划在追踪航天器逼近和远离和平号空间站的过程中都要进行 GPS 试验。撤离轨道的第 1 部分与逼近轨道相似（如图 10－18 所示），只是方向相反而已，且和平号处于 LVLH 姿态。撤离轨道的第 2 部分是绕飞，此时和平号空间站处于对日惯性定向姿态，航天飞机相对于和平号空间站上的对接舱保持恒定的距离。

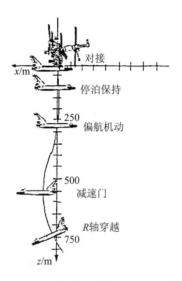

图 10－18　飞往和平号空间站的航天器的最后逼近轨迹（由 ESA 提供）

任务中不存在导航滤波处理过程。相反，试验计划是根据记录的追踪航天器和目标航天器的 GPS 原始数据，以及追踪航天器的惯性敏感器测得的姿态和推力加速度的数据，来重建数据处理和导航滤波器的输出。GPS 时间被用于数据的同步。追踪航天器和目标航天器的绝对轨道将通过差分 GPS 技术（DGPS，见 7.3.3 节）进行重建，利用 IGS（国际 GPS 地球动力学服务）在全求各地的 GPS 接收机网络作为参考。这些绝对轨道用于 RGPS 性能的验证以及 GPS 接收器数学模型的验证。

根据这个概念，飞行后的数据处理包括以下步骤：

- 从记录的追踪航天器和目标航天器 GPS 原始数据及追踪航天器姿态和加速度数据，重建导航滤波器数据流。
- 由 DGPS 参考地面 GPS 接收器的记录，处理追踪航天器和目标航天器 GPS 接收器的输出，重建追踪航天器和目标航天器的"最优估计"绝对轨道。

- 比较导航滤波器输出的相对轨道与"最优估计"的相对轨道。"最优估计"相对轨道由追踪航天器和目标航天器的绝对轨道之间的差别决定，而绝对轨道是从利用 IGS 接收器获得的 DGPS 结果中得到的。

- 把导航滤波器输出的相对轨道与从光学敏感器测量中得到的相对轨道进行比较。然而，光学敏感器并不是在所有的范围和所有轨道部分均能获得数据。

- 比较 GPS 测试接收机输出的实际的绝对轨道和由接收机数学模型输出的轨道。接收机数学模型的输入是，从基于 IGS 接收机的 DGPS 结果产生的"最优估计"绝对轨道和演示时的导航卫星星座。

在 MATRA-MARCON1（1998 a，b）文献中，分析了两次飞行的 RGPS 试验结果，在逼近和撤离阶段各有很短一部分轨道，能够同时得到评估所需的各种测量数据，比如，在整个第 1 次飞行中，不能同时获得光学敏感器的测量数据和两个接收机有用的 GPS 数据。在第 2 次飞行中，仅在撤离段才能得到完整的数据组。产生这种问题的原因是：某一接收机部分不能使用，某一个或者两个航天器姿态不适合或者被遮挡，使接收机无法见到最少 4 个 GPS 卫星，或者目标反射标志器在光学敏感器的视场之外。

利用 IGS 接收机的数据进行差分 GPS 处理，获得的最优估计相对轨道的位置精度为 15～25 m，速度精度是 3～5 cm/s，大约是 RGPS 性能（<10 m）的 2 倍。尽管这不足以满足确认 RGPS 性能的要求，但 DGPS 数据有助于通常的结果评估、发现干扰和解释干扰。最佳估计绝对轨道的精度足以满足验证 GPS 接收机数学模型的要求。从光学敏感器测量数据（TCS）获得的相对轨道的精度（小于 1 m），最终为 RGPS 性能确认提供了合适的参考。

这次飞行试验的经验揭示了：

- 在非专门试验任务中进行 RGPS 试验的困难；
- 在并非为演示而设计的任务中，同时从所有的数据源获得合适的测量数据会面临的问题；
- 对于像相对 GPS 这样复杂的敏感器系统，从间接数据评估其性能的复杂程度。

在飞行实验过程中发生的遮挡效应和多径干扰在仿真实验中难以复现。这主要是由于和平号空间站和航天飞机几何外形上的高度复杂性所致，而多径模型难于再现这种复杂性。多径效应在 200 m 范围内开始出现，误差一般小于 10 m；然而，也曾经遇到过误差大于 100 m 的短时峰值。RGPS 导航滤波器对于暂时的多径效应并不很敏感。总之，演示飞行取得了成功，结果很令人鼓舞。而且也证明了，在与目标任务尽可能接近的运行环境中开展更多的试验，有利于降低遮挡和多径效应引起干扰的风险。

10.7.3　RV 系统和操作的在轨演示

在系统和操作层级的在轨演示的目的是：

1）获得关于新的轨道技术的一般经验；

2）在交会任务运行之前证明系统和操作设计已经准备就绪。

第 1）种情况，演示的目的是，用演示验证两个航天器执行在轨交会和对接的能力，建立对机载自动交会控制系统设计原理的信心，获得有关对这类任务在轨操作计划和执行中所有问题的经验，包括与地面通信和受地面命令操作的能力。其中一个主要的作用是暴露和发现天地系统的负面影响、遗漏和设计缺陷，这些可能在地面确认过程中被疏忽了。

第 2）种情况，演示是在"实际"条件下系统准备就绪的最终证明，也就是说，它是整个交会系统确认的最后一步，包括对空间段和地面段的功能和操作（包括所有的设施和辅助功能）的确认。第 1 种情况的重点在于新概念的技术成功与否，而在第 2 种情况中，在所有交会和捕获操作过程中目标航天器上航天员的安全性（指的是载人任务，否则指的是投资的安全性）是演示任务中要展示的最重要的特征。

10.7.3.1 系统层面交会和对接技术演示实例

日本的工程测试卫星 ETS—Ⅶ（Kawano et al. 1998；Mokuno et al. 1999；Tsukui et al. 1999）是近期 RVD 系统在轨技术演示的最好示例。卫星在 1997 年发射，系统由一个主航天器和一个子卫星组成。主航天器在交会演示中作为追踪航天器，子卫星仅有姿态控制能力，用作目标航天器（见图 10—19）。在 ETS—Ⅶ 中，两种技术得到了论证，即交会、对接和空间机器人技术。本书只对交会和对接感兴趣。交会演示的 3 个主要目标是：

1）确认 RVD 专用设备技术，即 RGPS、光学交会敏感器和对接装置正确的功能和性能的演示验证。

2）确认交会控制技术，即 GNC 和飞行管理功能和性能的演示验证（后者包括在本书中提到的 MVM 和 FDIR 技术）。

3）确认 RVD 操作技术，即演示自动交会中目标器和追踪器高级控制、监测的监控技术，演示经中继卫星的远程通信技术，演示地面控制轨道的遥控技术。

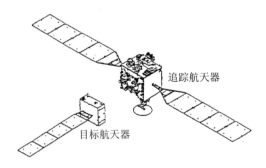

图 10—19　用于交会演示的 ETS—Ⅶ 航天器

追踪航天器，即质量为 2 500 kg 的主航天器，具有以下 RVD 专用设备：

- 具有表决功能的双冗余星上控制计算机；
- 安装在控制计算机上的交会控制软件，它包括 GNC 模式和飞行管理功能的算法（模式顺序列、FDIR、逼近中断和避撞机动执行）；
- GPS 接收机，用于在所有范围内的绝对位置测量和在 9 km 到 500 m 之间的相对位置测量；
- 激光雷达型交会敏感器，用于在 500 m 到 2 m 之间的相对测量；
- 光学逼近敏感器，用于在 2 m 到接触这个范围内相对位置和相对姿态的测量；
- 非加压的对接装置，包括 3 个如图 8-6 所示的捕获锁。

连同卫星运行所需的其他必要设备一起，如反应控制系统、与目标航天器和地面之间进行数据交换的通信系统以及姿态控制敏感器（例如陀螺仪和地球敏感器）等，追踪航天器上的摄像机和照明设备可用来观测和记录逼近和对接操作过程。

由于在交会演示中处于被动的角色，目标航天器的体积较小，质量仅为 400 kg。它的 GNC 功能减少到只具有姿态控制。它携带了下面的 RVD 设备：

- GPS 接收机；
- 激光雷达交会敏感器的目标反射器；
- 逼近敏感器的目标标志器；
- 对接锁的锁销；
- 视频摄像机的光学目标。

姿态控制电子设备、陀螺仪以及地球敏感器、反应控制系统以及与追踪航天器星间的连接设备使子卫星作为一个独立的航天器工作。

RVD 演示验证计划用几次对接飞行来验证不同轨道策略下的特定性能，包括 V 轴分离和对接、V 轴最终逼近、包括所有距离范围的相对导航功能的 V 轴逼近序列和对接、应急操作、R 轴逼近，以及人工遥控逼近。即使推进器出现了故障，所有的目标都应完成，即前述的所有设备和系统功能都能得到成功地演示和验证。作为示例，图 10－20 显示了第 3 次对接的计划轨道（Kawano 1997）。然而，第 3 次对接实际应用的策略有些变动，包含了一些原计划用于另一次飞行演示的一些特性。图 10－21 表示了 RGPS 导航数据中记录的飞行轨道（Yamanaka 2000）。

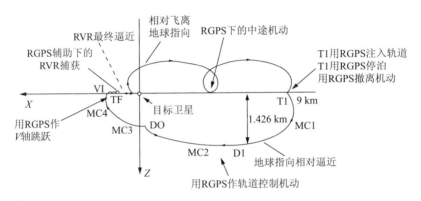

图 10－20　第 3 次 ETS－Ⅶ RVD 飞行活动的设计轨道

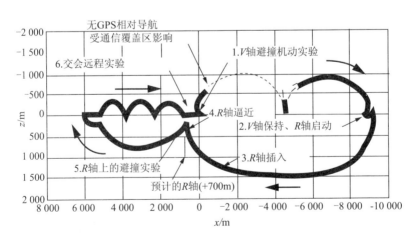

图 10－21　第 3 次 ETS－Ⅶ RVD 飞行活动的实际飞行轨道

10.7.3.2　使用前系统的在轨演示

如上所述，这种演示的目的是在实际任务前，即在与目标航天器的第 1 次结构对接之前，在正确的环境中对所有的系统和操作进行测试。交会系统的确认问题与运载火箭的确认问题相似，只有通过用实际的航天器进行系统和操作的试飞演示才能建立对其功能和性能方面的必要的可信度。使用其他航天器进行演示总是会导致不同的本体动力学和接触动力学特性，因而需要对 GNC 和对接系统进行调整使其适应这些动态特性。并且，不同航天器上的反作用控制系统、数据管理系统、通信系统以及其他子系统等的基础设备都不尽相同，因此，最终这种演示仅仅停留在前面所说的技术层面上。这样就陷入了两难境地，一方面当使用不同的航天器时，不能证实操作系统已准备就绪；另一方面，如果采用一个未经证明的系统进行演示，则在与目标的近距离操作和结构对接时可能会发生危险，尤其是当目标航天器是由人工控制时危险更大。

下面将详细论述使用相同或不同的航天器进行确认时出现的问题和局限性。

- 在一定的安全距离处，目标器可以是真实的，但是出于安全的原因，在近距离接近和接触中，用于演示的目标航天器应该是不同的。然而，如果目标航天器不一样，则：
  —目标的姿态运动不同，这不利于追踪航天器在最终逼近段对 RV 控制系统的验证；
  —目标的质量和惯性不同，不利于对接触和捕获动态特性的验证。

以上两种情况中，即使演示是成功的，也不能保证与实际目标的近距离接近操作和对接操作就可以成功实施。

- 如果追踪航天器不同，实际上必须对整个船载 GNC 系统进行调整使其能够适应演示航天器的特性，尤其是要调整导航滤波器和控制功能。这样的演示实质上是仅对逼近策略和操作的演示。除了某些极其特殊的情况，比如任务的费用（包括发射）很低，并且需要证明其中的某些特殊的系统或操作特性等，一般不值得采用一个不同的追踪航天器来演示证明整个 RVD 系统的飞行准备状态。

- 如果追踪航天器与用于执行实际任务的航天器具有相同的设计，除了对最终逼近的最后部分和接触/捕获动态特性的验证以外，其他所有的 GNC 系统和操作的演示目标都能实现。在这种情况下，就需要满足严格安全性的操作，将一个尚未演示过的系统以载人空间站为目标，完成这一最后阶段的任务。

在上述情况下又会陷入新的两难境地：

1）对于最关键的最终逼近和捕获阶段，利用不同目标航天器进行的演示将不能对系统的功能和操作进行令人满意地验证。

2）由于对安全性的要求很严格，因此应避免第 1 次飞行就以实际目标航天器为目标进行接近操作和接触。

如果不在演示任务中或第 1 次操作任务中冒着危及操作目标的风险，这种难题就不可能解决。出于这个原因，建议采用以下方案，这些方案能够最大限度地减小可能产生的危险。

1）使用真实的追踪航天器和目标航天器来执行 RVD 系统和操作逼近策略的演示，逼近点应处在安全性要求可接受的范围之外。对于访问国际空间站的航天器来说，就是 5.7 节描述的逼近策略、案例 1 中的 S3 点（见图 5－27），或者案例 2 中的 S4 点（见图 5－28）。

2）在剩余的逼近段设置额外的停泊点逐步执行，在这些点上可以对系统和轨道进行验证并在必要时命令航天器后退。

3）在开始最终逼近前，并在最终逼近过程中，对避撞机动和后退机动进行演示，以证明这些机动的可操控性和功能正确性，并证明由地面实施修复操作和新的飞行计划的能力。

4）从停泊点开始执行最后几米的逼近，在这个过程中，可以对对接操作中所有系统和设备要求的有效性和功能进行检验。

在前面的演示步骤中，已经对船载系统的功能以及在应急情况中所有的船载和地面操作的功能进行了演示。在最后一个保持点，可以在最后几米对敏感器功能以及 GNC 模式的有效性进行检验。如果在最后一个停泊点上，所有的系统都能正常工作，之前也没有发生可能导致冗余减少的重大故障，那么就可以认为最后的逼近部分和捕获阶段的残余风险处在了可以承受的范围内。

附录 A 运动动力学

Finn Ankersen 著

A.1 圆轨道的相对运动方程

这部分将阐述一般圆轨道的相对运动方程的推导过程和中间计算过程。推导的结果将以微分方程组以及系统封闭状态转移矩阵的形式给出。

A.1.1 一般系统的微分方程

推导中一般的假设是：飞行器的运动受到中心球重力场和推进器致动力或干扰的影响；航天器看做点质量。

惯性空间中追踪航天器位置矢量（r_c）和目标飞行器（r_t）的位置矢量的表示见图 A-1。它们之间的相对位置用 s 表示。动力学方程在目标飞行器的本体轨道系 F_{lo} 中可以很方便地推出。在以下的式子中，标量将以一般形式表示，矢量和矩阵将以箭头形式表示，要从文中分清这些量。矢量均定义为列向量。

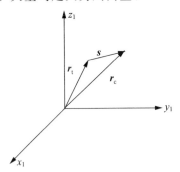

图 A-1 惯性系中追踪飞行器和目标飞行器的位置矢量及相对位置矢量的表示

在中心力影响下的一般运动学方程是牛顿的万有引力定律
(1 713 N),见公式（3−1）

$$\boldsymbol{F}_g(r) = -G\frac{Mm}{r^2}\frac{\boldsymbol{r}}{r} = -\mu\frac{m}{r^3}\boldsymbol{r} \qquad (A-1)$$

其中，$\boldsymbol{F}_g$ 为万有引力；G 为万有引力常数；M 为中心物体的质量（如
地球）；m 为航天器的质量（第二质量）；$\boldsymbol{r}$ 为距离矢量，$r = |\boldsymbol{r}|$；
$\mu = GM$。

方程（A−1）两边同时除以质量 m，归一化为一般动力学方程

$$\boldsymbol{f}_g(\boldsymbol{r}) = -\mu\frac{\boldsymbol{r}}{r^3} \qquad (A-2)$$

由方程（A−1）推出目标飞行器的动力学方程为

$$\boldsymbol{F}_g(\boldsymbol{r}_t) = m_t\ddot{\boldsymbol{r}}_t = -\mu\frac{m_t}{r_t^3}\boldsymbol{r}_t$$

$$\boldsymbol{f}_g(\boldsymbol{r}_t) = \ddot{\boldsymbol{r}}_t = -\mu\frac{\boldsymbol{r}_t}{r_t^3} \qquad (A-3)$$

由方程（A−1）推出在非引力作用下的追踪飞行器的动力学方程为

$$m_c\ddot{\boldsymbol{r}}_c = \boldsymbol{F}_g(\boldsymbol{r}_c) + \boldsymbol{F} = -\mu\frac{m_c}{r_c^3}\boldsymbol{r}_c + \boldsymbol{F}$$

将方程（A−2）代入，有

$$\ddot{\boldsymbol{r}}_c = \boldsymbol{f}_g(\boldsymbol{r}_c) + \frac{\boldsymbol{F}}{m_c} \qquad (A-4)$$

相对运动量 s 按如下方法定义，相对加速度在惯性空间中可直接
推出

$$\left.\begin{array}{r}\boldsymbol{r}_t + \boldsymbol{s} = \boldsymbol{r}_c \\ \boldsymbol{s} = \boldsymbol{r}_c - \boldsymbol{r}_t \\ \ddot{\boldsymbol{s}} = \ddot{\boldsymbol{r}}_c - \ddot{\boldsymbol{r}}_t\end{array}\right\} \qquad (A-5)$$

将方程（A−3）和方程（A−4）代入方程（A−5），得到

$$\ddot{\boldsymbol{s}} = \boldsymbol{f}_g(\boldsymbol{r}_c) - \boldsymbol{f}_g(\boldsymbol{r}_t) + \frac{\boldsymbol{F}}{m_c} \qquad (A-6)$$

通过一阶泰勒展开将 $\boldsymbol{f}_g(\boldsymbol{r}_c)$ 在 $\boldsymbol{r}_t$ 附近线性化，可得

$$f_g(r_c) = f_g(r_t) + \frac{\mathrm{d}f_g(r)}{\mathrm{d}r}\bigg|_{r=r_e}(r_c - r_t) \qquad (A-7)$$

由于矢量均为列向量，雅各比矩阵变成 (Wie 1998)

$$\frac{\mathrm{d}g(x)}{\mathrm{d}x} = \begin{bmatrix} \dfrac{\partial g_1}{\partial x_1} & \cdots & \dfrac{\partial g_1}{\partial x_3} \\ \vdots & \ddots & \vdots \\ \dfrac{\partial g_3}{\partial x_1} & \cdots & \dfrac{\partial g_3}{\partial x_3} \end{bmatrix}$$

为了得到方程（A-7）的雅各比阵的元素，应先找到其对角线元素，定义

$$r = (r_x, \ r_y, \ r_z)^{\mathrm{T}}, \ r = |r| = \sqrt{(r_x^2 + r_y^2 + r_z^2)}$$

对于$_{脚变量}$ $(i, \ j)$，当$i = j$时，利用方程（A-2），有

$$\begin{aligned} \frac{\partial f_g(r_i)}{\partial r_i} &= -\mu\Big[r^{-3} + r_i(-\frac{3}{2})(r_x^2 + r_y^2 + r_z^2)^{-\frac{5}{2}}2r_i\Big] \\ &= -\mu[r^{-3} - 3r^{-5}r_i^2] \qquad (A-8) \\ &= -\frac{\mu}{r^3}\Big[1 - 3\frac{r_i^2}{r^2}\Big] \end{aligned}$$

对于$_{脚变量}$ $(i, \ j)$，当$i \ne j$时，要注意到此时的r_i不是r_j的函数，有

$$\begin{aligned} \frac{\partial f_g(r_i)}{\partial r_i} &= -\mu\Big[-\frac{3}{2}(r_x^2 + r_y^2 + r_z^2)^{-\frac{5}{2}}2r_ir_j\Big] \\ &= -\mu[-3r^{-5}r_ir_j] \qquad (A-9) \\ &= -3\frac{\mu}{r^3}\frac{r_ir_j}{r^2} \end{aligned}$$

将方程（A-8）和方程（A-9）代入方程（A-7），且定义$r = r_t$，得到

$$f_g(r_c) - f_g(r_t) = -\frac{\mu}{r_t^3}Ms$$

其中

$$\boldsymbol{M} = \begin{bmatrix} 1-3\dfrac{r_x^2}{r_t^2} & 3\dfrac{r_x r_y}{r_t^2} & 3\dfrac{r_x r_z}{r_t^2} \\[2ex] 3\dfrac{r_y r_x}{r_t^2} & 1-3\dfrac{r_y^2}{r_t^2} & 3\dfrac{r_y r_z}{r_t^2} \\[2ex] 3\dfrac{r_z r_x}{r_t^2} & 3\dfrac{r_z r_y}{r_t^2} & 1-3\dfrac{r_z^2}{r_t^2} \end{bmatrix}$$

则方程（A－6）为

$$\ddot{\boldsymbol{s}} = -\frac{\mu}{r_t^3}\boldsymbol{M}\boldsymbol{s} + \frac{\boldsymbol{F}}{m_c} \tag{A-10}$$

这样做的目的是为了在目标航天器的旋转本体轨道坐标系 F_{lo} 中表示追踪航天器的运动。F_{lo} 的原点处在目标航天器的质心，在 3.1.3 节中对此已做了定义。

在一般运动学方程的转换以及旋转系统中，能在目标航天器的旋转坐标系中得到追踪航天器的加速度。这种转换很烦琐且只是方程组的一小部分（Symon 1979）。当加星号（*）的坐标系以轨道角速率 ω 旋转时，一般会得到如下结论

$$\frac{\mathrm{d}^2\boldsymbol{x}}{\mathrm{d}t^2} = \frac{\mathrm{d}^{*2}\boldsymbol{x}^*}{\mathrm{d}t^2} + \boldsymbol{\omega}\times(\boldsymbol{\omega}\times\boldsymbol{x}^*) + 2\boldsymbol{\omega}\times\frac{\mathrm{d}^*\boldsymbol{x}^*}{\mathrm{d}t} + \frac{\mathrm{d}\boldsymbol{\omega}}{\mathrm{d}t}\times\boldsymbol{x}^* \tag{A-11}$$

现在在星号坐标系中定义，$\boldsymbol{s} = \boldsymbol{x}$，以及 $\boldsymbol{s}^* = [x,\ y,\ z]^\mathrm{T}$，将方程（A－10）代入有

$$\frac{\mathrm{d}^{*2}\boldsymbol{s}^*}{\mathrm{d}t^2} + \boldsymbol{\omega}\times(\boldsymbol{\omega}\times\boldsymbol{s}^*) + 2\boldsymbol{\omega}\times\frac{\mathrm{d}^*\boldsymbol{s}^*}{\mathrm{d}t} + \frac{\mathrm{d}\boldsymbol{\omega}}{\mathrm{d}t}\times\boldsymbol{s}^* + \frac{\mu}{r_t^3}\boldsymbol{M}\boldsymbol{s}^* = \frac{\boldsymbol{F}}{m_c} \tag{A-12}$$

在目标航天器的坐标系中，可以得到 $\boldsymbol{r}_t$ 和 $\boldsymbol{\omega}$

$$\boldsymbol{r}_t = \begin{bmatrix} 0 \\ 0 \\ -r \end{bmatrix},\quad \boldsymbol{\omega} = \begin{bmatrix} 0 \\ -\omega \\ 0 \end{bmatrix}$$

则方程（A－12）中的条件为

$$\boldsymbol{\omega}\times\boldsymbol{s}^* = \begin{bmatrix} -\omega z \\ 0 \\ \omega x \end{bmatrix}$$

$$\boldsymbol{\omega} \times (\boldsymbol{\omega} \times \boldsymbol{s}^*) = \begin{bmatrix} -\omega^2 x \\ 0 \\ -\omega^2 z \end{bmatrix}$$

$$\boldsymbol{\omega} \times \frac{\mathrm{d}^* \boldsymbol{s}^*}{\mathrm{d}t} = \begin{bmatrix} -\omega \dot{z} \\ 0 \\ \omega \dot{x} \end{bmatrix}$$

$$\frac{\mathrm{d}\boldsymbol{\omega}}{\mathrm{d}t} \times \boldsymbol{s}^* = \begin{bmatrix} -\dot{\omega} z \\ 0 \\ \dot{\omega} x \end{bmatrix}$$

$$\boldsymbol{M} \boldsymbol{s}^* = \begin{bmatrix} 1 & 0 & 0 \\ 0 & 1 & 0 \\ 0 & 0 & -2 \end{bmatrix} \quad \boldsymbol{s}^* = \begin{bmatrix} x \\ y \\ -2z \end{bmatrix}$$

对于确定的椭圆轨道以及圆轨道的特殊情况来说，角动量 $\boldsymbol{L}$ 和角速率 ω 都是常数，角速度 ω 可以表示为

$$\omega^2 = \frac{\mu}{r_t^3} \tag{A—13}$$

从方程（A—13）可以看出 $\frac{\mathrm{d}\omega}{\mathrm{d}t} = 0$。现将方程（A—13）和方程（A—12）的条件代入方程（A—12），可得到相对运动的一般线性方程组，即所谓的希尔方程组（Hill 1878）；可参见式（3—21）

$$\left. \begin{aligned} \ddot{x} - 2\omega \dot{z} &= \frac{1}{m_c} F_x \\ \ddot{y} + \omega^2 y &= \frac{1}{m_c} F_y \\ \ddot{z} + 2\omega \dot{x} - 3\omega^2 z &= \frac{1}{m_c} F_z \end{aligned} \right\} \tag{A—14}$$

应当注意到，方程组（A—14）中线性时变系统的微分方程组适用于任意的追踪航天器和目标航天器的相对轨道运动。后者只在中心重力场的影响下运动。因此，方程组（A—14）只对目标航天器适用。

为了方便起见，将在状态空间中表示方程组（A—14）。为了减

少矩阵的阶数，采用两个系统会很方便：一个是非共面系统动力学（out-of-plane），另一个是共面动力学。其一般表达式是

$$\dot{x} = Ax + Bu \tag{A-15}$$

其中，x 是状态矢量，u 是输入矢量，A 是状态转移矩阵，B 是具有相应维数的输入矩阵。

对共面运动，由方程（A-14）得出的状态矢量的偶合动力学方程如下，其中，状态矢量 $x = [x, z, \dot{x}, \dot{z}]^{\mathrm{T}}$

$$
\begin{bmatrix} \dot{x}(t) \\ \dot{z}(t) \\ \ddot{x}(t) \\ \ddot{z}(t) \end{bmatrix} = \begin{bmatrix} 0 & 0 & 1 & 0 \\ 0 & 0 & 0 & 1 \\ 0 & 0 & 0 & 2\omega \\ 0 & 3\omega^2 & -2\omega & 0 \end{bmatrix} \begin{bmatrix} x(t) \\ z(t) \\ \dot{x}(t) \\ \dot{z}(t) \end{bmatrix} + \begin{bmatrix} 0 & 0 \\ 0 & 0 \\ \dfrac{1}{m_c} & 0 \\ 0 & \dfrac{1}{m_c} \end{bmatrix} \begin{bmatrix} F_x \\ F_z \end{bmatrix} \tag{A-16}
$$

对非共面运动，由方程（A-14）得出的动力学方程如下，其中，状态矢量 $x_0 = [y, \dot{y}]^{\mathrm{T}}$

$$
\begin{bmatrix} \dot{y}(t) \\ \ddot{y}(t) \end{bmatrix} = \begin{bmatrix} 0 & 1 \\ \omega^2 & 0 \end{bmatrix} \begin{bmatrix} y(t) \\ \dot{y}(t) \end{bmatrix} + \begin{bmatrix} 0 \\ \dfrac{1}{m_c} \end{bmatrix} \begin{bmatrix} F_y \end{bmatrix} \tag{A-17}
$$

方程（A-16）和方程（A-17）表述的系统方程被称为希尔方程（Hill 1878）。文献中，这些方程组有时也被称为 Clohessy-Wiltshire（CW）方程组，尽管在方程（A-22）中也表述了 CW 方程组。

A.1.2 近似解

在实践中，方程（A-14）右边的力不是时间的规则函数，因此，要找到方程（A-14）一般形式的特殊解是比较复杂的。在本节中，将把注意力放在求得解析的近似解上来，这个方法将使人们在解决初值问题时，很好地认识相对轨道的情况。

求解时将用到拉普拉斯变换，回想到该变换在有初值情况下的一个推导变换为

$$L(f'(t)) = sF(s) - f(0_+) \tag{A-18}$$

以及

$$L(f''(t)) = s^2 F(s) - s f(0_+) - f'(0_+) \qquad (A-19)$$

将方程（A−18）和方程（A−19）应用到方程（A−14）中，会得到拉普拉斯域中的如下表达式

$$\left.\begin{aligned}
s^2 X(s) - s x_0 - \dot{x}_0 - 2\omega s Z(s) + 2\omega z_0 &= 0 \\
s^2 Y(s) - s y_0 - \dot{y}_0 + \omega^2 Y(s) &= 0 \\
s^2 Z(s) - s z_0 - \dot{z}_0 + 2\omega s X(s) - 2\omega x_0 - 3\omega^2 Z(s) &= 0
\end{aligned}\right\} \quad (A-20)$$

在方程（A−20）中解得 $X(s)$ 和 $Z(s)$。重新整理后，各分量的拉普拉斯变换可写作

$$\left.\begin{aligned}
X(s) &= x_0\,\frac{1}{s} + (\dot{x}_0 + 2\omega z_0)\frac{1}{s^2} + 2\omega z_0\,\frac{1}{s^2+\omega^2} + \\
&\quad 2\omega\dot{z}_0\,\frac{1}{s(s^2+\omega^2)} + 2\omega(4\omega^2 z_0 - 2\omega\dot{x}_0)\frac{1}{s^2(s^2+\omega^2)} \\
Y(s) &= y_0\,\frac{s}{s^2+\omega^2} + \dot{y}_0\,\frac{1}{s^2+\omega^2} \\
Z(s) &= z_0\,\frac{s}{s^2+\omega^2} + \dot{z}_0\,\frac{1}{s^2+\omega^2} + (4\omega^2 z_0 - 2\omega\dot{x}_0)\frac{1}{s(s^2+\omega^2)}
\end{aligned}\right\}$$

$$(A-21)$$

运用拉普拉斯反变换，可得到时域结果。对（A−21）中的每个方程运用拉普拉斯反变换，最后的近似解为（此时的初始时间为 t_0，$\tau = t - t_0$）

$$\left.\begin{aligned}
x(t) &= \left(\frac{4\dot{x}_0}{\omega} - 6z_0\right)\sin(\omega\tau) - \frac{2\dot{z}_0}{\omega}\cos(\omega\tau) + \\
&\quad (6\omega z_0 - 3\dot{x}_0)\tau + \left(x_0 + \frac{2\dot{z}_0}{\omega}\right) \\
y(t) &= y_0\cos(\omega\tau) + \frac{\dot{y}_0}{\omega}\sin(\omega\tau) \\
z(t) &= \left(\frac{2\dot{x}_0}{\omega} - 3z_0\right)\cos(\omega\tau) + \frac{\dot{z}_0}{\omega}\sin(\omega\tau) + \left(4z_0 - \frac{2\dot{x}_0}{\omega}\right)
\end{aligned}\right\}$$

$$(A-22)$$

从方程（A−22）可以看到 $x(t)$ 随时间变化时，$y(t)$ 和 $z(t)$ 是振荡的。没有力输入时，（A−22）中的方程组就是 CW 方程。

对于方程（A—16）和方程（A—17）中的微分方程，这里将给出解的状态空间表达式。对方程（A—15）进行拉普拉斯变换有

$$s\boldsymbol{x}(s) - \boldsymbol{x}(0_+) = A\boldsymbol{x}(s) + B\boldsymbol{u}(s) \qquad (A-23)$$

整理上式得

$$(s\boldsymbol{I} - A)\boldsymbol{x}(s) = \boldsymbol{x}(0_+) + \boldsymbol{B}\boldsymbol{u}(s) \qquad (A-24)$$

解析矩阵定义为

$$\boldsymbol{\Phi}(s) = (s\boldsymbol{I} - A)^{-1} \qquad (A-25)$$

整理方程（A—24）并将方程（A—25）代入，可以得到频域解

$$\boldsymbol{x}(s) = \boldsymbol{\Phi}(s)\big[\boldsymbol{x}(0_+) + \boldsymbol{B}\boldsymbol{u}(s)\big] \qquad (A-26)$$

从式（A—26）可以很容易地得到时域表达式

$$\boldsymbol{x}(t) = \underbrace{\boldsymbol{L}^{-1}\big[\boldsymbol{\Phi}(s)\boldsymbol{x}(0_+)\big]}_{\text{零输入部分}} + \underbrace{\boldsymbol{L}^{-1}\big[\boldsymbol{\Phi}(s)\boldsymbol{B}\boldsymbol{u}(s)\big]}_{\text{零状态部分}} \qquad (A-27)$$

方程（A—27）给出了期望的解。第 1 部分只依赖于初始状态 $\boldsymbol{x}(0_+)$，第 2 部分只依赖于输入量。方程（A—27）的第 1 项事实上与方程（A—22）中的方程等价，只是（A—27）以矩阵的形式给出。

方程（A—15）在状态空间的一般解的另一种表达形式为

$$\boldsymbol{x}(t) = \boldsymbol{\phi}(t, t_0)\boldsymbol{x}(t_0) + \boldsymbol{x}_p \qquad (A-28)$$

其中，$\boldsymbol{x}_p$ 是特殊解，$\boldsymbol{\phi}(t, t_0)$ 是转移矩阵，它将初始状态矢量映射到 t 时刻的最终状态矢量。特殊解的一般形式为

$$\boldsymbol{x}_p = \int_{t_0}^{t} \boldsymbol{\phi}(t, a)\boldsymbol{B}\boldsymbol{u}(a)\mathrm{d}a \qquad (A-29)$$

方程（A—28）中的 $\boldsymbol{\phi}(t, t_0)$ 有许多求法。当得到方程（A—22）一般解时，最简单的算法就是找到有关初始值的表达式。一种更为正式的方法是根据方程（A—30）进行计算，这是计算状态空间过渡矩阵的一般方法

$$\boldsymbol{\phi}(t, t_0) = \mathrm{e}^{\boldsymbol{A}(t-t_0)} = \mathrm{e}^{\boldsymbol{A}(\tau)} \qquad (A-30)$$

从方程（A—27）和方程（A—28）能看到等价矩阵

$$\boldsymbol{\phi}(\tau) \leftrightarrow \boldsymbol{\Phi}(s) \qquad (A-31)$$

转移矩阵按照 τ 在共面和非共面内的运动分别为

共面运动

$$\boldsymbol{\phi}(\tau) = \begin{bmatrix} 1 & 6[\omega\tau - \sin(\omega\tau)] & \dfrac{4}{\omega}\sin(\omega\tau) - 3\tau & \dfrac{2}{\omega}[1 - \cos(\omega\tau)] \\ 0 & 4 - 3\cos(\omega\tau) & \dfrac{2}{\omega}[\cos(\omega\tau) - 1] & \dfrac{1}{\omega}\sin(\omega\tau) \\ 0 & 6\omega[1 - \cos(\omega\tau)] & 4\cos(\omega\tau) - 3 & 2\sin(\omega\tau) \\ 0 & 3\omega\sin(\omega\tau) & -2\sin(\omega\tau) & \cos(\omega\tau) \end{bmatrix} \quad (A-32)$$

非共面运动

$$\boldsymbol{\phi}_0(\tau) = \begin{bmatrix} \cos(\omega\tau) & \dfrac{1}{\omega}\sin(\omega\tau) \\ -\omega\sin(\omega\tau) & \cos(\omega\tau) \end{bmatrix} \quad (A-33)$$

A.1.3 特殊解

在这节中，将求出方程（A—28）中 $\boldsymbol{x}_p$ 的一个解析解。还将考虑输入变量 $\boldsymbol{u}(t)$ 为阶跃函数时的特殊情况，以及假设产生的脉冲具有固定的振幅等。虽然这是一种特殊情况下的解，但它仍然有意义，因为轨道机动的执行机构就产生脉冲力。

为了扩展这个解，这里将仅仅考虑其中最主要的那一个脉冲，后面会把它推广到任意个数的脉冲。输入函数按如下定义

$$f(t) \triangleq ku_{t_1}(t) - ku_{t_2}(t) \quad (A-34)$$

其中，k 是脉冲的振幅，$u_a(t)$ 是单位阶跃函数，定义如下

$$u_a(t) = \begin{cases} 1, & t \geqslant a \\ 0, & t < a \end{cases} \quad (A-35)$$

对于方程（A—34），必须满足下列不等式（t_0 是初始时刻）

$$t_0 \leqslant t_1 < t_2 \quad (A-36)$$

为了找到方程（A—27）中的零状态分量，现对方程（A—34）作拉普拉斯变换，得

$$L[f(t)] = F(s) = \dfrac{k}{s}(e^{-t_1 s} - e^{-t_2 s}) \quad (A-37)$$

方程（A—27）中，$\boldsymbol{\Phi}(s)\boldsymbol{B}$ 之积仅仅是由 $\boldsymbol{\Phi}(s)$ 的最后两列组成，这时方程（A—16）中 $\boldsymbol{B}$ 的前两行全为 0。对于非共面方程组而言，

仅考虑式（A－17）中用到的最后一行。

这个特殊解的原理是建立在共面运动方程的基础上的，除了维数减少外，它与非共面运动的解相似。从方程（A－16）能得到 $\boldsymbol{BF}(s)$ 的乘积如下

$$\boldsymbol{BF}(s) = \frac{1}{m_c} \begin{bmatrix} 0 \\ 0 \\ F_x(s) \\ F_z(s) \end{bmatrix} \tag{A－38}$$

这里要求的是方程（A－27）中的零状态元素，利用方程（A－38），可以将共面运动方程改写为

$$L^{-1}[\boldsymbol{\Phi}(s)\boldsymbol{Bu}(s)] = \frac{1}{m_c}L^{-1}\begin{bmatrix} \Phi_{1,3}(s)F_x(s)+\Phi_{1,4}(s)F_z(s) \\ \Phi_{2,3}(s)F_x(s)+\Phi_{2,4}(s)F_z(s) \\ \Phi_{3,3}(s)F_x(s)+\Phi_{3,4}(s)F_z(s) \\ \Phi_{4,3}(s)F_x(s)+\Phi_{4,4}(s)F_z(s) \end{bmatrix} \tag{A－39}$$

转移矩阵的拉普拉斯变换可以由方程（A－32）求得。这里不会去计算具体的每个元素，而是着眼于第 1 个非零的元素，也就是元素 $\Phi_{1,3}(s)$ 与式（A－38）的第 3 个元素的乘积

$$\Phi_{1,3}(s)F_x(s) = \frac{1}{m_c}\left[\frac{4}{s^2+\omega^2} - \frac{3}{s^2}\right]\frac{k}{s}(e^{-t_1 s} - e^{-t_2 s}) \tag{A－40}$$

即

$$\Phi_{1,3}(s)F_x(s) = \frac{k}{m_c}\left[\frac{4}{s(s^2+\omega^2)} - \frac{3}{s^3}\right](e^{-t_1 s} - e^{-t_2 s}) \tag{A－41}$$

方程（A－41）的拉普拉斯反变换是

$$\frac{k}{m_c}\left\{\frac{4}{\omega^2}\left[\cos(\omega(t-t_2)) - \cos(\omega(t-t_1))\right] + \frac{3}{2}\left[(t-t_2)^2 - (t-t_1)^2\right]\right\} \tag{A－42}$$

对于共面与非共面方程组的其他元素，也是按这样的步骤来计算的。只考虑一个脉冲的情况，可以将特殊解 $\boldsymbol{x}_p$ 表示成

$$\boldsymbol{x}_{\text{Pone}} = \frac{1}{m_c}\boldsymbol{Hu} \tag{A－43}$$

其中，在共面运动中 H 是一个 4×2 的矩阵，非共面运动中 H 是一个 2×1 的矩阵，都是由方程（A－39）中的元素构成，元素的详细计算见方程（A－41）。方程（A－43）中的质量 m_c 是一个独立的量，输入矢量 u 重新被定义，以便于只包含所应用脉冲的振幅，在共面内运动时为 2×1 的矩阵，在非共面内运动时是一个标量。

为使形式更为简洁，将方程（A－39）中的各列单独提出，表示如下

$$H=\begin{bmatrix} h_1 & h_3 \end{bmatrix} \tag{A－44}$$

上式是对共面运动而言的，如果对非共面运动直接用 h_2 就可以了。

现在，将找出特殊解的全部列矢量的元素，得

$$h_1=\begin{bmatrix} \dfrac{4}{\omega^2}\{\cos[\omega(t-t_2)]-\cos[\omega(t-t_1)]\}+\dfrac{3}{2}\big[(t-t_2)^2-(t-t_1)^2\big] \\[3mm] \dfrac{2}{\omega^2}\{\sin[\omega(t-t_1)]-\sin[\omega(t-t_2)]+\omega(t_1-t_2)\} \\[3mm] \dfrac{4}{\omega}\{\sin[\omega(t-t_1)]-\sin[\omega(t-t_2)]\}+3(t_1-t_2) \\[3mm] \dfrac{2}{\omega}\{\cos[\omega(t-t_1)]-\cos[\omega(t-t_2)]\} \end{bmatrix}$$

$$\tag{A－45}$$

$$h_2=\begin{bmatrix} \dfrac{1}{\omega^2}\{\cos[\omega(t-t_2)]-\cos[\omega(t-t_1)]\} \\[3mm] \dfrac{1}{\omega}\{\sin[\omega(t-t_1)]-\sin[\omega(t-t_2)]\} \end{bmatrix} \tag{A－46}$$

$$h_3=\begin{bmatrix} \dfrac{2}{\omega^2}\{\sin[\omega(t-t_2)]-\sin[\omega(t-t_1)]+\omega(t_2-t_1)\} \\[3mm] \dfrac{1}{\omega^2}\{\cos[\omega(t-t_2)]-\cos[\omega(t-t_1)]\} \\[3mm] \dfrac{2}{\omega}\{\cos[\omega(t-t_2)]-\cos[\omega(t-t_1)]\} \\[3mm] \dfrac{1}{\omega}\{\sin[\omega(t-t_1)]-\sin[\omega(t-t_2)]\} \end{bmatrix}$$

$$\tag{A－47}$$

　　需要提醒的是，方程（A－45）和方程（A－46）以及方程（A－47）中的结果都是在单脉冲的情况下得到的。通过对特殊解求和，这个结果可以推广到任意个脉冲的情况，此时，相应的初始时间 t_1 和结束时间 t_2 必须代入每个脉冲中。现在，可以给出以下的一般表达式。

　　对于共面运动的表达式是关于 i 和 k 的求和，而 i 和 k 分别与 x 轴和 z 轴有关

$$\boldsymbol{x}_{\mathrm{p}} = \frac{1}{m_{\mathrm{c}}} \sum_i \sum_k \left[(\boldsymbol{h}_1 u_1)_i + (\boldsymbol{h}_3 u_3)_k \right] \qquad (\mathrm{A}-48)$$

　　对于非共面运动的表达式是关于 j 的求和，j 与 y 轴有关

$$\boldsymbol{x}_{\mathrm{p}0} = \frac{1}{m_{\mathrm{c}}} \sum_j \left[(\boldsymbol{h}_2 u_2)_j \right] \qquad (\mathrm{A}-49)$$

方程（A－48）和方程（A－49）描述了特殊解的一般形式，不管是对一个脉冲序列，还是对一个持续的推力，这个式子都是适用的。对于简单初始条件的情况已在 3.3.3 节中介绍过。

A.1.4　离散时间状态空间系统

　　对于连续时间的控制器的设计，使用方程（A－16）和方程（A－17）的模型很方便。但是在离散时域中，离散时间控制器是最方便和有效的。为此，需要一种离散时间模型。

　　为了得到离散模型，这里运用阶跃不变量 Z 变换，输入信号在抽样时间 T 内视为不变，当输入量是不变振幅的脉冲序列时它与系统匹配。时间 t 现在被视为离散的，时间 $t+1$ 表示当前时间加上抽样间隔 T。状态空间模型定义为

$$\boldsymbol{x}(t+1) = \boldsymbol{F}\boldsymbol{x}(t) + \boldsymbol{G}u(t) \qquad (\mathrm{A}-50)$$

　　用抽样时间 T 替换独立变量 τ，就可以从方程（A－32）中得到共面运动的系数矩阵 $\boldsymbol{F}$，从方程（A－33）中得到非共面运动的系数矩阵 $\boldsymbol{F}$。计算公式为

$$\boldsymbol{F} = \mathrm{e}^{AT} = \boldsymbol{\phi}(T) \qquad (\mathrm{A}-51)$$

方程（A－50）中的输入矩阵 $\boldsymbol{G}$ 定义如下

$$\boldsymbol{G} = \int_0^T e^{At}\boldsymbol{B}\, \mathrm{d}t \qquad (A-52)$$

乘积 $e^{At}\boldsymbol{B}$ 可由方程（A—32）和方程（A—33）按共面与非共面运动分别确定。从方程（A—16）和方程（A—17）可以看出，方程（A—32）和方程（A—33）除以质量的最后两列。将方程（A—52）从 0 到抽样时间 T 积分，就会得到这些元素，并得到共面运动的结果为

$$G = \frac{1}{m_c}\begin{bmatrix} \dfrac{4}{\omega^2}[1-\cos(\omega T)] - \dfrac{3}{2}T^2 & \dfrac{2}{\omega^2}[\omega T - \sin(\omega T)] \\[2ex] \dfrac{2}{\omega^2}[\sin(\omega T) - \omega T] & \dfrac{1}{\omega^2}[1-\cos(\omega T)] \\[2ex] \dfrac{4}{\omega}\sin(\omega T) - 3T & \dfrac{2}{\omega}[1-\cos(\omega T)] \\[2ex] \dfrac{2}{\omega}[\cos(\omega T) - 1] & \dfrac{1}{\omega}\sin(\omega T) \end{bmatrix}$$

$$(A-53)$$

对于非共面运动有

$$G_0 = \frac{1}{m_c}\begin{bmatrix} \dfrac{1}{\omega^2}[1-\cos(\omega T)] \\[2ex] \dfrac{1}{\omega}\sin(\omega T) \end{bmatrix} \qquad (A-54)$$

要注意的是，离散的状态空间模型并不是对连续模型的近似，而是给出了在抽样时刻的具体值。对于在离散时间状态下进行的设计，意味着它就是计算机控制系统，所以在离散时间系统下的直接设计就应该在离散时间域运行。这保证了在相同抽样时间内能得到更大的稳定裕度。抽样时间应当比闭环系统中最快模型的速度快 7～10 倍。

A.1.5　移动椭圆公式

此公式不仅仅适用于存在循环的共面运动。从之前的章节已经知道，非共面运动是一种纯粹的振荡行为，是非偶合的。这个公式

的优点就是较之于方程（A－22）它更便于计算，因为循环的中心坐标表示得很清楚，同时速率的影响表现得更明显。

方程（A－22）和方程（A－28）中 CW 方程的解的公式可以有多种形式。这里考虑椭圆公式，选择它的原因是它对共面内的制导分析以及对机动 ΔV 的计算都很实际。

一般的椭圆公式如下

$$\begin{Bmatrix} x \\ z \end{Bmatrix} = \begin{Bmatrix} x_c \\ z_c \end{Bmatrix} + \begin{Bmatrix} a\cos(\theta) \\ b\sin(\theta) \end{Bmatrix} \tag{A－55}$$

方程（A－55）是以 (x_c, y_c) 为中心，a 为长半轴，b 为短半轴的含参变量的一般椭圆公式。椭圆的周期就是轨道的周期，方程（A－55）中的 θ 与偏心近点角相等。现在可将方程（A－22）重写为下面的形式

$$x(t) = 2\left[A\sin(\omega t) - B\cos(\omega t) \right] + (6\omega z_0 - 3\dot{x}_0)t + (x_0 + \frac{2\dot{z}_0}{\omega}) \tag{A－56}$$

$$z(t) = A\cos(\omega t) + B\sin(\omega t) + (4z_0 - \frac{2\dot{x}_0}{\omega})$$

在方程（A－56）中，可以得到中心的垂直坐标为

$$z_c = 4z_0 - \frac{2\dot{x}_0}{\omega} \tag{A－57}$$

从方程（A－56）和方程（A－57）可以得到椭圆中心的水平坐标为

$$x_c = x_0 + \frac{2\dot{z}_0}{\omega} + \frac{3}{2}\omega(4z_0 - \frac{2\dot{x}_0}{\omega})t \tag{A－58}$$

$$x_c = x_0 + \frac{2\dot{z}_0}{\omega} + \frac{3}{2}z_c\omega t \tag{A－59}$$

由方程（A－22）可得短半轴的表达式

$$b = \sqrt{(A^2 + B^2)} = \sqrt{(\frac{2\dot{x}_0}{\omega} - 3z_0)^2 + (\frac{\dot{z}_0}{\omega})^2} \tag{A－60}$$

对 A 加一个 z_0，再减去一个 z_0，可以得到更简单的形式

$$b = \sqrt{(\frac{2\dot{x}_0}{\omega} - 4z_0 + z_0)^2 + (\frac{\dot{z}_0}{\omega})^2} \tag{A－61}$$

$$b = \sqrt{(z_0 - z_c)^2 + (\frac{\dot{z}_0}{\omega})^2} \tag{A-62}$$

从式（A－56）看到长半轴是短半轴的 2 倍

$$a = 2b \tag{A-63}$$

方程（A－56）中 x 和 z 的表达式中三角函数的系数是互为相反数，余弦函数具有相反的符号，相同的相位角可由 θ 表示

$$\theta = \omega t + \varphi \tag{A-64}$$

和

$$\varphi = \arctan\left(\frac{A}{B}\right) \tag{A-65}$$

$$\varphi = \arctan\left(\frac{\frac{2\dot{x}_0}{\omega} - 3z_0}{\frac{\dot{z}_0}{\omega}}\right) \tag{A-66}$$

$$\varphi = \arctan\left(\frac{z_0 - z_c}{\frac{\dot{z}_0}{\omega}}\right) \tag{A-67}$$

$$\varphi = \arctan\left[\frac{\omega}{\dot{z}_0}(z_0 - z_c)\right] \tag{A-68}$$

当计算方程（A－65）中的反三角函数时，要注意其象限的正确性。总结共面运动的含参变量椭圆公式如下

$$x(t) = x_c(t) + 2b\cos(\omega t + \varphi) \tag{A-69}$$

$$z(t) = z_c + b\sin(\omega t + \varphi) \tag{A-70}$$

其中

$$x_c(t) = x_0 + \frac{2\dot{z}_0}{\omega} + \frac{3}{2}z_c\omega t \tag{A-71}$$

$$z_c = 4z_0 - \frac{2\dot{x}_0}{\omega} \tag{A-72}$$

$$b = \sqrt{(z_0 - z_c)^2 + (\frac{\dot{z}_0}{\omega})^2} \tag{A-73}$$

$$\varphi = \arctan\left[\frac{\omega}{\dot{z}_0}(z_0 - z_c)\right] \tag{A-74}$$

从方程（A－71）中可看出，椭圆的中心是以不变的速度 $\dot{x}_c$ 运

动的，$\dot{x}_c$ 是与椭圆的中心高度 z_c 成比例的。如果 z_c 为零，且无干扰，理论上讲，空间站可以在不耗费燃料的情况下保持运行。

控制共面运动的制导时一个很重要的考虑是，使燃料消耗性能指数最小化，这里燃料的性能指数是由 ΔV 脉冲求和而来。从方程（A-72）可以看到，高度的变化只受 x 轴速度修正量的影响。相似地，在方程（A-71）中，$x_c(t)$ 只受 z 轴速度修正量的影响。很明显，为了控制椭圆的漂移，只要在垂直方向上施加力就足够了。

A.2 姿态动力学和运动学

这节给出了一般姿态动力学和运动学方程的推导过程和细节。

A.2.1 方向余弦矩阵（DCM）

这节概括了欧拉（3，2，1）旋转中的方向余弦矩阵，在此，需要求出各个矩阵。注意这里 1 表示 x 轴，2 表示 y 轴，3 表示 z 轴。旋转是从坐标系 a 到 b，即

$$v_b = R_{ba} v_a \tag{A-75}$$

其中，v_a 是映射在坐标系 a 的坐标轴上的一个矢量，v_b 是映射在坐标系 b 的坐标轴上的一个矢量。DCM 是由绕生成的中间坐标系的第 1 旋转轴和第 2 旋转轴后，接着再绕第 3 轴旋转推导来的。因此，可以将它们写成如下 3 个独立的矩阵形式

$$R_{ba}(\theta) = R_1(\theta_1) R_2(\theta_2) R_3(\theta_3) \tag{A-76}$$

$$\boldsymbol{R}_{ba}(\boldsymbol{\theta}) = \begin{bmatrix} 1 & 0 & 0 \\ 0 & \cos(\theta_1) & \sin(\theta_1) \\ 0 & -\sin(\theta_1) & \cos(\theta_1) \end{bmatrix} \begin{bmatrix} \cos(\theta_2) & 0 & -\sin(\theta_2) \\ 0 & 1 & 0 \\ \sin(\theta_2) & 0 & \cos(\theta_2) \end{bmatrix} \begin{bmatrix} \cos(\theta_3) & \sin(\theta_3) & 0 \\ -\sin(\theta_3) & \cos(\theta_3) & 0 \\ 0 & 0 & 1 \end{bmatrix} \tag{A-77}$$

$$\boldsymbol{R}_{ba}(\boldsymbol{\theta}) = \begin{bmatrix} c(\theta_3)c(\theta_2) & c(\theta_2)s(\theta_3) & -s(\theta_2) \\ s(\theta_1)s(\theta_2)c(\theta_3) - c(\theta_1)s(\theta_3) & s(\theta_1)s(\theta_2)s(\theta_3) + c(\theta_1)c(\theta_3) & s(\theta_1)c(\theta_2) \\ c(\theta_1)s(\theta_2)c(\theta_3) + s(\theta_1)s(\theta_3) & c(\theta_1)s(\theta_2)s(\theta_3) - s(\theta_1)c(\theta_3) & c(\theta_1)c(\theta_2) \end{bmatrix} \tag{A-78}$$

其中，$c(\theta_i) = \cos(\theta_i)$，$s(\theta_i) = \sin(\theta_i)$ 以及 $\theta = [\theta_1, \theta_2, \theta_3]^{\mathrm{T}}$ 分别对应相应轴的旋转角。反向旋转可由标准正交矩阵 R_{ba} 的转置来求，有 $R_{ab} = R_{ba}^{\mathrm{T}}$。

A. 2. 2　非线性动力学

可以将一个刚体的角动量写为

$$\boldsymbol{L} = \boldsymbol{I\omega} \tag{A-79}$$

其中，$\boldsymbol{I}$ 是惯性矩阵，$\boldsymbol{\omega}$ 是惯性角速度矢量。转矩矢量 $\boldsymbol{N}$ 表示如下 (Symon 1979)

$$\frac{\mathrm{d}\boldsymbol{L}}{\mathrm{d}t} = \boldsymbol{N} \tag{A-80}$$

可以将矢量在旋转坐标系（加 * 号）中表示为

$$\frac{\mathrm{d}\boldsymbol{L}}{\mathrm{d}t} = \frac{\mathrm{d}^* \boldsymbol{L}^*}{\mathrm{d}t} + \boldsymbol{\omega} \times \boldsymbol{L}^* \tag{A-81}$$

$$\boldsymbol{N} = \frac{\mathrm{d}^* (\boldsymbol{I\omega}^*)}{\mathrm{d}t} + \boldsymbol{\omega} + \boldsymbol{I\omega}^* \tag{A-82}$$

这里，$\boldsymbol{\omega}$ 仍然是旋转坐标系的角速度，$\boldsymbol{\omega}^* = \boldsymbol{\omega}$。如果还考虑该旋转坐标系相对于刚体是固定的，惯性矩阵是常数矩阵，能将方程（A-82）在体坐标系中表示为

$$\boldsymbol{I\dot{\omega}} + \boldsymbol{\omega} \times \boldsymbol{I\omega} = \boldsymbol{N} \tag{A-83}$$

如果出现刚体轴线与惯量主轴相重合的特殊情况，则惯性矩阵 $\boldsymbol{I}$ 为对角矩阵，方程（A-83）可写为

$$\left. \begin{aligned} I_x \dot{\omega}_x + (\boldsymbol{I}_z - \boldsymbol{I}_y)\omega_z \omega_y &= N_x \\ I_y \dot{\omega}_y + (\boldsymbol{I}_x - \boldsymbol{I}_z)\omega_x \omega_z &= N_y \\ I_z \dot{\omega}_z + (\boldsymbol{I}_y - \boldsymbol{I}_x)\omega_y \omega_x &= N_z \end{aligned} \right\} \tag{A-84}$$

从方程（A-84）看到，一个刚体不能以恒定的角速度 ω 绕主轴旋转，除非施加外部转矩。如果 $\dot{\omega} = 0$，方程（A-83）变为 $\omega \times I\omega = N$。当且仅当 $I\omega$ 与 ω 平行的时候即 ω 与刚体的主轴方向一致时，方程的左边为 0。

A. 2. 3 非线性运动学

对于运动学，要找出相对于参考坐标系 F_{lo} 的体坐标系 F_a 的微分运动方程，并将欧拉（3，2，1）角与角速度 ω_{alo} 联系起来。

坐标系间的 ω_{alo} 是以最后一个坐标系表示的各个坐标系旋转率之和。在方程（A－76）中欧拉（3，2，1）旋转利用单个旋转矩阵可得

$$\boldsymbol{\omega}_{alo} = \begin{bmatrix} \dot{\theta}_x \\ 0 \\ 0 \end{bmatrix} + \boldsymbol{R}_1(\theta_x)\begin{bmatrix} 0 \\ \dot{\theta}_y \\ 0 \end{bmatrix} + \boldsymbol{R}_1(\theta_x)\boldsymbol{R}_2(\theta_y)\begin{bmatrix} 0 \\ 0 \\ \dot{\theta}_z \end{bmatrix} \qquad (A-85)$$

把 A. 2. 1 节的 $\boldsymbol{R}_1(\theta_x)$ 和 $\boldsymbol{R}_2(\theta_y)$ 相乘，然后化简，方程（A－85）变为

$$\boldsymbol{\omega}_{alo} = \begin{bmatrix} 1 & 0 & -\sin(\theta_y) \\ 0 & \cos(\theta_x) & \sin(\theta_x)\cos(\theta_y) \\ 0 & -\sin(\theta_x) & \cos(\theta_x)\cos(\theta_y) \end{bmatrix}\begin{bmatrix} \dot{\theta}_x \\ \dot{\theta}_y \\ \dot{\theta}_z \end{bmatrix} \qquad (A-86)$$

需要得到上式的逆变换，并且要注意这个矩阵并不是方向余弦矩阵 DCM，也不是正交矩阵，所以，需要找出其逆矩阵。起决定作用的是 $\cos(\theta_y)$，可以将体坐标系中的逆变换表示成

$$\begin{bmatrix} \dot{\theta}_x \\ \dot{\theta}_y \\ \dot{\theta}_z \end{bmatrix} = \frac{1}{\cos(\theta_y)}\begin{bmatrix} \cos(\theta_y) & 0 & 0 \\ \sin(\theta_x)\sin(\theta_y) & \cos(\theta_x)\cos(\theta_y) & \sin(\theta_x) \\ \cos(\theta_x)\sin(\theta_y) & -\sin(\theta_x)\cos(\theta_y) & \cos(\theta_x) \end{bmatrix}\boldsymbol{\omega}_{alo}$$

$$(A-87)$$

A. 2. 4 线性运动学和动力学姿态模型

现在分别从方程（A－83）和方程（A－87）中找出建立航天器姿态运动的动力学和运动学组合模型的主要步骤。

线性化就是在某个有效点上按一般泰勒级数展开，其运动学和

动力学模型都是两个变量的函数。对于一般函数 $f(x, u)$，得到至其第 1 阶为

$$f(x, u) = f(x_0, u_0) + \frac{\partial f(x, u)}{\partial x}\bigg|_{x_0, u_0} (x - x_0) + \frac{\partial f(x, u)}{\partial u}\bigg|_{x_0, u_0} (u - u_0)$$

$$(A-88)$$

式中，下标 0 指的是展开点。

将方程（A－83）写为动力学公式 $I\dot{\omega} = f(\omega, N)$，其中，旋转矩的展开点是 $N_0 = 0$，角速度的展开点是轨道坐标系的角速度 $\omega_0 = [0, -\omega_0, 0]^{\mathrm{T}}$。

可以将方程（A－87）写为运动学公式 $\dot{\theta} = g(\theta, \omega_{\mathrm{alo}})$，其中，姿态角的展开点是 $\theta_0 = 0$，相对体坐标系的角速度 $\omega_{\mathrm{alo}} = 0$。

这里不会将一些推导式的琐碎的推导过程全部给出，而是直接进入到组合线性模型的推导。定义状态矢量 $x = [\theta_x, \theta_y, \theta_z, \omega_{\mathrm{alo}_x}, \omega_{\mathrm{alo}_y}, \omega_{\mathrm{alo}_z}]^{\mathrm{T}}$，得到

$$\dot{x} = Ax + BN \qquad (A-89)$$

其中，系统矩阵 A 为

$$A = \begin{bmatrix} 0 & 0 & \omega_0 & 1 & 0 & & 0 & \\ 0 & 0 & 0 & 0 & 1 & & 0 & \\ -\omega_0 & 0 & 0 & 0 & 0 & & 1 & \\ & & & & & \begin{bmatrix} I_{31} & 2I_{32} & I_{33}-I_{22} \\ -I_{32} & 0 & I_{12} \\ I_{22}-I_{11} & -2I_{12} & -I_{13} \end{bmatrix}_{3\times 3} \\ & 0_{3\times 3} & & \omega_0 I^{-1} & & & \end{bmatrix}$$

$$(A-90)$$

输入矩阵 B 为

$$B = \begin{bmatrix} 0_{3\times 3} \\ I_{3\times 3}^{-1} \end{bmatrix} \qquad (A-91)$$

当惯性矩阵 I 为对角矩阵时，意味着刚体的轴线与主轴一致，所以线性姿态动力学公式可以简化为

$$\dot{x} = \begin{bmatrix} 0 & 0 & \omega_0 & 1 & 0 & 0 \\ 0 & 0 & 0 & 0 & 1 & 0 \\ -\omega_0 & 0 & 0 & 0 & 0 & 1 \\ 0 & 0 & 0 & 0 & 0 & \omega_0 \dfrac{I_{33}-I_{22}}{I_{11}} \\ 0 & 0 & 0 & 0 & 0 & 0 \\ 0 & 0 & 0 & \omega_0 \dfrac{I_{22}-I_{11}}{I_{33}} & 0 & 0 \end{bmatrix} x + \begin{bmatrix} 0 & 0 & 0 \\ 0 & 0 & 0 \\ 0 & 0 & 0 \\ \dfrac{1}{I_{11}} & 0 & 0 \\ 0 & \dfrac{1}{I_{22}} & 0 \\ 0 & 0 & \dfrac{1}{I_{33}} \end{bmatrix} N$$

$$(A-92)$$

附录 B 现有飞行器的交会策略

B.1 航天飞机

关于美国航天飞机的交会策略的描述，是以作者及其同事从美国国家航空航天局（NASA）召开的关于航天飞机访问和平号空间站 3 次飞行（STS－80，STS－84 和 STS－86）演示交会敏感器任务的各类会议中获得的信息为基础的。更多的信息则来自 NASA（1996，1997）关于这些任务的文件，还有来自 RSC Energia 公司的相应信息。也有的来源于 NASA《交会/接近操作人员训练手册》。

航天飞机的调相策略是由一系列标准机动操作构成。这些机动旨在找到一个可行的调相轨道，调整轨道平面使之与目标航天器的轨道重合，然后在某个特定时刻到达与目标航天器有着固定距离的初始瞄准点 Ti。不同的机动方法将在图 B－1 中展示，它们有着以下的目的。

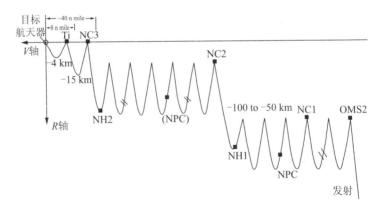

图 B－1 航天飞机调相及远程交会策略实例

注：n mile＝海里

- OMS2. 由"轨道机动系统"执行的推进机动将提升近地点以
  及得到可行的调相轨道。
- NC. 共面系列机动将支持调相，调整近地点，以及修正之前
  机动的推力误差。NC 机动通常在航天员工作期的最后、睡觉
  之前进行。
- NH. 轨道高度调整机动。这种共面大机动的必要性依赖于其
  发射入轨的条件和目标航器的位置。
- NPC. 轨道平面修正机动。这种横向的机动有可能是在调相
  轨道的一个方便的点上修正 RAAN 和轨道倾角偏差。

NC（见图 B—1 中的 NC3）及以前的机动都是由地面控制的。
接下来的机动都是由船载 GNC 系统自行控制，该系统是建立在星敏
感器及交会雷达测量装置基础上的见图 B—2。沿着转移轨道，航天
飞机的货舱指向目标航天器。导航滤波器处理所有星体追踪器、交
会雷达、惯性测量单元、推进指令以及地面初始条件的输入。它就
如之前 6.2.1 节中所讲的生成状态矢量。

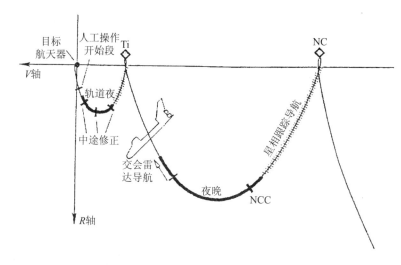

图 B—2　典型的航天飞机远程交会示意图

- NCC. 由船载系统控制的第 1 个机动利用了滤波器的信息，这些信息通过星敏感器对之前的两个轨道圆弧测量不断更新来获得。该机动将包括在共面和非共面按要求的精度到达平面内 Ti 点的两种情况。

- Ti. 末段初始机动。该机动是在距离目标飞行器后方 8 海里（14.8 km），上方 1 200 英尺（355 m）的一个固定点执行的。之前所有的机动都是为了满足这个初始瞄准点而考虑的。

- MC. 中途修正机动。用以修正 Ti 机动的推进偏差、测量误差和残余的非共面分量等，建立在 Lambert 寻的瞄准之上。

在即将穿越 R 轴的最后弧段，开始手动控制。除了用于帮助航天员提高导航精度的敏感器和交会雷达外，还有：

1）乘员光学对准仪（COAS）。这是对准航天飞机 x 轴的一种被动光学装置。

2）闭环电视系统（控制中心 TV）。这是由安装在货舱前端和尾端的两台摄像机组成的系统，用于测量 x 轴与目标航天器之间的夹角。

3）轨道控制敏感器（TCS）。一种激光测距仪型的敏感器（见7.4.1节），用于测量距离和视线角。

航天飞机的标称逼近是在 $+V$ 轴和 $+R$ 轴一侧。依据计划选择的是 $+V$ 轴还是 $+R$ 轴逼近，越过 V 轴之后的机动将会有所不同。

在一个 V 轴逼近中，轨道是以在目标器前方大约 150 m 的一个点为目标，在此要施加一个停止脉冲。在 300 m 的范围内，航天飞机必须保持的速度分布为：距离/1 000 s。最后的逼近是以一定的初始速度向目标驶进，然后连续跳跃，每次飞行器经过 V 轴时在 z 方向上都施加 ΔV（见图 B—3 和图 3—24 的直线 V 轴逼近）。

在一个 R 轴的逼近中，穿越 R 轴时，在 $-x$ 方向施加一个推力，以减小前进速度。此后，在 $-z$ 轴方向施加一个推力以补偿自然轨道的运动，这种轨道运动产生 $-x$ 和 $+z$ 方向的移动。当飞行器每次穿越 R 轴时，就会在 $-z$ 方向上施加一个 ΔV，且飞行器以跳跃方式沿

着 R 轴向目标航天器运动（见图 B-4 和图 3-25 的直线 R 轴逼近）。

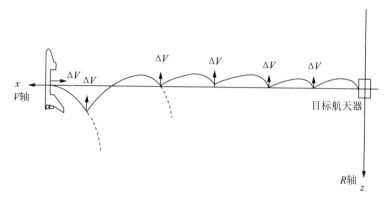

图 B-3　航天飞机的 V 轴逼近

逼近速度的减少是依靠在 V 轴逼近中减少 V 轴穿越时的推力实现的（参考方程（3-47）直线逼近）。在 R 轴的逼近中，施加的推力是 $-x$ 方向的一个 ΔV 和 $-z$ 方向的一个 ΔV 的合力。如图 3-25 所示，对于一个固定的逼近速度，$-z$ 方向的 ΔV 随着相对于目标航天器的高度差的减小而减小。同样的情况也会发生在那些离散时间推力点上而不是连续点的逼近中。如果必须在 R 轴逼近中应用一个速度分布，ΔV_x 和 ΔV_z 必须相应得到修正（方程（3-25）中的直线逼近）。

图 B-2 表示了轨道夜晚后不久，轨道穿越 R 轴的情况。在 V

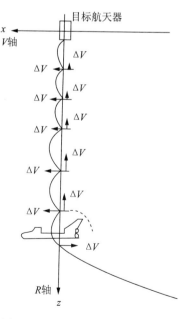

图 B-4　航天飞机的 R 轴逼近

轴逼近中，航天飞机大概在轨道中午的时间到达 V 轴。最后的逼近直到捕获将在轨道的受光时段的后半段实施，此时，太阳在目标航天器的后上方。在 R 轴逼近中，最后的逼近直接始于穿越 R 轴之后，所以它能在一个轨道天的前半时段发生。这两种情况下，太阳的位置在逼近的飞行器前方，这对航天员来说是个干扰。停泊点可以在 V 轴上的任何位置，以及在 R 轴上与目标航天器有一小段距离的位置上，这样可以节省推进剂，或者等待更多合适的受光条件。从 $+R$ 轴逼近时，太阳将自始至终都不会照到目标航天器的对接端口一侧。这种情况下，人工照明将用来帮助黑色或白色的目标标志器来引导对接前最后阶段的逼近。

B.2　联盟号（Soyuz）/进步号（Progress）

对于联盟号和进步号的交会策略的介绍，主要建立在作者及其同事就 ATV 的工作与 RSC Energia 公司的各类接触中得来的信息基础之上的。其他的来源还包括俄罗斯机构 TsNII Mash 1993 报告（该报告是为支持欧洲的赫尔墨斯（Hermes）计划（TsNII-Mash 1992）而准备的。还有一个来源是 CNES 1998 与俄罗斯任务控制中心专家（TSUP）会见后提出的报告（Labourdette & Martin 1998）。

和航天飞机不同的是，联盟号和进步号的调相策略是建立在准圆轨道上的。这使得机动和时间表的制定更加容易。标准的调相机动发生在 3 组 1～3 次机动中（见图 B—5），该策略考虑到了位置和通信窗口。

第 1 组机动的目的是将飞行器转移到正确的调相高度；根据发射后的相位角、空间站的高度以及预计的到达时间，可以对它们进行计算，以满足对接的条件。该机动是一个霍曼转移，与轨道平面的修正相结合，以及在发射后的第 4～5 圈执行该机动。

下一步机动在第 17 圈执行。它的目的是修正第 1 组机动执行后出现的轨道偏差。

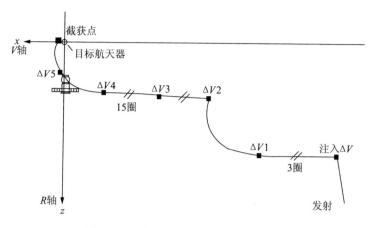

图 $B-5$ 联盟和进步号飞船的调相策略

第 3 组机动包括 3 次推进，对前两个即 M4 和 M5 进行计算，以保证目标轨道在目标点处的精度（见图 $B-6$）。最后的一个机动将把追踪航天器注入目标航天器前方大约 1.5 km 处的目标器轨道上。该机动执行中的一些细节将在下面作阐述。第 3 组中的推进将在第 32 和第 33 圈执行。

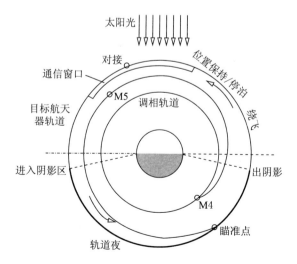

图 $B-6$ 联盟号和进步号飞船的交会阶段

　　调相机动是由主发动机执行的，主要是作切向推进。横向的推进分量是由相应的飞行器的姿态角得到。例如，非共面分量依据偏航角得到，共面径向分量由俯仰角得到。前两组机动由地面控制，最后一组机动由船载的控制系统自动执行，执行时要利用 Kurs 交会敏感器系统（见 7.2.5 节）的测量信息计算的 M5 和 M6 机动。机动 M4 的计算和执行是靠船载系统实现的，该系统的计算和执行是以输入船载电脑的前位轨道参数和条件为基础的。作为 3 次脉冲转移问题的解，对于机动 M5 和机动 M6 在目标点的初值的计算要先于 M4。用这种方法得到的 ΔV_6 的初值用做船载系统的参考值。

　　M4 执行后不久，轨道进入 Kurs 系统的作用范围。控制系统利用 Kurs 建立的相对状态矢量为基础，计算并更新 M5 机动执行的时间、大小以及瞄准点的期望相对速度。为了得到到达目标轨道的平滑制动速度分布，必要的制动脉冲实际上是在 3 个机动（M6～M8）中施加的。3 次机动中，第 1 个机动（M6）是在目标飞行器轨道下方 1 km 处实施的，它是由主发动机执行的，另外两个是由姿态发动机执行的。除了靠主发动机推进外，飞行器沿着逼近轨道指向目标航天器（见图 B-7）。

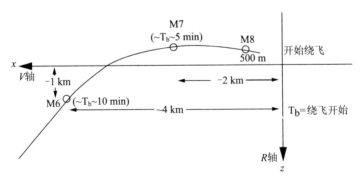

图 B-7　联盟号/进步号到达 V 轴的机动

　　最后逼近和对接的重要条件，就是目标对接端口的照明。由于监控方面的原因，目标航天器受太阳光照的角度应该与对接轴呈

30°～60°角之间（见 5.4.1 节）。为此，太阳必须处在追踪航天器之后，同样的情况发生在轨道日前半天的 +V 轴逼近、后半天的 -V 轴逼近、轨道中午前后两段时间的 -R 轴逼近。正如前面章节所述，不会有符合 +R 轴逼近的光照条件，因为太阳总是处在目标航天器之后的半球体中。在联盟号/进步号的逼近策略的设计中，还要进一步考虑的约束条件是，由于电力原因目标站（和平号）应同时拥有 LVLH 姿态和惯性姿态（指向太阳）。

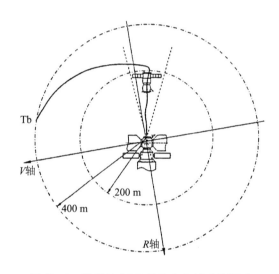

图 B-8　联盟号/进步号绕飞和最后的逼近

在标准距离逼近（M8）的末端，目标航天器的对接端的指向可能并不与目前逼近的方向一致。为了达到与目标航天器的对接端的轴线方向一致，要采取从 400 m 到 200 m 距离内的绕飞措施，这将使追踪航天器转移到所要求的目标航天器的对接端在 +V 轴、-R 轴或是 -V 轴的逼近线上，或是转到一个惯性指向端口。该绕飞行为是一个双脉冲的转移，它在径向和共面外方向上的分量（见图 3-14，图 3-17 和图 3-18）取决于接口轴的方向。考虑到径向和非共面转移是循环运动，一圈之后又回到出发点，因此脉冲式的绕飞有其重要的积极特色：安全、可重复和准恒定的照明条件。

看看以下的例子，就能很好地明白上面的特征了：轨道黎明时，在+V 轴上以 ΔV 启动 1 次脉冲转移，太阳将处在追踪航天器的后方，照亮目标飞行器。这将沿此轨道一直持续到追踪航天器运行到−V 轴一侧，太阳进入地球的阴影区为止。直到施加了额外的非共面分量，该行为才会发生改变。也可以随时停止绕飞，同时保持不变的照明条件，这意味着对接口在上半球中可以保持任意角度。

通过绕飞，飞行器将实行站点保持，同时等待 M 控制中心发出的前进指令。这个等待时间将最后一次被用来与通信窗口以及照明条件同步逼近。最后一次逼近是在一个直线闭环的可控轨道上，初始点（150～200 m）速度大约为 1 m/s，接触时该速度将降为 0.1～0.3 m/s。

附录 C　ISS 背景下的交会飞行器

该附录的目的是概括介绍 ISS 背景下的执行交会和捕获任务的航天器。感兴趣的是那些对于交会轨道的实现和结构对接过程而言最重要的飞行器的特征。这些特征是：

- 飞行器的质量和惯量；
- 制动方式和作用力/扭矩的能力范围；
- 推进发动机的位置；
- 与交会和捕获相关的飞行器几何特征，比如主体和附属体的大小和形状；
- 结构对接装置的类型和位置；
- 交会敏感器的类型。

在此不打算给出这些飞行器详尽的描述，因为它们在发展中会不断发生改变。

各类航天器的基本信息可以从 NASA，NASDA 和 ESA 的网站上得到。有关俄罗斯航天器的设计和发展历史的详细信息可从 NASA 的《和平号的硬件经验》（Portree 1995）一书中了解到。有关空间站各个方面的信息可在文献 Messerschmid & Bertrand (1999) 中找到。该附录中的一些内容是从 ISS 项目中有关空间站以及到访飞行器的技术报告和设计要求中摘取出来的（NASA 1999），还有一些是从与各种航天器项目中的相关专家的口头交流中收集而来的。

该附录的前两节，将讨论作为目标航天器的国际空间站和和平号空间站，之后将讨论 ISS 背影下的追踪航天器。

C.1　国际空间站

目前对于大多数的交会和对接/停靠操作来说，国际空间站被视为目标飞行器。完全"装配完成"后，ISS 将是所建的最大航天器，在轨装配需要 20 多次的发射才能完成。有些舱是通过自主导航、自动地到达并与空间站实现对接，有些舱和装配件则被航天飞机运输到空间站上。ISS 的第 1 个舱是 FGB，是在 1998 年 11 月发射的。图 C−1 展示了 ISS"装配完成"后的外形，计划于 2004 年完成。

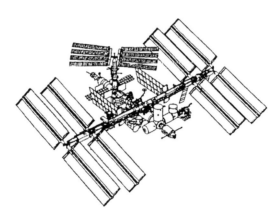

图 C−1　国际空间站 ISS（由 NASA 提供）

（1）设计特征

"装配完成"后的 ISS 的主要构件如图 C−2 所示（来自 NASA（1998C））。在此构形中，ISS 将包括以下主要舱段：

- 俄罗斯建造的 FGB（ISS 的第 1 个在轨舱）；
- 俄罗斯的服务舱（SM）；
- 节点 1（具有与 FGB 和别的舱连接的对接适配器）；
- 美国 HAB 舱（指向下方，对接口在 R 轴方向上）；
- 美国 LAB 舱（切线方向）；

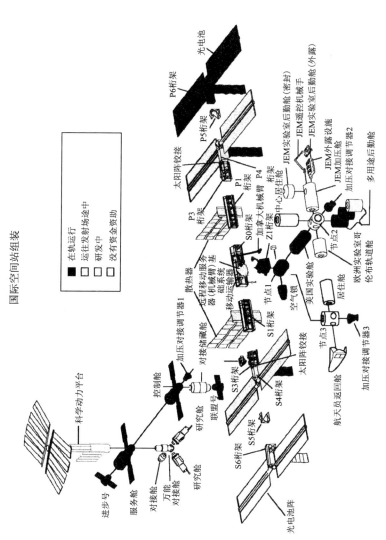

国际空间站组装

在轨运行
运往发射场途中
研发中
没有资金资助

图C-2　国际空间站的各个舱（由NASA提供）

- 节点 2（对接口指向 V 轴方向）；
- 日本实验舱（JEM）（从飞行方向看在右边）；
- 欧洲实验室（从飞行方向看在左边）；
- 离心机舱（指向上方）；
- 意大利微型加压舱（MPLM）指向下方（该舱不是永久连接在空间站上的，它由航天飞机送上去和带下来）；
- 俄罗斯科学动力平台（SPP）（连接在服务舱的联结部件上）；
- 第 2 个 FGB，有互联装置（连接到服务舱的互联口上）；
- 许多俄罗斯的研究、对接以及储藏舱都连接在 ISS 中俄方的不同位置。

ISS 的大小、质量和惯性依赖于装配的状态和与之对接的服务舱的数量和类型。在表 C-1 中给出的值指的是"装配完成"的状态，不包括连接的其他航天器。它们是以 2001 年以前的设计状态为基础的。

（2）轨道参数

高度：350～460 km；倾角：51.6°。

（3）对接/停泊端口的位置和类型

ISS 有许多端口，为航天器和各舱体的连接提供了便利。接合的主要方式是对接，但因为有机械手操作系统，ISS 还具有通过停靠的方式连接其他航天器或舱体的能力。停靠技术将被用于 HTV 的接合以及从航天飞机的货舱卸货。以下的端口可供使用：

1）位于节点 1 前端舱的 $+V$ 轴对接端口，用于航天飞机的对接，采用 APDS 型的对接装置（参见图 8-10）；

2）位于美国 HAB 舱下方 R 轴对接端口，用于航天飞机的对接，采用 APDS 型的对接装置（参见图 8-10）；

3）位于节点 1 近地指向的 R 轴停靠端口，用于与 MPLM 和 HTV 的连接，采用 CBM 型的对接装置（参见图 8-13）；

4）用于联盟号、进步号和 ATV 尾部对接的－V 轴对接口，探针/锥腔型对接装置（见图 8－8）；

5）用于联盟号和进步号飞船的位于第 2 个 FGB 近地指向的 R 轴对接口，探针/锥腔型对接装置（参见图 8－8）；

6）用于联盟号和进步号飞船的位于对接和储藏舱近地指向的 R 轴对接口，探针/锥腔型对接装置（参见图 8－8）。

到访飞行器的主要端口是在空间站前部和尾部＋V 轴和－V 轴的对接口，以及在节点 1 处的 R 轴停泊端口。

（4）到访飞行器

计划以下航天器将为 ISS 提供服务：

• 美国航天飞机（机组和货物）；

• 俄罗斯联盟号（机组）；

• 俄罗斯进步号（货物、补给燃料和再推进）；

• 欧洲 ATV（货物和再推进）；

• 日本 HTV（货物）。

另外，可能还会有一个由航天飞机运送的推进舱，专门用于空间站的轨道维护。

（5）所用的交会敏感器系统

在 ISS 中并未对到访航天器的交会敏感器界面以及目标站的相应功能进行规范化，而是对每个到访的航天器都有特定的界面和功能。对于采用光学交会敏感器的航天器，它们相应的界面是反射器阵列，安装在与该特定飞行器相对应的对接口或停靠箱的附近。在空间站上为俄罗斯 Kurs 系统配备的装备（异频雷达收发机）已经在 7.2.5 节作过论述。对于 RGPS，将使用空间站上某一个 GPS 接收器的原始数据。使用的敏感器系统将在下面到访航天器一节中讨论。

表 C—1   ISS 的尺寸、质量和转动惯量

尺寸	$x=67.5$ m $y=108.48$ m $z=44.98$ m 太阳能帆板的旋转范围 $d=72.93$ m
质量	$m=470\ 000$ kg，取决于有效载荷
主轴转动惯量	$Ixx\approx128\ 000\ 000$ kg·m² $Iyy\approx107\ 000\ 000$ kg·m² $Izz\approx201\ 000\ 000$ kg·m²

（6）制动器

旋转制动器

4 个具有 2 自由度支架系统的控制力矩陀螺仪（CMGs）可提供最大约为 250 N·m 的转矩。这些 CMGs 被安装在构架上。姿态的控制主要由控制力矩陀螺仪实现。

推进器

采用 RCS 推进发动机，主要用于消除 CMG 的饱和，也用于旋转机动和位置控制。对俯仰角和偏航角的控制，要用到服务舱的推进发动机，如果没有到访的供给航天器（进步号、ATV）连接到它的对接口的话。ISS 的一个要求是与服务舱对接的到访航天器应提供姿态控制支持。对于滚动控制，为了得到足够的力臂，计划将推进器连接于科学动力平台上（SPP）。在空间站没有配备 SPP 的情况下，可以利用与第 2 个 FGB 连接的航天器（如联盟号、进步号）的推进器。

用于轨道保持的再推进机动，主要由到访航天器也就是进步号、ATV 来执行，也有可能由以上提到的再推进舱来完成。如果没有到访航天器连接，服务舱的主推进器可用于空间站的再推进。

推进水平（服务舱上的推进器）如下：

· 32 个两元姿态控制推进器，推力水平 130 N；

· 2 个再推进器，推力水平 3 070 N。

服务舱上推进器的位置如下：

- 姿态控制推进器：分 4 组分布在服务舱末端的圆柱体表面上；
- 再推进器位于服务舱末端的尾面上。

用于姿态控制和再推进的到访飞行器的推进器将在下面分别介绍。

C.2 俄罗斯和平号空间站

俄罗斯和平号空间站在国际空间站项目的准备阶段扮演了重要的角色（见图 C-3）。在和平号空间站上，一大批国际航天员得到了实际操作经验。在这次准备计划中，美国的航天飞机访问过该站 10 次。在第 1 次的访问中，航天飞机在距离空间站 12.2 m 的地方进行交会，但没有对接。和平号在此被描述为在交会过程中扮演目标站的第 2 个参考实例，因为就目前来说，它参与航天器交会和对接操作的数目最多，并且还将在未来数年里作为参照。和平号空间站在 2001 年 3 月 23 号脱离轨道坠毁。

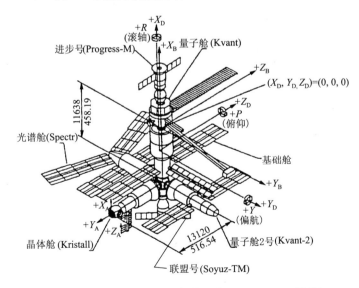

图 C-3 俄罗斯和平号空间站（由 RSC Energia 提供）

（1）设计特点

和平站的第 1 个舱，叫基础舱，在 1986 年发射。基础舱在尾部有一个对接口，头部有一个 5 端口的互联结装置。随着后续舱体的不断增加，该站的规模相应地增大，构型也随之改变。后续发射的舱体有：

- 1987 发射的量子舱（Kvant）；
- 1989 发射的量子舱 2 号（Kvant-2）；
- 1990 发射的晶体舱（Kristall）；
- 1995 发射的光谱舱（Spectr）；
- 用于航天飞机对接的对接舱，1995 年发射；
- 最后一次的增加，于 1996 年发射的自然舱（Priroda）。

第 1 个 Kvant 舱连接于基础舱的尾部端口；其他的舱体，除了对接舱外，都连接于基础舱的互联部位。对接舱连接在 Kristall 舱上。站上有一个机械臂可以将舱体移动到别的端口从而改变空间站的构型。所有航天器与和平号的连接都是通过对接实现的。

和平号的尺寸、质量以及转动惯量都取决于其构形，因而这些量都会随着新舱体的加入而增加。在与 Priroda 舱连接之前，空间站外形构造的典型值如表 C-2 所示。

表 C-2　和平号空间站的维度、质量和惯性

维度	$x=33.14$ m （基础台和量子舱外加联盟号和进步号飞船各一个） $y=27.35$ m （Kvant 2 的体长＋内部连接部件＋Spektr） $z=29.67$ m （基础舱的太阳能电池板的长度）
质量	$m=111\ 600$ kg
主轴转动惯量	$I_{xx}\approx3\ 600\ 000$ kg · m^2 $I_{yy}\approx7\ 000\ 000$ kg · m^2 $I_{zz}\approx8\ 100\ 000$ kg · m^2

（2）舱体特性

- 基础舱：质量 20.4 t，长度 13.13 m，最大直径 4.15 m；
- Kvant：质量 11.5 t，长度 5.8 m，最大直径 4.15 m；
- Kvant−2：质量 19.6 t，长度 13.73 m，直径 4.35 m；
- Kristall：质量 19.64 t，长度 13.73 m，直径 4.35 m（包括与两个 APAS 对接端口的互联部分）；
- Spektr：质量 19.5 t，长度 12 m，直径 4.4 m；
- Priroda：质量 19 t，长度 13 m，直径 4.3 m。

图 C−3 所示的是 1995 年 Spektr 舱到达之前的构造。

（3）轨道参数

高度：330～390 km，倾角：51.6°。

（4）对接口的位置和类型

沿着综合体的 x 轴有两个探针/锥腔型的对接装置，一个在 Kvant 舱的尾部，一个在基础舱另一侧的互连接部位（见图 8−8）

在 Kristall 舱的互连接部位件和与航天飞机对接的对接舱上，各有 1 个 APDS 型的对接装置。航天飞机于 1995 年连接在 Kristall 上的一个 APDS 端口上。

（5）到访飞行器

为和平号提供服务和访问的航天器有：

- 俄罗斯联盟号（机组人员）；
- 俄罗斯进步号（货物、补给燃料和再推进）；
- 美国航天飞机（机组人员和货物）。

（6）交会敏感器系统

在和平号空间站的前几年使用的是较老的 IGLA 系统（也是射频敏感器系统）。1989 年安装了 Kurs 系统（见 7.2.5）。

（7）制动器

旋转制动器

- 总共有 12 个控制力矩惯性陀螺，安装在不同的舱体中。

推进器

推进水平是：

- 基础舱，Kvant，进步号，135 N；
- Kvant 2，Spektr，390 N。

推进器的位置如下：

和平号空间站各个舱体都有自己的一组推进器。此外，连接的进步号的推进器也可用于姿态和轨道的控制以及轨道的保持。

C.3　航天飞机

（1）任务目标

美国的航天飞机在 ISS 背景下是最大的交通工具。它最多可把 7 名航天员以及大约 15 000 kg 的有效载荷送到 ISS 的轨道上（取决于国际空间站的高度和负载几何形状）。这个有着长 60 英尺，直径为 15 英尺的负载舱（必须扣除对接装置及其次级结构的必要空间）的航天飞机能将最大的舱体运输到 ISS 上去。

（2）设计特点

航天飞机机体的大小、质量以及转动惯量等特征参数见表 C—3 所示。

表 C—3　航天飞机的尺寸、质量和转动惯量

尺寸	$x = 37.24$ m
	$y = 23.79$ m
	$z = 17.25$ m
质量[①]	$m = 90\ 700 \sim 104\ 330$ kg
主轴转动惯量[②]	$I_{xx} \approx 1\ 310\ 000$ kg · m^2
	$I_{yy} \approx 10\ 220\ 000$ kg · m^2
	$I_{zz} \approx 10\ 650\ 000$ kg · m^2

①在着陆时，取决于任务。交会质量会接近较大的值。

②典型值，取决于任务和有效载荷。

（3）发射系统

航天飞机采用综合发射系统，它使用捆绑式固体燃料发动机，加挂外部液体燃料储箱，以及轨道器本身的主发动机来进行发射。

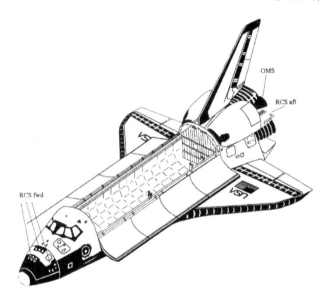

图 C-4　航天飞机（由 NASA 提供）

（4）对接系统

采用 APDS 型对接装置（参见图 8-10）。

对接装置安装在货舱前端的构架上。航天飞机通过对接过程将自己与国际空间站连接在一起，标称接触速度小于 0.05 米/秒。载荷则由机械臂以类似停靠的过程转移到空间站上。

（5）交会敏感器系统

包括星敏感器，交会雷达，乘员瞄准器（COAS）和轨道控制敏感器（TCS）（参见 B.1 节和图 B-2）。

（6）推进器

• 轨道机动系统（OMS）：有两台双元火箭发动机，用于主要的轨道机动；

- 反作用控制系统（RCS）：有 44 个双元发动机，用于姿态与轨道控制。

（7）推力水平

- 轨道机动系统（OMS）：每台 26 700 牛顿；
- 反作用控制系统（RCS）：主发动机 3 871 牛顿，微调发动机 107 牛顿。

（8）安装位置

- 轨道机动系统（OMS）：在垂直尾翼根部的两侧；
- 反作用控制系统（RCS）：
  —两个尾端发动机组，位于机身的尾部，靠近 OMS 火箭发动机，每组有 12 个主发动机和 2 个微调发动机；
  —前端发动机组，有 14 个主发动机和 2 个微调发动机，位于机鼻两侧和上方。

C.4　联盟号飞船

俄罗斯联盟号飞船的设计历史很长：1963 年提出了设计概念，1966 年进行了首次无人飞行，1967 年实现了首次载人飞行。多年来，联盟号的设计不断得到改进，并针对不同的任务需求调整设计。如：礼炮号空间站、阿波罗－联盟号验证任务、和平号空间站及现在的国际空间站等。由于和平号空间站问世以来，一直使用联盟－TM 号飞船执行相关任务，因而以下的参数都是基于该型号得到的。

有关联盟号飞船的详细资料可从 NASA 的官方网站获得，也可参阅 Portree（1995）。

（1）设计特征

联盟号飞船由 3 个船舱组成：即轨道舱、返回舱和服务舱。轨道舱的前端装有对接设备，其功能是把航天员送往目标站。返回舱的任务就是重返地球。服务舱里装有各种仪器设备，也即所谓的仪器舱，它可以实现飞船运行所需的各种功能，如推进、电子、通信、动力和热控等功能。表 C—4. 给出了联盟号的尺寸、质量和转动惯量等物理参数。

表 C—4 联盟—TM 号的尺寸、质量和转动惯量

尺寸	长 度：7.5 m 直 径：2.7 m（不计附属物） 太阳能电池板：翼展 10.6 m，面积 10 m²
质量	对接时 6 850 kg 质心位置：距离对接面 3.8 m
主轴转动惯量①	$I_{xx} \approx 5\,300$ kg m² $I_{yy} \approx 33\,000$ kg m² $I_{zz} \approx 33\,000$ kg m²

① 主轴转动惯量与有效负载有关。

（2）任务目标

1）能运送 2～3 名航天员往返目标空间站和地面。

2）能把 200～250 kg 的有效负载送到目标站，并携带 70～90 kg 的有效负载返回地面。

（3）运载工具

联盟号飞船使用联盟号运载火箭发射。

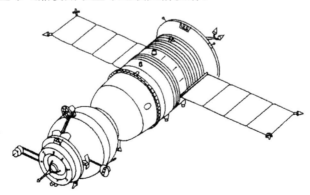

图 C—5 联盟号载人飞船（RSC 能源公司研制）

（4）对接系统

飞船前部采用锚针/锥形对接装置（见图 8-8），允许的接触速度区间为 0.1~0.35 m/s。

（5）交会敏感器系统

飞船采用 Kurs 敏感器系统（见图 7.2.5）。

（6）推进器

1）主推进器：1×300 N

2）轨道控制推进器：14×130 N

3）姿态控制推进器：12×26 N

主推进器位于尾部平面的中心，沿 X 轴向施加推力。轨道和姿态控制推进器分布在尾部平面的外延，并在服务舱和返回舱的交界面外延环形布置。

C.5　进步号飞船

俄罗斯的进步号飞船是其联盟号飞船的无人货运版，于 1975 年进行首次飞行。其初衷仅仅是为礼炮号空间站建造的补给船。随着任务需求的变化，其设计也不断更新。下面的参数是基于 1989 年首次发射以来仍在使用中的进步-M 号飞船。

（1）设计特征

与联盟号的设计相似，进步号货运飞船也设计了 3 个舱段：货物舱、燃料补给舱和服务舱。第一段是货物舱，它的前端装有对接装置，其功能是把加压货物送往目标空间站。第二段是燃料补给舱，里面装有燃料，用于对空间站的燃料补给和再推进。第三段，与联盟号一样，也称为仪器舱，它具备实现飞船运行所需的各种功能，如推进、电子、通信、动力和热控等功能。表 C-5 给出了进步号的尺寸、质量和转动惯量等物理参数。

表 C—5   进步号飞船的尺寸、质量和转动惯量

尺寸	长度：7.23 m
	直径：2.72 m（不计附属物）
	太阳能电池板：翼展 10.6 m，面积 10 m²
质量	发射时 7 130 kg
主轴转动惯量[①]	$I_{xx} \approx 5\ 100\ \text{kg m}^2$
	$I_{yy} \approx 31\ 000\ \text{kg m}^2$
	$I_{zz} \approx 31\ 000\ \text{kg m}^2$

①主轴转动惯量与有效负载有关。

（2）任务目标

1）最大能把 2 600 kg 的干燥物、液体和气体等物质组成的混合负载转运至目标空间站，以供后勤补给和实验之用。

2）把几乎等量的垃圾再转运进入大气层烧掉。

3）借助主推进器对目标空间站实施轨道维护。

（3）运载工具

进步号飞船采用联盟号运载火箭发射。

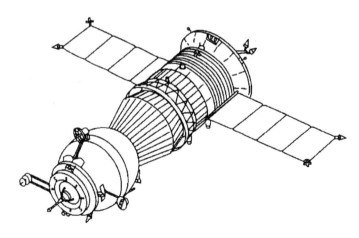

图 C—6   进步号货运飞船（RSC 能源公司研发）

（4）对接系统

飞船前部采用锚针/锥形对接装置（见图 8-8），允许的接触速度区间为 0.1～0.35 m/s。

（5）交会敏感器系统

飞船采用 Kurs 敏感器系统（见图 7.2.5）。

（6）推进器

1）主推进器：1×3 000 N

2）轨道和姿态控制推进器：28×130 N

主推进器位于尾部平面的中心，沿 X 轴向施加推力。轨道和姿态控制推进器分布在尾部平面的外延，并在服务舱和返回舱的交界面外延环形布置。

C.6　欧洲自动货运飞船（ATV）

欧洲货运飞船是专门为国际空间站项目而设计的，由 2 段船舱组成，分别是飞船功能舱和有效负载舱，它最多可以向空间站的运行轨道上运送大约 6 900 公斤的有效载荷，其中包括用于未空间站助推的推进剂。表 C-6 给出了欧洲自动货运飞船的尺寸、质量和转动惯量等物理参数。

表 C-6　欧洲自动货运飞船的尺寸、质量和转动惯量

尺寸	长度：9.03 m 直径：4.48 m（不计附属物） 太阳能电池板：翼展 22.28 m，面积 4×8.4 m²
质量①	对接时 13 000～19 600 kg
主轴转动惯量	$I_{xx} \approx 41\ 000 \sim 59\ 000$ kg m² $I_{yy} \approx 82\ 000 \sim 138\ 000$ kg m² $I_{zz} \approx 82\ 000 \sim 138\ 000$ kg m²

①质量和主轴转动惯量与有效负载有关，质心位置：距离 Ariane 界面中坐标系原点 2.5～4.25 m。

（1）任务目标

1）向国际空间站运送干的加压货物，用于保障航天员的生活，实验和后勤。

2）为国际空间站补给所需的水和气体。

3）为国际空间站补给燃料和氧化剂。

4）为国际空间站补给提升轨道所需的推进剂。

5）处理国际空间站的垃圾，再入大气层时将其烧毁。

（2）发射器

欧洲自动货运飞船采用欧洲阿里安 V 型火箭发射。

（3）对接系统

欧洲自动货运飞船的对接系统采用俄罗斯的锚针/锥形对接装置（见图 8－8）。它与国际空间站服务舱—V 轴一侧的接口对接。其标称对接速度为 0.05～0.10 m/s。

（4）交会敏感器

1）交会距离大于 30 km 时，采用绝对 GPS。

2）在 30 km～500 m 之间时，采用相对 GPS（见 7.3.3）。

3）小于 500 m 时，采用激光扫描测距型光学敏感器（见 7.4.1）。

4）小于 20 m 时，采用摄像型光学敏感器（见 7.4.2）。

（5）推进器

欧洲自动货运飞船采用 4 个主发动机和 28 个反作用控制系统（RCS）发动机。主发动机推力为 490 N，反作用控制系统发动机的推力为 220 N。

（6）推进器布局

1）主发动机分布在自动货运飞船的后端面上。

2）反作用控制发动机，每 5 个一组，共 4 组，分布在飞行器后端面推进舱上；而在有效负载舱的柱体前端，每 2 个一组，共布置 4 组这种发动机。

C.7　H—Ⅱ型货运飞船（HTV）

（1）设计特征

日本 H—Ⅱ型货运飞船也是专门为国际空间站项目而设计的，飞船由 3 个舱段组成：推进舱、电子舱和后勤舱（见图 C—8）。其中后勤舱有两种版本：一种是加压货运舱，另一种是带加压区和非加压区的混合货运舱，分别放置加压货物和非加压货物。图 C—8 表示的是混合货运舱。飞船能把 6 000 kg 的混合有效负载或者是 7 000 kg 的加压有效负载送入国际空间站轨道。太阳能电池板装在飞船的表面，同时配备蓄电池，两者可同时向飞船供电。表 C—7 给出了 H—Ⅱ型货运飞船的尺寸、质量和转动惯量等物理特征参数。

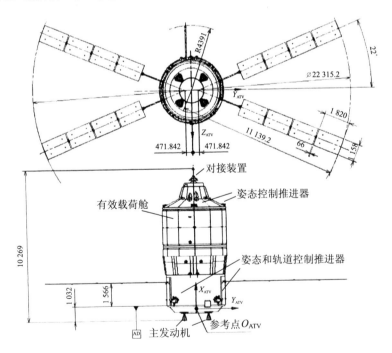

图 C—7　自动货运飞船（欧洲空间局提供）

表 C-7 H-Ⅱ型货运飞船的尺寸、质量和转动惯量

尺寸	长度：7.4 m（加压物后勤舱） 9.2 m（混合物后勤舱） 直径：4.4 m
质量①	15 000 kg（起飞质量）
主轴转动惯量	$I_{xx} \approx 41\ 200\ \text{kg m}^2$ $I_{yy} \approx 128\ 500\ \text{kg m}^2$ $I_{zz} \approx 128\ 500\ \text{kg m}^2$

①质量和主轴转动惯量与有效负载有关。

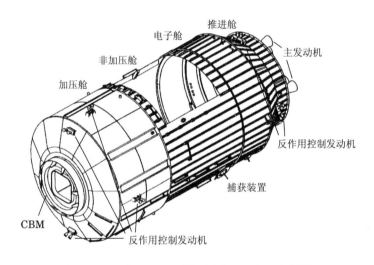

图 C-8 日本 H-Ⅱ 型货运飞船（NASDA 提供）

（2）任务目标

1）为国际空间站加压舱运送实验物品和后勤补给品。

2）为国际空间站运送安装在外部的实验设备（如安装在国际空间站桁架或日本实验舱平台上）。

3）处理国际空间站的垃圾，再入大气层时将其燃烧。

（3）运载工具

H-Ⅱ型货运飞船采用日本自己制造的 H-Ⅱ型运载火箭发射。

（4）对接系统

1）捕获装置：采用与机械手末端受动器匹配的捕获装置（见图8-28）。由国际空间站远程机械手在日本实验舱下方的停靠箱完成对 H-Ⅱ型货运飞船的捕获任务。标称相对捕获速度为零。

2）连接：采用 CBM 型停泊装置（见图 8-13）。飞船停泊在 Node 2 的最下方的泊口。

（5）交会敏感器

1）交会距离大于 23 km 时，采用绝对 GPS。

2）在 23 km～500 m 之间时，采用相对 GPS（见7.3.3）。

3）小于 500 m 时，采用激光扫描测距型光学敏感器（见 7.4.1 节）。

（6）推进器

飞船采用 4 个主发动机和 28 个反作用控制系统（RCS）发动机。主发动机功率 500 N，反作用控制系统发动机 120 N。

（7）推进器布局

1）主发动机分布在 H-Ⅱ型货运飞船的后端面上。

2）反作用控制发动机：每 4 个一组，共 4 组，环绕推进舱安装；每 2 个一组，共 4 组，环绕有效负载舱的柱体前端安装；每 2 个一组，共 2 组安装在飞行器前面。

简称与缩略语

AE　逼近椭圆（国际空间站交通安全管制区）。

ATV　欧洲专为国际空间站建造的自动货运飞船，由欧洲阿里安运载火箭发射，与国际空间站对接。

CAM　防撞机动：在碰撞将要发生时，为使所有逼近状态安全脱离目标航天器周围而采取的固定推力机动。

CC　控制中心。

CCD　电荷耦合器件。

CCSDS　空间数据系统协商委员会。

CoM　质心。

CRV　航天员返回飞行器。

CTRL　控制功能。

CW　Clohessy－Wiltshire。

DCM　方向余弦矩阵。

DGPS　差分全球定位系统。

DOF　自由度。

DRS　数据中继卫星。

EPOS　欧洲逼近操作仿真器，即光学交会敏感器的激励设施。

ESA　欧洲空间局。

ESTEC　欧洲空间研究和技术中心（隶属欧洲空间局）。

ETS－Ⅶ　第 7 号工程验证卫星，由日本于 1997 年研制并发射，执行了卫星和其伴星的交会对接演示任务。

EURECA　欧洲可回收飞行器，由欧洲空间局研制，1992 年进入运行轨道，1993 年被美国航天飞机回收。其研制初衷是可重复使用，但它迄今仅飞行一次。

　　EVA　舱外活动。

　　FDIR　故障检测、隔离和修复。

　　FDI　故障检测和隔离。

　　FOV　视域。即与视线垂直方向的测量范围。

　　GDOP 定位精度几何衰减因子，是选择测距用 4 颗导航卫星几何星座的品质标准。

　　GEO　地球静止轨道。

　　GLONASS　全球轨道导航卫星系统，即格罗纳斯系统。

　　GNC　制导、导航和控制。即确定当前位置、姿态和速度并调整到期望的位置、姿态和速度的自动化过程。

　　GPS　全球定位系统。即基于导航卫星轨道和时间信息广播的卫星导航系统。

　　GUI　制导功能。

　　Hermes　赫尔墨斯，欧洲航天飞机项目。该项目的目的是可以在地面和哥伦布有人照料自由飞行器之间往返运送航天员和货物。1993 年项目终止。

　　HTV　H－Ⅱ型货运飞船。日本专门为国际空间站研制的货运飞船，由日本 H－Ⅱ型火箭发射。停靠时被国际空间站上的机械臂捕获。

　　H/W　硬件。

　　ISS　国际空间站。永久性轨道站，零部件分别来自美国、俄国、欧洲、日本和加拿大，1998 年发射了第一节舱段，预计 2004 年完全安装完毕。

　　IVA　舱内活动。

　　KOZ　安全区（国际空间站交通安全管制区）。

　　Kurs　俄罗斯导航系统，用于交会对接和逼近操作。

　　LEO　低地球轨道。

　　LOS　视线。

　　LVLTH　本地垂直/本地水平（坐标系）。

MIB 最小脉冲单位。

MIMO 多输入多输出。

MMI 人—机界面。

Mir 俄罗斯（苏联）和平号空间站，1986 年发射升空第一节舱，2001 年坠毁在大气层。

MTFF 有人照料自由飞行器。欧洲造访空间站的载人飞行器项目，1992 年终止，又称哥伦布自由飞行器。

MVM 任务和飞行器管理。

NASA 美国国家航空航天局。

NASDA 日本国家空间发展局。

NAV 导航功能。

Progress 俄罗斯进步号货运飞船。由俄罗斯联盟号运载火箭发射，并与和平号空间站对接，也为国际空间站提供服务。

PRN 伪随机数。

RA 相对姿态。

RAAN 升交点赤经。即地球赤道平面内春分点线和轨道升交点线之间的夹角。

RF 射频。

RGPS 相对全球导航定位系统，其原理是利用全球导航定位系统测得的追踪航天器和目标航天器的原始数据之差，从而获得它们之间的更高精度的相对位置。

RSC Energia 俄罗斯能源太空火箭集团公司，研发了和平号空间站、国际空间站俄罗斯部分、联盟号和进步号飞船。

RV 交会。

RVD 交会和对接，指追踪航天器逼近目标航天器并与之连接的过程。

RVD/B 交会和对接或者停靠，即涵盖逼近及对接和停靠两种接触方式的通用说法。

RVS 交会敏感器。

SA　选择可用性，意指全球定位系统非军事用途数据的降级过程。

S/C　空间飞行器

S/W　软件。

SISO　单输入单输出。

Soyuz　俄罗斯载人航天飞行器（联盟号载人飞船），由联盟号运载火箭发射，用于地面与和平号空间站之间的载人飞行，也计划用于地面和国际空间站之间的载人飞行。

SPAS　航天飞机搭载卫星，由 MBB（DASA）研制的实验用系列飞行器，曾数次被航天飞机送入轨道和从轨道回收。

TBD　待定的。

TC　遥控指令，由远程控制站经无线电发射到航天器的指令。

TDRSS　跟踪和数据中继卫星系统。

TEA　扭矩平衡姿态。

TM　遥测数据，指由航天器发射经无线电传送到远程控制中心的数据。

w. r. t.　关于。

专业术语

apogee 远地点，指绕地球轨道的最高点。

approach corridor 逼近走廊。指目标飞行器附近的安全通道，追踪航天器不得超出该走廊。

ballistic coefficient 弹道系数，系质量与阻力系数之比，表示飞行器对空间残余气体影响的敏感度。

berthing 停靠，指一个飞行器或者一节船舱与另一飞行器在太空中借助机械臂进行连接。停靠过程包括：一个飞行器上的机械臂捕获另一个航天器，然后将其从捕获位置转移至停靠位置，再插入停靠装置界面，最后实现飞行器之间的结构连接。

berthing box 停靠箱，太空中的一个虚拟立体空间，在这个空间内一个航天器上的机械臂能够抓住另一航天器的对应捕获端口（见捕获工具）。机械臂将捕获的航天器从停靠箱转移到停靠口（停靠机构界面）。

berthing mechanism 停靠机构或者停靠装置。指在空间借助机械臂实现不同飞行器或舱体之间的连接而提供机械导引、结构界面和锁紧功能的机械机构或装置。

capture 捕获，指两体之间能防止随后脱离的第一次连接。

capture range 捕获范围，捕获装置允许的逼近速度、横向位置和角度的对准偏差及其速率的范围。

chaser 追踪航天器，交会对接过程中的主动逼近目标航天器的航天器。

close range rendezvous 近距交会，是交会过程中的一部分，包括转移到对接轴并捕获对接轴，或者转移到停靠箱逼近线，以及最后转移至对接端口或者停靠箱的过程。

closing　接近，在近距交会过程中可能的轨道段，用于减少与目标飞行器之间的距离。

control　控制，导出和产生动作指令的过程，这些指令能够使飞行器的当前状态与所期望的标称状态一致。

de－berthing　停靠分离，两个停靠飞行器之间的物理界面分离的过程，即管线分离、结构分离和捕获锁解锁，以及机械臂将航天器从停靠位置转移至分离位置的过程。

delta－V（△V）　为了变轨而对目前轨道飞行器飞行状态施加的速度增量。

departure　分离，把分离航天器（追踪航天器）移开被分离航天器（目标航天器）周围的机动。

departure corridor　分离走廊，目标航天器周围的安全走廊，正在分离的航天器不允许超出该走廊。

docking　对接，太空中飞行器与飞行器之间的连接，由船载GNC系统或者由人远程进行制导和控制，由其中一个飞行器上的反作用控制系统实施操作。

docking mechanism　对接装置。即提供两飞行器连接所需的机械导引、捕获操作、缓冲碰撞冲击能量、结构界面和锁紧功能的机械装置。其连接过程要借助于其中一个航天器上的反作用控制系统。

docking/berthing mechanism　对接/停靠装置。即提供两飞行器连接所需的机械导引、捕获操作、缓冲碰撞冲击能量、结构界面和锁紧功能的机械装置。其连接过程可由两种方式实现，即借助于其中一个航天器上的反作用控制系统，或者利用某个机械臂实施操作。

far range rendezvous　远距交会，交会过程的一部分，包括把逼近航天器从调相终点（初始瞄准点）带至很靠近目标航天器的某个点，此一点是实施固定序列机动进行近距交会过程的起点。远程交会的主要功能是使两航天器之间的位置偏差和速度偏差随着两者之间距离的缩短而减小。

final approach　最终逼近，沿对接轴或者逼近线向对接口或者停靠箱的最后转移。

first aim point 初始瞄准点，调相过程的终点，一般经由开环机动获得。就多数交会策略来说，初始瞄准点一般位于目标航天器之后几十公里，之下几公里的位置。

grapple fixture 捕获装置，停靠操作中由机械臂末端作动器实施捕获的机械界面（它不是停靠装置的一部分）。

Guidance 制导，即随时间定义标称状态的过程，也就是拟定航天器当前和未来的标称位置、速度、姿态角和角速率。

H－bar 沿轨道角动量矢量方向上的坐标轴。

Hohmann transfer 霍曼转移，指通过相隔半个轨道周期的两次切向推进，将飞行器从较低圆轨道向较高圆轨道（或者反过来，从较高圆轨道向较低圆轨道）的转移操作。

hold point 保持点，相对于目标航天器的标称速度为零的点。在该点飞行器可以保持较长时间，不消耗额外燃料。保持点应位于目标航天器轨道上。

J2－effect J2 效应，地球椭圆形状对绕地轨道演变的影响。

mating 联接，对接或者停靠过程中描述两体相连过程的一般术语。

navigation 导航，指通过测量来确定飞行器的实际状态矢量以及通过对实际状态的递推来确定未来期望状态的过程。

node 轨道与赤道的交线。升交点是指飞行器朝北越过赤道的点。

perigee 绕地轨道近地点。

phasing 调相，发射后交会策略的第一阶段，在该阶段追踪航天器减小与目标航天器之间的相位角（赶上去），并到达与目标航天器接近的轨道高度。

plume 羽流。发动机工作时喷出的废气流。

port 端口，一个航天器上为与另一个航天器或舱体的连接所提供的机械、敏感器和管线连接界面。

qualification　合格鉴定。即通过分析、仿真、物理测试和与已经飞行过或者合格鉴定过的设计进行比较等所开展的所有验证和确认工作的总和，以确保一个产品或系统是否值得发射和飞行。

R－bar　指向地心的径向矢量坐标轴。

reception range　接收范围，为机械导引和捕获装置设计的逼近速度、横向位置和角度偏差及其速率的范围（参见捕获范围）。

rendezvous　交会，描述把一个飞行器带至贴近另一飞行器或者天体周围空间的一般术语。

RVcontrol system　交会控制系统，由硬件和软件组成的船载系统，其功能是实施自动交会逼近直至连接。

separation　分离，在对接或者停靠的两个连接飞行器或舱体之间解锁或者对接分离后，它们之间达到一定物理距离的过程。

state vector　状态矢量，描述一个物体相对于某个特定坐标系的运动状态的一组数值。状态矢量一般包括物体的位置，姿态，以及平动和转动的速度。

target　目标（飞行器），交会对接过程中的被动航天器，它会为了实施交会而进行轨道机动。

trajectory gate　轨道门。在轨道上某个特殊点位，如距离目标航天器一定距离的点位上允许的位置和速度变化裕量。轨道门可作为随后的逼近操作和对接操作能否成功的一项评判标准。

undocking　解锁。两种对接航天器实现物理连接界面分离的过程。也就是管线连接、结构连接和捕获锁分离的过程。

V－bar　沿轨道速度矢量方向的坐标轴（圆轨道）。